国家科学技术学术著作出版基金资助出版

饮用水除砷

曲久辉　刘锐平　著

科学出版社

北京

内 容 简 介

本书围绕饮用水砷污染控制难题，深入总结了砷污染化学、砷毒性效应与毒理学、地下水砷污染形成机制、砷污染状况、饮用水除砷方法等国内外最重要、最新的研究进展；在此基础上，系统著述了作者近20年在饮用水除砷方向上的基础研究、关键技术开发和工程应用成果。

本书主要面向从事环境工程、给排水科学与工程等专业的科研人员和工程技术人员；也可作为综合性大学环境科学与工程、水污染控制工程、水处理工程等专业的本科生、研究生参考书。

图书在版编目(CIP)数据

饮用水除砷 / 曲久辉，刘锐平著. —北京：科学出版社，2023.6
ISBN 978-7-03-075858-3

Ⅰ. ①饮⋯　Ⅱ. ①曲⋯　②刘⋯　Ⅲ. ①饮用水－砷－水污染防治－研究　Ⅳ. ①X52

中国国家版本馆 CIP 数据核字（2023）第 108993 号

责任编辑：杨　震　杨新改 / 责任校对：杜子昂
责任印制：赵　博 / 封面设计：东方人华

科 学 出 版 社 出版
北京东黄城根北街 16 号
邮政编码：100717
http://www.sciencep.com

北京中科印刷有限公司印刷
科学出版社发行　各地新华书店经销

*

2023 年 6 月第 一 版　开本：720×1000　1/16
2024 年 4 月第二次印刷　印张：21 1/4
字数：420 000

定价：150.00 元
（如有印装质量问题，我社负责调换）

前　言

在全球水源水中已经发现了很多化学污染物，它们中的一部分具有生物毒性。但是，这些物质或是浓度极低或是由现行水处理工艺可去除至不对人体健康产生影响的水平。而砷却不同，它不仅具有明确的生物毒性，而且分布广泛、去除难度大，因饮用高砷水而受到健康损害的人群众多，成为长期困扰一些国家和地区的重大健康问题。目前，全世界存在高砷水源的国家和地区超过 70 个，约 2.2 亿人面临饮用水砷污染问题。孟加拉国是世界上砷污染最严重的国家之一，超过 5000 万人饮用水砷超标。我国也存在较大范围砷污染，内蒙古、山西、青海、新疆以及台湾等省区均存在高砷地下水源区。因此，与其他污染物相比，砷是更应该被高度关注和严格控制的饮用水高风险物质。

砷多发于地下水源，主要由地球化学循环过程所致。水中的砷主要以三价和五价两种价态存在，其中三价砷的毒性约是五价砷的 60 倍，还原性地下水条件下三价砷是主要存在形态。然而，由于三价砷通过普遍采用的吸附方法难以被有效去除，必须进行两步处理，即先将其氧化为五价后再吸附移除。两步法操作复杂、成本较高。因此，如何实现一步法除砷，成为饮用水处理工程的国际性难题。对此，本书作者团队历经 20 多年的研究攻关，创建了一步法除砷的原理和方法，发明了除砷新材料、新技术和新工艺，攻克了不同规模、不同水质和不同条件下饮用水除砷的瓶颈性工程技术难题，获得了成功而广泛的应用。本书即是该成果的系统总结。

在饮用水除砷研究和工程实践中，我不断体会到科学研究的价值。当应用我们创造的技术完成一项除砷工程，能为当地居民提供优质安全的饮用水时，都会感到科学之光的美好，也体悟到持续专注一个问题的收获。这种美好和收获，是属于为本书成果做出贡献的每一个人，包括 10 余位研究生和我团队的同事们。团队创造的力量永远是不可估量的。在此，我向他们致以最真诚的谢意和敬意。

民以食为天，食以水为先。清洁优质的饮用水是保证人民健康的基本需求，而保障饮用水安全永远是我及团队的使命。为此，我们将会更加努力。

2023 年 5 月

目 录

前言
第1章 砷的化学与毒理学特性 ·· 1
1.1 砷的化学性质 ··· 1
1.1.1 砷的单质 ·· 1
1.1.2 砷的氢化物 ·· 2
1.1.3 砷的氧化物及其水合物 ·· 2
1.1.4 砷的硫化物 ·· 3
1.2 砷的环境化学特性 ··· 3
1.2.1 砷的水化学特性 ·· 3
1.2.2 砷的土壤化学 ·· 7
1.2.3 砷的大气化学 ·· 8
1.3 砷的毒性与毒理学 ··· 10
1.3.1 不同形态砷的毒性 ·· 10
1.3.2 无机砷的致毒机制 ·· 10
1.3.3 砷的微生物毒性 ·· 11
1.3.4 砷对植物生长的影响与作用机制 ································ 16
1.3.5 砷的动物毒性及致毒机制 ······································ 19
1.3.6 人体砷中毒症状与机制 ·· 22
1.4 环境介质中砷暴露 ··· 25
1.4.1 饮用水暴露 ·· 25
1.4.2 呼吸暴露 ·· 26
1.4.3 皮肤接触暴露 ·· 26
1.4.4 食物链传递与食物摄入 ·· 27
1.4.5 与砷相关的标准 ·· 29
参考文献 ··· 32
第2章 砷污染与控制 ·· 41
2.1 砷的环境污染状况 ··· 41
2.1.1 水体砷污染 ·· 41
2.1.2 土壤砷污染 ·· 45

  2.1.3 涉砷行业固体废物与危险废物 …… 47
  2.1.4 砷大气排放与干湿沉降 …… 49
 2.2 地下水砷污染成因 …… 50
  2.2.1 地下水砷的来源 …… 50
  2.2.2 地下水砷污染形成机制 …… 50
 2.3 典型国家地下水砷污染控制 …… 55
  2.3.1 孟加拉国砷污染控制 …… 55
  2.3.2 中国砷污染形成与控制 …… 58
  2.3.3 美国砷污染及防治 …… 63
 参考文献 …… 64

第3章 饮用水除砷方法概述 …… 70
 3.1 饮用水除砷原理 …… 70
 3.2 饮用水除砷方法 …… 70
  3.2.1 砷的价态转化 …… 70
  3.2.2 溶解态砷向颗粒态砷的转化 …… 77
  3.2.3 颗粒态砷的固液分离 …… 87
  3.2.4 砷的直接膜滤去除 …… 88
 3.3 除砷吸附剂与反应器 …… 93
  3.3.1 除砷吸附剂 …… 94
  3.3.2 吸附除砷的单元操作 …… 116
 3.4 影响饮用水除砷关键因素 …… 118
  3.4.1 天然有机物的影响 …… 118
  3.4.2 磷酸盐的影响 …… 120
  3.4.3 硅酸盐的影响 …… 121
  3.4.4 钙离子的影响 …… 127
  3.4.5 亚铁离子的影响 …… 130
 3.5 其他除砷新方法 …… 131
  3.5.1 零价铁法 …… 131
  3.5.2 电化学法 …… 133
  3.5.3 生物锰法 …… 135
  3.5.4 生化法 …… 140
 参考文献 …… 141

第4章 复合氧化物除砷——材料与机理 …… 158
 4.1 铁锰复合氧化物——制备与表征 …… 158
  4.1.1 铁锰复合氧化物制备 …… 158

4.1.2 铁锰复合氧化物表征 159
4.2 铁锰复合氧化物——吸附除砷性能 165
4.2.1 不同制备条件下铁锰复合氧化物的除砷性能 165
4.2.2 铁锰复合氧化物除砷过程的宏观吸附行为 168
4.2.3 铁锰复合氧化物除砷的影响因素 172
4.2.4 铁锰复合氧化物除砷过程中金属离子溶出 176
4.3 铁锰复合氧化物——除砷微界面作用机制 177
4.3.1 砷吸附前后吸附剂表面性质变化 178
4.3.2 铁锰复合氧化物吸附As(III)的微界面过程 181
4.3.3 铁锰复合氧化物吸附As(V)的微界面过程 190
4.3.4 铁锰复合氧化物除砷的X射线吸收光谱分析 195
4.3.5 铁锰复合氧化物除砷机理 204
4.4 铁锰复合氧化物——去除有机砷 205
4.4.1 有机砷在铁锰复合氧化物表面的吸附行为 205
4.4.2 *p*-ASA在氧化锰表面氧化吸附过程与机制 226
参考文献 237
第5章 一步法除砷技术与工艺 243
5.1 吸附除砷性能评估 243
5.1.1 静态等温吸附模型 243
5.1.2 吸附动力学模型 245
5.1.3 固定床动态吸附模型 245
5.2 吸附剂原位负载型除砷技术与工艺 248
5.2.1 原位负载型除砷工艺思路 248
5.2.2 原位负载型除砷吸附剂 249
5.2.3 原位负载型铁锰复合氧化物表征 254
5.2.4 原位负载型铁锰复合氧化物静态吸附性能 257
5.2.5 原位负载型铁锰复合氧化物动态吸附性能 263
5.2.6 实际含砷地下水除砷现场试验 272
5.2.7 实际含砷地下水吸附除砷中试 277
5.3 在线制备铁锰复合氧化物除砷技术与应用工艺 286
5.3.1 工程需求分析与工艺思路 286
5.3.2 试验材料与方法 287
5.3.3 *in situ* FMBO强化曝气-接触过滤除砷性能 288
5.3.4 *in situ* FMBO与天然铁锰氧化物的除砷效果对比 294
5.3.5 投加*in situ* FMBO前后滤层截留颗粒物表征 300

  5.3.6　投加 in situ FMBO 强化除砷机制 ·· 303
  5.3.7　in situ FMBO 强化除砷长期性能评价 ··· 305
  5.3.8　in situ FMBO 强化除砷生产性试验 ·· 307
  5.3.9　in situ FMBO 强化除砷反冲洗废水处理与回用 ························· 308
 参考文献 ··· 311

第6章　一步法除砷应用工艺与典型工程案例 ··· 314
 6.1　铁锰复合氧化物除砷工艺设计 ··· 314
  6.1.1　原位负载型铁锰复合氧化物除砷工艺设计 ································· 314
  6.1.2　原位生成铁锰复合氧化物的除砷工艺设计 ································· 317
 6.2　复合氧化物除砷典型工程案例 ··· 322
  6.2.1　单村除砷水站 ·· 322
  6.2.2　城镇中型除砷水厂 ··· 322
  6.2.3　大中型除砷水厂 ··· 325
 6.3　高浓度砷污染河流应急治理 ··· 328
  6.3.1　某水系砷污染背景 ··· 328
  6.3.2　砷污染治理总体思路 ··· 328
  6.3.3　水体砷污染治理工程方案 ··· 329
  6.3.4　水体砷污染治理效果 ··· 330

第 1 章 砷的化学与毒理学特性

1.1 砷的化学性质

砷（arsenic，As）位于元素周期表的第四周期，VA族，原子序数为33，原子量为74.9216，电子结构为$[Ar]3d^{10}4s^24p^3$，密度为5.727 g/cm^3，电负性为2.18，第一电离能为9.81 eV。

1.1.1 砷的单质

单质砷有灰砷、黄砷和黑砷等3种同素异形体。灰砷为晶体，质脆而硬，能传热、导电，有金属光泽，是砷的最稳定状态。黄砷和黑砷是无定形体，均不稳定。黄砷在光照或加热下很容易转化成灰砷，黑砷加热至270℃以上可转变成稳定的灰砷晶体。

制备单质砷时，将硫化砷矿物在空气中煅烧转变为砷氧化物[式（1-1）]，之后用碳还原[式（1-2）]。

$$2As_2S_3 + 9O_2 =\!=\!= 2As_2O_3 + 6SO_2\uparrow \quad (1\text{-}1)$$

$$As_2O_3 + 3C =\!=\!= 2As + 3CO\uparrow \quad (1\text{-}2)$$

气态砷为多原子分子，其蒸气分子即是四原子分子，加热到1073 K开始分解为As_2，它的主要物理性质如表1-1所示。

表1-1 砷的主要物理性质

气态分子组成	摩尔原子体积/mL	熔点/K	沸点/K	液态到固态体积变化
$As_4 =\!=\!= 2As_2$（1073 K）	13.13（金属）	1090	889（升华）	缩小

常温下砷在水和空气中都比较稳定，都不溶于稀酸，但可与硝酸、热浓硫酸、熔融态氢氧化钠等发生化学反应[式（1-3）~式（1-5）]：

$$2As + 6HNO_3 =\!=\!= As_2O_3 + 6NO_2\uparrow + 3H_2O \quad (1\text{-}3)$$

$$2As + 3H_2SO_4（热、浓）=\!=\!= As_2O_3 + 3SO_2\uparrow + 3H_2O \quad (1\text{-}4)$$

$$2As + 6NaOH（熔融）=\!=\!= 2Na_3AsO_3 + 3H_2\uparrow \quad (1\text{-}5)$$

当高温时，砷能和氧、硫、卤素反应[式（1-6）～式（1-8）]：

$$4As + 3O_2 == As_4O_6 \tag{1-6}$$

$$2As + 3S == As_2S_3 \tag{1-7}$$

$$2As + 3X_2 == 2AsX_3 \tag{1-8}$$

式（1-8）中，X 指卤素，一般生成三卤化物，但砷与过量氟反应可生成 AsF_5。

砷还可与碱金属、碱土金属等形成金属化合物，也可与ⅢA 族金属元素反应制备砷化镓、砷化铟等半导体材料。

1.1.2 砷的氢化物

砷的氢化物 AsH_3 又称之为胂，是无色有毒和极不稳定的恶臭气体，可通过砷化物水解或用活泼金属在酸性溶液中还原产生[式（1-9）]。

$$Na_3As + 3H_2O == AsH_3\uparrow + 3NaOH \tag{1-9}$$

室温下，AsH_3 在空气中可发生自燃[式（1-10）]：

$$2AsH_3 + 3O_2 == As_2O_3 + 3H_2O \tag{1-10}$$

在缺氧条件下，AsH_3 受热分解为单质砷[式（1-11）]：

$$2AsH_3 == 2As + 3H_2\uparrow \tag{1-11}$$

对含有砷的样品进行加热可形成单质砷，其聚集可产生亮黑色的、可由次氯酸钠所溶解的"砷镜"。砷镜与次氯酸钠的反应如式（1-12）所示。

$$5NaClO + 2As + 3H_2O == 2H_3AsO_4 + 5NaCl \tag{1-12}$$

此反应可作为判定某些物质中是否含砷的依据。

1.1.3 砷的氧化物及其水合物

砷有三价和五价两种氧化物，即 As_2O_3 和 As_2O_5，As_2O_3 可以通过直接燃烧单质砷产生[式（1-13）]，而 As_2O_5 可通过单质砷由硝酸氧化再脱水得到[式（1-14）]。

$$4As + 3O_2 == As_4O_6 \tag{1-13}$$

$$3As + 5HNO_3 + 2H_2O == 3H_3AsO_4 + 5NO\uparrow \tag{1-14}$$

H_3AsO_4 加热脱水后生成 As_2O_5[式（1-15）]：

$$2H_3AsO_4 == As_2O_5 + 3H_2O \tag{1-15}$$

As_2O_3 微溶于水，而在热水中溶解度增大并形成 H_3AsO_3（亚砷酸）。As_2O_3 是两性偏酸化合物，因此也可溶于碱而形成亚砷酸盐。As_2O_5 溶于水形成 H_3AsO_4（砷酸），它的酸性远比 H_3AsO_3 强，是一种中强酸。

H_3AsO_3 是一种还原剂，它可被二氧化锰等氧化性物质所氧化[式（1-16）]：

$$AsO_3^{3-} + MnO_2 + 2H^+ == AsO_4^{3-} + Mn^{2+} + H_2O \tag{1-16}$$

此氧化反应只能在弱酸介质中进行。而 H_3AsO_4 具有氧化性,其 AsO_4^{3-}/AsO_3^{3-} 电对的电极电位为 0.58 V,可以在一定条件下氧化具有还原性的物质。在厌氧条件下,AsO_4^{3-} 可生物还原生成 AsO_3^{3-} 而使其毒性显著升高,详述见 1.3 节。

1.1.4 砷的硫化物

AsO_3^{3-} 和 AsO_4^{3-} 可与硫化氢反应生成砷的硫化物[式(1-17)、式(1-18)]:

$$2AsO_3^{3-} + 3H_2S \Longrightarrow As_2S_3 + 6OH^- \tag{1-17}$$

$$2AsO_4^{3-} + 5H_2S \Longrightarrow As_2S_5\downarrow + 6OH^- + 2H_2O \tag{1-18}$$

As_2S_3 和 As_2S_5 均为黄色,它们酸碱性与其氧化物相似,其中 As_2S_3 不溶于浓盐酸,但可以溶于碱[式(1-19)]:

$$As_2S_3 + 6NaOH \Longrightarrow Na_3AsO_3 + Na_3AsS_3 + 3H_2O \tag{1-19}$$

As_2S_3 可以与碱性硫化物反应生成硫代亚砷酸盐[式(1-20)]:

$$As_2S_3 + 3Na_2S \Longrightarrow 2Na_3AsS_3 \tag{1-20}$$

As_2S_5 的酸性强于 As_2S_3,因此更容易溶解在金属硫化物中[式(1-21)]:

$$As_2S_5 + 3Na_2S \Longrightarrow 2Na_3AsS_4 \tag{1-21}$$

硫代砷酸盐在酸性溶液中生成硫代砷酸之后,迅速分解为硫化砷和硫化氢,故三价和五价的硫代砷酸盐只能存在于碱性介质当中。

由砷的上述化学性质可知,自然界中砷主要以 -3、0、+3 和 +5 等价态形式存在。此外,根据是否吸持在颗粒上,砷可分为溶解态砷和颗粒态砷。颗粒态砷通常可通过沉淀、介质过滤、膜过滤等固液分离单元去除,因此将溶解态砷转化为颗粒态砷是许多水处理除砷工艺的关键单元。

1.2 砷的环境化学特性

1.2.1 砷的水化学特性

1.2.1.1 水中砷存在形态

按砷的化学组成、结构和性质,天然水中的砷可分为无机砷和有机砷两大类,并以其不同形态存在于水、悬浮物和沉积物当中,常见种类如表 1-2 所示。水体中砷主要以 +3 和 +5 价的含氧酸或含氧酸盐形式存在,不同 pH 条件下,As(III)主要形态有 H_3AsO_3、$H_2AsO_3^-$、$HAsO_3^{2-}$ 和 AsO_3^{3-},As(V)则主要包括 H_3AsO_4、$H_2AsO_4^-$、$HAsO_4^{2-}$ 和 AsO_4^{3-}(Garcia-Costa et al., 2020; Kanel et al., 2005)。

水中铬（Cr）、钼（Mo）、硒（Se）和矾（V）等含氧酸盐还原后易于吸附或共沉淀固定，上述重金属一般在氧化条件下具有较高迁移性。作为对比，可溶性无机砷在各种氧化还原条件下均具有很强迁移性，尤其在还原性条件下迁移性更强。

表 1-2 砷的种类和化学式列表

名称	缩写	化学式
砷化氢	AsH_3	AsH_3
砷酸（盐）	As(V)	$AsO(OH)_3$
亚砷酸（盐）	As(III)	$As(OH)_3$
一甲基砷酸	MMA(V)	$CH_3AsO(OH)_2$
一甲基亚砷酸	MMA(III)	$CH_3As(OH)_2$
二甲基砷酸	DMA(V)	$(CH_3)_2AsO(OH)$
二甲基亚砷酸	DMA(III)	$(CH_3)_2AsOH$
三甲基氧化砷	TMAO	$(CH_3)_3AsO$
三甲基亚砷酸	TMA(III)	$(CH_3)_3As$
砷甜菜碱	AsB	$(CH_3)_3As^+CH_2COO^-$
砷胆碱	AsC	$(CH_3)_3As^+CH_2CH_2OH$
四甲基砷离子	TETRA	$(CH_3)_4As^+$
二甲基砷酰基乙醇	DMAE	$(CH_3)_2AsOCH_2CH_2OH$

水中砷的价态和形态受体系 pH、氧化还原电位（E_h）等影响（Kanel et al., 2006），这两个水化学参数在很大程度上决定了绝大多数含水层地下水中砷的形态。图 1-1 为水中无机砷的 E_h-pH 分布图。可以看出，在氧化性环境且 pH<6.9 条件下，砷主要以 $H_2AsO_4^-$ 形式存在；pH 升高，$H_2AsO_4^-$ 进一步解离为 $HAsO_4^{2-}$；在强酸或强碱条件下，则主要以 H_3AsO_4 和 AsO_4^{3-} 形式存在。对于还原性环境，pH<9.2 时，主要存在形态为电中性 H_3AsO_3，As^0 和 As^{3+} 几乎不能在水中存在。图 1-2 为不同 pH 条件下 As(III) 和 As(V) 的形态分布。As(III) 的 $H_3AsO_3/H_2AsO_3^-$、$H_2AsO_3^-/HAsO_3^{2-}$ 和 $HAsO_3^{2-}/AsO_3^{3-}$ 的解离常数（pK_a）分别为 9.22、12.13 和 13.40；As(V) 的 $H_3AsO_4/H_2AsO_4^-$、$H_2AsO_4^-/HAsO_4^{2-}$ 和 $HAsO_4^{2-}/AsO_4^{3-}$ 的 pK_a 分别为 2.20、6.97 和 11.53。

地热温泉水也是常见的天然地下水，其水中砷形态还受还原性硫浓度、温度等影响。砷会与硫反应生成硫化砷（AsS）、三硫化二砷（As_2S_3）等砷硫化物沉淀（Cullen and Reimer, 1989），因此游离硫浓度较高的水环境中砷浓度往往不致过高。此外，温度对水中砷形态也有影响。pH 5~7 时，浅水岛屿温度较低的温泉水中

砷主要以 H_3AsO_3 形式存在，而温度较高的深层温泉水中砷主要形态则为 $H_2AsO_4^-$（Flora，2015）。含水层温度较高、铁和硫浓度较高的条件下，As_2O_3 和 As_2S_3 会优先形成沉淀析出。美国黄石公园温泉水 pH 较低、含硫较高，在此条件下砷可与硫反应形成硫代砷（酸盐）等（Planer-Friedrich et al.，2007）。

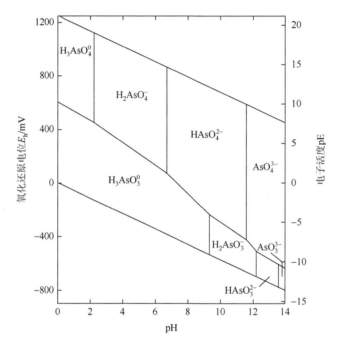

图 1-1　As-O_2-H_2O 体系中可溶性砷的 E_h-pH 关系图（25℃，1 标准大气压）
（Smedley and Kinniburgh，2002）

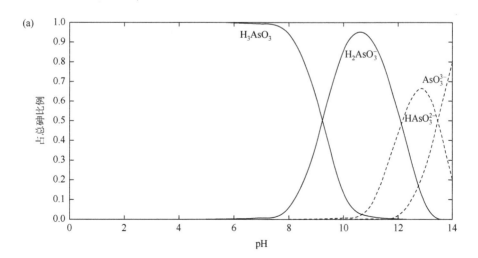

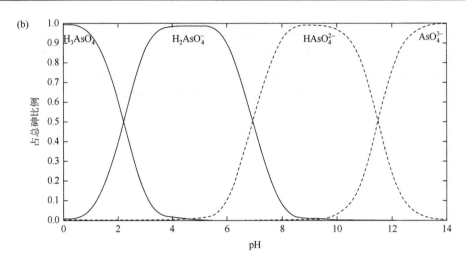

图 1-2 亚砷酸盐（a）与砷酸盐（b）形态随 pH 变化图（Reis and Duarte，2019）

1.2.1.2 天然水体中砷形态转化

（1）砷的化学转化

氧化还原反应对砷在天然水环境中形态及其分布比例有重要影响。热力学计算显示，砷在氧化性水环境中主要以 As(Ⅴ)形式存在，这是因为水中溶解氧可将 As(Ⅲ)氧化为 As(Ⅴ)。但是，上述氧化反应速率非常缓慢，As(Ⅲ)通常可在数天、数周甚至数月内保持稳定（Ferguson and Gavis，1972）。还原性水环境中砷主要以 As(Ⅲ)形式存在，As(Ⅴ)还原为 As(Ⅲ)的速率也非常缓慢，且往往需要微生物参与。基于此，有研究提出采用水中 As(Ⅴ)与 As(Ⅲ)的比值作为地下水环境中氧化还原条件的指示性指标（Yan et al.，2000；Cherry et al.，1979）。

砷在海水中丰度位列第 14 位。表层含氧海水中，As(Ⅴ)/As(Ⅲ)的比值理论上应为 $10^{15}:1 \sim 10^{26}:1$（Mandal and Suzuki，2002；Andreae，1979），但实际检测值范围为 $0.1:1 \sim 10:1$（$0.1:1 \sim 250:1$），这暗示海水中微生物作用可能在砷形态转化过程中发挥重要作用（Mandal and Suzuki，2002；Johnson and Pilson，1975）。

（2）砷的微生物转化

天然水体中，微生物也可能对 As(Ⅲ)和 As(Ⅴ)之间的形态转化及其比例产生重要影响。相对于存在微生物的水样，无菌水样中砷不易发生形态转化（Smedley and Kinniburgh，2002）。有研究发现，美国西南部的地热水中 As(Ⅲ)在下游可被迅速氧化为 As(Ⅴ)，速率常数为 $0.3\ h^{-1}$，这归因于砷氧化细菌的催化氧化作用（Wilkie and Hering，1998）。同样，体系中存在砷还原细菌时，加利福尼亚州莫诺湖中的 As(V)可迅速还原为 As(III)，速率常数为 0.02~0.3 d^{-1}，这主要归因于砷还原细菌的作用（Oremland et al.，2000）。

分离、富集和鉴定具有砷形态转化能力的微生物菌株，这对于深刻认识砷的微生物地球化学过程和砷污染机制具有重要意义。有研究人员在印度西孟加拉邦的巴拉萨特和查克达哈的砷污染地下水中分离出 170 多种菌株（Paul et al.，2015a），其中 60%菌株具有 As(V)还原能力，50%以上菌株具有 As(V)还原基因 *arsC*；少量菌株具有 As(III)氧化能力，近 10%菌株含有 As(III)氧化基因 *aioB*（Cui and Jing，2019）。不少研究人员从地下水或含水层沉积物中分离或富集出砷还原细菌。脱硫单胞菌属 WB3（*Desulfuromonas* genus WB3）是从孟加拉湾盆地分离出来的厌氧砷还原细菌，具有异化的 As(V)还原酶（Osborne et al.，2015）。有研究者从江汉平原地下水中分离出一株新型的异源 As(V)呼吸细菌气单胞菌属 JH155（*Aeromonas* sp. JH155），其可在 72 h 内将 2.0 mmol/L As(V)完全还原为 As(III)，且可促进矿物中砷的还原和释放（Chen et al.，2017）。此外，有研究者在阿根廷图库曼的地下水中分离出具有好氧还原 As(V)能力的短杆菌属 AE038-4（*Brevibacterium* sp. AE038-4）和微杆菌属 AE038-20（*Microbacterium* sp. AE038-20）等菌株（Maizel et al.，2018）。我国科研人员也从河套盆地高砷含水层中分离出 2 株分别携带 *arr* 和 *ars* 基因的假单胞菌属 M17-1（*Pseudomonas* sp. M17-1）和芽孢杆菌属 M17-15（*Bacillus* sp. M17-15）等好氧耐砷细菌（Guo et al.，2015）。

需要指出的是，无机砷在微生物作用下还可能发生甲基化等而转化为有机砷。与汞甲基化后毒性大幅增加不同，无机砷向有机砷的转化不一定是毒性和环境风险增加的过程，本书不做赘述。

1.2.2 砷的土壤化学

1.2.2.1 土壤中砷形态转化

土壤中砷主要以 As(III)和 As(V)等无机砷形式存在，同时可吸附在土壤有机或无机颗粒物表面。从土壤化学角度而言，不同土壤中砷的存在形态主要取决于土壤类型和组成、pH 和 E_h 等。氧化性土壤中，As(III)容易被氧化，As(V)为主要形态，且 As(V)极易吸附在黏土、铁锰（氢）氧化物和有机质上；还原性条件下，As(III)占主导，且迁移性较强。富含铁或铝的土壤层中，砷可能吸附在铁或铝氧化物表面，也可能形成砷酸铁（$FeAsO_4$）或砷酸铝（$AlAsO_4$）共沉淀，这是酸性土壤中砷的主要存在形式。碱性、高钙质土壤中，砷可能与钙离子反应形成砷酸钙[$Ca_3(AsO_4)_2$]沉淀。相同 pH 条件下，一般铁钙土、棕壤、栗色土中砷含量依次增加。此外，微生物化学过程也会对土壤中砷存在形态和比例产生直接影响。一方面，土壤中砷氧化或还原细菌可能促进 As(III)氧化或 As(V)还原，从而影响土壤中砷含量、迁移性以及 As(III)与 As(V)的比例。此外，在土壤微生物介导下，无机砷可被甲基化为一甲基砷酸（盐）(MMA)、二甲基砷酸（盐）(DMA)、三甲基砷氧化物（TMAO）等有机砷（Mandal and Suzuki, 2002）。

1.2.2.2 土壤砷的食物链传递

土壤是绝大多数植物、作物生长之本，土壤中的砷不仅影响植物生长发育而产生生态风险，还可能通过土壤—植物—动物/人类食物链传递导致动物或人体砷暴露，产生健康风险。世界范围内，土壤砷污染经食物链传递导致人群砷暴露最典型的案例是大米砷污染。全球约 30 亿人口以大米为主食，近 120 个国家种植水稻，其中中国、孟加拉国、印度和巴基斯坦等大多数国家是在淹水土壤条件下种植水稻的。砷在通风不良的淹水土壤中主要以毒性更大、迁移性更强的无机 As(III)形式存在，这主要是由于发生如下反应：①吸附在土壤矿物表面的 As(V)在物理化学和微生物化学作用下还原为 As(III)；②含有砷呼吸还原酶的厌氧菌利用 As(V)作为终端电子受体，并在此过程中获得能量（Suriyagoda et al., 2018）。As(III)主要通过水通道蛋白进入植物，容易被水稻吸收，其砷积累效率高于小麦、大麦等大多数作物，而大米中砷含量一般也较其他主要膳食的谷物高 10 倍。

水稻植株中的通气组织可将氧气从植株地上部分转移到根部，称为"径向氧损失"（ROL）。ROL 可促进溶解性 Fe(II)氧化为 Fe(III)，（氢）氧化铁在水稻根际表面沉积，在水稻根部形成"铁斑"。"铁斑"具有吸附、共沉淀等除砷作用，可以在水稻根部形成隔离层，显著减少砷在水稻植株中的吸收和累积，降低砷的生态和健康风险。水稻根系 ROL 能力因水稻基因型不同而存在差异，从而对铁斑块的生成产生影响；较高的 ROL 可促进铁斑块生成，在水稻根部形成更多钳合位点而阻断砷在水稻中的吸收（Jia et al., 2014）（图 1-3）。无机砷除了直接被水稻等植物吸收外，还会在土壤微生物作用下由 As(III)甲基转移酶转化为甲基砷等有机砷。其中，MMA、DMA 和 TMAO 也可被植物根际吸收，最终在植物体内转化为三甲基砷（TMA），挥发出植物体外。土壤中甲基化砷也可以二甲基砷（Me_2AsH）或 TMA 等形态逸散至大气中（Yan et al., 2012）。

1.2.3 砷的大气化学

大气中含砷细颗粒直径一般为 1 μm 左右，可在空气中有效迁移。大气中吸附砷的细颗粒可能直接通过呼吸进入人体，此外还会通过干湿沉降进入水体或

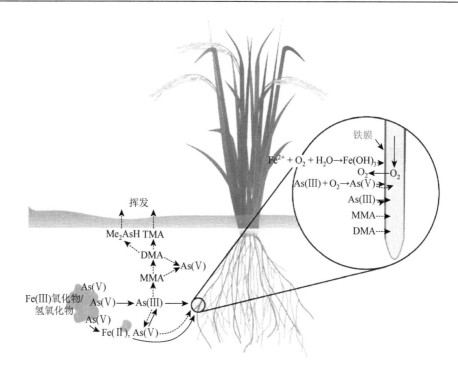

图 1-3 淹水土壤中砷在水稻根际的迁移和转化过程（Zhao et al., 2010）

实线和虚线箭头分别表示主要过程和次要过程

土壤，这一定程度上增加了人群饮用水或食物的砷暴露风险。农村地区降水中砷浓度通常低于 0.03 μg/L，燃煤工业区周边降水砷浓度约为 0.5 μg/L，铜冶炼厂区降水中砷浓度甚至可达 16 μg/L（Smedley and Kinniburgh，2002）。雨水中砷主要是冶炼和燃煤等工业附近的 As_2O_3、垃圾填埋场附近的 AsH_3 以及海洋气溶胶中土壤细颗粒等。大气气溶胶的砷也可发生形态转化。例如，臭氧（O_3）是强氧化剂，SO_2 也具有氧化性，二者在一定条件下均可氧化气溶胶中的还原性 As(III)（Flora，2015）。

总体而言，降水对地表水、地下水中砷污染的贡献很小，目前仍无证据表明大气中的砷会对饮用水源构成直接威胁。对比而言，家庭含砷燃煤烟气的直接吸入或含砷细颗粒沉积在食物表面被人体摄入，这是不少地区人群砷暴露、地方性砷中毒的重要途径，被称为燃煤型砷中毒。例如，我国贵州某些地区长期采用砷含量在 100～9600 mg/kg 之间的高砷煤炭作为烹饪、取暖的主要能源。当地历史上使用没有排烟设施的炉灶，室内空气砷含量极高；另一方面，居民习惯于将玉米、辣椒等食物挂在厨房中晾干。高砷煤中的砷经燃烧后以砷的氯化物、氧化物等形式赋存在烟气颗粒物表面，最终以含砷颗粒物形式大量沉积在食物表面。生活在该地区的居民人体长期直接吸入含砷燃煤烟气和食用砷污染食物，最终导致大范围地方性燃煤型砷中毒现象。

1.3　砷的毒性与毒理学

1.3.1　不同形态砷的毒性

砷是水、土壤和空气等环境介质中均存在的毒性最强的（类）重金属之一，几乎对所有生物都有毒性，且砷的毒性与其价态、存在形态有关。一般认为，无机砷毒性较有机砷强，而无机砷中 As(III)毒性约为 As(V)的 60 倍以上（Mandal and Suzuki，2002；Bundschuh et al.，2021）。不同形态砷毒性排序为砷氢酸（AsH_3）＞亚砷酸盐[As(III)]＞砷酸盐[As(V)]＞一甲基砷酸（MMA）＞二甲基砷酸（DMA）。有机砷的毒性也与其价态相关。有研究认为，MMA(III)和 DMA(III)比 As(III)具有更高的细胞毒性和遗传毒性（Styblo et al.，2000；Mass et al.，2001；Kalman et al.，2014）；不同价态的有机砷和无机砷的毒性排序为 MMA(III)＞DMA(III)≥As(III)＞As(V)＞MMA(V)＞DMA(V)＞TMA(III)＞TMAO（Di et al.，2019）。

1.3.2　无机砷的致毒机制

As(V)和磷酸盐（PO_4^{3-}）结构类似，其主要毒性表现为干扰磷的代谢。一旦进入细胞，As(V)会在许多酶促反应中与 PO_4^{3-} 竞争，且含 As(V)的有机酯水解速度较磷酸盐酯类更快。这干扰细胞正常的磷酸化过程，使氧化磷酸化解偶联，破坏三磷酸腺苷（ATP）合成，抑制了细胞的能量供应（Kruger et al.，2013）。具体而言，As(V)与二磷酸腺苷（ADP）经酶促反应形成砷酸盐酯，由于砷酸-磷酸键不稳定，可自发水解为 ADP 和 As(V)，从而阻碍 ATP 合成。同时，ATP 参与的转运、糖酵解、磷酸戊糖途径和信号转导等途径也可能受到抑制（Slyemi and Bonnefoy，2012）。

As(III)对巯基（硫醇基）有极强亲和力，可与很多酶的活性位点和蛋白质的二巯基反应，抑制关键功能酶或蛋白活性。例如，As(III)会与谷胱甘肽（GSH）、谷氧还蛋白和硫氧还蛋白等的二巯基反应，从而抑制细胞内氧化还原状态的维持、脱氧核糖核苷酸的合成、蛋白质的折叠、硫代谢和异物解毒等过程（Pandey et al.，2015）。

1.3.3 砷的微生物毒性

1.3.3.1 砷的微生物毒性效应

砷可能对微生物的生长、细胞形态和生理生化活动等产生不利影响，最终导致微生物种群数量减少、多样性降低和群落结构改变（Abdu et al.，2017）。研究表明，砷会抑制与能量代谢相关的基本细胞功能，从而几乎对所有微生物都具有毒性（Ghosh et al.，2004）。研究显示，砷污染土壤的酶活性、微生物生物量和呼吸作用等明显减弱（Prasad et al.，2013）；受污染土壤中的砷对微生物种群的抑制率大小依次为细菌＞真菌＞放线菌（Wang et al.，2011）。最新研究表明，砷和锑的复合污染会显著降低环境微生物多样性，导致砷和锑抗性微生物富集，且影响微生物碳、氮、硫等循环过程（Li et al.，2021；Sun et al.，2019）。

虽然砷具有极强的微生物毒性，但另一方面，自然界中许多微生物可通过各种过程实现砷解毒，且某些微生物可利用 As(Ⅲ)为电子供体或利用 As(Ⅴ)为电子受体，通过氧化还原等电子转移过程满足微生物基本生理机能（Páez-Espino et al.，2009；Tsai et al.，2009）。基于微生物的砷解毒策略一般包括：①细胞外隔离；②砷的主动排出；③增加磷酸盐吸收性能等以使进入细胞的砷含量最小；④利用谷胱甘肽（GSH）、植物螯合肽（PCs）和金属硫蛋白（MTs）等金属结合肽介导的螯合作用（真核生物）；⑤通过砷的氧化、还原和甲基化等方式将砷转化为毒性更小的有机砷等（图1-4）（Tsai et al.，2009）。图1-4显示，对于原核生物和真核生物，砷都是通过磷酸盐转运蛋白[As(Ⅴ)]或水甘油通道蛋白[As(Ⅲ)]进入细胞；砷也可通过在细胞外沉淀而固定在环境中；一旦进入细胞内，As(Ⅴ)就被砷酸还原酶 ArsC 还原为 As(Ⅲ)，之后通过特定的膜泵 Ars(A)B 挤出细胞外。As(Ⅲ)在真核生物中可通过与富含半胱氨酸的肽（如植物螯合肽等）络合而解毒；真核生物可以氧化酶 AoxAB 或 ArxAB 为电子供体将 As(Ⅲ)氧化为 As(Ⅴ)；也可以异化砷酸还原酶 ArrAB 为电子受体将 As(Ⅴ)还原为 As(Ⅲ)；无机砷还可以通过一系列甲基化反应转化为有机砷。

1.3.3.2 微生物对砷的耐受机制

（1）微生物对砷的吸收

某些微生物可利用 As(Ⅲ)作为电子供体或以 As(Ⅴ)为电子受体。但是，砷不是细胞所必需的元素，在细胞质中不发挥任何代谢或营养作用，因此迄今为止未报道特定的微生物吸收砷的途径。通常，As(Ⅲ)和 As(Ⅴ)与相应转运蛋白的底物

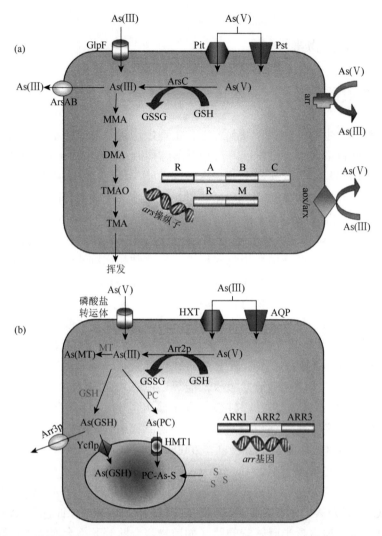

图1-4 （a）原核生物和（b）真核生物参与环境中砷代谢过程示意图（Tsai et al.，2009）

Pit 为磷酸盐无机转运系统；Pst 为磷酸盐特异转运系统；GlpF 为水甘油通道蛋白；Ycflp 为钙调节因子；ArsC 为解毒砷酸还原酶；ArsAB 为 As(III)外排膜泵；aox/arx 为不同类型的 As(III)氧化酶；arr 为异化砷酸还原酶；AQP 为水通道蛋白；HXT 为 As(III)转运通道蛋白；HMT1 为金属转运蛋白

具有结构相似性,因此二者分别通过磷酸盐转运通道和水甘油通道蛋白进入细胞。原核生物中磷酸盐转运通道蛋白主要包括 Pit（PhoS）和 Pst（PstB 和 PstC）等两类,前者是主要的通道蛋白且通常不能转运其他含氧阴离子（Tsai et al.，2009）。例如,大肠杆菌中 Pst 是主要的 As(V)转运通道蛋白（Rosen and Liu，2009）；原核生物中负责转运 As(III)的通道蛋白则是水甘油通道蛋白 GlpF（Sanders et al.，1997），GlpF 是主要内在蛋白（MIP）家族的甘油通道之一。与原核生物类似,真核生物对 As(V)和 As(III)的吸收也是通过磷酸盐转运通道和水甘油转运通道实现的。不同的是，真核生物中参与 As(V)吸收的关键蛋白是 Pho87，而 Fps1p、Hxt1-5、Hxt7 和 Hxt9 是主要的 As(III)转运通道蛋白（Bhattacharjee and Rosen，2007）。

（2）砷的隔离及螯合作用

研究表明，某些细菌可在砷进入细胞前将其隔离或固定在细胞外，防止其进入细胞参与和干扰细胞生长代谢过程（Marchal et al.，2010）。细胞体外环境的砷可能会刺激细胞分泌大量可充当分子筛的胞外聚合物（EPS），隔离水相中阴离子、阳离子、非极性化合物和颗粒物等（Flemming and Wingender，2010）。透射电子显微镜（TEM）结合 X 射线能量色散光谱（EDS）分析表明，砷主要被隔离在 EPS 的多糖胶囊中（Pandey et al.，2015）。

砷进入细胞后，螯合是抑制砷在细胞内累积、抑制其与胞内组分发生作用的主要机制。真核生物中，As(III)还可与富含巯基的肽或蛋白（如 GSH、PCs 和 MTs 等）结合形成无活性的复合物，或在钙调因子 Ycf1p 等 ATP 酶的催化作用下以 As(III)-GSH 形式被泵入液泡中实现隔离（Ghosh et al.，1999；Wysocki et al.，2003）。MTs 属于富含半胱氨酸的蛋白质家族，可通过其两个富含半胱氨酸的金属结合位点形成稳定的金属硫醇簇，是动物细胞中主要的金属结合配体。PCs 是在植物、真菌等中广泛存在、可实现重金属解毒的重要诱导肽。据报道，酿酒酵母（*S. cerevisiae*）的 PCs 在镉和砷等重金属解毒中发挥重要作用（Kim et al.，2005）。As(III)通过与 PCs 结合形成 As-PCs 复合物，当代谢物中存在硫化物时则会形成稳定的 As-PCs-S 复合物，且在液泡膜重金属转运蛋白 HMT1 作用下进入液泡（Tsai et al.，2009）。

（3）砷的还原

迄今为止，国内外报道了 2 种 As(V)的微生物还原机制：As(V)抗性微生物（ARMs）将 As(V)还原为 As(III)作为解毒手段，异化 As(V)呼吸原核生物（DARPs）以 As(V)作为电子受体进行厌氧呼吸。原核和真核生物均存在通过将 As(V)还原为 As(III)从而将砷排出细胞的解毒机制。原核生物中，这种机制由编码蛋白质的 *ars* 操纵子控制，最常见的 2 个操纵子为 *arsRDABC* 和 *arsRBC*。*arsRBC* 由 3 个基因组成，分别编码 As(V)还原酶 ArsC、具有 As(III)特异性结合位点的调节蛋白 ArsR 和 As(III)跨膜外排泵 ArsB。ArsC 通过谷氧还蛋白、谷胱甘肽或硫氧还蛋白介导 As(V)的还原。特别地，由于 ArsC 位于细胞质内，故只能还原已进入细胞内的 As(V)，不能还原吸附在胞外的 As(V)（Cavalca et al.，2013；Tsai et al.，2009；Pandey et al.，2015）。*arsRDABC* 包括 5 个基因，除以上 3 种外，还包括一种受 As(III)激活的 ATP 酶的编码 ArsA 和另一种类金属响应的转录阻遏蛋白 ArsD（Patel et al.，2007）。ArsA 可为 ArsB 提供能量，ArsD 可提高 ArsAB 跨膜外排泵的效率。As(V)通过磷酸盐转运蛋白进入细胞，被 ArsC 还原为 As(III)，然后通过 ArsB 或 ArsAB 排至细胞外。真核微生物的 As(V)还原酶 Acr2p 由 *arr* 基因编码，Acr2p

介导的 As(Ⅴ)还原由谷氧还蛋白为还原剂。由 ArsC 或 Acr2p 介导的 As(Ⅴ)还原在有氧和无氧条件下均可发生，是最普遍的砷解毒机制。

As(Ⅴ)还原的第 2 种机制仅存在于细菌和某些古菌的厌氧呼吸中，在此过程中微生物将 As(Ⅴ)作为呼吸还原酶和呼吸链的最终电子受体。热力学计算表明，异化 As(Ⅴ)还原可提供足够能量以维持微生物生长（Zhu et al.，2014）。这一机制中的关键酶是 As(Ⅴ)呼吸还原酶 ArrA。*arr* 操纵子由 *ArrA* 和 *ArrB* 两个基因组成，分别编码大亚基和小亚基。Arr 是一种异二聚体的周质蛋白，只有当 ArrA 和 ArrB 两个亚基同时表达时才能发挥作用（Cavalca et al.，2013）。与 ArsC 不同，ArrA 可还原胞内或吸附在胞外的 As(Ⅴ)（Zobrist et al.，2000）。

（4）砷的氧化

微生物的另一种解毒方式是通过 As(Ⅲ)氧化酶将毒性较强的 As(Ⅲ)氧化为毒性较弱的 As(Ⅴ)，这对于细菌和古细菌更为常见。这类微生物可称为"砷氧化微生物"。根据 As(Ⅲ)代谢方式不同，砷氧化微生物主要分为两类：一类是氧化 As(Ⅲ)获得能量以实现化学能自养生长，另一类是单纯的氧化 As(Ⅲ)解毒。化学自养的砷氧化微生物主要通过以下途径实现 As(Ⅲ)氧化：①有氧氧化，即以氧气为电子受体、As(Ⅲ)为电子供体，且以氧化过程产生的能量固定 CO_2 进行生长；②依赖于硝酸盐、硫酸盐或硒酸盐的厌氧氧化，即在厌氧条件下以 As(Ⅲ)为电子供体，同时以硝酸盐、硫酸盐或硒酸盐等为电子受体，进行氧化还原反应获得能量；③厌氧光自养，即在厌氧和光照条件下，微生物以 As(Ⅲ)为电子供体、CO_2 为最终电子受体进行氧化还原反应，同时获得微生物生长所需的能量（Budinoff and Hollibaugh，2008；Páez-Espino et al.，2009；韩永和和王珊珊，2016；Pandey et al.，2015）。

编码 As(Ⅲ)氧化酶的基因为 *aox*（又称 *aro*、*aso* 或 *aio*）或 *arx*，对应的 As(Ⅲ)氧化酶为 AoxAB（又称为 AroAB、AsoAB 或 AioAB）和 ArxAB。AoxAB 包含 2 个异源亚基，分别是含有钼辅因子和[3Fe-4S]簇的大催化亚基 AoxA 和包含 Rieske 型[2Fe-2S]簇的小催化亚基 AoxB。AoxAB 介导的 As(Ⅲ)氧化过程中，As(Ⅲ)首先被钼辅因 Mo(Ⅵ)直接亲核攻击发生 2 个电子转移，生成还原性钼 Mo(Ⅳ)和 As(Ⅴ)，且 As(Ⅴ)与金属配位。之后，As(Ⅴ)被释放，Mo(Ⅳ)被氧化成 Mo(Ⅵ)。此过程中电子首先转移到 AoxA 的[3Fe-4S]中心，随后转移到 AoxB 的[2Fe-2S]中心。从小催化亚基 AoxB 之后，电子被提供给内膜中的呼吸链，并转移至最终电子受体（Ellis et al.，2001；Pandey et al.，2015）。ArxAB 是近年发现的另一种 As(Ⅲ)氧化酶，被认为是从古细菌中进化而来，且可能是 As(Ⅲ)氧化酶和呼吸性 As(Ⅴ)还原酶的祖先（Zargar et al.，2012）。ArxAB 同样包含 2 个亚基，分别是包含钼辅因子和一个[4Fe-4S]簇的大催化亚基（ArxA）和包含 4 个[4Fe-4S]簇的小催化亚基（ArxB）。事实上，相对于 As(Ⅲ)氧化酶，Arx 亚基（ArxA 和 ArxB）的结构特征与呼吸性

As(Ⅴ)还原酶更相近。针对埃利希菌 MLHE-1 的研究显示,尽管该菌株不能在 As(Ⅴ)的作用下呼吸生长,但其 ArxAB 酶在体外同时具有 As(Ⅲ)氧化酶活性和 As(Ⅴ)还原酶活性(Richey et al.,2009),而 arx 操纵子仅在有 As(Ⅲ)存在的厌氧条件下才可以表达(Zargar et al.,2010)。

(5)砷的甲基/去甲基化及外排

砷甲基化指无机砷通过甲基化转化为一甲基砷酸(MMA)、二甲基砷酸(DMA)和三甲基砷酸(TMA)等有机砷的过程。砷甲基化是自然界较广泛存在的生物化学反应过程,在细菌、古细菌、真菌、藻类、植物、动物和人类等中均有报道(Kruger et al.,2013;Wang et al.,2004;Ye et al.,2012)。无机砷发生甲基化之后,还可能进一步经代谢反应生成砷胆碱(AsC)、砷酸酯、砷糖等有机砷化合物。一般认为砷的甲基化是重要解毒机制,但也有报道表明 MMA(Ⅲ)、DMA(Ⅲ)等甲基化砷的毒性与 As(Ⅲ)相当甚至更强(Di et al.,2019)。

砷甲基化可能包括如下多步骤生化反应过程:As(Ⅲ)进入到微生物体后,在甲基转移酶(ArsM)的催化下生成 MMA(Ⅴ),MMA(Ⅴ)进一步在还原酶作用下还原为 MMA(Ⅲ);之后 MMA(Ⅲ)进一步被甲基化为 DMA(Ⅴ),生成的 DMA(Ⅴ)继续被还原为 DMA(Ⅲ);DMA(Ⅲ)进一步甲基化为 TMAO,TMAO 还可被还原为有机砷 TMA(Ⅲ)(图 1-5)。简言之,ArsM 的解毒机理是 As(Ⅲ)在生物体内经 3 次甲基化后转化为挥发性有机砷,最终挥发至生物体外。主要的挥发性有机砷有 MMA、DMA 和 TMA 等,而砷酸甲酯、砷酸二甲酯则是主要的非挥发性有机砷。ArsM 属

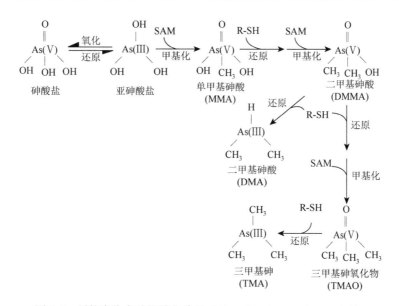

图 1-5 原核生物中砷甲基化途径(Slyemi and Bonnefoy,2012)

SAM(S-adenosylmethionine)为 S-腺苷甲硫氨酸;R-SH(thiol-containing compounds)为含硫醇的化合物

于 UbiE/Coq5 C-甲基转移酶家族，其特征是活性位点有一个半胱氨酸残基。微生物广泛存在编码 As(III)S-腺苷甲硫氨酸甲基转移酶的 *arsM* 基因，已在 125 种细菌和 16 种古细菌中被发现（Qin et al.，2006）。

微生物的砷甲基化在厌氧和有氧条件下均可进行，且主要发生在水体、沉积物和土壤中。甲基化反应通常需要 S-腺苷甲硫氨酸（SAM）作为甲基的供体或前体，而厌氧微生物则可使用甲基钴胺素（Yuan et al.，2008）。SAM 是甲硫氨酸的生物活性形态，在原核和真核生物的砷甲基化过程中可将甲硫氨酸中的甲基传递给砷。As(V)在微生物体内首先被谷胱甘肽（GSH）还原为 As(III)，As(III)在 ArsM 的催化作用下接受来自 SAM 的甲基生成 MMA(III)，SAM 去甲基产生 S-腺苷高半胱氨酸。MMA(III)可继续接受来自 SAM 的甲基生成 DMA 和 TMA。As(III)SAM 甲基转移酶还可在生成砷糖、砷胆碱（AsC）和砷甜菜碱（AsB）等其他有机砷前体方面发挥作用（Zhu et al.，2014）。甲基钴胺素是甲硫氨酸合成酶的辅酶，甲基氨酸合成酶的作用是使高半胱氨酸与甲基四氢叶酸反应生成甲硫氨酸和四氢氨酸。研究表明，甲基钴胺素可在 GSH 存在时不经酶催化直接将 As(III)甲基化为 MMA 和少量的 DMA。此外，微生物同时还可以一甲基砷、二甲基砷等有机砷为底物实现去甲基化，甚至可利用甲基化砷为碳源（Maki et al.，2004）。可参与去甲基化的微生物种类较少，在有氧和厌氧条件下均可发生（Huang et al.，2007），但对微生物去甲基化机制的研究仍较少。

微生物中 As(III)从体内排出主要通过 As(III)载体蛋白 ArsB 或 As(III)外排泵 ArsAB 实现，前者主要通过膜电位差获得能量，后者的能量来源则通过一种可将膜电位转化为 ATP 的 ATP 酶 ArsA 介导 ATP 水解（Tsai et al.，2009）。大多数原核生物采用 ArsAB 系统外排砷，少数细菌只能利用 ArsB 系统。据报道，半胱氨酸残基突变后会降低对 As(III)的亲和力，这表明 As(III)对 ArsA 的激活主要是通过 3 个半胱氨酸残基与 As(III)形成的金属-硫醇复合物发生的。真菌中 As(III)的外排主要是由 Acr3p 介导完成的（韩永和和王珊珊，2016）。迄今为止，针对 As(V)从生物体排出的研究较少，仍未见 As(V)排出泵的报道（Pandey et al.，2015）。

1.3.4 砷对植物生长的影响与作用机制

1.3.4.1 对植物生长的影响

砷并非植物生长的必需元素，在植物中没有明确的生物意义。有研究发现，低剂量砷对某些植物的生长有促进作用，但机理尚不清楚，推测可能是砷影响其他元素吸收或抑制有害病菌的间接作用（Shaibur and Kawai，2009；Verbruggen et al.，2009）。高浓度砷对植物生长有严重影响，可能导致植物在形态、生理、生化和代谢水平等方面发生显著改变。受高砷胁迫的植物表现出的典型症状有：①形态损伤，如脉间坏死病、萎黄病、枯萎和落叶等；②生理抑制，如根和芽生长受到抑制（长度变短、干质量减少）、细胞膜破损、光合作用速率和蒸腾作用强度降低等；③生化和代谢过程破坏，如产生大量活性氧物种（ROSs），DNA 受损伤，碳水化合物、脂质和蛋白质代谢等被破坏（Abbas et al., 2018; Pandey et al., 2015; Singh et al., 2019; Rai et al., 2011）。

砷对光合作用的抑制一般发生在光反应或暗反应阶段，在某种条件下可能在 2 个阶段同时发生。一方面，砷会破坏叶绿体膜，降低细胞叶绿素含量，进而明显抑制光反应活性；另一方面，砷会抑制 CO_2 固定相关酶的活性，降低光合作用速率（Cordon et al., 2018; Bali and Sidhu, 2021）。此外，砷会破坏植物细胞膜，导致细胞质泄漏，同时伴随膜脂质过氧化反应产物丙二醛含量升高。细胞膜受损还可能导致细胞内营养组分和水分吸收不平衡，气孔导度降低，从而降低植物蒸腾作用强度（Abbas et al., 2018）。砷主要通过以下 2 种机制引起植物生化和代谢（分子）损伤：①引起植物组织产生并累积大量反应性氧化活性物种（ROSs），间接导致关键酶失活，扰乱细胞氧化还原稳态；②与巯基相互作用或取代酶活性位点的关键离子，直接导致关键酶失活（Rodríguez-Ruiz et al., 2019; Finnegan and Chen, 2012; Shahid et al., 2014）。ROSs 是细胞内各个主要细胞器（如叶绿体、线粒体和过氧化物酶体等）正常有氧代谢的副产物，砷胁迫条件下会诱导产生大量超氧自由基（O_2^-）、单线态氧（$^1O_2$）、过氧化氢（H_2O_2）和羟基自由基（•OH）等 ROSs，破坏细胞内原有的 ROSs 产生与消耗平衡，从而导致 ROSs 大量积累。细胞内过量的 ROSs 会导致蛋白质、脂质、碳水化合物等非特异性氧化以及酶失活、膜渗漏和 DNA 损伤等（Shri et al., 2009）。

1.3.4.2 植物对砷的耐受机制

与微生物相似，植物同样也存在多种砷耐受和砷解毒机制。例如，植物体内细胞可通过砷的隔离及区域化、砷的还原、螯合（络合）、甲基化和外排等作用降低砷的毒性，提高对砷的耐受性。土壤中砷主要以 As(III)、As(V)、MMA 和 DMA 等形式从植物根部进入植物体，不同形式的砷可通过不同途径和转运蛋白被选择性吸收。如图 1-6 所示，植物分别通过磷酸盐转运蛋白（Pi）和水通道蛋白（NIP）吸收 As(V) 和 As(III)。As(V) 可在砷酸盐还原酶（AR）催化介导下被谷胱甘肽（GSH）还原为 As(III)；As(III) 在细胞内会与植物螯合肽（PCs）、GSH 等硫醇化合物螯合，并通过 ATP 结合盒转运体（ABCC）被隔离到中央液泡中。同样，As(III) 和 As(V) 转移到植物芽组织后，也会发生类似的还原和隔离。对于植物种子，As(III) 在韧皮部通过肌醇转运蛋白（INT）装载并转移到种子中。植物体内发生的砷甲基化同样是将无机砷转化为毒性更小的有机砷,但其甲基化过程与机制的研究仍待深入。迄今为止,植物体内已报道的甲基砷主要有 MMA、DMA 和 TMAO 等。MMA 和 DMA 通过水通道蛋白（Lsi1）进入植物根细胞,之后通过木质部转运至植物地上部分；之后,MMA、DMA 和 As(III)等可通过长距离转运蛋白（PTR7）和 NIP 输运到枝条（Bali and Sidhu,2021）。甲基化砷在植物体内的转运和解毒机制尚不清楚（Farooq et al.,2016；陈国梁等,2017）。

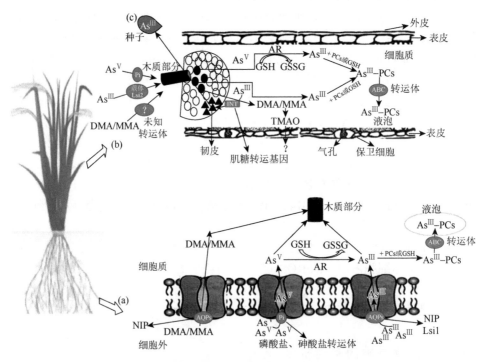

图 1-6　砷进入植物根部细胞（a）、芽组织（b）、种子（c）及解毒过程示意图
（Farooq et al.,2016）

如前所述,砷会诱导植物细胞产生和累积大量 ROSs,进而对植物体产生各种毒性效应。在砷胁迫条件下,植物体内超氧化物歧化酶（SOD）、过氧化氢酶（CAT）、过氧化物酶（POD）、抗坏血酸过氧化物酶（APX）、愈创木酚过氧化物酶（GPX）、谷胱甘肽还原酶（GR）等抗氧化酶以及非酶抗氧化剂（如 GSH、PCs、抗坏血酸和类胡萝卜素等）可猝灭过量 ROSs 以维持体内 ROSs 平衡（图 1-7）（Pandey et al.,2015；蒋汉明等,2009；Byeon et al.,2021）。其中,SOD 可催化 O_2^- 歧化为 O_2 和 H_2O_2,是植物体内对抗 ROSs 第一道防线的关键参与者（Abbas et al.,2014）。CAT 和 POD 可将 H_2O_2 转化为 H_2O,无需额外电子供体。APX 可

催化两分子抗坏血酸将 H_2O_2 还原为 H_2O，同时生成两分子单脱氢抗坏血酸；APX 是抗坏血酸-谷胱甘肽循环的关键酶，在控制细胞内 ROSs 平衡中发挥重要作用（Abbas et al., 2018）。GR 有助于氧化型谷胱甘肽的还原，从而在植物细胞中维持较高的 GSH/GSSG 比率（Begum et al., 2016）。

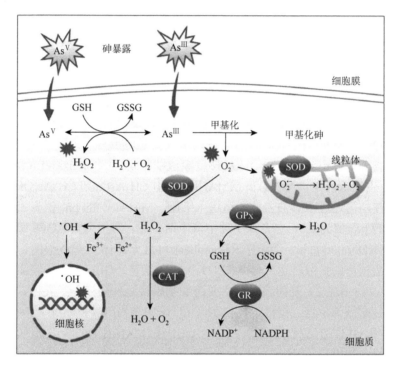

图 1-7 抗氧化酶介导的抗氧化机制示意图（Byeon et al., 2021）

1.3.5 砷的动物毒性及致毒机制

1.3.5.1 砷对动物的毒性效应

砷会干扰动物细胞中酶促反应功能、遗传物质转录过程等很多基本生理活动，最终导致癌症或非癌症的健康损伤。急性砷中毒会导致动物腹部不适、呕吐和腹泻，甚至可能在数小时或几天内死亡（Mandal, 2017）。长期暴露于低剂量砷可能会产生慢性砷中毒，主要病症包括皮肤癌、肾癌、肺癌、肝癌和膀胱癌等癌变，色素沉着、角质化、皮炎等皮肤性疾病，神经系统和心血管系统疾病，以及对胚胎发育的明显致畸效应等（Sattar et al., 2016；Roggenbeck et al., 2016）。

1.3.5.2 砷在动物体内的吸收

大量研究表明，动物细胞对砷的吸收途径主要包括：①As(V)可通过磷酸盐转运蛋白进入动物细胞，这同样归因于As(V)与磷酸盐的相似结构。据报道，哺乳动物体内有5种不同的转运体在Na^+依赖型磷酸盐摄取中具有明确的生理作用。这5种Na^+依赖转运体包括Na^+/Pi-Ⅱa、Na^+/Pi-Ⅱb和Na^+/Pi-Ⅱc等3种Ⅱ型蛋白和PiT-1和PiT-2等2种Ⅲ型蛋白，其对应的基因分别为 *SLC34A1*、*SLC34A2*、*SLC34A3*、*SLC20A1* 和 *SLC20A2* 等，这些蛋白控制不同组织中磷酸盐的稳态水平（Forster et al., 2013）。②As(Ⅲ)、MMA(Ⅲ)、MMA(V)和DMA(V)等可通过水甘油通道蛋白进入动物细胞。目前在哺乳动物中共发现13种水通道蛋白，其中AQP3、AQP7、AQP9和AQP10等4种为水甘油通道蛋白，允许甘油、尿素和一些砷化合物等中性小分子物质沿浓度梯度穿透细胞膜（Laforenza et al., 2016）。在pH 7.4生理溶液中，As(Ⅲ)和MMA(Ⅲ)分别以H_3AsO_3和$CH_3As(OH)_2$中性分子形式存在，可通过水甘油蛋白通道进入细胞。MMA(V)的pK_a值为3.6和8.2，DMA(V)的pK_a值为6.3，二者在生理溶液下荷负电，但仍可被AQP9缓慢转运进入细胞（McDermott et al., 2010；Roggenbeck et al., 2016）。③As(Ⅲ)、MMA(Ⅲ)可通过葡萄糖协助扩散转运载体（GLUTs）进入细胞。GLUTs属于膜蛋白溶质载体（SLC），由 *SLC2A* 基因编码，主要跨细胞膜转运葡萄糖、半乳糖、果糖、葡萄糖胺和甘露糖等单糖。据报道，14种GLUTs中有GLUT1（*SLC2A1*）、GLUT2（*SLC2A2*）和GLUT5（*SLC2A5*）等3种与As(Ⅲ)和MMA(Ⅲ)的转运有关（Mueckler and Thorens, 2013）。④通过有机阴离子转运多肽（OATPs）将砷转运进入细胞。OATPs也属于SLC，由 *SLCO* 基因编码（Hagenbuch and Stieger, 2013），主要负责如胆红素、胆盐、甲状腺激素、前列腺素、类固醇等内源性物质和药物、毒物等外源性物质沿浓度梯度跨膜进入细胞（Roth et al., 2012）。

1.3.5.3 砷在动物体内的代谢与转化

进入动物细胞后，砷主要有As(V)还原、砷甲基化等2种代谢途径，进入动物体内的As(V)和As(Ⅲ)主要以甲基化砷的形式经尿液排出体外。动物体中砷酸盐还原酶是一种类似于嘌呤核苷磷酸化酶的蛋白质，As(V)可在其催化介导下被二氢硫辛酸还原为As(Ⅲ)（Sattar et al., 2016）。也有研究表明，GSH等硫醇也可在非酶促作用下直接将As(V)还原为As(Ⅲ)（Hughes, 2002）。还原生成的As(Ⅲ)通过甲基化作用逐渐被代谢排出体外。

绝大多数砷的甲基化在动物肝脏中由甲基转移酶介导完成，生成MMA、DMA

和 TMA 等（Dopp et al.，2010）。无机砷的甲基化主要有 2 种途径：①以 S-腺苷甲硫氨酸（SAM）为甲基供体，As(III)在甲基转移酶（As3MT）介导下转化为 MMA(V)；MMA(V)经谷胱甘肽硫转移酶（GST）还原为 MMA(III)，进而在另一 As3MT 作用下进行第二次甲基化生成 DMA(V)；部分 DMA(V)可在 GST 介导下还原为 DMA(III)，进一步在 As3MT 作用下甲基化为 TMAO(V)（Kumagai and Sumi，2007）。②As(III)首先与 GSH 生成三谷胱甘肽复合物 As(GS)₃(ATG)，As(GS)₃ 在 SAM 存在条件下由 As3MT 催化介导，形成一甲基砷二谷胱甘肽复合物 As(III)-GS（MADG），且受 GSH 浓度影响，MADG 和 MMA(III)处于动态平衡；产生的 MMA(III)被氧化成 MMA(V)，未转化成 MMA(III)的 MADG 可再次甲基化生成二甲基砷谷胱甘肽复合物 DMAG；DMAG 可水解生成 DMA(III)，再经氧化转化为 DMA(V)，最终以甲基化砷的形式经尿液排出体外（图 1-8）（Hayakawa et al.，2005；Sattar et al.，2016）。需要指出的是，并非所有动物细胞都进行砷的甲基化，如狨猴、松鼠猴、黑猩猩和豚鼠等少数动物的细胞不具备甲基化功能（Drobná et al.，2010）。

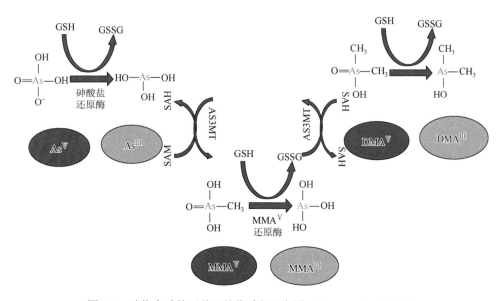

图 1-8 动物中砷的两种甲基化过程示意图（Sattar et al.，2016）

1.3.5.4 砷的动物致毒机制

国内外针对砷的动物致毒机制开展了大量的研究，可能的机制主要包括以下内容。

1）氧化应激。与植物类似，砷胁迫下动物也会产生过量 ROSs，导致细胞内氧化还原稳态失衡破坏。同时，砷诱导的氧化应激作用会抑制 SOD、CAT 和 GR

等抗氧化酶和 GSH 水平，导致动物细胞 ROSs 过剩，损害细胞抗氧化保护机制（Sánchez-Virosta et al.，2015；Duker et al.，2005；Flora et al.，2008）。过量 ROSs 会抑制内质网的功能，增加未折叠蛋白信号响应量，引发细胞炎症甚至死亡；过量 ROSs 还可能影响收缩蛋白导致细胞骨架重排，最终导致细胞死亡。此外，ROSs 还可能破坏线粒体的脂质膜产生活性氮物种（RNSs），RNSs 会进一步损伤 DNA（Valko et al.，2005；Jomova et al.，2011）。

2）替代磷酸盐影响生化代谢反应过程。基于结构相似性，As(V)可替代多种生化代谢反应中的磷酸盐。例如，As(V)可与葡萄糖、葡糖酸盐反应生成葡萄糖-6-砷酸盐或 6-砷葡萄糖酸盐，其结构与葡萄糖-6-磷酸盐和 6-磷酸葡萄糖酸盐相似。在底物水平糖酵解过程中，葡萄糖-6-砷酸盐可作为葡萄糖-6-磷酸脱氢酶的底物抑制己糖激酶。此外，As(V)会通过解偶联氧化磷酸化抑制 ATP 合成。在糖酵解反应中，As(V)可替代磷酸盐与 d-甘油醛-3-磷酸盐反应生成不稳定的 1-砷酸-3-磷酸-d-甘油酸酐，该酸酐会进一步水解为砷酸盐和 3-磷酸甘油酸盐，从而抑制 ATP 的合成。在线粒体水平上，在琥珀酸存在条件下 As(V)同样可替代磷酸盐与 ADP 生成较 ATP 更容易水解的 ADP-As(V)，抑制 ATP 合成。

3）诱导蛋白质结构改变，导致酶或受体失活。As(III)易与 GSH、氨基酸（如含有硫化物的半胱氨酸）等含有巯基的物质反应，诱导蛋白质结构改变，导致酶或受体失活（Akter et al.，2005；Ventura-Lima et al.，2011）。例如，丙酮酸脱氢酶（PDH）是一种多亚基复合物，需要具有二硫醇结构的辅因子硫辛酸才能发挥酶活性。PDH 氧化丙酮酸生成可作为柠檬酸循环中间产物的前体物的乙酰辅酶 A，柠檬酸循环降解中间产物，为 ATP 合成的电子传递体系提供了还原当量（Hughes，2002）。As(III)和 MMA(III)可与硫辛酸的巯基结合，抑制 PDH 活性、阻断柠檬酸循环，最终抑制 ATP 合成。此外，As(III)与巯基结合也抑制了糖异生中间体的生成，从而阻碍动物体将多种非糖物质转变成葡萄糖或糖原的过程，降低体内碳水化合物含量（Hughes，2002；Sattar et al.，2016）。同样，As(III)还会抑制 GSH 还原酶、硫氧还蛋白还原酶等活性，改变细胞内氧化还原状态，最终导致细胞毒性（Duker et al.，2005）。

1.3.6 人体砷中毒症状与机制

1.3.6.1 人体砷中毒症状

砷经各种途径进入人体后，几乎可能影响人体所有器官，产生各种形式的毒性和健康效应。砷中毒主要分为急性砷中毒和慢性砷中毒两类。急性砷暴露可能会导致心脏衰竭、周围神经病变、贫血症、白细胞减少症甚至死亡，主要症状包括眼结膜充血、咽部红肿、口唇起疱等黏膜刺激症状以及接触性皮炎等（李羡筠，2012）。短时间吸入或摄入过量砷会导致急性砷中毒，主要症状为恶心、呕吐、腹痛、腹泻等，严重者会导致发烧、肝肿大、心律不齐等症状，甚至出现多器官功能衰竭和死亡。人体长期砷暴露产生的慢性砷中毒可能导致皮肤癌、肾癌、肺癌、肝癌、乳腺癌和膀胱癌等癌症以及皮肤病变、呼吸系统疾病、心脑血管疾病、糖尿病、生殖系统疾病和神经系统疾病等非癌症病症（Sen et al.，2021；Pullella and Kotsopoulos，2020；Mondal and Chattopadhyay，2020）。

（1）皮肤损伤

急性砷中毒导致的皮肤损伤症状主要有接触性皮炎、潮红、红斑、面部水肿、肢端痛、荨麻疹、脱发和指甲脱落等；慢性砷中毒的症状则主要包括皮肤角质化过度、色素沉着、黑脚病、鲍温病等，甚至也引发皮肤癌（Sinha and Prasad，2020；Jomova et al.，2011；Paul et al.，2015b）。

（2）肺部和呼吸系统疾病

长期砷暴露引起的呼吸系统疾病主要有喉炎、支气管炎、咽炎、鼻炎、气管支气管炎、呼吸急促、鼻塞和哮喘等。严重时，可能引发其他阻塞性肺病、限制性肺病和肺结核等疾病，甚至导致肺癌（Flora，2018）。

（3）心血管疾病

心血管系统由心脏、血管网络（动脉、静脉和毛细血管）和血液组成。长期砷暴露对心血管系统的影响主要是对心脏、外周血管或造血系统等产生损伤，主要病症有雷诺氏病、心肌梗死、心肌去极化、心律失常、高血压、黑足病、血管内皮功能障碍、动脉粥样硬化、动脉瘤等（Alamolhodaei et al.，2015；Mehta et al.，2015）。

（4）神经系统疾病

人体急慢性砷中毒可同时影响中枢神经系统和周围神经系统。急性砷中毒会影响中枢神经系统，导致头痛、嗜睡、轻度意识混乱到红肿性脑病、癫痫和昏迷等。慢性砷中毒会导致周围神经病变，主要症状包括：手腕或踝关节下垂、双侧膈神经不对称、感觉和运动神经元的周围神经病变等，以及患者产生手脚麻木、反射丧失和肌肉无力等（Mandal and Suzuki，2002；Flora，2018）。

（5）生殖和发育系统疾病

长期砷暴露会导致生殖和发育毒性，同时可能影响胎儿发育和致畸。长期砷暴露可能影响男性和女性性器官，导致两性不育不孕。对于男性，砷可能通过减少睾酮合成、细胞凋亡和坏死诱导性腺功能障碍（Shen et al.，2013）。女性怀孕期间，砷可能影响子宫和胎盘的生长，导致新生儿出生体重降低。长期砷暴露还可能导致自然流产、死产和早产等症状（Mandal and Suzuki，2002）。

（6）肠胃系统疾病

胃肠道是人体与外源性化合物接触的最主要器官之一，也是外源性毒物经口暴露与解毒的第一道生理屏障。急性砷中毒症状有急性麻痹、胃肠道综合征等。长期暴露于砷可能导致胃灼热、恶心、腹痛、腹泻、痉挛、胃炎、食道炎和结肠炎等症状，还可能出现厌食、消化吸收不良和体重减轻等（Calatayud and Laparra Llopis，2015）。

(7) 泌尿（肾脏）系统疾病

肾脏是砷从人体排出的主要器官，也是 As(V)发生转化的主要器官。砷在肾脏中累积会导致肾脏组织中的细胞中毒。此外，砷可能对肾脏的毛细血管、肾小管和肾小球等造成损伤，导致血尿、蛋白尿以及少尿、休克和脱水等症状，同时存在肾衰竭、皮质坏死和癌症等风险（Mandal and Suzuki，2002；Flora，2018；Mohammed Abdul et al.，2015）。

(8) 肝脏系统疾病

无机砷在肝脏中代谢和解毒，最终通过尿液排出体外（Watanabe and Hirano，2013）。但是，长期砷暴露会使砷在肝脏中累积，可能导致静脉曲张出血、腹水、黄疸、肝酶水平升高或肝脏肿大等（Jomova et al.，2011），后期可能出现肝纤维化、非肝硬化门脉纤维化、肝硬化、脂肪变性和原发性肝肿瘤等症状（Kapaj et al.，2006；Renu et al.，2020）。

(9) 免疫系统疾病

砷进入人体会破坏人体先天免疫系统。As(Ⅲ)和 As(V)均会对巨噬细胞、淋巴细胞等表现出很强的细胞毒性。砷会诱导引发巨噬细胞快速圆化，随后失去黏附能力；砷可能致使未折叠蛋白的响应信号通路发生故障，从而导致巨噬细胞功能受损（Srivastava et al.，2013）。砷可能诱发糖尿病、动脉粥样硬化和非黑色素瘤皮肤癌等一系列自身免疫性疾病。此外，砷还会抑制淋巴细胞发育、激活、增殖和生理功能，主要机制可能包括增加细胞内自由基、氧化损伤、细胞凋亡、DNA 链损伤、DNA 碱基修饰、交联蛋白和脂质过氧化等（Singh et al.，2013；Mohammed Abdul et al.，2015）。

(10) 癌症

细胞增殖是真核生物生长、发育和再生的重要机制。当人体细胞增殖不可控时，往往会产生癌变。长期摄入砷可能导致皮肤癌、肾癌、肺癌、肝癌、乳腺癌、膀胱癌和前列腺癌等，砷致癌的主要机制有砷诱导的氧化应激、抑制 DNA 修复、微核形成、染色体畸变和诱导表观基因组改变等（Liu et al.，2021；Abuawad et al.，2021）。

1.3.6.2 砷在人体的代谢转化与致毒机制

砷在人体中代谢与转化过程与 1.3.5.3 节中所述的动物体内基本相同，而人体毒性作用机制也与 1.3.5.4 节中动物毒性作用机制类似，在此不做赘述。

1.4 环境介质中砷暴露

环境砷暴露及其对人群健康的影响是全球重大环境与健康问题之一。砷存在于水、土、气、固废等多种环境介质，人体可能通过饮用水和食物摄入、呼吸吸入和皮肤接触吸收等各种途径暴露于砷，最终产生健康损伤。此外，摄入含砷土壤、饮料以及咀嚼槟榔、吸烟等不健康生活方式也会提高人体砷暴露风险（Arain et al.，2009；Al-Rmalli et al.，2011）。砷暴露途径、砷含量与形态、砷在人体内吸收转化途径等差异对人体产生的毒性效应和健康风险也存在明显区别。

1.4.1 饮用水暴露

全球范围内，饮用水是导致人群砷暴露和地方性砷中毒的最主要途径。世界卫生组织（WHO）估计，全世界70多个国家超过2亿人长期饮用高砷水（>10 μg/L），存在较高的砷中毒风险（Rahman et al.，2018；Sandoval et al.，2021）。

孟加拉国和印度西孟加拉邦是世界上饮用水砷污染最严重的地区。孟加拉国1.25亿居民中有3500万~7700万人饮用高于WHO标准限制的高砷水（Karagas，2010；Chakraborti et al.，2015），某些地区地下水砷浓度甚至高达3200 μg/L。联合国粮食及农业组织（FAO）和WHO推荐以每千克体重计的人体砷暴露限值为2.2 μg/(kg·d)（Mondal et al.，2010）。人们包括饮用、做饭等的饮用水消耗量一般为3~6 L/d，高砷地区饮用水砷浓度为50~500 μg/L，则人体砷暴露量约为150~3000 μg/d，这大大超出FAO和WHO规定的限值。即便人体每日摄入2 L浓度为10 μg/L的饮用水，也会导致20 μg/d的砷暴露，在该低剂量下长期砷暴露也会对人体健康产生明显不利影响（Jenkins，2015）。据估计，孟加拉国因饮用水砷暴露每年有超过9100人死亡和174000人患上相关疾病（Lokuge et al.，2004）。

中国饮用水砷暴露人口总数仅次于孟加拉国，位居世界第2位。将中国地下水砷污染分布地图与2000年人口分布图进行交叉，约19580000人可能通过饮用水途径暴露于砷，且主要集中在新疆、内蒙古、河南等省区（Rodriguez-Lado et al.，2013）。需要指出的是，该研究获得的结果可能高于实际存在砷暴露风险的人口，因为某些地方可能使用经处理净化的水或采用跨区引调水，但研究中无法获得实际用水统计数据；此外，中国经济社会发展存在长期或周期性的大范围的人群移动，采用户籍人口统计数据并不能准确刻画实际人口分布规律。需要指出的是，中国大部分地下水砷污染区都属于干旱或半干旱地区，地下水是当地主要饮用水源（Rodriguez-Lado et al.，2013）。

1.4.2 呼吸暴露

砷的呼吸暴露是空气中的砷经呼吸道进入人体的过程，这是燃煤型砷中毒的最主要暴露途径，同时也是涉砷企业周边人群砷暴露的重要途径。空气中的砷大多附着于细颗粒物，长期吸入会引发包括肺癌、心脏病和下呼吸道感染等在内的多种疾病。

全球范围内呼吸暴露对人群砷暴露的贡献率不足 1%（Hughes et al.，2011；Smedley and Kinniburgh，2002；Flora，2018）。美国环境保护署（USEPA）估计，假设每人每天吸入的空气量为 20 m^3，那么通过呼吸进入人体的砷约为 40～90 ng/d，未受污染地区约为 50 ng/d 甚至更低（Mandal and Suzuki，2002），该暴露剂量远低于 FAO 和 WHO 规定的人体暴露限值。但是，涉砷企业周边居民、职业人群等高风险人群，空气中砷含量可能非常高，呼吸暴露对人群健康的影响就应得到高度关注。含砷颗粒物经呼吸道进入人体可能沉积在呼吸道中，并可能被吸收进入血液。WHO 统计表明，经呼吸暴露于砷的人群患肺癌风险大幅增加（Reis and Duarte，2019）。采矿、冶炼及其他涉砷行业生产过程中，职业人群往往长期吸入大量含砷粉尘或气体，首先会刺激鼻腔黏膜引起咽喉炎、支气管炎、鼻炎和咽炎等，同时还可能引发其他呼吸道疾病和砷中毒症状。急性呼吸系统砷暴露还会引起呼吸窘迫综合征，甚至导致死亡（Parent et al.，2006）。除了职业人群暴露外，我国贵州省和印度某些地区燃煤砷含量高，且受当地生活习惯的影响导致居民长期吸入燃煤含砷烟气，这成为区域性砷中毒、肺癌等疾病的主要原因（Finkelman et al.，1999）。

尽管直接吸入的砷更直接地作用于呼吸道、肺等，但有研究表明，呼吸吸入与饮用水摄入对肺癌的诱发概率相近（Smith et al.，2009），这可能与砷在人体内的代谢途径以及砷在体内稳态水平有关。体内细胞在循环系统中处于相对稳态水平，经呼吸道进入人体的砷可能并不直接作用于肺部而产生癌变。呼吸暴露和饮用水暴露都是长期连续的过程，因此肺部砷浓度反映的是人体内相对稳态的砷含量（张文雅和张迎梅，2013）。

1.4.3 皮肤接触暴露

皮肤接触暴露过程是砷与皮肤接触并可储存于皮肤表层，之后非常缓慢地被吸收进入人体组织、血液等（Kapp，2016）。皮肤接触暴露的可能途径包括：在含砷水游泳或洗浴等，接触木材防腐剂等含砷产品，使用含砷个人护理化妆品或清洁产品等（Chung et al.，2014；Rasheed et al.，2016）。与饮用水摄入和呼吸吸入相比，皮肤接触是人体砷暴露的次要途径（Ouypornkochagorn and Feldmann，2010）。但是，与其他暴露途径一样，皮肤接触暴露的砷也可直接影响组织或进入血液，最终影响人体器官和健康。割伤、水泡等受损皮肤或组织对砷的吸收可能明显高于健康组织的吸收（Paul et al.，2015b）。

我国台湾地区曾发生过较普遍的"黑脚病"，这主要是由于农民在稻田作业时皮肤长时间浸泡于含砷水，砷经皮肤吸收后长期累积所致。东南亚某些国家的稻田可能利用高砷地下水灌溉，稻田孔隙水砷浓度可能高达 1 mg/L，农民在田间劳作也可能产生砷的皮肤接触暴露以及"黑脚病"等疾病（van Geen et al.，2006）。某些化妆品可能含有含砷添加剂，这也会直接导致皮肤接触暴露（Chung et al.，2014）。砷形态是影响皮肤穿透性及其在真皮、表皮层中累积量的关键因素，相对于其他形态砷，As(III)和二甲基砷酸[DMA(V)]在皮肤中渗透速度更快。As(V)在皮肤中会转化为 As(III)，之后与角蛋白等生物硫醇作用并在皮肤中累积，最终进入血液循环（Ouypornkochagorn and Feldmann，2010）。USEPA 估算，若成年人的皮肤表面积为 20 000 cm^2，每天在 0.1 mg/L 含 As(V)水中洗澡 12 min，则每天经皮肤吸收的砷量为 0.04 μg/d；若水中砷为 As(III)，则皮肤吸收量增加至 1.1 μg/d；目前尚无数据表明在此暴露剂量下有多少砷最终进入血液（Joseph et al.，2015）。

1.4.4 食物链传递与食物摄入

当饮用水砷浓度低于 10 μg/L 时，食物摄入是砷的主要暴露途径，约占平均每日砷摄入量67%～80%；当饮用水砷浓度超标时，食物摄入占比下降至29%～45%。通过食物摄入的砷可能来源于砷污染土壤中种植或高砷水灌溉的粮食作物（如水稻、蔬菜等）、砷污染水体中养殖生长的水产动植物、以含砷水或饲料喂养的动物（牛、羊、猪肉等）。食物摄入是重要的砷暴露途径。以世界上砷污染最严重的国家孟加拉国为例，该国各种主食、蔬菜、水果、海产品等均可能存在不同程度砷污染，稻米谷粒和豆类中砷含量分别为 110～200 μg/kg，菠菜和洋葱中砷含量分别为 200～1500 μg/kg 和 50～200 μg/kg，土豆和苹果中分别为 30～200 μg/kg 和 50～200 μg/kg（UNICEF，2001）。

砷不是动植物生长的必需元素，但水稻、蔬菜等作物可成为砷进入食物链的重要途径。植物可通过根部吸收砷污染土壤或高砷灌溉水中的砷，砷在植物体内迁移和转化，并可能累积在可食用组织中最终被人或动物食用，这构成了水—土壤—植物—动物食物/人体的食物链传递途径（图1-9）。大米作为全球约 30 亿人口主食，同时也是人类摄入砷的重要食物。水稻从土壤和水中吸收无机砷的效率是其他粮食作物的 10 倍（Williams et al.，2007），因此大米或大米制品中无机砷含量通常最高，每千克干重范围为 0.1～0.4 mg/kg（Meharg et al.，2009；Sun et al.，

2008）。大米中还可能存在少量 DMA(V)等有机砷（Rahman et al.，2014），总砷浓度最高甚至可达 267.7 mg/kg（Nookabkaew et al.，2013）。印度、孟加拉国和中国大米中平均无机砷含量分别接近 80%、80%和 78%，美国、欧洲大米中无机砷含量较低，平均值分别为 42%和 64%（Favas，2016）。孟加拉国大米中总砷含量范围是 0.1~0.95 mg/kg。大米总砷含量以 0.1 mg/kg 计，每天食用 650 g 大米则砷摄入量为 65 μg/d。此外，烹饪过程也可能影响经大米摄入砷的总量。大米在烹饪过程中会吸收约 2 倍重量的水，若烹饪用水含砷，则煮熟的米饭中砷含量可能更高（Williams et al.，2005；Sengupta et al.，2006）。

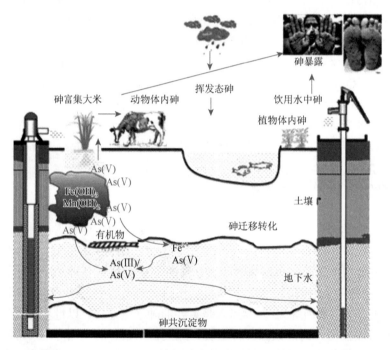

图 1-9　人类通过水—土壤—植物—动物食物链摄入砷的可能途径（Tareq，2015）

对于土壤砷污染较小的绝大多数国家而言，海鲜、鱼类可能是导致人群砷暴露的最主要食物，砷摄入量可能占食物摄入砷总量的 60%~96%。海鲜、鱼类中无机砷含量较低，通常小于 0.2 mg/kg 干重，主要以砷甜菜碱、砷糖等有机砷形式存在；对比而言，大米、蔬菜、牛肉、羊肉和鸡肉等食物中主要为无机砷。砷甜菜碱是海鲜和鱼类中砷的主要形式，通常认为其无毒且不会被人体代谢；砷糖可能是无机砷在生物体内的生物转化产物。海藻中砷含量范围为 2~50 mg As/kg 干重，海藻和以藻类为食的动物中，砷糖是最主要的含砷化合物，例如贻贝通常含有 0.9~3.4 mg As/kg 干重（Guéguen et al.，2011）。砷脂通常存在于鱼肝油、毛鳞鱼和金枪鱼中（Molin et al.，2015）。砷糖、砷脂可被人体吸收和代谢，且产生与无机砷相同的尿液代谢物 DMA（Taylor et al.，2017）。

不同国家膳食习惯不同，经食物摄入砷的总量不等，一般为 17～291 μg/d（Flora，2015）。美国居民经食物摄入无机砷为 1～20 μg/d，摄入均值为 3.2 μg/d（Schoof et al.，1999；Yost et al.，2004）。据欧洲食品安全局估计，19 个欧洲国家的普通民众通过食物和饮用水摄入的日均无机砷量，以每千克体重为 0.13～0.56 μg/(kg·d)，即 70 kg 成人摄入量为 9.1～39.2 μg/d；三岁以下儿童通过饮食摄入的以每千克体重计的无机砷的量是成人的 2～3 倍（EFSA，2009）。

1.4.5 与砷相关的标准

为有效控制人群砷暴露水平和环境介质砷污染，世界各国和国际组织分别针对饮用水、环境水体、食品、工业水排放、大气污染物排放、固体废弃物等制定了严格的标准。

1993 年，WHO 将饮用水标准建议值从 0.05 mg/L 降低至 0.01 mg/L。在充分明确砷的致癌性、掌握美国自来水中砷含量以及论证提标对供水行业影响等基础上，USEPA 于 2001 年正式颁布饮用水砷标准的最终法规，将强制性标准的最大允许浓度定为 0.01 mg/L（王晓昌，2001）。假设人均寿命为 70 年，每人每日饮水量为 2 L，成人平均体重为 70 kg，根据风险模型计算结果，人群患膀胱癌和肺癌的风险率约为 0.63×10^{-4}～2.99×10^{-4}（王晓昌，2001）。我国于 2006 年和 2022 年颁布的《生活饮用水卫生标准》（GB 5749—2002），均将饮用水砷的最大允许限值设定为 0.01 mg/L。我国《地表水环境质量标准》（GB 3838—2002）规定Ⅰ、Ⅱ和Ⅲ类地表水体的砷标准限值为 0.05 mg/L，Ⅳ和Ⅴ类地表水体的砷标准限值为 0.1 mg/L。《海水水质标准》（GB 3097—1997）中第一类和第二类海水砷的标准限值分别为 0.02 mg/L 和 0.03 mg/L，而第三、第四类海水砷的标准限值均为 0.05 mg/L。

WHO 将灌溉水中砷的安全限值设定为 0.1 mg/L（World Health Organization，2017）。我国《农田灌溉水质标准》（GB 5084—2021）规定，水田作物、旱地作物和蔬菜的灌溉用水中砷的限值分别为 0.05 mg/L、0.1 mg/L 和 0.05 mg/L。此外，我国《渔业水质标准》（GB 11607—1989）中将砷的标准限值设定为 0.05 mg/L。FAO 建议米粒中砷的安全限值从之前的 1.0 mg/kg 干重降低至 0.2 mg/kg（Hussain et al.，2021）。我国对蔬菜、水果、鸡蛋、牛奶、大米、面粉、豆类、鱼和海鲜等不同食物中砷的安全限值也做了规定，范围从 0.05～1.5 mg/kg 不等（Rasheed et al.，2016）。我国最新修订的《食品安全国家标准 食品中污染物限量》（GB 2762—2017）对不同食物中总砷或无机砷的标准限值做了明确规定，具体如表 1-3 所示。同时，我国

《食品安全国家标准　婴幼儿谷类辅助食品》（GB 10769—2010）规定，婴幼儿谷类辅助食物（以大米、小麦、黑米等为原料）中添加藻类的产品和其他产品中无机砷含量最高限值分别为 0.3 mg/kg 和 0.2 mg/kg。

表 1-3　《食品安全国家标准　食品中污染物限量》（GB 2762—2017）中砷的限定值

食品类别（名称）	限量（以 As 计）/（mg/kg）	
	总砷	无机砷
谷物及其制品		
谷物（稻谷除外）	0.5	—
谷物碾磨加工品（糙米、大米除外）	0.5	—
稻谷、糙米、大米	—	0.2
水产动物及其制品（鱼类及其制品除外）		0.5
鱼类及其制品		0.1
蔬菜及其制品		
新鲜蔬菜	0.5	—
食用菌及其制品	0.5	—
肉及肉制品	0.5	
调味品（水产调味品、藻类调味品和香辛料类除外）	0.5	
水产调味品（鱼类调味品除外）	—	0.5
鱼类调味品	—	0.1
乳及乳制品		
生乳、巴氏杀菌乳、灭菌乳、调制乳、发酵乳	0.1	
乳粉	0.5	
油脂及其制品	0.1	
食糖及淀粉糖	0.5	
特殊膳食用食品		
婴幼儿辅助食品		
婴幼儿谷类辅助食品（添加藻类的产品除外）	—	0.2
添加藻类的产品	—	0.3
婴幼儿罐装辅助食品（以水产及动物肝脏为原料的产品除外）	—	0.1
以水产及动物肝脏为原料的产品	—	0.3
辅食营养补充品	0.5	
运动营养食品		
固态、半固态或粉状	0.5	—
液态	0.2	—
孕妇及乳母营养补充食品	0.5	—

为严格控制工业水中砷污染物向环境中排放，我国《污水综合排放标准》（GB 8978—1996）将砷归入第一类污染物，其最高允许排放浓度为 0.5 mg/L。《城镇污水处理厂污染物排放标准》（GB 18918—2002）规定砷的最高允许排放浓度（日均值）为 0.1 mg/L，且污泥作为农用时砷的最高允许含量为 75 mg/kg 干污泥。此外，不同行业污染物排放标准也对砷排放限值做了明确规定。例如，《钢铁工

业水污染物排放标准》(GB 13456—2012)和《铁矿采选工业污染物排放标准》(GB 28661—2012)均规定现有和新建企业废水的砷排放限值为 0.5 mg/L；对于国土开发密度高、环境承载能力开始减弱、容易发生严重环境污染问题等的地区，上述两个标准规定的废水砷的排放限值分别为 0.1 mg/L 和 0.2 mg/L。《电子工业水污染物排放标准》(GB 39731—2020)、《石油炼制工业污染物排放标准》(GB 31570—2015)、《石油化学工业污染物排放标准》(GB 31571—2015)、《合成树脂工业污染物排放标准》(GB 31572—2015)和《煤炭工业污染物排放标准》(GB 20426—2006)等对相应行业废水中砷的排放限值均做了规定，且均为 0.5 mg/L。《再生铜、铝、铅、锌工业污染物排放标准》(GB 31574—2015)中规定行业废水中砷的排放限值为 0.1 mg/L，大气中砷及其化合物的排放限值则为 0.4 mg/m³。《无机化学工业污染物排放标准》(GB 31573—2015)规定行业废水中砷的排放限值为 0.3 mg/L，而大气中砷及其化合物的排放限值为 0.5 mg/m³。《硫酸工业污染物排放标准》(GB 26132—2010)中规定现有和新建企业废水中砷的排放限值分别为 0.5 mg/L 和 0.3 mg/L，而在国土开发密度高、环境承载能力开始减弱、容易发生严重环境污染问题的地区废水中砷的排放限值为 0.1 mg/L。《生活垃圾填埋场污染控制标准》(GB 16889—2008)中规定，现有和新建生活垃圾填埋场渗滤液中砷排放限值为 0.1 mg/L。此外，地方也可以根据当地环境容量、经济社会发展水平和环境管理目标制定适宜的地方标准。例如，上海市颁布《污水综合排放标准》(DB 31/199—2018)，规定污水中砷的最高允许排放浓度为 0.05 mg/L。

WHO 将空气中砷浓度限值设定为 6.6 ng/m³，欧盟国家的空气中砷浓度质量标准限定值为 6 ng/m³ (Wai et al., 2016)，而美国提出的标准值为 4.29 ng/m³ (Lewis et al., 2015)。我国《环境空气质量标准》(GB 3095—2012)规定空气中砷的一级和二级年平均参考浓度（通量）限值均为 6 ng/m³。此外，我国对不同行业的大气污染物排放也做了规定。例如，《电子玻璃工业大气污染物排放标准》(GB 29495—2013)规定玻璃熔炉烟气中砷及其化合物排放限值为 0.5 mg/m³；《医疗废物处理处置污染控制标准》(GB 39707—2020)和《危险废物焚烧污染控制标准》(GB 18484—2020)规定焚烧设施烟气中砷及其化合物排放浓度限值均为 0.5 mg/m³。

根据毒性、砷含量、砷浸出浓度等性质的不同，含砷固体废物可分为一般固体废物和危险废物，不同废物处置策略存在很大的区别。USEPA 提出采用浸出毒性试验流程 (toxicity characteristic leaching procedure, TCLP) 判定是否属于危险废物，当 TCLP 浸出液中砷浓度高于 5 mg/L 时为含砷危险废物 (Clancy et al., 2013)。在我国，列入《国家危险废物名录》的含砷固体废物均为危险废物。对于其他未列入名录的含砷固体废物，首先依据《固体废物浸出毒性浸出方法 硫酸硝酸法》(HJ/T 299—2007)进行浸出实验，之后结合《危险废物鉴别标准 浸出毒性鉴别》(GB 5085.3—2007)，如果浸出液砷浓度在 5 mg/L 及以上则判定属于危险废物。

参 考 文 献

Abbas G, Murtaza B, Bibi I, Shahid M, Niazi N K, Khan M I, Amjad M, Hussain M, Natasha, 2018. Arsenic uptake, toxicity, detoxification, and speciation in plants: Physiological, biochemical, and molecular aspects. International Journal of Environmental Research and Public Health, 15: 10.3390/ijerph15010059.

Abbas G, Saqib M, Akhtar J, Murtaza G, Shahid M, 2014. Effect of salinity on rhizosphere acidification and antioxidant activity of two acacia species. Canadian Journal of Forest Research, 45: 124-129.

Abdu N, Abdullahi A A, Abdulkadir A, 2017. Heavy metals and soil microbes. Environmental Chemistry Letters, 15: 65-84.

Abuawad A, Bozack A K, Saxena R, Gamble M V, 2021. Nutrition, one-carbon metabolism and arsenic methylation. Toxicology, 457: 152803.

Akter K F, Owens G, Davey D E, Naidu R, 2005. Arsenic Speciation and Toxicity in Biological Systems//Ware G W, Albert L A, Crosby D G, de Voogt P, Hutzinger O, Knaak J B, Mayer F L, Morgan D P, Park D L, Tjeerdema R S, Whitacre D M, Yang R S H, Gunther F A. Reviews of Environmental Contamination and Toxicology. New York: Springer, 97-149.

Al-Rmalli S W, Jenkins R O, Haris P I, 2011. Betel quid chewing elevates human exposure to arsenic, cadmium and lead. Journal of Hazardous Materials, 190: 69-74.

Alamolhodaei N S, Shirani K, Karimi G, 2015. Arsenic cardiotoxicity: An overview. Environmental Toxicology and Pharmacology, 40: 1005-1014.

Andreae M O, 1979. Arsenic speciation in seawater and interstitial waters: The influence of biological-chemical interactions on the chemistry of a trace element. Limnology and Oceanography, 24: 440-452.

Arain M B, Kazi T G, Baig J A, Jamali M K, Afridi H I, Jalbani N, Sarfraz R A, Shah A Q, Kandhro G A, 2009. Respiratory effects in people exposed to arsenic via the drinking water and tobacco smoking in southern part of Pakistan. Science of the Total Environment, 407: 5524-5530.

Bali A S, Sidhu G P S, 2021. Arsenic acquisition, toxicity and tolerance in plants: From physiology to remediation: A review. Chemosphere, 283: 131050.

Begum M C, Islam M S, Islam M, Amin R, Parvez M S, Kabir A H, 2016. Biochemical and molecular responses underlying differential arsenic tolerance in rice(*Oryza sativa* L.). Plant Physiology and Biochemistry, 104: 266-277.

Bhattacharjee H, Rosen B P, 2007. Arsenic Metabolism in Prokaryotic and Eukaryotic Microbes. Berlin, Heidelberg: Springer.

Budinoff C R, Hollibaugh J T, 2008. Arsenite-dependent photoautotrophy by an *Ectothiorhodospira*-dominated consortium. The ISME Journal, 2: 340-343.

Bundschuh J, Schneider J, Alam M A, Niazi N K, Herath I, Parvez F, Tomaszewska B, Guilherme L R G, Maity J P, López D L, Cirelli A F, Pérez-Carrera A, Morales-Simfors N, Alarcón-Herrera M T, Baisch P, Mohan D, Mukherjee A, 2021. Seven potential sources of arsenic pollution in Latin America and their environmental and health impacts. Science of the Total Environment, 780: 146274.

Byeon E, Kang H-M, Yoon C, Lee J-S, 2021. Toxicity mechanisms of arsenic compounds in aquatic organisms. Aquatic Toxicology, 237: 105901.

Calatayud M, Laparra Llopis J M, 2015. 10—Arsenic Through the Gastrointestinal Tract//Flora S J S. Handbook of Arsenic Toxicology. Oxford: Academic Press, 281-299.

Cavalca L, Corsini A, Zaccheo P, Andreoni V, Muyzer G, 2013. Microbial transformations of arsenic: Perspectives for biological removal of arsenic from water. Future Microbiology, 8: 753-768.

Chakraborti D, Rahman M M, Mukherjee A, Alauddin M, Hassan M, Dutta R N, Pati S, Mukherjee S C, Roy S, Quamruzzman Q, Rahman M, Morshed S, Islam T, Sorif S, Selim M, Islam M R, Hossain M M, 2015. Groundwater arsenic contamination in Bangladesh—21 Years of research. Journal of Trace Elements in Medicine and Biology, 31: 237-248.

Chen X, Zeng X C, Wang J, Deng Y, Ma T, Guoji E, Mu Y, Yang Y, Li H, Wang Y, 2017. Microbial communities involved in arsenic mobilization and release from the deep sediments into groundwater in Jianghan plain, Central China. Science of the Total Environment, 579: 989-999.

Cherry J A, Shaikh A U, Tallman D E, Nicholson R V, 1979. Arsenic species as an indicator of redox conditions in groundwater. Journal of Hydrology, 43: 373-392.

Chung J-Y, Yu S-D, Hong Y-S, 2014. Environmental source of arsenic exposure. Journal of Preventive Medicine & Public Health, 47: 253-257.

Clancy T M, Hayes K F, Raskin L, 2013, Arsenic waste management: A critical review of testing and disposal of arsenic-bearing solid wastes generated during arsenic removal from drinking water. Environmental Science & Technology, 47: 10799-10812.

Cordon G, Iriel A, Cirelli A F, Lagorio M G, 2018. Arsenic effects on some photophysical parameters of *Cichorium intybus* under different radiation and water irrigation regimes. Chemosphere, 204: 398-404.

Cui J, Jing C, 2019. A review of arsenic interfacial geochemistry in groundwater and the role of organic matter. Ecotoxicology and Environmental Safety, 183: 109550.

Cullen W R, Reimer K J, 1989. Arsenic speciation in the environment. Chemical Reviews, 89: 713-764.

Di X, Beesley L, Zhang Z, Zhi S, Jia Y, Ding Y, 2019. Microbial arsenic methylation in soil and uptake and metabolism of methylated arsenic in plants: A review. International Journal of Environmental Research and Public Health, 16: 10.3390/ijerph16245012.

Dopp E, Kligerman A D, Diaz-Bone R A, 2010. 7—Organoarsenicals: Uptake, Metabolism, and Toxicity. Metal Ions in Life Sciences, 7: 231-265.

Drobná Z, Walton F S, Harmon A W, Thomas D J, Stýblo M, 2010. Interspecies differences in metabolism of arsenic by cultured primary hepatocytes. Toxicology and Applied Pharmacology, 245: 47-56.

Duker A A, Carranza E J M, Hale M, 2005. Arsenic geochemistry and health. Environment International, 31: 631-641.

EFSA P, 2009. Scientific opinion on arsenic in food. EFSA Journal, 7: 1351.

Ellis P J, Conrads T, Hille R, Kuhn P, 2001. Crystal structure of the 100 kDa arsenite oxidase from *Alcaligenes faecalis* in two crystal forms at 1.64 Å and 2.03 Å. Structure (London, England: 1993), 9: 125-132.

Farooq M A, Islam F, Ali B, Najeeb U, Mao B, Gill R A, Yan G, Siddique K H M, Zhou W, 2016. Arsenic toxicity in plants: Cellular and molecular mechanisms of its transport and metabolism. Environmental and Experimental Botany, 132: 42-52.

Favas P J C, 2016. Arsenic accumulation and toxicity in arsenic-resistant and non-resistant plant species. Journal of Biotechnology, 231: S89.

Ferguson J F, Gavis J, 1972. A review of the arsenic cycle in natural waters. Water Research, 6 (11): 1259-1274.

Finkelman R B, Belkin H E, Zheng B, 1999. Health impacts of domestic coal use in China. Proceedings of the National Academy of Sciences, 96: 3427-3431.

Finnegan P, Chen W, 2012. Arsenic toxicity: The effects on plant metabolism. Frontiers in Physiology, 3:

10.3389/fphys.2012.00182.

Flemming H-C, Wingender J, 2010. The biofilm matrix. Nature Reviews Microbiology, 8: 623-633.

Flora S J S, 2015. 1—Arsenic: Chemistry, Occurrence, and Exposure//Flora S J S. Handbook of Arsenic Toxicology. Oxford: Academic Press, 1-49.

Flora S J S, 2018. Arsenic: Exposure, Toxicology, Use, and Misuse//Dellasala D A, Goldstein M I. Encyclopedia of the Anthropocene. Oxford: Elsevier, 215-224.

Flora S J S, Mittal M, Mehta A, 2008. Heavy metal induced oxidative stress & its possible reversal by chelation therapy. Indian Journal of Medical Research, 128: 501-523.

Forster I C, Hernando N, Biber J, Murer H, 2013. Phosphate transporters of the SLC20 and SLC34 families. Molecular Aspects of Medicine, 34: 386-395.

Garcia-Costa A L, Sarabia A, Zazon J A, Casas J A, 2020. UV-assisted catalytic wet peroxide oxidation and adsorption as efficient process for arsenic removal in groundwater. Catalysis Today, 361: 176-182.

Ghosh A K, Bhattacharyya P, Pal R, 2004. Effect of arsenic contamination on microbial biomass and its activities in arsenic contaminated soils of Gangetic West Bengal, India. Environment International, 30: 491-499.

Ghosh M, Shen J, Rosen B P, 1999. Pathways of As(Ⅲ) detoxification in *Saccharomyces cerevisiae*. Proceedings of the National Academy of Sciences of the United States of America, 96: 5001-5006.

Guéguen M, Amiard J-C, Arnich N, Badot P-M, Claisse D, Guérin T, Vernoux J P, 2011. Shellfish and Residual Chemical Contaminants: Hazards, Monitoring, and Health Risk Assessment Along French Coasts//Whitacre D M. Reviews of Environmental Contamination and Toxicology. Volume 213. New York: Springer, 55-111.

Guo H, Liu Z, Ding S, Hao C, Xiu W, Hou W, 2015. Arsenate reduction and mobilization in the presence of indigenous aerobic bacteria obtained from high arsenic aquifers of the Hetao basin, Inner Mongolia. Environmental Pollution, 203: 50-59.

Hagenbuch B, Stieger B, 2013. The SLCO (former SLC21) superfamily of transporters. Molecular Aspects of Medicine, 34: 396-412.

Hayakawa T, Kobayashi Y, Cui X, Hirano S, 2005. A new metabolic pathway of arsenite: Arsenic-glutathione complexes are substrates for human arsenic methyltransferase Cyt19. Archives of Toxicology, 79: 183-191.

Huang J-H, Scherr F, Matzner E, 2007. Demethylation of dimethylarsinic acid and arsenobetaine in different organic soils. Water, Air, and Soil Pollution, 182: 31-41.

Hughes M F, 2002. Arsenic toxicity and potential mechanisms of action. Toxicology Letters, 133: 1-16.

Hughes M F, Beck B D, Chen Y, Lewis A S, Thomas D J, 2011. Arsenic exposure and toxicology: A historical perspective. Toxicological Sciences, 123: 305-332.

Hussain M M, Bibi I, Niazi N K, Shahid M, Iqbal J, Shakoor M B, Ahmad A, Shah N S, Bhattacharya P, Mao K, Bundschuh J, Ok Y S, Zhang H, 2021. Arsenic biogeochemical cycling in paddy soil-rice system: Interaction with various factors, amendments and mineral nutrients. Science of the Total Environment, 773: 145040.

Jenkins R O, 2015. Arsenic: Exposure Sources, Health Risks, and Mechanisms of Toxicity. Louisville: Wiley, 30: 494-495.

Jia Y, Huang H, Chen Z, Zhu Y-G, 2014. Arsenic uptake by rice is influenced by microbe-mediated arsenic redox changes in the rhizosphere. Environmental Science & Technology, 48: 1001-1007.

Johnson D L, Pilson M E, 1975. The oxidation of arsenite in seawater. Environmental Letter, 8: 157-171.

Jomova K, Jenisova Z, Feszterova M, Baros S, Liska J, Hudecova D, Rhodes C J, Valko M, 2011. Arsenic: Toxicity, oxidative stress and human disease. Journal of Applied Toxicology, 31: 95-107.

Joseph T, Dubey B, McBean E A, 2015. A critical review of arsenic exposures for *Bangladeshi adults*. Science of the Total Environment, 527-528: 540-551.

Kalman D A, Dills R L, Steinmaus C, Yunus M, Khan A F, Prodhan M M, Yuan Y, Smith A H, 2014. Occurrence of trivalent monomethyl arsenic and other urinary arsenic species in a highly exposed juvenile population in Bangladesh. Journal of Exposure Science & Environmental Epidemiology, 24: 113-120.

Kanel S R, Greneche J M, Choi H, 2006. Arsenic（Ⅴ）removal from groundwater using nano scale zero-valent iron as a colloidal reactive barrier material. Environmental Science & Technology, 40: 2045-2050.

Kanel S R, Manning B, Charlet L, Choi H, 2005. Removal of arsenic（Ⅲ）from groundwater by nanoscale zero-valent iron. Environmental Science & Technology, 39: 1291-1298.

Kapaj S, Peterson H, Liber K, Bhattacharya P, 2006. Human health effects from chronic arsenic poisoning: A review. Journal of Environmental Science and Health, Part A, 41: 2399-2428.

Kapp R W, 2016. Arsenic: Toxicology and Health Effects//Caballero B, Finglas P M, Toldrá F. Encyclopedia of Food and Health. Oxford: Academic Press, 256-265.

Karagas M R, 2010. Arsenic-related mortality in Bangladesh. The Lancet, 376: 213-214.

Kim Y J, Chang K S, Lee M R, Kim J H, Lee C E, Jeon Y J, Choi J S, Shin H S, Hwang S, 2005. Expression of tobacco cDNA encoding phytochelatin synthase promotes tolerance to and accumulation of Cd and As in *Saccharomyces cerevisiae*. Journal of Plant Biology, 48: 440-447.

Kruger M C, Bertin P N, Heipieper H J, Arsène-Ploetze F, 2013. Bacterial metabolism of environmental arsenic: Mechanisms and biotechnological applications. Applied Microbiology and Biotechnology, 97: 3827-3841.

Kumagai Y, Sumi D, 2007. Arsenic: Signal transduction, transcription factor, and biotransformation involved in cellular response and toxicity. Annual Review of Pharmacology and Toxicology, 47: 243-262.

Laforenza U, Bottino C, Gastaldi G, 2016. Mammalian aquaglyceroporin function in metabolism. Biochimica et Biophysica Acta (BBA): Biomembranes, 1858: 1-11.

Lewis A S, Beyer L A, Zu K, 2015. Considerations in deriving quantitative cancer criteria for inorganic arsenic exposure via inhalation. Environment International, 74: 258-273.

Li Y, Zhang M, Xu R, Lin H, Sun X, Xu F, Gao P, Kong T, Xiao E, Yang N, Sun W, 2021. Arsenic and antimony co-contamination influences on soil microbial community composition and functions: Relevance to arsenic resistance and carbon, nitrogen, and sulfur cycling. Environment International, 153: 106522.

Liu G, Song Y, Li C, Liu R, Chen Y, Yu L, Huang Q, Zhu D, Lu C, Yu X, Xiao C, Liu Y, 2021. Arsenic compounds: The wide application and mechanisms applied in acute promyelocytic leukemia and carcinogenic toxicology. European Journal of Medicinal Chemistry, 221: 113519.

Lokuge K M, Smith W, Caldwell B, Dear K, Milton A H, 2004. The effect of arsenic mitigation interventions on disease burden in bangladesh. Environmental Health Perspectives, 112: 1172-1177.

Maizel D, Balverdi P, Rosen B, Sales A M, Ferrero M A, 2018. Arsenic-hypertolerant and arsenic-reducing bacteria isolated from wells in Tucuman, Argentina. Canadian Journal of Microbiology, 64: 876-886.

Maki T, Hasegawa H, Wataria H, Ueda K, 2004. Classification for dimethylarsenate-decomposing bacteria using a restrict fragment length polymorphism analysis of 16S rRNA genes. Analytical Sciences, 20: 61-68.

Mandal B K, Suzuki K T, 2002. Arsenic round the world: A review. Talanta, 58: 201-235.

Mandal P, 2017. An insight of environmental contamination of arsenic on animal health. Emerging Contaminants, 3: 17-22.

Marchal M, Briandet R, Koechler S, Kammerer B, Bertin P N, 2010. Effect of arsenite on swimming motility delays surface colonization in *Herminiimonas arsenicoxydans*. Microbiology, 156: 2336-2342.

Mass M J, Tennant A, Roop B C, Cullen W R, Styblo M, Thomas D J, Kligerman A D, 2001. Methylated trivalent arsenic species are genotoxic. Chemical Research in Toxicology, 14: 355-361.

McDermott J R, Jiang X, Beene L C, Rosen B P, Liu Z, 2010. Pentavalent methylated arsenicals are substrates of human AQP9. BioMetals, 23: 119-127.

Meharg A A, Williams P N, Adomako E, Lawgali Y Y, Deacon C, Villada A, Cambell R C J, Sun G, Zhu Y-G, Feldmann J, Raab A, Zhao F-J, Islam R, Hossain S, Yanai J, 2009. Geographical variation in total and inorganic arsenic content of polished (white) rice. Environmental Science & Technology, 43: 1612-1617.

Mehta A, Ramachandra C J A, Shim W, 2015. 20 - Arsenic and the Cardiovascular System//Flora S J S. Handbook of Arsenic Toxicology. Oxford: Academic Press, 459-491.

Mohammed Abdul K S, Jayasinghe S S, Chandana E P S, Jayasumana C, De Silva P M C S, 2015. Arsenic and human health effects: A review. Environmental Toxicology and Pharmacology, 40: 828-846.

Molin M, Ulven S M, Meltzer H M, Alexander J, 2015. Arsenic in the human food chain, biotransformation and toxicology: Review focusing on seafood arsenic. Journal of Trace Elements in Medicine and Biology, 31: 249-259.

Mondal D, Banerjee M, Kundu M, Banerjee N, Bhattacharya U, Giri A K, Ganguli B, Sen Roy S, Polya D A, 2010. Comparison of drinking water, raw rice and cooking of rice as arsenic exposure routes in three contrasting areas of West Bengal, India. Environmental Geochemistry and Health, 32: 463-477.

Mondal P, Chattopadhyay A, 2020. Environmental exposure of arsenic and fluoride and their combined toxicity: A recent update. Journal of Applied Toxicology, 40: 552-566.

Mueckler M, Thorens B, 2013. The SLC2 (GLUT) family of membrane transporters. Molecular Aspects of Medicine, 34: 121-138.

Nookabkaew S, Rangkadilok N, Mahidol C, Promsuk G, Satayavivad J, 2013. Determination of arsenic species in rice from Thailand and other Asian countries using simple Extraction and HPLC-ICP-MS Analysis. Journal of Agricultural and Food Chemistry, 61: 6991-6998.

Oremland R S, Dowdle P R, Hoeft S, Sharp J O, Schaefer J K, Miller L G, Blum J S, Smith R L, Bloom N S, Wallschlaeger D, 2000. Bacterial dissimilatory reduction of arsenate and sulfate in meromictic Mono Lake, California. Geochimica Et Cosmochimica Acta, 64: 3073-3084.

Osborne T H, McArthur J M, Sikdar P K, Santini J M, 2015. Isolation of an arsenate-respiring bacterium from a redox front in an arsenic-polluted aquifer in West Bengal, Bengal Basin. Environmental Science & Technology, 49: 4193-4199.

Ouypornkochagorn S, Feldmann J, 2010. Dermal uptake of arsenic through human skin depends strongly on its speciation. Environmental Science & Technology, 44: 3972-3978.

Páez-Espino D, Tamames J, de Lorenzo V, Cánovas D, 2009. Microbial responses to environmental arsenic. BioMetals, 22: 117-130.

Pandey S, Rai R, Rai L C, 2015. 27— Biochemical and Molecular Basis of Arsenic Toxicity and Tolerance in Microbes and Plants//Flora S J S. Handbook of Arsenic Toxicology. Oxford: Academic Press, 627-674.

Parent M, Hantson P, Haufroid V, Heilier J-F, Mahieu P, Bonbled F, 2006. Invasive aspergillosis in association with criminal arsenic poisoning. Journal of Clinical Forensic Medicine, 13: 139-143.

Patel P C, Goulhen F, Boothman C, Gault A G, Charnock J M, Kalia K, Lloyd J R, 2007. Arsenate detoxification in a *Pseudomonad* hypertolerant to arsenic. Archives of Microbiology, 187: 171-183.

Paul D, Kazy S K, Gupta A K, Pal T, Sar P, 2015a. Diversity, metabolic properties and arsenic mobilization potential of indigenous bacteria in arsenic contaminated groundwater of West Bengal, India. PLOS ONE, 10: e0118735.

Paul S, Majumdar S, Giri A K, 2015b. Genetic susceptibility to arsenic-induced skin lesions and health effects: A review. Genes and Environment, 37: 23.

Planer-Friedrich B, London J, McCleskey R B, Nordstrom D K, Wallschlager D, 2007. Thioarsenates in geothermal waters of Yellowstone National Park: Determination, preservation, and geochemical importance. Environmental Science & Technology, 41: 5245-5251.

Prasad P, George J, Masto R E, Rout T K, Ram L C, Selvi V A, 2013. Evaluation of microbial biomass and activity in different soils exposed to increasing level of arsenic pollution: A laboratory study. Soil and Sediment Contamination, 22: 483-497.

Pullella K, Kotsopoulos J, 2020. Arsenic exposure and breast cancer risk: A re-evaluation of the literature. Nutrients, 12: 10.3390/nu12113305.

Qin J, Rosen B P, Zhang Y, Wang G, Franke S, Rensing C, 2006. Arsenic detoxification and evolution of trimethylarsine gas by a microbial arsenite S-adenosylmethionine methyltransferase. Proceedings of the National Academy of Sciences, 103: 2075.

Rahman M A, Rahman A, Khan M Z K, Renzaho A M N, 2018. Human health risks and socio-economic perspectives of arsenic exposure in Bangladesh: A scoping review. Ecotoxicology and Environmental Safety, 150: 335-343.

Rahman M A, Rahman M M, Reichman S M, Lim R P, Naidu R, 2014. Arsenic speciation in Australian-grown and imported rice on sale in Australia: Implications for human health risk. Journal of Agricultural and Food Chemistry, 62: 6016-6024.

Rai R, Pandey S, Rai S P, 2011. Arsenic-induced changes in morphological, physiological, and biochemical attributes and artemisinin biosynthesis in *Artemisia annua*, an antimalarial plant. Ecotoxicology, 20: 1900-1913.

Rasheed H, Slack R, Kay P, 2016. Human health risk assessment for arsenic: A critical review. Critical Reviews in Environmental Science & Technology, 46: 1529-1583.

Reis V, Duarte A C, 2019. Occurrence, distribution, and significance of arsenic speciation. Comprehensive Analytical Chemistry, 85: 1-14.

Renu K, Saravanan A, Elangovan A, Ramesh S, Annamalai S, Namachivayam A, Abel P, Madhyastha H, Madhyastha R, Maruyama M, Balachandar V, Valsala Gopalakrishnan A, 2020. An appraisal on molecular and biochemical signalling cascades during arsenic-induced hepatotoxicity. Life Sciences, 260: 118438.

Richey C, Chovanec P, Hoeft S E, Oremland R S, Basu P, Stolz J F, 2009. Respiratory arsenate reductase as a bidirectional enzyme. Biochemical and Biophysical Research Communications, 382: 298-302.

Rodriguez-Lado L, Sun G F, Berg M, Zhang Q, Xue H B, Zheng Q M, Johnson C A, 2013. groundwater arsenic contamination throughout China. Science, 341: 866-868.

Rodríguez-Ruiz M, Aparicio-Chacón M V, Palma J M, Corpas F J, 2019. Arsenate disrupts ion balance, sulfur and nitric oxide metabolisms in roots and leaves of pea (*Pisum sativum* L.) plants. Environmental and Experimental Botany, 161: 143-156.

Roggenbeck B A, Banerjee M, Leslie E M, 2016. Cellular arsenic transport pathways in mammals. Journal of Environmental Sciences, 49: 38-58.

Rosen B P, Liu Z, 2009. Transport pathways for arsenic and selenium: A minireview. Environment International, 35: 512-515.

Roth M, Obaidat A, Hagenbuch B, 2012. OATPs, OATs and OCTs: The organic anion and cation transporters of the *SLCO* and *SLC22A* gene superfamilies. British Journal of Pharmacology, 165: 1260-1287.

Sánchez-Virosta P, Espín S, García-Fernández A J, Eeva T, 2015. A review on exposure and effects of arsenic in passerine birds. Science of the Total Environment, 512-513: 506-525.

Sanders O I, Rensing C, Kuroda M, Mitra B, Rosen B P, 1997. Antimonite is accumulated by the glycerol facilitator GlpF in *Escherichia coli*. Journal of Bacteriology, 179: 3365-3367.

Sandoval M A, Fuentes R, Thiam A, Salazar R, 2021. Arsenic and fluoride removal by electrocoagulation process: A general review. Science of the Total Environment, 753: 142108.

Sattar A, Xie S, Hafeez M A, Wang X, Hussain H I, Iqbal Z, Pan Y, Iqbal M, Shabbir M A, Yuan Z, 2016. Metabolism and toxicity of arsenicals in mammals. Environmental Toxicology and Pharmacology, 48: 214-224.

Schoof R A, Eickhoff J, Yost L J, Crecelius E A, Cragin D W, Meacher D M, Menzel D B, 1999. Dietary exposure to inorganic arsenic//Chappell W R, Abernathy C O, Calderon R L. Arsenic Exposure and Health Effects. California: Elsevier, 81-88.

Sen B, Paul S, Ali S I, 2021. Review on double-edged sword nature of arsenic: Its path of exposure, problems, detections, and possible removal techniques. International Journal of Environmental Analytical Chemistry, 1-21: 10.1080/03067319.2021.1895134.

Sengupta M K, Hossain M A, Mukherjee A, Ahamed S, Das B, Nayak B, Pal A, Chakraborti D, 2006. Arsenic burden of cooked rice: Traditional and modern methods, Food and Chemical Toxicology, 44: 1823-1829.

Shahid M, Pourrut B, Dumat C, Nadeem M, Aslam M, Pinelli E, 2014. Heavy-metal-induced reactive oxygen species: Phytotoxicity and physicochemical changes in plants. Reviews of Environmental Contamination and Toxicology. 232: 1-44.

Shaibur M R, Kawai S, 2009. Effect of arsenic on visible symptom and arsenic concentration in hydroponic Japanese mustard spinach. Environmental and Experimental Botany, 67: 65-70.

Shen H, Xu W, Zhang J, Chen M, Martin F L, Xia Y, Liu L, Dong S, Zhu Y G, 2013. Urinary metabolic biomarkers link oxidative stress indicators associated with general arsenic exposure to male infertility in a Han Chinese population. Environmental Science and Technology, 47: 8843-8851.

Shri M, Kumar S, Chakrabarty D, Trivedi P K, Mallick S, Misra P, Shukla D, Mishra S, Srivastava S, Tripathi R D, Tuli R, 2009. Effect of arsenic on growth, oxidative stress, and antioxidant system in rice seedlings. Ecotoxicology and Environmental Safety, 72: 1102-1110.

Singh M O, Agarwal S, Singh S, Khan Z, 2013. Automatic voltage control for power system stability using pid and fuzzy logic controller. International Journal of Engineering Research & Technology, 2: 193-198.

Singh R, Jha A B, Misra A N, Sharma P, 2019. Differential responses of growth, photosynthesis, oxidative stress, metals accumulation and *NRAMP* genes in contrasting *Ricinus communis* genotypes under arsenic stress. Environmental Science and Pollution Research, 26: 31166-31177.

Sinha D, Prasad P, 2020. Health effects inflicted by chronic low-level arsenic contamination in groundwater: A global public health challenge. Journal of Applied Toxicology, 40: 87-131.

Slyemi D, Bonnefoy V, 2012. How prokaryotes deal with arsenic. Environmental Microbiology Reports, 4: 571-586.

Smedley P L, Kinniburgh D G, 2002. A review of the source, behaviour and distribution of arsenic in natural waters. Applied Geochemistry, 17: 517-568.

Smith A H, Ercumen A, Yuan Y, Steinmaus C M, 2009. Increased lung cancer risks are similar whether arsenic is ingested or inhaled. Journal of Exposure Science & Environmental Epidemiology, 19: 343-348.

Srivastava R K, Li C, Chaudhary S C, Ballestas M E, Elmets C A, Robbins D J, Matalon S, Deshane J S, Afaq F, Bickers D R, Athar M, 2013. Unfolded protein response (UPR) signaling regulates arsenic trioxide-mediated macrophage innate immune function disruption. Toxicology and Applied Pharmacology, 272: 879-887.

Styblo M, Del Razo L M, Vega L, Germolec D R, LeCluyse E L, Hamilton G A, Reed W, Wang C, Cullen W R, Thomas D J, 2000. Comparative toxicity of trivalent and pentavalent inorganic and methylated arsenicals in rat and human cells. Archives of Toxicology, 74: 289-299.

Sun G-X, Williams P N, Carey A-M, Zhu Y-G, Deacon C, Raab A, Feldmann J, Islam R M, Meharg A A, 2008. Inorganic arsenic in rice bran and its products are an order of magnitude higher than in bulk grain. Environmental Science & Technology, 42: 7542-7546.

Sun X, Li B, Han F, Xiao E, Xiao T, Sun W, 2019. Impacts of arsenic and antimony co-contamination on sedimentary microbial communities in rivers with different pollution gradients. Microbial Ecology, 78: 589-602.

Suriyagoda L D B, Dittert K, Lambers H, 2018. Mechanism of arsenic uptake, translocation and plant resistance to accumulate arsenic in rice grains. Agriculture, Ecosystems & Environment, 253: 23-37.

Tareq S M, 2015. 3 — Arsenic and Fluorescent Humic Substances in the Ground Water of Bangladesh: A Public Health Risk//Flora S J S. Handbook of Arsenic Toxicology. Oxford: Academic Press, 73-93.

Taylor V, Goodale B, Raab A, Schwerdtle T, Reimer K, Conklin S, Karagas M R, Francesconi K A, 2017. Human exposure to organic arsenic species from seafood. Science of the Total Environment, 580: 266-282.

Tsai S-L, Singh S, Chen W, 2009. Arsenic metabolism by microbes in nature and the impact on arsenic remediation. Current Opinion in Biotechnology, 20: 659-667.

Ungureanu G, Santos S, Boaventura R, Botelho C, 2015. Arsenic and antimony in water and wastewater: overview of removal techniques with special reference to latest advances in adsorption. Journal of Environmental Management, 151: 326-342.

UNICEF, 2001. Arsenic mitigation in Bangladesh. http://bicn.com/acic/resources/infobank/bgs-mmi/risumm.htm.

Valko M, Morris H, Cronin M T D, 2005. Metals, toxicity and oxidative stress. Current Medicinal Chemistry, 12: 1161-1208.

van Geen A, Zheng Y, Cheng Z, He Y, Dhar R K, Garnier J M, Rose J, Seddique A, Hoque M A, Ahmed K M, 2006. Impact of irrigating rice paddies with groundwater containing arsenic in Bangladesh. Science of the Total Environment, 367: 769-777.

Ventura-Lima J, Bogo M R, Monserrat J M, 2011. Arsenic toxicity in mammals and aquatic animals: A comparative biochemical approach. Ecotoxicology and Environmental Safety, 74: 211-218.

Verbruggen N, Hermans C, Schat H, 2009. Mechanisms to cope with arsenic or cadmium excess in plants. Current Opinion in Plant Biology, 12: 364-372.

Wai K M, Wu S, Li X, Jaffe D A, Perry K D, 2016. Global atmospheric transport and source-receptor relationships for arsenic. Environmental Science & Technology, 50: 3714-3720.

Wang G, Kennedy S P, Fasiludeen S, Rensing C, DasSarma S, 2004. Arsenic resistance in *Halobacterium* sp. strain NRC-1 examined by using an improved gene knockout system. Journal of Bacteriology, 186: 3187-3194.

Wang Q, He M, Wang Y, 2011. Influence of combined pollution of antimony and arsenic on culturable soil microbial populations and enzyme activities. Ecotoxicology, 20: 9-19.

Watanabe T, Hirano S, 2013. Metabolism of arsenic and its toxicological relevance. Archives of Toxicology, 87: 969-979.

Wilkie J A, Hering J G, 1998. Rapid oxidation of geothermal arsenic(III) in streamwaters of the eastern Sierra Nevada. Environmental Science & Technology, 32: 657-662.

Williams P N, Price A H, Raab A, Hossain S A, Feldmann J, Meharg A A, 2005. Variation in arsenic speciation and concentration in paddy rice related to dietary exposure. Environmental Science & Technology, 39: 5531-5540.

Williams P N, Villada A, Deacon C, Raab A, Figuerola J, Green A J, Feldmann J, Meharg A A, 2007. Greatly enhanced arsenic shoot assimilation in rice leads to elevated grain levels compared to wheat and barley. Environmental Science & Technology, 41: 6854-6859.

World Health Organization, 2017. Guidelines for Drinking Water Quality. Fourth Edition. Incorporating the First Addendum. Geneva: World Health Organization.

Wysocki R, Clemens S, Augustyniak D, Golik P, Maciaszczyk E, Tamás M J, Dziadkowiec D, 2003. Metalloid tolerance based on phytochelatins is not functionally equivalent to the arsenite transporter Acr3p. Biochemical and Biophysical Research Communications, 304: 293-300.

Yan J, Hai H, Sun G X, Zhao F J, Zhu Y G, 2012. Pathways and relative contributions to arsenic volatilization from rice plants and paddy soil. Environmental Science & Technology, 46: 8090-8096.

Yan X P, Kerrich R, Hendry M J, 2000. Distribution of arsenic(III), arsenic(V) and total inorganic arsenic in porewaters from a thick till and clay-rich aquitard sequence, Saskatchewan, Canada. Geochimica Et Cosmochimica Acta, 64: 2637-2648.

Ye J, Rensing C, Rosen B P, Zhu Y-G, 2012. Arsenic biomethylation by photosynthetic organisms. Trends in Plant Science, 17: 155-162.

Yost L J, Tao S H, Egan S K, Barraj L M, Smith K M, Tsuji J S, Lowney Y W, Schoof R A, Rachman N J, 2004. Estimation of dietary intake of inorganic arsenic in U.S. children. Human and Ecological Risk Assessment, 10: 473-483.

Yuan C, Lu X, Qin J, Rosen B P, Le X C, 2008. Volatile arsenic species released from *Escherichia coli* expressing the As^{III} S-adenosylmethionine methyltransferase gene. Environmental Science & Technology, 42: 3201-3206.

Zargar K, Conrad A, Bernick D L, Lowe T M, Stolc V, Hoeft S, Oremland R S, Stolz J, Saltikov C W, 2012. ArxA, a new clade of arsenite oxidase within the DMSO reductase family of molybdenum oxidoreductases. Environmental Microbiology, 14: 1635-1645.

Zargar K, Hoeft S, Oremland R, Saltikov C W, 2010. Identification of a novel arsenite oxidase gene, arxA, in the haloalkaliphilic, arsenite-oxidizing bacterium *Alkalilimnicola ehrlichii* strain MLHE-1. Journal of Bacteriology, 192: 3755-3762.

Zhao F-J, McGrath S P, Meharg A A, 2010. Arsenic as a Food chain contaminant: Mechanisms of plant uptake and metabolism and mitigation strategies. Annual Review of Plant Biology, 61: 535-559.

Zhu Y-G, Yoshinaga M, Zhao F-J, Rosen B P, 2014. Earth abides arsenic biotransformations. Annual Review of Earth and Planetary Sciences, 42: 443-467.

Zobrist J, Dowdle P R, Davis J A, Oremland R S, 2000. Mobilization of arsenite by dissimilatory reduction of adsorbed arsenate. Environmental Science & Technology, 34: 4747-4753.

陈国梁, 冯涛, 陈章, 李志贤, 陈远其, 2017. 砷在农作物中的累积及其耐受机制研究综述. 生态环境学报, 26 (11): 1997-2002.

韩永和, 王珊珊, 2016. 微生物耐砷机理及其在砷地球化学循环中的作用. 微生物学报, 56: 901-910.

蒋汉明, 邓天龙, 赖冬梅, 郭亚飞, 2009. 砷对植物生长的影响及植物耐砷机理研究进展. 广东微量元素科学, 16: 1-5.

李羡筠, 2012. 砷的毒性及排砷研究进展. 职业与健康, 28 (6): 742-744, 747.

王晓昌, 2001. 从砷的水质标准修订看美国饮用水立法. 给水排水, 9: 25-27.

张文雅, 张迎梅, 2013. 砷对人体健康的毒性研究进展. 昆明: 2013 中国环境科学学会学术年会.

第 2 章 砷污染与控制

2.1 砷的环境污染状况

砷污染可分为天然环境地球化学过程导致的自然污染和人类活动导致的人为污染。自然风化、生物活动、地球化学过程、火山排放、大气沉降等是砷在自然界中迁移转化的主要过程（Mohan and Pittman，2007）。例如，在长达数十万年以上的地球化学过程中，含砷矿物中的砷可能溶出释放进入地下水导致地下水砷污染。此外，人类在开采、冶炼含砷矿物或生产、使用含砷产品时，也可能导致砷污染。对不同的环境介质，砷污染成因、转移转化、环境影响和暴露途径等均有不同，很多情况下砷还可在不同环境介质中交互传输并改变形态。

2.1.1 水体砷污染

砷元素在地壳中丰度位列第 20 位。砷几乎存在于世界上所有岩石和沉积物中（Podgorski and Berg，2020），但主要存在于毒砂（FeAsS）、雄黄（As_4S_4）、雌黄（As_2S_3）等含砷矿物中（肖唐付等，2001）。因此，全世界绝大多数水体砷污染是砷天然地球化学过程所致。最为典型的来源是含砷岩石或矿物的风化和侵蚀过程（Kapaj et al.，2006）。由于局部砷地球化学行为异常而导致固相中的砷通过风化（weathering）、还原溶解（reductive dissolution）（Agarwal，1998）、脱附（desorption）（杨琦，1998；China Water Conservancy Delegation，2000）等过程释放至地下水；高砷含水层往往伴随着还原性环境、氧化-还原环境交替、硫化物矿化等水文地质特征，固相中的砷释放至水相通常伴随着体系 pH 值升高（王建华和江东，1999）或氧化还原电位的降低（李圭白和李星，2001）；富含砷的地热矿床砷释放也是砷污染水体（地下水）的重要过程（Podgorski and Berg，2020）。

对于人类活动引起的砷污染，主要归因于人类在工农业生产过程中直接或间接地引入砷污染源。此外，采矿冶炼、化石燃料燃烧、工业工程、含砷农药及木材防腐剂生产和利用、含砷家禽饲料使用、农田灌溉等人类活动也是水体砷污染的重要因素（Adeloju et al.，2021；Osuna-Martinez et al.，2021）。

2.1.1.1 地球化学过程形成的水体砷污染

海洋、江河、湖泊等未受人为污染的天然水体中砷浓度较低。有研究表明,砷在天然河流中背景浓度为 0.1~2 μg/L(Smedley and Kinniburgh, 2002),在湖泊中的浓度与河流接近,一般浓度为低于 1 μg/L 或 1~2 μg/L 之间(Azcue et al.,1994; Mannio et al., 1995)。砷在海水中典型浓度约为 1.5 μg/L(Smedley and Kinniburgh, 2002),且除了无机砷外,海水中可能存在砷胆碱(AsC)、砷甜菜碱(AsB)和四甲基砷盐(TETRA)等有机砷。湖泊和池塘等缺氧、厌氧底泥中可能发生砷甲基化作用,产生一甲基砷酸盐(MMA)和二甲基砷酸盐(DMA)等有机砷。此外,在火山岩、硫化物矿或地热丰富地区,水体砷浓度范围从 0.5~25 mg/L 不等(US NRC, 1999),已报道的存在高砷地热温泉水的国家有阿根廷、日本、新西兰、智利、冰岛、法国、多米尼加、美国等(Nickson et al., 2000; Chen et al., 1994; Koch et al., 1999; Kondo et al., 1999)。但是,这些高砷水一般不会通过饮用水或食物链等进入人体,因此对人体健康产生的风险较小。

地下水体砷污染全球分布范围最广,当受污染地下水作为饮用水源时,即成为饮用水危及人类健康的最重要问题之一。研究表明,孟加拉国、印度、阿根廷、墨西哥、匈牙利、墨西哥、罗马尼亚、美国西南地区、中国北方及台湾地区、越南等都存在较大范围的高砷地下水。全世界发现存在高砷水源的国家和地区超过 20 个,通过饮用水途径暴露于超过 50 μg/L 高砷地下水的人口在 1 亿以上。

(1)孟加拉国地下水砷污染

孟加拉国是世界上地下水砷污染最严重的国家之一。孟加拉国区域性地下水砷污染均为天然过程,而非人为污染所致,砷黄铁矿是地下水砷的主要来源。

长期以来,孟加拉国主要以地表水为饮用水源。由于社会经济发展和人口城镇化聚集,地表水逐渐被污染。相对于地表水,地下水可以提供可靠的水量、稳定的水质。为此,孟加拉国政府自 20 世纪 70 年代起,在国际组织援助下打了数百万口单户地下水井,使大部分人口饮用水源改为地下水,大幅降低了水致疾病的发生。然而,孟加拉国地下水存在大范围、高浓度的砷污染,这无疑打开了"潘多拉的魔盒"。20 世纪 90 年代初期,孟加拉国人口为 1.25 亿人,大约有 800 万个水井或供水点,其中约 100 万个为政府的供水点。至 20 世纪 90 年代末,使用这些管井的居民逐渐表现出砷中毒症状。1996~1997 年,第一次进行大规模调查测试了 4.5 万个供水点,以 0.05 mg/L 标准计,砷超标率约为 28%。自 1993 年首次在饮用水中检出砷以来,孟加拉国全国 64 个县中有 62 个县发现砷污染案例,481 个乡镇中 271 个存在严重砷污染。

2001 年,孟加拉国公共健康工程局(Department of Public Health and Engineering,

DPHE）和英国地质调查局（British Geological Survey，BGS）联合开展砷污染调查，测试水井中砷超标率为 27%。孟加拉国行政建制的农村基层政权机构乌帕齐拉（U Paci La），辖地约 300 km^2，有 300 个左右自然村，人口约 25 万人。在对 272 个乌帕齐拉大约 450 万口水井进行调查后发现，这些水井中砷超标率约为 29%；全国调查显示，水井的砷超标率约 23%。据统计，孟加拉国全国有 2500 万人存在砷中毒风险，且对 17896 人的筛查表明，有 3695 人表现出砷中毒症状，比例高达 20.6%。2000 年，世界卫生组织（World Health Organization，WHO）发布的报告指出，孟加拉国约有 4000 万人饮用水砷超标，约 200 万人表现出砷中毒症状，近 30 万人可能因此患癌症而死亡。饮用水质调查研究发现，孟加拉国高砷暴露人口达 4500 万人，每 18 例成人死亡中就有 1 例为饮用水砷暴露造成（BGS，2000）。孟加拉国农村地区饮用水和灌溉水源 97% 为地下水，调查显示，地下水中除砷污染以外，还含有较高浓度的铀、锰、硼、硫化物、氟化物、钼、钡及磷酸盐等污染物（Matisoff et al.，1982）。在使用了数十年含砷地下水之后，孟加拉国成为世界上饮用水砷中毒最严重的国家之一，也被认为是该国"最大的自然灾难"。

（2）中国地下水砷污染

我国近 2000 万人可能通过饮用水途径暴露于砷污染（Rodriguez-Lado et al.，2013），砷暴露人口数居世界第 2 位。我国存在高砷地下水的省区主要包括内蒙古、山西、陕西、贵州、青海、新疆、北京、吉林、安徽、山东、黑龙江以及台湾等（金银龙等，2003）。2002 年调查显示，全国地下水砷含量超标地区主要分布于内蒙古、山西、新疆、宁夏和吉林等 8 个省（市/区），40 个县（旗/市）。按照 WHO 关于水中砷的指导性标准（0.01 mg/L），砷中毒危害病区的暴露人口高达 1500 万之多，已确诊砷中毒患者超过数万人。以山西大同盆地为例，砷中毒病区分布于山阴、应县、朔城区等地，涉及 20 多个乡镇 63 个村庄，患病人数 5087 人，患病率达 12.05%。

除了地壳层含砷矿物与地下水的长期相互作用外，河床过滤过程中侧渗河水与含水层土壤矿物相互作用也可能导致砷污染。例如，河南省郑州市的北郊、"95 滩"地下水源水主要来自黄河侧渗补给，井深为 80~120 m，井群砷超标率超过 70%，砷最高浓度在 0.06 mg/L 以上；进一步地，地下水存在明显的砷、铁、锰、氨氮等同时超标的特点，其中氨氮浓度在 0.3~0.6 mg/L 之间，铁浓度在 1.8~2.4 mg/L 之间，锰浓度在 0.5~0.8 mg/L 之间。

对于诸如青藏高原等地壳活动活跃的地区，温泉、冷泉等泉水中可能存在浓度极高的高砷水。当泉水汇入到地表河流或水库时，也可能导致水体砷污染。例如，西藏昌都市昂曲上游恩达曲和芒达曲有不少高砷泉眼，泉水流量在 0.08~0.15 m^3/s，泉水砷浓度在 0.34~1.93 mg/L。高砷泉水最终经恩达曲、芒达曲汇入昂曲后，导致下游多座饮用水厂可能存在水源砷超标问题。

2.1.1.2 人类活动导致的水体砷污染

矿业开采、冶炼等是人类活动导致砷污染的最重要原因之一。调查显示，从工业时代的 1850 年开始至 2000 年，全球人为活动向环境排放的砷量逐年增加，至 2000 年已累计达到 453 万吨左右，其中矿业活动贡献占比高达 72.6%。采矿、冶炼等过程中可能产生高浓度含砷废水或雨水冲刷产生含砷污水，上述点源或面源污染汇入到河道，就可能导致水体出现长年持续性或突发性砷污染。

涉砷行业生产过程往往会产生大量含砷废物和高浓度含砷废水。例如，云南省生态环境科学研究院研究了云南某硫精矿制酸企业砷污染物产排规律，发现原料中约 66.4% 的砷以固体废弃物形式从生产工艺中排出，填料洗涤塔产生的浓缩污泥中砷含量占 20.8%；洗涤水吸收并进入高砷废水排放的砷占总量 12.7%；尾气外排的砷占 0.007%。当原料砷含量为 0.219% 时，硫酸生产的砷负荷实测值为 0.29 kg/t，废水中砷浓度高达 3400 mg/L；经传统石灰沉淀法处理后的废水砷浓度仍高达 1500 mg/L 以上，远高于循环用水标准限值要求（200 mg/L），更远远高于工业废水排放标准要求（0.5 mg/L）。高砷废水、废物若未经安全处理处置，雨水冲刷导致含砷废水以面源污染形式进入水环境，或者含砷粉尘经干湿沉降，这些都可能导致周边水体和土壤发生砷污染。例如，大屯海位于云南省红河哈尼族彝族自治州个旧市，是云南省九大高原湖泊之一；汇水面积 284.5 km^2、水域面积 12 km^2，是珠江源头南盘江二级支流沙甸河的发源地，对南盘江的水环境质量具有重要影响。根据《红河州地表水水环境功能区划（复审）》，大屯海水库确定功能为渔业、灌溉，水质保护目标为地表水Ⅲ类标准，并具备工业用水功能。20 世纪 90 年代以前，大屯海水质优于地表水环境质量（Ⅲ类）标准。当地环境监测数据表明，2007 年 5 月以前，大屯海砷浓度小于 0.05 mg/L；2007 年 7 月后，大屯海砷浓度超过Ⅲ类水体标准，2008 年砷浓度最高达 2.74 mg/L；2009 年砷浓度最高为 1.15 mg/L，平均 0.55 mg/L。生态环境部南京环境保护科学研究所于 2010~2014 年对大屯海及入湖河道水体砷污染系统监测，结果显示：总体上大屯海水质较差，高锰酸盐指数为Ⅳ类水质、NH_4^+-N 为Ⅲ类水质、BOD_5 为Ⅳ类和Ⅴ类水之间、TN 为劣Ⅴ类水、TP 为Ⅳ类水；湖泊水中砷含量总体呈下降趋势，但个别时段砷浓度达 0.42~3.17 mg/L，平均砷浓度为 1.35 mg/L；政府和企业积极开展涉砷行业污染点源、面源等系统治理，大屯海湖体砷浓度逐年降低，2013 年 6 月后，水体砷浓度基本维持在 0.230~0.660 mg/L，平均浓度约 0.3 mg/L；水中的砷以 +5 价为主，其余重金属[Cu、Zn、Pb、Cd、Hg、Cr(Ⅳ)]含量符合Ⅲ类水质要求；大屯海底泥砷污染严重，湖底底泥（0~20 cm）砷含量高达 244~378 mg/kg，主要集中在 0~5 cm 浅表层，最高浓度达 755 mg/kg；5~20 cm 底泥砷浓度为 18.7~36.8 mg/kg，与当地土壤砷含量基本一致，说明底泥砷主要沉积在不成形的表层。此外，研究显示，大屯海西南面的砷浓度比较高，有明显的从西南向东北出口扩散的趋势；枯水季节湖体砷浓度含量明显低于雨季，且雨季入湖水砷浓度明显升高，7号沟入湖沟渠的水砷浓度最高达 7.58 mg/L。

此外，涉砷矿区企业尽管采取了严格污染控制措施，下游水体仍可能存在不同程度污染。例如，资江为湖南省第二大河流，全长 653 km，流域面积 28142 km^2，年径流量 240 亿 m^3。资江上游冷水江市为"世界锑都"，每年锑产量占全球 60%。锑、砷同族，往往在矿物中伴生，锑矿开采、冶炼过程中不可避免地导致资江长年存在砷锑污染。事实上，在严格环保法律和政策监管下，当地政府已封堵所有工业点源，且采用截流沟截留雨水径流以控制面源污染。但是，长期监测数据显示，资江砷、锑浓度年均值仍分别约为 0.005 mg/L 和 0.02 mg/L，雨季期间原水砷、锑浓度分别高达 0.01 mg/L 和 0.05 mg/L 左右。

此外，高砷废水或高砷尾矿浸出水可能排入水体，导致突发性水体砷污染事件。例如，2007 年，贵州独山县某矿业公司将 1900 t 含砷废水直接排入都柳江，造成都柳江下游民众饮水危机；2008 年 7 月，河南商丘民权县某化工厂含砷废水直排，造成大沙河水体砷污染；2008 年 9 月，广西河池某冶金化工公司含砷废水外泄进入周边水塘，造成池塘水体与地下水砷污染；2009 年 1 月和 7 月，苏鲁交界的邳苍分洪道先后发生 2 次由于企业排污导致的砷污染事件，最高砷浓度超过 1 mg/L。当湖泊、水库等封闭水体出现高砷废水排放导致的砷污染时，往往影响范围更广、污染历时更长。例如，2007 年 10 月，云南省地方环境监测站监测到云南阳宗海水体砷浓度出现异常波动，且表现出升高趋势；2008 年 6 月份超过 III 类水质标准，砷浓度均值达 0.055 mg/L。进一步加频加密跟踪监测显示，2008 年 7 月 16 日，砷浓度达 0.102 mg/L，超过国家 V 类水标准；7 月 30 日，全湖平均值为 0.116 mg/升，超过 V 类水质标准 0.16 倍。

除了高浓度含砷废水排放、砷污染尾矿或土壤浸出外，涉砷企业排放的含砷烟气经干湿沉降也可能产生较大范围的土壤和水体砷污染。例如，伊朗塔卡布地区的金矿开采活动导致当地的河流受到严重污染，矿区附近的 Zashuran 河中检测到的砷浓度为 28~40000 μg/L，相应沉积物中的砷含量高达 125~125000 mg/kg（Modabberi and Moore，2004）。

2.1.2 土壤砷污染

土壤中砷的含量范围一般是 0.1~40 mg/kg，联合国粮食及农业组织（FAO）和世界卫生组织（WHO）规定，土壤中砷的最大允许限值为 20 mg/kg（Reis and Duarte，2019）。研究表明，不同性质和背景条件下土壤砷含量和形态差异较大。

一般而言，沙质土壤、花岗岩等砷含量较低，而有机土壤、冲积土壤等含量相对较高。影响土壤砷含量的主要因素是地质条件，且母岩砷含量是决定性因素。有研究对比了花岗岩、钙质岩和基性岩等 3 种棕壤母岩，发现其砷含量分别为 7.48 mg/kg、11.9 mg/kg 和 8.47 mg/kg（Mandal and Suzuki, 2002）。土壤中有机和无机成分、氧化还原条件等因素也会影响土壤中砷含量。例如，过量使用含砷杀虫剂的果园土壤中砷含量可高达 366～732 mg/kg；土壤中硫化物、氧化物、有机质等组分含量增加，可能导致泥质沉积物中砷含量升高；铁含量较高的岩石、磷矿、煤矿和沥青矿床中砷含量为 100～900 mg/kg（Flora, 2015）。

采矿、冶炼等人类活动是导致土壤砷含量升高的主要人为因素，受污染土壤是矿区附近陆地生态系统中砷的主要来源，甚至可能成为危及生态系统结构功能以及周边人群健康的重要因素。例如，湖南省石门县的石门雄黄矿具有丰富的雄黄（As_4S_4）资源，是亚洲最大的雄黄矿区，开采历史超过 1500 年。近代，从 1958 年开始大规模开采，年产矿石 1.5 万吨，2011 年矿区彻底禁采关闭。调查表明，石门雄黄矿尾矿中存在氧化砷、含硫砷酸盐、砷-石膏、砷-铁矿物等 4 种不同类型的含砷次生矿物；As(Ⅲ)和 As(Ⅴ)分别在灰白色和灰色尾矿中占主导地位；矿区土壤母岩主要为板状页岩红壤。长期开采冶炼产生了大量高砷尾矿、矿渣等含砷废物，矿区周边砷污染严重。1999 年的采样调查表明，接纳矿区洗矿废水的漤水河下游 3 个村庄受到不同程度砷污染，土壤砷含量为 84.17～296.19 mg/kg，河水中砷浓度为 0.5～14.5 mg/L（王振刚等，1999a）。此外，污染区农村居民砷摄入量为 195～1129 μg/d，头发中砷含量中位数为 0.972～2.459 μg/g；所调查的 648 名居民中，有 167 人为慢性砷中毒患者（王振刚等，1999b）。2010 年研究显示，该矿区表层（0～20 cm）土壤砷平均含量为 99.51 mg/kg，比湖南省土壤砷含量背景值高 5.34 倍；矿区水田和旱地表层土壤砷含量分别为 43.51 mg/kg 和 115.1 mg/kg（李莲芳等，2010）。2012 年对矿区及周边共计 380 个点位进行采样测试，发现 66.1%样点土壤砷超标，其中重度、中度和轻度污染点占比分别为 17.9%、8.7% 和 13.2%。2016 年调研数据显示，矿区周边土壤砷含量仍高达 475～5240 mg/kg（Tang et al., 2016）。2012 年，国家启动《石门雄黄矿区重金属污染综合防治"十二五"规划》和治理工程。

采用高砷地下水进行灌溉也是东南亚、南亚等某些国家土壤砷污染的重要来源。例如，孟加拉国水资源总体相对丰富，但在旱季缺水期间，不少地区采用地下水进行农田灌溉。调查显示，孟加拉国岩石中砷含量一般在 0.5～2.5 mg/kg，未被污染的农业表层土中砷浓度平均值为 4.64 mg/kg，而采用含砷地下水灌溉的地区，土壤砷含量可高达 83 mg/kg（Hossain, 2006）。灌溉用水导致土壤砷污染，这在一定程度上拓宽了砷进入人体的途径，放大了地下水砷污染产生的健康风险。

2.1.3 涉砷行业固体废物与危险废物

固体废物是指市政、工业、商业、采矿和农业活动等过程产生的固体或半固体废弃物（Xiong et al.，2019）。危险废物是指纳入《国家危险废物名录》监管或依据《危险废物鉴别标准　通则》判定具有腐蚀性、急性毒性、浸出毒性、反应性、传染性等一种及一种以上危害特性的废物。砷在自然界中大多以硫化物形式存在，且往往与铅、锌、铜、镍、锑和金等有色金属伴生。含砷固体废物主要产生于含砷矿物开采冶炼、涉砷产品生产等过程，包括矿石开采尾矿、有色金属冶炼废渣、含砷废水处理产生的污泥、燃煤和焚烧产生的飞灰以及农牧业中除草剂、饲料添加剂、防腐剂生产过程产生的废渣等（龚傲等，2019；Leist et al.，2000）。矿石开采、冶炼活动是世界范围内含砷固体废物的最主要来源。

2.1.3.1 矿物开采加工产生的高砷废渣

全球已探明砷矿资源分布不均，其中 70%砷探明储量在我国。广西、云南、湖南等省区的累计砷探明储量分别达 165.9 万吨、94.8 万吨和 82.7 万吨，共占全国累计探明储量 61.6%；三省区保有储量分别达 92.6 万吨、79.6 万吨和 48.6 万吨，占全国总保有储量 52.8%。即便在同一省区，砷矿资源也分布不均。例如，广西南丹、云南个旧的累计探明储量分别达 106.3 万吨和 41 万吨，全国总储量占比高达 26.8%和 10.3%。我国砷采出量已达 139 万吨，且大部分存在于尾矿中甚至可能以"三废"形式排入环境，含砷矿产资源开发可能导致区域性、流域性甚至更大范围的砷污染。另一方面，由于金属砷价格较低，企业缺乏开展砷回收和资源化利用的驱动力，相当数量砷可能直接或间接地、有意或无意地进入环境，污染地表水、地下水、土壤等。

伴生砷是砷资源的主要组成部分，地壳中大量含砷矿物可能随其他主矿种而开采出来。有研究表明，印度拉贾斯坦邦的凯特里铜尾矿和扎瓦尔铅锌尾矿床中砷含量分别高达 1519 和 1179 mg/kg（Garelick et al.，2008）。据粗略估算，我国单一矿产砷资源采出量占总采出量 16.7%，伴生及共生砷资源采出量占 83.3%；每开采 1 t 黄金可能副产 1732～20829 t 砷，开采 1 t 其他金属则可能副产 0.12～10.8 t 砷。铜、锌、铅等有色金属冶炼过程中也会伴生砷的采出，矿石中砷转化为 As_2O_3 等砷氧化物后在焙烧烟气中富集，随后烟气进入制酸系统，最终通过收砷脱砷工艺产生高砷渣（刘凯等，2017）。铜的火法冶炼过程中，每吨精炼铜会产生 2.2～3 t 铜渣，铜渣浮选回收铜过程也会产生大量含砷浮选废料。上述冶炼和浮选等工艺产生的废渣一般都属于危险废物。以锑冶炼厂产生的高碱性（pH 11～13）、高含砷（15%~30%）砷碱渣为例，砷浸出浓度高达 4628 mg/L，远高于 5 mg/L 的标准限值，是典型的含砷危险废物（Guo et al.，2014）。相关涉砷行业总体效益不高，砷回收技术落后，矿石开采冶炼产生的废弃尾矿或废渣回收价值低，这在一定程度上可能是砷污染难以有效控制的客观因素。

2.1.3.2 其他涉砷行业产生的高砷废渣

矿物开采加工之外，农牧业中除草剂、饲料添加剂、肥料、防腐剂等生产过程也会产生含砷废渣。例如，我国浙江省某饲料添加剂生产企业的含砷废渣中砷含量达到 22000 mg/kg 以上（胡立芳等，2016）。磷化工行业通常采用硫化法对磷酸进行脱砷处理，这个过程也会产生大量硫化砷渣。我国广西沿海地区的磷化工企业每年产生约 1000 t 的硫化砷渣（刘凯等，2017）。含砷燃煤燃烧也可能产生含砷废水和飞灰。燃煤电厂使用的燃煤中的砷大部分会释放，且大部分吸附于燃煤飞灰（粉煤灰），只有少部分滞留底灰（Garelick et al.，2008）。粉煤灰中砷含量通常为 2~440 mg/kg，有时甚至高达 1000 mg/kg（Flora，2015）。垃圾焚烧产生的飞灰也含有一定量砷，这也是含砷固废的重要来源之一（Al-Ghouti et al.，2021；Shen et al.，2018a）。

2.1.3.3 高砷废水处理产生的高砷污泥

高浓度含砷废水往往采用石灰共沉淀、Fe(Ⅲ)-As(Ⅴ)共沉淀（Wang et al.，2018a）、硫化脱砷等处理工艺，这也将产生大量高砷废渣。含砷废水处理产生的污泥根据所使用的水处理材料的不同，可以分为钙-砷型污泥、铁-砷型污泥和硫-砷型污泥（丁嘉琪等，2019）。钙-砷型污泥通常是采用氢氧化钙[$Ca(OH)_2$]或氯化钙（$CaCl_2$）处理含砷废水所产生的污泥；利用 $Ca(OH)_2$ 处理某硫精制酸化工厂产生的高砷废水，每处理 1 t 废水将产生约 230 kg 的钙-砷型污泥（杨中超等，2014）；采用高铁酸钙处理含砷烟气酸洗的酸性含砷废水可产生含砷石膏污泥（Jing et al.，2003）；铁-砷型污泥是采用氯化铁（$FeCl_3$）、硫酸亚铁（$FeSO_4$）等铁系药剂处理含砷废水产生的污泥；采用 $FeSO_4$ 和 H_2O_2 处理钨冶炼厂碱性含砷废水将产生大量铁-砷型污泥（赖兰萍等，2018）；采用硫化钠（Na_2S）、五硫化二磷（P_2S_5）和硫化亚铁（FeS）等处理含砷废水可能产生硫-砷型污泥（Liu et al.，2016；Peng et al.，2018）。

2.1.3.4 高砷污泥稳定化与资源化

高砷废水处理工艺设计应考虑高砷废渣处理处置和资源化，以实现废渣稳定化和最终安全处置。以硫化法除砷产生的硫-砷型污泥为例，高砷废水处理中通过投加硫化氢（H_2S）、Na_2S、硫氢化钠（$NaHS$）或 FeS 等硫化剂将 AsO_4^{3-}、AsO_2^{-} 转化为 As_2S_3、As_2S_5 等溶度积极低的硫化砷沉淀，具有反应速度快、除砷效率高、剩余砷浓度低等优点。硫-砷型污泥可能被空气或微生物氧化而提高砷迁移性，长期存放可能会对环境产生潜在风险。

为实现砷渣稳定化和资源化，可采用火法或湿法对硫化砷渣进一步处理。火法处理是将硫化砷渣经氧化焙烧、还原焙烧或真空焙烧，砷蒸气升华而与其他物料分离，之后二次氧化为 As_2O_3。湿法处理是将硫化砷渣在强碱、空气氧化等条件下将硫化砷转化为 As_2O_3 或砷酸钠等稳定产物。例如，碱浸液氧化还原工艺将硫化砷渣经氢氧化钠溶液浸出、空气氧化脱硫和 SO_2 还原制备得到 As_2O_3；硫酸铜置换工艺将硫酸铜与硫化砷反应生成 As_2O_3，之后通入空气将 As_2O_3 氧化成易溶 As_2O_5 后固液分离，滤液通入二氧化硫将 As_2O_5 还原为 As_2O_3，最终冷却析出 As_2O_3 粗晶体。

2.1.4 砷大气排放与干湿沉降

大气中的砷主要吸附于颗粒物上，通常 As(III)和 As(V)并存且浓度很低。但是，冶炼等工业活动、含砷化石燃料燃烧等人类活动以及火山活动等会导致大气中砷浓度明显升高（Vishwakarma et al.，2021），且人为大气砷来源约占全球砷通量70%。未受污染地区大气中砷浓度约为 $10^{-5}\sim10^{-3}$ mg/m³，城市地区增加至 $0.003\sim0.18$ mg/m³，靠近工厂地区甚至可能高于 1 mg/m³（Liu et al.，2009）。欧盟委员会报道了欧洲不同地区大气中砷的典型浓度，其中农村地区为 0.2~1.5 ng/m³，城市地区为 0.5~3 ng/m³，工业场区附近高达 50 ng/m³。南极大气中砷浓度低于 0.041 ng/m³，我国和智利某些地区大气砷浓度则明显高得多。研究显示，2005 年智利和我国东部地区的空气中砷浓度为全球排名前两位，平均值分别为 8.34 ng/m³ 和 5.63 ng/m³，最高可能达到 20 ng/m³；到 2015 年，智利空气中平均砷浓度增加至 8.68 ng/m³，而我国东部地区则降低至 4.38 ng/m³（Li et al.，2010；Gidhagen et al.，2002）。智利是世界上最大的铜生产国，其大气砷浓度偏高可能与铜冶炼过程中烟气排放有关；我国东部地区空气砷浓度降低主要归因于我国在控制燃煤电厂和锅炉等工业源颗粒物排放方面的不懈努力。对比而言，印度未严格控制煤炭使用和燃煤烟气污染物排放，其大气平均砷浓度由 2005 年的 2.77 ng/m³ 增加至 2015 年的 4.57 ng/m³，印度也因此成为全球因人群吸入含砷空气导致的癌症风险最高的国家（Zhang et al.，2020）。

2.2 地下水砷污染成因

2.2.1 地下水砷的来源

地下水中的砷也是来源于自然和人为活动过程。自然发生的高砷地下水地区分为两类（中华人民共和国建设部，2005；Stephenson and Duff，1996）：第一类是内陆干旱及半干旱地区封闭的盆地，以及源于冲积层内强还原环境条件下的蓄水层，这两种地化环境可能含有地质年龄较短的沉积物，这些沉积层平坦，水流缓慢，沉积物沉积过程释放的砷就会在水流缓慢的地下水中累积起来；第二类是一些地热地区，或一些有矿山开采活动、伴随含硫化物矿物被氧化的局部地区。砷大面积地从蓄水层向地下水释放可以被概括为两种机制（李伟英等，2004；Randtke，1988；吴红伟等，1999）：①在干旱及半干旱地区，由于矿物风化及高的蒸发率导致地下水 pH（>8.5）上升，这种 pH 条件的改变导致砷[主要是 As(V)]从矿物氧化物、特别是铁氧化物上脱附，或者减弱了 As(V)的吸附；②近中性 pH 条件下强的还原环境的形成，导致沉积层中铁氧化物及锰氧化物吸附的 As(V)还原为 As(III)并溶解释放，铁氧化物及锰氧化物、含砷矿物溶解使其吸附砷的释放，这时地下水中通常会有较高浓度的 Fe(II)及 As(III)、低浓度（<1 mg/L，或更低）的硫酸盐。同时存在的高浓度磷酸盐、硅酸盐、重碳酸盐及可能存在的有机物，由于与砷竞争水体中天然铁氧化物、铝氧化物、锰氧化物上的吸附位，也会促使已吸附砷的再脱附。近来，有学者提出了一种新的砷释放机制（李爽等，1999），认为备受关注的孟加拉国的三角洲地区地层中自然存在一些金属还原细菌，这些细菌能够利用沉积物中含铁硫矿物进行呼吸获得能量，这个过程改变了沉积物中的矿物结构，促进了砷的还原和释放，导致该地区地下水砷的深度升高。地下水砷的人为来源包括含砷矿物冶炼、玻璃陶瓷工业、皮革加工、化工等工业废气和废水的排放，含砷木材防腐剂、农药、杀虫剂制造和使用，半导体砷化镓加工等人为污染（Lin et al.，2002），但是大规模地下水含砷主要发生于自然过程。

2.2.2 地下水砷污染形成机制

2.2.2.1 原生劣质地下水污染成因

由于地质原因导致的地下水污染问题极其复杂，受到各种过程和因素的影响。根据有害组分的主要来源及其水文地质和地球化学过程，可以将原生劣质地下水的成因分为以下四种基本类型（图 2-1）。

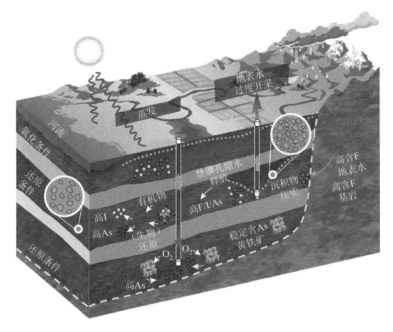

图 2-1 原生劣质地下水成因的基本类型（Wang et al., 2020）

(1) 浸出-汇聚型（淋滤-汇聚型）

有害组分可以在淋滤作用下从岩石矿物或沉积物中浸出，并在地下水的补给区或断层带汇聚富集。如印度、巴基斯坦、斯里兰卡等几个南亚国家结晶岩石区高氟地下水以及我国华北平原局部和大同盆地的高碘地下水。

(2) 埋藏-溶解型

含水层基质是地下水中有害组分的主要来源。在侵蚀/运输/沉积过程中，富含有害组分的沉积物在基质中积累，在有利的环境条件和水文地球化学过程（如还原溶解过程）影响下，有害组分可从基质特别是细颗粒沉积物中溶解和释放，进入地下水。如我国北部大同盆地和西北部贵德盆地的高砷地下水（Wang et al., 2018b）。

(3) 压实-释放型

地表水体的静水沉积物为有害组分的主要来源。通过地表径流和片流将地表水体内的有害组分积聚于沉积物内，在沉积物埋藏、压实固结排水过程中，有害组分释放至相邻含水层并富集。压实作用是沉积盆地中自然发生的一种地质过程，主要由上覆颗粒的重量、固结、压溶作用引起，其特征是压实沉积物中含有的孔隙水被排出。这些孔隙水可能主要有以下三种类型：①埋藏在活跃大气环流带之下的大气水或从孔隙中渗透出的改性大气水；②海平面上升或海水入侵期间储存在沉积物中的海水；③从黏土矿物中释放出来的矿物结合水。

（4）蒸发-浓缩型

这种类型的劣质地下水主要发生在干旱、半干旱地区的浅层地下水系统中。有害组分的主要来源是浅层地下水，由于强蒸发作用，这些有害组分在浅层地下水中富集。高砷/氟/碘浅层地下水在世界各地的干旱、半干旱地区被广泛报道，如中国、印度、美国西部等（Edmunds and Smedley, 2013）。由于气候、沉积环境和水文地质条件的变化，这四种成因的原生劣质地下水基本类型可能会在同一区域共同发生，从而导致地下水中各种有害组分的共生（Qie et al., 2018）。

2.2.2.2 含砷矿物溶解释放

砷在地下岩层和矿物中主要与硫、铁等共生，通常富集在硫化物矿物和氧化物矿物中。常见的含砷矿物有雄黄（As_4S_4）、雌黄（As_2S_3）、毒砂（FeAsS，又称砷黄铁矿）、砷矿（As_2O_3）等。另外，砷还可能取代硫化物矿物中的硫而进入到硫化矿物晶格中，例如，黄铁矿（FeS_2）、方铅矿（PbS）、闪锌矿（ZnS）和黄铜矿（$CuFeS_2$）（Wang et al., 2019; Ravenscroft et al., 2009）。高砷地下水的形成包括三个主要生物地球化学过程（图2-2），即含砷的铁（氢）氧化物的缺氧还原溶解、含As-S-Fe矿物的氧化溶解和共存离子的竞争性吸附-解吸（Cui and Jing, 2019; Shen et al., 2018b）。首先，在缺氧条件下的还原环境中，铁（氢）氧化物在微生物介导下还原溶解并将吸附的砷释放到地下水中。As(Ⅴ)还原为更不稳定的As(Ⅲ)会进一步促进砷迁移到地下水中。Fe(Ⅲ)和As(Ⅴ)的生物还原都需要易降解有机碳的参与。当有机碳分解产生的生物需氧量高于氧气注入速度时，厌氧代谢占主导地位，在硝酸盐和锰还原之后，导致微生物介导的Fe(Ⅲ)还原为Fe(Ⅱ)，以及

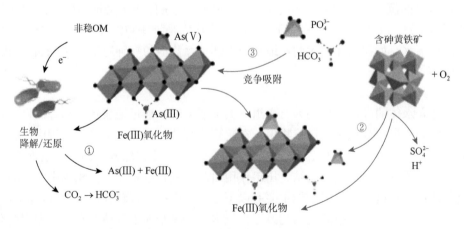

图2-2 高砷地下水形成机制（Wang et al., 2020）

As(Ⅴ)还原为 As(Ⅲ)（Fendorf et al.，2010）。这种还原性溶解机制通常发生在潮湿的平原地区（如河流三角洲地区），被广泛用于解释东亚和东南亚地区、大同盆地、河套平原以及美国得克萨斯州高砷地下水等的成因（Guo et al.，2008；Scanlon et al.，2009；Xie et al.，2013；Fendorf et al.，2010）。

在氧化环境中，由于地下水位下降（地下水抽运或气候变化）导致缺氧沉积物暴露于大气或氧气侵入地下水含水层时，含砷黄铁矿和毒砂等硫化物矿物被氧化溶解，释放出其晶格中的砷至地下水。毒砂是最丰富的含砷矿物（Shankar et al.，2014），其氧化过程相关的化学反应如式（2-1）至式（2-3）所示（Adeloju et al.，2021；Flora，2015）。

$$4FeAsS + 11O_2 + 6H_2O \longrightarrow 4Fe^{2+} + 4SO_4^{2-} + 4H_3AsO_3 \qquad (2-1)$$

$$4FeAsS + 11O_2 + 6H_2O \longrightarrow 4Fe^{2+} + 4SO_4^{2-} + 4H_2AsO_3^- + 4H^+ \qquad (2-2)$$

$$4FeAsS + 13O_2 + 6H_2O \longrightarrow 4Fe^{2+} + 4SO_4^{2-} + 4H_2AsO_4^- + 4H^+ \qquad (2-3)$$

黄铁矿被氧化过程的相关化学反应如式（2-4）和式（2-5）所示。当含氧量较低时，主要发生式（2-4）的反应。如果氧气充足时，亚铁离子会进一步被氧化为三价铁离子，并伴随氢氧化铁沉淀生成。这些过程使得硫化物矿物晶格中的砷释放，同时也会导致地下水中硫酸盐含量较高。这种机制主要分布于基岩裂隙含水层中，例如美国天然砷含量高的阿拉斯加费尔班克斯地区（Yang et al.，2012；郭华明等，2014；Nordstrom，2002）。

$$2FeS_2 + 7O_2 + 2H_2O \longrightarrow 2Fe^{2+} + 4SO_4^{2-} + 4H^+ \qquad (2-4)$$

$$12Fe^{2+} + 3O_2 + 6H_2O \longrightarrow 8Fe^{3+} + 4Fe(OH)_3 \qquad (2-5)$$

2.2.2.3 阴离子竞争脱附作用

地下水中高浓度共存阴离子，如磷酸根（PO_4^{3-}）、碳酸氢根（HCO_3^-）、硅酸根（SiO_3^{2-}）等，会与 As(Ⅲ)和 As(Ⅴ)产生竞争吸附，减少或阻止砷在铁氧化物黏土或矿物上的吸附，导致地下水中砷浓度升高。PO_4^{3-}与砷[尤其是 As(Ⅴ)]间在溶解、吸附和离子交换方面极为相似，对通过竞争吸附释放沉积物中砷的影响最显著（Majumder and Banik，2019）。As(Ⅴ)和 PO_4^{3-}间的竞争吸附大于 As(Ⅲ)和 PO_4^{3-}间的竞争吸附。HCO_3^-可以在有氧和缺氧条件下从沉积物中释放砷（Anawar et al.，2004）。HCO_3^-与 As(Ⅲ)间的竞争吸附大于 As(Ⅴ)和 HCO_3^-间的竞争吸附（Gao et al.，2020）。另外，每种矿物都有一个相对固定的等电位点（pH_{PZC}）。在弱碱性环境下，地下水 pH 高于大部分矿物的 pH_{PZC}，使得大部分矿物表面带负电荷，少数矿物表面正电荷数量减少，一定程度上阻碍了阴离子形式的砷在矿物表面吸附，促使砷从矿物中解吸附（郭华明等，2014；Guo et al.，2011）。As(III)在矿物上的吸附通常比 As(V)差很多，因此 As(V)的还原过程会促进地下水中砷的迁移。这种机制通常发生在干旱和半干旱地区，如阿根廷、西班牙、美国西南部和中国局部地区（Michael Holly，2013；Litter et al.，2019；Podgorski and Berg，2020）。

2.2.2.4 微生物驱动

地下水中砷的氧化还原转化和迁移过程也受微生物调节。越来越多的研究表明，微生物可以溶解不同的矿物质释放砷至地下水，并利用它们作为营养和能量的来源。一些微生物与矿物相互作用以获得 Fe^{2+} 或 S^{2-} 等无机底物作为它们唯一的能量来源；其他微生物则利用有机物质代谢并以无机化合物（如 O_2、Fe^{3+}、SO_4^{2-}）作为最终电子受体。硫化物矿物也是 Mo、Cu、Zn、Mg 等辅酶因子的来源，磷灰石等矿物可以提供合成 DNA、RNA、ATP 和磷脂所需的磷（Drewniak and Sklodowska，2013；Banfield et al.，1999）。据报道，嗜酸微生物是主要参与氧化含铁、含硫矿物生物氧化的微生物。其中，对含砷矿物生物氧化最有效的是嗜酸性氧化亚铁硫杆菌（*Acidithiobacillus ferrooxidans*）、嗜酸性氧化硫杆菌（*Acidithiobacillus thioxidans*）和氧化亚铁钩端螺旋菌（*Leptospirillum ferroxidans*）。毒砂在氧气存在下的微生物氧化既可以是直接氧化[式（2-1）～式（2-3）]，也可以通过间接氧化机制进行[式（2-6）～式（2-8）]。高浓度的 Fe(II)促进游离细菌的生长，随后发生细菌介导的 Fe(III)生成，间接氧化矿物表面。在极强的氧化条件下，硫被完全氧化为 S(VI)，As(III)被迅速氧化为 As(V)（Corkhill and Vaughan，2009；Drewniak and Sklodowska，2013）。嗜酸微生物也可以通过类似的机制从雄黄中溶解释放砷（Chen et al.，2011）。在中性 pH 环境下，含砷矿物也可以被硫和亚砷酸盐的氧化微生物氧化。如微生物（WAO 菌株）可以介导黄铁矿晶格中硫化物的氧化，导致黄铁矿结合的砷释放。此外，这种好氧微生物将 As(III)氧化为 As(V)的同时可以进一步增强固相中砷的释放（Rhine et al.，2008）。在还原条件下，异化砷酸盐还原细菌（DARPs）可以在厌氧条件下溶解并转化沉积物或矿物表面吸收的 As(V)，使用乙酸盐、乳酸盐、丙酮酸盐或其他物质作为 As(III)电子供体（Ohtsuka et al.，2013；Wang et al.，2017）。

$$4FeAsS + 5O_2 + 6H_2O \longrightarrow 4Fe^{2+} + 4S^0 + 4HAsO_2 + 8OH^- \quad (2\text{-}6)$$

$$FeAsS + 5Fe^{3+} + 3H_2O \longrightarrow 6Fe^{2+} + S^0 + H_3AsO_3 + 3H^+ \quad (2\text{-}7)$$

$$FeAsS + 13Fe^{3+} + 8H_2O \longrightarrow 14Fe^{2+} + SO_4^{2-} + H_3AsO_4 + 13H^+ \quad (2\text{-}8)$$

2.3 典型国家地下水砷污染控制

2.3.1 孟加拉国砷污染控制

2.3.1.1 孟加拉国地下水砷污染的主要成因

孟加拉国区域性地下水砷污染均为天然过程,而不是人为污染造成的。砷黄铁矿是孟加拉国砷污染的最主要来源。英国地质调查局(British Geological Survey, BGS)(2000)研究显示,孟加拉国的砷来源于硫化物或金属氧化物的矿层,硫砷铁矿被氧化后将释放出溶解性砷和硫酸盐,硫酸盐排放入海而砷[As(Ⅴ)]则被铁(氢)氧化物吸附。这些(氢)氧化物是胶体尺度,将在恒河三角洲下游沉积聚集(Fendorf et al., 2010;Adeloju et al., 2021)。另外,也有研究认为孟加拉国地下水中砷的主要形成机制是含砷的铁(氢)氧化物的还原溶解(Nickson et al., 1998;Chowdhury et al., 1999;Harvey Charles et al., 2002)或同时存在共存离子的竞争性吸附-解吸过程(Ahmad and Khan, 2015)。孟加拉国的砷污染问题是含水层沉积物含砷、沉积物中砷释放至地下水和天然地下水循环中砷迁移等综合作用的结果,影响最严重的是孟加拉国四个洪泛区漫滩下层的冲积扇。

2.3.1.2 在饮用水砷污染控制方面的努力

1998 年,孟加拉国政府颁布了国家安全饮用水和卫生政策。2004 年,孟加拉国政府制定了《孟加拉国砷污染控制政策和行动方案》(National Policy for Arsenic Mitigation & Implementation Plan for Arsenic Mitigation in Bangladesh);2005 年,批准了地方政府与城乡发展部(Ministry of Local Government and Rural Development, LGRD)的部门行动计划(Sector Development Plan, SDP 2005~2015);2011 年,进一步颁布修订了行动计划 SDP 2011~2025。孟加拉国政府提出并实施了具体砷污染控制策略:提高公众对砷污染及其危害的认识;采用现场测试试剂盒测定管井水中砷浓度,开展含砷井水普查;采用红色、绿色对有砷或无砷的井水进行标识;对于高砷水井,倡导更换水源或改用其他低砷水井;提供替代的供水方案;砷中毒患者识别与管理;等等。

2013 年,孟加拉国政府颁布了《2013 孟加拉国水法》(Bangladesh Water Act 2013),旨在协调、分配、开发、管理、保护、提取、使用和保护水资源,高度重视饮用水,提出了综合地表水、地下水开发的水分配和保护系统(Chan et al., 2016)。2014 年,孟加拉国政府颁布《国家供水和卫生战略》(National Strategy for

Water Supply and Sanitation，NSWSS），进一步解释了 2011 年 SDP 的目标和方向，为不同部门的利益相关者提供了统一的指导方针，以实现安全和可持续的供水。2014 年以后，孟加拉国政府有关饮用水砷污染控制的行动计划、政策和指导方针见表 2-1。

表 2-1　孟加拉国供水和砷污染控制的国家政策和战略实施计划（Huq et al.，2020）

时间	政策和行动计划
2015 年 6 月	制定砷减排的专属实施计划
2015 年 12 月	颁布公共组织、非政府组织和私营部门的施工、水质核实和手动泵保护或制造井的协议书；研究商议将砷标准由 50 μg/L 降至 10 μg/L
2016 年 6 月	更新严重受影响地区的当前砷筛查数据库；规范在受砷污染影响地区安装手泵井的建议
2016 年 12 月	开发项目建议书（Development Project Proposal，DPP）涵盖所有可能的受砷污染区域；关于降低砷标准的含义的概念说明
2017 年 6 月	关于使用地表水作为供水以及人工补给地下水的指南；关于重组和能力建设的概念说明
2017 年 12 月	实现至少 50%的无砷管道供水；在所有偏远地区和弱势人群中推广 DPP，或由部门机构针对这些问题制定新的 DPP
2018 年 12 月	城市地区淡水供应总体规划

孟加拉国政府积极组织并实施了砷污染控制的重大项目，如孟加拉国供水项目（Bangladesh Water Supply Program Project，BWSPP）、孟加拉国农村地区环境卫生与供水工程、国家农村供水项目、孟加拉国环境技术认证-除砷技术（Bangladesh Environmental Technology Verification - Support to Arsenic Mitigation，BETV-SAM）等等。过去 20 多年来，DPHE 在全国共安装、提供或分派了大约 44.2 万个供水井，其中 15.5 万个安装于砷污染地区；实施了 300 个村级集中式供水工程，孟加拉国政府先后认证许可了 6 种除砷技术，且安装 1.4 万个单户和 290 个社区除砷过滤器。DPHE 后续将在政府相关规划和行动计划支持下，在 25 万个供水点提供无砷水过滤器。孟加拉国大约有 3500 万人受砷污染影响，过去 25 年政府大约解决了覆盖 1600 万人的饮用水安全问题。

此外，孟加拉国政府还与国际组织合作开展饮用水砷污染控制（Hossain，2006）。例如，①SHEWA-B 项目。该项目由英国国际发展部（UK Department for International Development）推动实施，目的在于提高公众对卫生、安全饮用水认识，并有效控制砷污染。项目目标是建设 2.1 万个新型无砷安全饮用水的供水点，其中安全饮用水源包括深层管井、挖掘井、塘或河水过滤器、雨水池和除砷系统等；项目实施超过 5 年，覆盖 31 个区超过 1000 个聚居点。②DART 项目。该项目由加拿大国际发展署（Canadian International Development Agency，CIDA）资助，在 26 个砷污染严重且缺乏替代水源的地区实施。截至 2008 年，该项目共安装近 2 万个单户型和 50 个社区型除砷过滤器，受益人口超过 10 万人。

2018 年，DPHE 总结过去 20 多年经验、成效与不足，提出未来后续工作重点：①技术转移，引进经济高效、操作方便、运行稳定的除砷技术和设备；②系统制定涵盖地下水、地表水、雨水等水源的农村供水可行解决方案；③提出针对农村、城市砷污染地区可持续性的综合解决方案；④拓展资金来源，解决城市和农村除砷供水系统的投资缺口；⑤提高公众认知，开展骨干人员培训；⑥研究和评估地下水资源，在保证水质安全的前提下挖掘地下水潜力。

需要指出的是，过去 20 多年来，孟加拉国政府、国际社会对孟加拉国砷污染开展了大量工作，但从根本上控制砷污染仍任重而道远。2015 年，孟加拉国颁布《安全无砷饮用水规划》，提出在今后 15 年逐步解决全国饮用水砷污染问题，预计总投资高达 210 亿美元。此外，尽管全世界针对饮用水除砷技术做了大量的研究，但仍缺乏经济、操作方便、适用于发展中国家的可行技术（Schwarzenbach et al., 2006）。因此，实现"安全无砷饮用水规划"目标对于孟加拉国而言，无疑是重大挑战。

2.3.1.3 孟加拉国砷污染控制策略

孟加拉国近 20 年政治稳定，政府加快市场化与自由化改革，使经济得到高速发展。2005 年开始至今，该国的国内生产总值（GDP）增长率始终保持在 6%以上。2018 年，联合国发展政策委员会宣布，孟加拉国可从"最不发达国家"进入到发展中国家行列。经济快速发展为孟加拉国解决包括饮用水砷污染在内的重大民生问题提供了重要基础。

以饮用水砷污染及其健康风险控制为目标，制定科学、合理、有效的砷污染控制策略，对于孟加拉国在全国范围内解决饮用水安全等民生问题具有重要意义。我们认为，制定科学合理砷中毒防治策略，应全面调查含砷水井和饮用水砷暴露人群，综合考虑饮用水、食物等暴露途径，科学评估砷暴露剂量和健康风险，综合应用宣教、预防、控制、治疗等不同手段，有效降低人群砷暴露水平、控制砷中毒风险。具体在饮用水砷污染控制上，应全面加强含砷水井筛查、标识和高砷水井禁用，综合考虑砷以及共存有毒元素控制，适时提高饮用水砷污染物控制标准，积极引进和开发适合发展中国家的经济高效、稳定可行的适用技术和成套装备，合理推进单户分散式向社区集中式、城乡一体式等饮用水除砷供水模式发展，因地制宜地规划和利用地下水、雨水及地表水等水资源，分区域统筹实施保障农村、城市饮用水安全和砷污染控制策略，积极构建技术、装备、运营、监管、绩效评估等协同的饮用水砷污染控制技术体系与运营模式。

2.3.2 中国砷污染形成与控制

2.3.2.1 中国地下水砷污染

我国是典型的高砷地区，34 个省中有 20 个省存在高砷地下水，包括安徽、北京、甘肃、广东、河北、河南、湖北、内蒙古、吉林、江苏、辽宁、宁夏、青海、山东、山西、陕西、四川、新疆、云南和台湾。这些地质成因的高砷地下水主要分布在干旱-半干旱的内陆盆地和湿润地区的河流三角洲。前者主要包括河套盆地、呼和浩特盆地、银川盆地、大同盆地、运城盆地、松嫩盆地和贵德盆地等，后者主要包括珠江三角洲、长江三角洲和黄河三角洲（Qie et al.，2018；Rodriguez-Lado et al.，2013）。在内陆盆地和河流三角洲地区，高砷地下水主要在还原条件下形成，其 Fe、Mn、HCO_3^- 浓度和 pH 较高，NO_3^- 和 SO_4^{2-} 浓度相对较低。因此，我国地下水砷污染的主要机制是铁（氢）氧化物的还原溶解和高 pH 环境下砷从矿物中解吸（Michael Holly，2013）。氧化还原、微生物介导还原和解吸，是我国地下水砷污染的主要地球化学过程。在还原条件下，铁（氢）氧化物的还原溶解和砷的还原性解吸都可导致砷的释放，而微生物以含水层中有机物为碳源，催化了铁（氢）氧化物和 As(V)的还原（Guo et al.，2014）。

2.3.2.2 中国地下水砷污染防治行动

我国高度重视饮用水砷、氟等相关水质污染问题，先后投入大量中央和地方的财政资金实施农村饮水解困工程、农村饮水安全工程等重大工程，为控制长期砷暴露及其产生的健康风险提供了重要基础和保障。我国饮用水砷暴露人口主要生活在以劣质地下水为水源的农村地区，上述工程实施对于饮用水砷污染控制也具有重要作用。

（1）农村饮水解困工程

农村供水问题首先需要解决严重缺水地区的用水困难问题。1984 年，国务院办公厅批转了《关于农村人畜饮水工作的暂行规定》；1993 年，国务院制定了《国家八七扶贫攻坚计划》，把解决当时存在的 8000 万农村人口饮水困难作为重要内容。"十五"期间，国家将正常年份取水距离远、取水难度大、缺水时间长的饮水困难人口列为严重缺水地区的饮水特困人口和农村人口饮水解困对象，有针对性地实施严重缺水地区"农村饮水解困工程"。工程范围涉及中西部 22 个省(区、市、生产建设兵团) 216 个地（市）1299 个县（市）的部分乡村，解困总人口约为 2070 万；其中西部省区 1145 万，中部省区 925 万。国家"农村饮水解困工程"

目标和任务中提出，供水水质要达到《农村实施〈生活饮用水卫生标准〉准则》的要求；具体对砷的最大浓度限值为 0.05 mg/L。

党和政府高度重视、加大工作力度，各地干部群众自力更生、共同努力，到"十五"期末，已累计解决 2.8 亿多农村人口的饮水困难问题。

（2）农村饮水安全工程

进入 21 世纪，党中央、国务院和各级地方党委、政府更加重视农村饮水安全工作，解决农村供水问题的重点也从"饮水解困"转向"饮水安全"。胡锦涛总书记多次对饮水安全工作作出重要批示，在 2005 年中央人口、资源、环境座谈会上明确提出：要把切实保护好饮用水源，让群众喝上放心水作为首要任务。科学规划、落实措施，统筹考虑城乡饮水，统筹考虑水量水质，重点解决一些地区存在的高氟水、高砷水、苦咸水等饮用水水质不达标的问题以及局部地区饮用水严重不足的问题。之后，国家发展改革委、水利部和卫生部编制了《2005~2006 年农村饮水安全应急工程规划》，2005 年 3 月，国务院常务会议审议通过了该规划。2006 年 3 月，第十届全国人民代表大会第四次会议审议通过了《中华人民共和国国民经济和社会发展第十一个五年规划纲要》，明确提出"加快实施农村饮水安全工程"的要求；在此基础上，国家发展改革委、水利部和卫生部共同编制《全国农村饮水安全工程"十一五"规划》（以下简称《农村饮水安全"十一五"规划》），并于 2007 年 5 月 30 日由国务院正式批准实施。

《农村饮水安全"十一五"规划》指出，截至 2004 年年底，全国农村分散式供水人口为 58106 万人，占农村人口的 62%，集中式供水人口为 36243 万人（主要为 200 人以上或日供水能力在 20 m³ 以上集中式供水工程的受益人口），占农村人口的 38%；其中农村饮水砷超标人口数为 289 万人，占水质不安全总人口的 1%。《农村饮水安全"十一五"规划》明确指出，"十一五"期间重点解决农村居民饮用高氟水、高砷水、苦咸水、污染水及微生物病害等严重影响身体健康的水质问题，以及局部地区的严重缺水问题；提出解决 1.6 亿人的农村饮水安全问题（约涉及 15 万多个行政村），使农村饮水不安全人数减少一半，集中式供水受益人口比例提高到 55%，供水质量和水平有较大提高；重点解决饮用水中氟大于 2 mg/L、砷大于 0.05 mg/L、溶解性总固体大于 2 g/L、耗氧量（COD_{Mn}）大于 6 mg/L、致病微生物和铁、锰严重超标的水质问题。具体针对高砷水，提出解决 228 万人的饮用高砷水问题，解决现已查明的砷病区村的饮水安全问题。《农村饮水安全"十一五"规划》综合考虑行政区划、地理位置、气候、地形地貌和水资源等条件，将全国分东北、华北、华东、中南、西南、西北六个片区，其中除东北片区外其他片区均存在局部地区地下水砷超标问题。

2009 年，中国国际工程咨询公司发布《〈农村饮水安全"十一五"规划〉实施中期评估报告》，截至 2008 年 6 月 30 日，全国累计解决 6754.5 万人的饮水安全问题，占规划目标人口数42.2%，占下达计划的73%；共完成投资317.2亿元，其中中央投资140.5亿元，省级配套资金50.2亿元，市县级配套资金37.1亿元，群众自筹资金83.7亿元，其他资金5.7亿元；全国人均投资455元；平原高氟、高砷或苦咸水地区往往采取分质供水模式，且多采用膜处理工艺，制水成本较高，一般运行费用在4.0~5.0元/m³，加上折旧费，制水成本大约在8.0~9.0元/m³。

2012年3月，国务院常务会议讨论通过《全国农村饮水安全工程"十二五"规划》。会议指出，"十一五"期间累计完成投资1053亿元，解决了2.1亿农村人口的饮水安全问题，全国农村集中式供水人口比例提高到58%；农村饮水安全工程建设项目的实施，提高了农民健康保障水平，改善了农村生产生活条件，推进了基本公共服务均等化。《全国农村饮水安全工程"十二五"规划》提出，要在持续巩固已建工程成果基础上，进一步加快建设步伐，全面解决2.98亿农村人口和11.4万所农村学校的饮水安全问题，使全国农村集中式供水人口比例提高到80%左右；要求优先解决严重影响居民身体健康的水质问题、涉水重病区饮水安全问题。

"十二五"期间，国家发展改革委、水利部共下达农村饮水安全工程投资1768亿元，其中中央投资1215亿元、地方配套553亿元。"十二五"期间中央安排农村饮水安全工程建设投资占总投资的68.7%，占整个农村水利投资规模的45.2%；截至2015年年底，全国农村集中式供水人口比例达到82%，农村自来水普及率达到了76%，农村供水保证程度和水质合格率均有大幅提高；到2015年年底，全国68%的千吨万人以上集中供水工程划定了饮用水水源保护区，44%的千人以上集中供水工程划定了饮用水水源保护范围。经过农村饮水安全工程两个五年规划的全面实施，全国共解决了5.2亿农村居民和4700多万农村学校师生的饮水安全问题，到"十二五"末，我国农村饮水安全问题基本得到解决。

（3）农村饮水安全巩固提升与脱贫攻坚工程

党的十八大以来，以习近平同志为核心的党中央高度重视农村饮水安全工作。2019年4月16日，习近平总书记在解决"两不愁三保障"突出问题座谈会上指出，"在饮水安全方面，还有大约104万贫困人口饮水安全问题没有解决，全国农村有6000万人饮水安全需要巩固提升"。习近平总书记突出强调，"饮水安全有保障主要是让农村人口喝上放心水，统筹研究解决饮水安全问题""如果到了2020年这些问题还没有得到较好解决，就会影响脱贫攻坚成色"。习近平总书记特别指出在解决饮水安全问题上各地情况并不相同，"对饮水安全有保障，西北地区重点解决有水喝的问题，西南地区重点解决储水供水和水质达标问题"。习近平总书记始终在脱贫攻坚、生态保护和高质量发展等高度上看待农村饮水安全问题。2019年9月18日，习近平总书记在黄河流域生态保护和高质量发展座谈会上强调，"黄河流域是打赢脱贫攻坚战的重要区域""积极支持流域省区打赢脱贫攻坚战，解决好流域人民群众特别是少数民族群众关心的防洪安全、饮水安全、生态安全等问题，对维护社会稳定、促进民族团结具有重要意义"。2020年3月6日，习近平总书记在决战决胜脱贫攻坚座谈会上强调，要加快扶贫项目开工复工，易地搬迁配套设施建设、住房和饮水安全扫尾工程任务上半年都要完成。

2016年2月，国家发展改革委、水利部、财政部、国家卫生计生委、环境保护部、住房城乡建设部等六部委联合发布《关于做好"十三五"期间农村饮水安全巩固提升及规划编制工作的通知》，提出"十三五"期间全国农村饮水安全工作的主要预期目标是：到2020年，全国农村饮水安全集中供水率达到85%以上，自来水普及率达到80%以上；水质达标率整体有较大提高；小型工程供水保证率不低于90%，其他工程的供水保证率不低于95%。推进城镇供水公共服务向农村延伸，使城镇自来水管网覆盖村的比例达到33%。健全农村供水工程运行管护机制，逐步实现良性可持续运行。"十三五"期间，《农村饮水安全巩固提升工程"十三五"规划》以省为单位进行编制，国家发展改革委、水利部等部门对各地规划编制进行指导；农村饮水安全巩固提升工程建设资金以地方政府为主负责落实，中央财政重点对贫困地区等予以适当补助，并与各地规划任务完成情况等挂钩。

2019年6月，国务院常务会议指出通过实施农村供水工程，农村居民饮水已提前实现联合国千年发展目标，农村集中供水率、自来水普及率均达到80%以上。会议就"巩固提高农村饮水安全水平，支持脱贫攻坚保障基本民生"提出要求：①加大工程建设力度，到2020年全面解决6000万农村人口饮水存在的供水水量不达标、氟超标等问题；②建立合理的水价形成和水费收缴机制，以政府与社会资本合作等方式吸引社会力量参与供水设施建设运营，中央和地方财政对中西部贫困地区饮水安全工程维修养护给予补助；③加强集中式饮用水水源地保护，研究提升农村饮水安全水平的新标准，启动编制下一步农村供水规划。

2.3.2.3 与砷相关的地方病防治

地方病是由地球化学因素、生产生活方式等原因造成的呈地方性发生的疾病，多发生在老少边穷地区，是病区群众因病致贫、因病返贫的重要原因。由于不少地方病是由区域性（尤其是农村地区）人群长期饮用高砷、高氟等劣质地下水所致，因此地方病防治与农村饮水安全工程的工作内容有一定重合。一般认为，居民生活的自然环境中，生活饮用水含砷量>0.05 mg/L，即可定为高砷区；当出现且仅有可疑砷中毒患者时，为潜在砷中毒病区；当出现了轻度及以上的砷中毒患者时，可定为砷中毒病区。

（1）与砷污染防治相关的规划或标准

在"1.4.5 与砷相关的标准"中详细对比了世界主要国家、WHO等国际组织针对饮用水、环境水体、食品、工业水排放、大气污染物排放、固体废弃物等制定的砷污染防治的标准,本节重点比较各国饮用水砷污染防治相关的规划或标准。

1993 年,WHO 将饮用水砷的标准建议值从 0.05 mg/L 降低至 0.01 mg/L。2001 年,USEPA 正式颁布饮用水砷标准的最终法规,将强制性标准的最大允许浓度定为 0.01 mg/L(王晓昌,2001)。2006 年,我国卫生部修订了《生活饮用水卫生标准》(GB 5749—2006),将饮用水中砷的限值从 0.05 mg/L 降至为 0.01 mg/L;2022 年,我国再次修订颁布《生活饮用水卫生标准》(GB 5749—2022),砷的浓度限值仍为 0.01 mg/L。2002 年,孟加拉国将饮用水中砷的最大允许浓度确定为 0.05 mg/L(NAISU,2002),且至今仍保留该标准限值,未制定更严格的标准。

长期以来,党中央、国务院高度重视地方病防治工作,且由砷暴露引发的地方性砷中毒(地砷病)防治始终是国家地方病防治工作的重点。1994 年,我国正式将砷中毒列为重点防治的地方病进行管理,并在全国开展普查。截至 2010 年年底,我国完成了地方性砷中毒病区分布调查,已知病区基本落实了改炉改灶或改水降砷措施;地方性砷中毒病区中小学生、家庭主妇的防治知识知晓率分别达到 85%和 70%以上。

2001 年,《中华人民共和国国民经济和社会发展第十个五年计划纲要》提出并开始实施改水工程,改水后砷达标率为 79.8%(易求实,2010)。2001~2005 年,我国政府在联合国儿童基金会的支持下实施了砷减排和管理的计划;2008 年,颁布了《中华人民共和国水污染防治法》;2011 年,出台了《重金属污染综合防治"十二五"规划》(2011~2015 年),提出控制包括砷在内的五种主要重金属污染物,要求妥善监测重金属污染,显著减少重金属污染事件,建立完善的重金属污染控制体系和环境与健康风险评估体系,解决公共卫生问题;2015 年,国务院印发《水污染防治行动计划》,要求从水源到水龙头全过程监管饮用水安全,定期调查评估集中式地下水型饮用水水源补给区等区域环境状况。除了以上这些标准、法规和政策,我国政府还全方位地实施了一系列其他的标准和政策,例如,在"1.4.5 与砷相关的标准"中提到的一些标准和规范,如《饮用水水源保护区污染防治管理规定》、《集中式饮用水水源地规范化建设环境保护技术要求》(HJ 773—2015)、《饮用水水源保护区划分技术规范》(HJ 338—2018)等。

(2)地砷病防治规划

2012 年,国务院办公厅发布了卫生部、国家发展改革委、财政部《全国地方病防治"十二五"规划》,该规划指出我国是地方病流行较为严重的国家,31 个省(区、市)不同程度地存在地方病危害,主要有碘缺乏病、水源性高碘甲状腺肿、地方性氟中毒、地方性砷中毒、大骨节病和克山病;其中,燃煤污染型地方性砷中毒病区分布于 2 个省的 12 个县,受威胁人口约 122 万;饮水型地方性砷中毒病区分布于 9 个省(区)的 45 个县,且在 19 个省(区)发现生活饮用水砷含量超标,受威胁人口约 185 万。针对地方性砷中毒防治,该规划提出"十二五"期间具体目标为:基本消除燃煤污染型地方性砷中毒的危害,强化燃煤污染型地方性氟中毒、砷中毒防治工作的后期管理,使病区改炉改灶家庭炉灶完好率和正确使用率均达到 95% 以上;有效控制饮水型地方性砷中毒危害,基本完成已查明饮水型地方性砷中毒病区的饮水安全工程和改水工程建设,强化已建改水工程的后期管理,确保 90% 以上的改水工程保持良好运行状态,水质符合国家和行业相应卫生标准。具体防治工作包括:①燃煤污染型地方性砷中毒病区,要继续实施以健康教育为基础、改炉改灶为主的综合防治措施,提高防治工作覆盖面;②新发现的饮水型地方性砷中毒病区或水源性高砷地区,要完成改水降砷工程建设,加强饮水安全工程卫生学评价和水质监测,防止因水源污染导致饮用水砷含量超标,确保生活饮用水符合国家卫生标准;③要切实加强防治措施的后期管理,做好改水设施和改良炉灶的维护、维修,及时修复或重建已损毁的改水工程,确保病区改水工程达标运行,病区家庭正确使用合格防氟防砷炉灶,持续巩固防治成果。此外,该规划还提出,要进一步完善地方病控制监测体系,继续对饮用水源进行除氟和砷处理,为疫区居民提供健康教育和预防知识。规划还呼吁进行水文地球化学研究,以了解砷和氟在地下水中的存在情况,调查替代的安全水源(Wen et al., 2013)。

2017 年,《全国地方病防治"十三五"规划》指出,我国尚有部分饮水型地方性砷中毒地区未进行改水或改水工程,水砷含量仍然超标,燃煤污染型地方性砷中毒地区部分改良炉灶因缺乏维修维护而失去防病效果。与地方砷病防治相关的具体工作目标包括:①强化燃煤污染型地方性砷中毒防治工作的后期管理,建立管理机制并有效运行,贵州、陕西所有病区县达到燃煤污染型砷中毒消除水平。②全面落实已查明砷超标地区的改水工作,90% 以上村的改水工程保持良好运行状态,饮用水砷含量符合国家卫生标准;90% 以上的病区县饮水型砷中毒达到消除水平。

2.3.3 美国砷污染及防治

美国也存在很多高砷地下水地区,如阿拉斯加州、亚利桑那州、加利福尼亚州、夏威夷州、爱达荷州、马里兰州、马萨诸塞州、内华达州、俄勒冈州、犹他州、华盛顿等(Shaji et al., 2021)。在美国北部地区,高砷地下水的形成机制主要是含砷硫化物矿物或沉积物的氧化溶解,如威斯康星州。在美国中西部地区,砷普遍存在于冰川和基岩含水层中,主要通过:①含砷黄铁矿和毒砂等硫化物矿物被氧化溶解,释放出其晶格中的砷并转移至包括铁(氢)氧化物在内的第二相或释放至地下水系统中；②含砷铁（氢）氧化物的还原溶解，促使砷从矿物或沉积物释放到地下水中，如密歇根州和明尼苏达州等。在美国西南部地区，主要是半干旱地区，pH 较高，促使砷从矿物氧化物中解吸附，导致沉积物中砷的释放，如爱达荷州（Garelick et al.，2008；Michael Holly，2013；Erickson et al.，2021）。很多高砷地下水的形成过程可能是上述多个机制、过程协同作用的结果。

美国政府为解决地下水砷污染问题，将其列入多项政策或法规中。2006 年，根据《安全饮用水法案》(Safe Water Drinking Act)，美国环境保护署（U. S. Environmental Protection Agency，EPA）规定饮用水中砷的最大浓度水平（maximum contaminant level，MCL）为 10 μg/L。另外，美国自下而上的污染防治机制极大地促进了其地下水污染控制工作的顺利进行。大部分民众有较强的污染防治意识，常会运用法律诉讼来维护自己的权益，一旦企业有污染环境的行为，就会毫不犹豫地起诉相关企业。社会公众、企业和企业之间形成了相互制衡的机制。面对巨大的公众压力，企业必须自觉控制污染排放，政府也必须承担相应的监管责任，这在很大程度上减少了人类活动对地下水污染的贡献。

参 考 文 献

Adeloju S B，Khan S，Patti A F，2021. Arsenic contamination of groundwater and its implications for drinking water quality and human health in under-developed countries and remote communities：A review. Applied Sciences，11：1926.

Agarwal A，1998. Water Resource Comprehensive Management，Stockholm. https://www.gwp.org/globalassets/global/toolbox/publications/background-papers/04-integrated-water-resources-management-2000-english.pdf.

Ahmad S A，Khan M H，2015. 2 — Ground Water Arsenic Contamination and Its Health Effects in Bangladesh//Flora S J S. Handbook of Arsenic Toxicology. Oxford：Academic Press，51-72.

Al-Ghouti M A，Khan M，Nasser M S，Al-Saad K，Heng O E，2021. Recent advances and applications of municipal solid wastes bottom and fly ashes：Insights into sustainable management and conservation of resources. Environmental Technology & Innovation，21：101267.

Anawar H M，Akai J，Sakugawa H，2004. Mobilization of arsenic from subsurface sediments by effect of bicarbonate ions in groundwater. Chemosphere，54：753-762.

Azcue J M，Mudroch A，Rosa F，Hall G E M，1994. Effects of abandoned gold mine tailings on the arsenic concentrations in water and sediments of Jack of Clubs Lake，B. C. Environment Technology，15：669-678.

Banfield J F，Barker W W，Welch S A，Taunton A，1999. Biological impact on mineral dissolution：Application of the lichen model to understanding mineral weathering in the rhizosphere. Proceedings of the National Academy of Sciences，96：3404.

BGS，2000. Executive summary of the main report of Phase I，Groundwater Studies of As Contamination in Bangladesh，by British Geological Survey and Mott MacDonald（UK）for the Government of Bangladesh，Ministry of Local Government，Rural Development and Cooperatives DPHE and DFID（UK）.http://bicn.com/acic/resources/infobank/bgs-mmi/risumm.htm.

Chan N W，Roy R，Chaffin B C，2016. Water governance in bangladesh：An evaluation of institutional and political context. Water, 8: 10.3390/w8090403.

Chen P, Yan L, Leng F, Nan W, Yue X, Zheng Y, Feng N, Li H, 2011. Bioleaching of realgar by *Acidithiobacillus ferrooxidans* using ferrous iron and elemental sulfur as the sole and mixed energy sources. Bioresource Technology, 102: 3260-3267.

Chen S L, Dzeng S R, Yang M H, Chiu K H, Shieh G M, Wai C M, 1994. Arsenic species in groundwaters of the blackfoot disease area, Taiwan. Environmental Science & Technology, 28: 877-881.

China Water Conservancy Delegation, 2000. The present status and prospects of China water issues. Hague: The Second International Forum.

Chowdhury T R, Basu G K, Mandal B K, Biswas B K, Samanta G, Chowdhury U K, Chanda C R, Lodh D, Roy S L, Saha K C, Roy S, Kabir S, Quamruzzaman Q, Chakraborti D, 1999. Arsenic poisoning in the Ganges delta. Nature, 401: 545-546.

Corkhill C L, Vaughan D J, 2009. Arsenopyrite oxidation: A review. Applied Geochemistry, 24: 2342-2361.

Cui J, Jing C, 2019. A review of arsenic interfacial geochemistry in groundwater and the role of organic matter. Ecotoxicology and Environmental Safety, 183: 109550.

Drewniak L, Sklodowska A, 2013. Arsenic-transforming microbes and their role in biomining processes. Environmental Science and Pollution Research, 20: 7728-7739.

Edmunds W M, Smedley P L, 2013. Fluoride in Natural Waters//Selinus O. Essentials of Medical Geology. Revised Edition. Dordrecht: Springer, 311-336.

Erickson M L, Swanner E D, Ziegler B A, Havig J R, 2021. Months-long spike in aqueous arsenic following domestic well installation and disinfection: Short- and long-term drinking water quality implications. Journal of Hazardous Materials, 414: 125409.

Fendorf S, Michael H A, van Geen A, 2010. Spatial and temporal variations of groundwater arsenic in South and Southeast Asia. Science, 328: 1123-1127.

Flora S J S, 2015. 1—Arsenic: Chemistry, Occurrence, and Exposure//Flora S J S. Handbook of Arsenic Toxicology, Oxford: Academic Press.

Gao Z P, Jia Y F, Guo H M, Zhang D, Zhao B, 2020. Quantifying geochemical processes of arsenic mobility in groundwater from an inland basin using a reactive transport model. Water Resources Research, 56: e2019WR025492.

Garelick H, Jones H, Dybowska A, Valsami-Jones E, 2008. Arsenic Pollution Sources//Reviews of Environmental Contamination Volume 197: International Perspectives on Arsenic Pollution and Remediation. New York: Springer, 17-60.

Gidhagen L, Kahelin H, Schmidt-Thomé P, Johansson C, 2002. Anthropogenic and natural levels of arsenic in PM_{10} in Central and Northern Chile. Atmospheric Environment, 36: 3803-3817.

Guo H, Li Y, Zhao K, Ren Y, Wei C, 2011. Removal of arsenite from water by synthetic siderite: Behaviors and mechanisms. Journal of Hazardous Materials, 186: 1847-1854.

Guo H, Yang S, Tang X, Li Y, Shen Z, 2008. Groundwater geochemistry and its implications for arsenic mobilization in shallow aquifers of the Hetao Basin, Inner Mongolia. Science of the Total Environment, 393: 131-144.

Guo X, Wang K, He M, Liu Z, Yang H, 2014. Antimony smelting process generating solid wastes and dust: Characterization and leaching behaviors. Journal of Environmental Sciences, 7: 169-176.

Harvey Charles F, Swartz Christopher H, Badruzzaman A B M, Keon-Blute N, Yu W, Ali M A, Jay J, Beckie R, Niedan V, Brabander D, Oates Peter M, Ashfaque Khandaker N, Islam S, Hemond Harold F, Ahmed M F, 2002. Arsenic mobility and groundwater extraction in Bangladesh. Science, 298: 1602-1606.

Hossain M F, 2006. Arsenic contamination in Bangladesh: An overview. Agricutural Ecosystems and Environment, 113: 1-16.

Huq M E, Fahad S, Shao Z, Sarven M S, Khan I A, Alam M, Saeed M, Ullah H, Adnan M, Saud S, Cheng Q, Ali S, Wahid F, Zamin M, Raza M A, Saeed B, Riaz M, Khan W U, 2020. Arsenic in a groundwater environment in Bangladesh: Occurrence and mobilization. Journal of Environmental Management, 262: 110318.

Jing C, Korfiatis G P, Meng X, 2003. Immobilization mechanisms of arsenate in iron hydroxide sludge stabilized with cement. Environmental Science & Technology, 37: 5050.

Kapaj S, Peterson H, Liber K, Bhattacharya P, 2006. Human health effects from chronic arsenic poisoning: A review. Journal of Environmental Science and Health, Part A, 41: 2399-2428.

Koch I, Feldmann J, Wang L, Andrewes P, Reimer K J, Cullen W R, 1999. Arsenic in the Meager Creek hot springs environment, British Columbia, Canada. Science of the Total Environment, 236: 101-117.

Kondo H, Ishiguro Y, Ohno K, Nagase M, Toba M, Takagi M, 1999. Naturally occurring arsenic in the groundwaters in the southern region of Fukuoka Prefecture, Japan. Water Research, 33: 1967-1972.

Leist M, Casey R J, Caridi D, 2000, The management of arsenic wastes: Problems and prospects. Journal of Hazardous Materials, 76: 125-138.

Li C, Wen T, Li Z, Dickerson R R, Yang Y, Zhao Y, Wang Y, Tsay S-C, 2010. Concentrations and origins of atmospheric lead and other trace species at a rural site in northern China. Journal of Geophysical Research: Atmospheres, 115: https://doi.org/10.1029/2009JD013639.

Lin T F, Wong J Y, Kao K P, 2002. Correlation of musty odor and 2-MIB in two drinking water treatment plants in South Taiwan. Science of the Total Environment, 289: 225-235.

Litter M I, Ingallinella A M, Olmos V, Savio M, Difeo G, Botto L, Farfán Torres E M, Taylor S, Frangie S, Herkovits J, Schalamuk I, González M J, Berardozzi E, García Einschlag F S, Bhattacharya P, Ahmad A, 2019. Arsenic in Argentina: Occurrence, human health, legislation and determination. Science of the Total Environment, 676: 756-766.

Liu H, Liu R, Qu J, Zhang G, 2009. Arsenic pollution: Occurrence, distribution, and technologies, heavy metals in the environment//Wang L K, Chen J P, Hung Y T, Shammas N K. Heavy Metals in the Environment. Boca Raton: CRC Press, 225-245.

Liu R, Yang Z, He Z, Wu L, Hu C, Wu W, Qu J, 2016. Treatment of strongly acidic wastewater with high arsenic concentrations by ferrous sulfide (FeS): Inhibitive effects of S(0)-enriched surfaces. Chemical Engineering Journal, 304: 986-992.

Majumder S, Banik P, 2019. Geographical variation of arsenic distribution in paddy soil, rice and rice-based products: A meta-analytic approach and implications to human health. Journal of Environmental Management, 233: 184-199.

Mandal B K, Suzuki K T, 2002. Arsenic round the world: A review. Talanta, 58: 201-235.

Mannio J, Jarvinen O, Tuominen R, Verta M, 1995. Survey of trace-elements in lake waters of finnish lapland using the ICP-MS technique. Science of the Total Environment, 160-161: 433-439.

Matisoff G, Khourey C J, Hall J F, 1982. The nature and source of arsenic in northeastern Ohio groundwater. Ground Water, 20: 446-456.

Michael Holly A, 2013. An arsenic forecast for China. Science, 341: 852-853.

Modabberi S, Moore F, 2004. Environmental geochemistry of Zarshuran Au-As deposit, NW Iran. Environmental Geology, 46: 796-807.

Mohan D, Pittman Jr C U, 2007. Arsenic removal from water/wastewater using adsorbents: A critical review. Journal of

Hazardous Materials, 142: 1-53.

NAISU (NGOs Arsenic Information & Support Unit), NGO Forum for Drinking Water Supply & Sanitation, 2002. Arsenic 2002: An overview of Arsenic Issues and Mitigation Initiatives in Bangladesh. https://washmatters.wateraid.org/publications/arsenic-2002-an-overview-of-arsenic-issues-and-mitigation-initiatives-in-bangladesh.

Nickson R, McArthur J, Burgess W, Ahmed K M, Ravenscroft P, Rahmanñ M, 1998. Arsenic poisoning of Bangladesh groundwater. Nature, 395: 338-338.

Nickson R T, McArthur J M, Ravenscroft P, Burgess W G, Ahmed K M, 2000. Mechanism of arsenic release to groundwater, Bangladesh and West Bengal. Applied Geochemistry, 15: 403-413.

Nordstrom D K, 2002. Public health. Worldwide occurrences of arsenic in ground water. Science, 296: 2143-2145.

Ohtsuka T, Yamaguchi N, Makino T, Sakurai K, Kimura K, Kudo K, Homma E, Dong D T, Amachi S, 2013. Arsenic dissolution from Japanese paddy soil by a dissimilatory arsenate-reducing bacterium *Geobacter* sp. OR-1. Environmental Science & Technology, 47: 6263-6271.

Osuna-Martinez C C, Armienta M A, Berges-Tiznado M E, Paez-Osuna F, 2021. Arsenic in waters, soils, sediments, and biota from Mexico: An environmental review. Science of the Total Environment, 752: 142062.

Peng X, Chen J, Kong L, Hu X, 2018. Removal of arsenic from strongly acidic wastewater using phosphorus pentasulfide As precipitant: UV-light promoted sulfuration reaction and particle aggregation. Environmental Science & Technology, 52: 4794-4801.

Podgorski J, Berg M, 2020. Global threat of arsenic in groundwater. Science, 368: 845.

Qie G, Wang Y, Wu C, Mao H, Zhang P, Li T, Li Y, Talbot R, Hou C, Yue T, 2018. Distribution and sources of particulate mercury and other trace elements in $PM_{2.5}$ and PM_{10} atop Mount Tai, China. Journal of Environmental Management, 215: 195-205.

Randtke S J, 1988. Organic contaminant removal by coagulation and related process combinations. AWWA, 80: 40-47.

Ravenscroft P, Brammer H, Richards K, 2009. Arsenic pollution: A global synthesis. New York: Wiley Blackwell.

Reis V, Duarte A C, 2019. Occurrence, distribution, and significance of arsenic speciation//Duarte A C, Reis V. Arsenic Speciation in Algae. Comprehensive Analytical Chemistry. Amsterdam, Netherlands: Elsevier, 1-14.

Rhine E D, Onesios K M, Serfes M E, Reinfelder J R, Young L Y, 2008. Arsenic transformation and mobilization from minerals by the arsenite oxidizing Strain WAO. Environmental Science & Technology, 42: 1423-1429.

Rodriguez-Lado L, Sun G F, Berg M, Zhang Q, Xue H B, Zheng Q M, Johnson C A, 2013. Groundwater arsenic contamination throughout China. Science, 341: 866-868.

Scanlon B R, Nicot J P, Reedy R C, Kurtzman D, Mukherjee A, Nordstrom D K, 2009. Elevated naturally occurring arsenic in a semiarid oxidizing system, Southern High Plains aquifer, Texas, USA. Applied Geochemistry, 24: 2061-2071.

Schwarzenbach R P, Escher B I, Fenner K, Hofstetter T B, Johnson C A, Gunten U V, Wehrli B, 2006. The challenge of micropollutants in aquatic systems. Science, 313: 1072-1077.

Shaji E, Santosh M, Sarath K V, Prakash P, Deepchand V, Divya B V, 2021. Arsenic contamination of groundwater: A global synopsis with focus on the Indian Peninsula. Geoscience Frontiers, 12: 101079.

Shankar S, Shanker U, Shikha, 2014. Arsenic contamination of groundwater: A review of sources, prevalence, health risks, and strategies for mitigation. The Scientific World Journal, 2014: 304524.

Shen F, Liu J, Dong Y, Gu C, 2018a. Insights into the effect of chlorine on arsenic release during MSW incineration: An on-line analysis and kinetic study. Waste Management, 75: 327-332.

Shen M M, Guo H M, Jia Y F, Cao Y S, Zhang D, 2018b. Partitioning and reactivity of iron oxide minerals in aquifer sediments hosting high arsenic groundwater from the Hetao basin, P. R. China. Applied Geochemistry, 89: 190-201.

Smedley P L, Kinniburgh D G, 2002. A review of the source, behaviour and distribution of arsenic in natural waters. Applied Geochemistry, 17: 517-568.

Stephenson R J, Duff S J B, 1996. Coagulation and precipitation of a mechanical, pulping effluent—I. Removal of carbon, color and turbidity. Water Research, 30: 781-790.

Tang J, Liao Y, Yang Z, Chai L, Yang W, 2016. Characterization of arsenic serious-contaminated soils from Shimen realgar mine area, the Asian largest realgar deposit in China. Journal of Soils and Sediments, 16: 1519-1528.

US NRC, 1999. Arsenic in drinking water. Washington DC, US National Research Council, National Academy Press.

Vishwakarma Y K, Tiwari S, Mohan D, Singh R S, 2021. A review on health impacts, monitoring and mitigation strategies of arsenic compounds present in air. Cleaner Engineering and Technology, 3: 100115.

Wang J, Zeng X-C, Zhu X, Chen X, Zeng X, Mu Y, Yang Y, Wang Y, 2017. Sulfate enhances the dissimilatory arsenate-respiring prokaryotes-mediated mobilization, reduction and release of insoluble arsenic and iron from the arsenic-rich sediments into groundwater. Journal of Hazardous Materials, 339: 409-417.

Wang S, Zhang D, Li X, Zhang G, Wang Y, Wang X, Gomez M A, Jia Y, 2018a. Arsenic associated with gypsum produced from Fe(Ⅲ)-As(Ⅴ) coprecipitation: Implications for the stability of industrial As-bearing waste. Journal of Hazardous Materials, 360: 311-318.

Wang Y-Y, Chai L-Y, Yang W-C, 2019. Arsenic Distribution and Pollution Characteristics//Chai L-Y. Arsenic Pollution Control in Nonferrous Metallurgy. Singapore: Springer, 1-15.

Wang Y, Li J, Ma T, Xie X, Deng Y, Gan Y, 2020. Genesis of geogenic contaminated groundwater: As, F and I. Critical Reviews in Environmental Science and Technology, 51 (24): 2895-2933.

Wang Z, Guo H, Xiu W, Wang J, Shen M, 2018b. High arsenic groundwater in the Guide basin, northwestern China: Distribution and genesis mechanisms. Science of the Total Environment, 640-641: 194-206.

Wen D, Zhang F, Zhang E, Wang C, Han S, Zheng Y, 2013. Arsenic, fluoride and iodine in groundwater of China. Journal of Geochemical Exploration, 135: 1-21.

Xie X, Johnson T M, Wang Y, Lundstrom C C, Ellis A, Wang X, Duan M, 2013. Mobilization of arsenic in aquifers from the Datong Basin, China: Evidence from geochemical and iron isotopic data. Chemosphere, 90: 1878-1884.

Xiong X, Liu X, Yu I K M, Wang L, Zhou J, Sun X, Rinklebe J, Shaheen S M, Ok Y S, Lin Z, Tsang D C W, 2019. Potentially toxic elements in solid waste streams: Fate and management approaches. Environmental Pollution, 253: 680-707.

Yang Q, Jung H B, Marvinney R G, Culbertson C W, Zheng Y, 2012. Can arsenic occurrence rates in bedrock aquifers be predicted? Environmental Science & Technology, 46: 2080-2087.

Zhang L, Gao Y, Wu S, Zhang S, Smith K R, Yao X, Gao H, 2020. Global impact of atmospheric arsenic on health risk: 2005 to 2015. Proceedings of the National Academy of Sciences, 117: 13975.

丁嘉琪, 王鑫, 王琳玲, 陈静, 2019. 含砷工业污泥特性及处置技术研究进展. 环境工程, 37: 167-172, 182.

龚傲, 陈丽杰, 吴选高, 熊正阳, 徐志峰, 田磊, 2019. 含砷废渣处理现状及研究进展. 有色金属科学与工程, 10: 28-33.

郭华明, 倪萍, 贾永锋, 郭琦, 姜玉肖, 2014. 原生高砷地下水的类型、化学特征及成因. 地学前缘, 21: 1-12.

胡立芳, 龙於洋, 沈东升, 2016. 有机砷工业废渣的污染特性研究. 科技通报, 32: 199-204, 229.

金银龙, 梁超轲, 何公理, 曹静祥, 马凤, 王汉章, 应波, 吉荣娣, 2003. 中国地方性砷中毒分布调查（总报告）. 卫生研究, 32 (6): 519-540.

赖兰萍, 陈后兴, 陈冬英, 2018. 氧化-铁盐混凝沉淀法处理钨冶炼含砷废水的试验研究. 中国钨业, 33: 66-70.

李圭白, 李星, 2001. 水的良性社会循环与城市水资源. 中国工程科学, 3: 37-40.
李莲芳, 曾希柏, 白玲玉, 李树辉, 2010. 石门雄黄矿周边地区土壤砷分布及农产品健康风险评估. 应用生态学报, 21: 2946-2951.
李爽, 张晓健, 刘文君, 1999. 控制饮用水处理工艺及配水管网中卤乙酸的研究. 中国给水排水, 15: 1-5.
李伟英, 李富生, 高乃云, 2004. 日本最新饮用水水质标准及相关管理. 中国给水排水, 20: 104-106.
刘凯, 赵侣璇, 覃楠钧, 徐荣乐, 2017. 广西含砷危险固体废物处置现状及研究进展. 轻工科技, 33: 94-95, 119.
王建华, 江东, 1999. 水: 21世纪的石油? 世界科学, 5: 29-32.
王晓昌, 2001. 从砷的水质标准修订看美国饮用水立法. 给水排水, 9 (27): 25-27.
王振刚, 何海燕, 严于伦, 吴传业, 杨云, 高雪英, 1999a. 石门雄黄矿地区居民砷暴露研究. 卫生研究, 28 (1): 12-14.
王振刚, 何海燕, 严于伦, 杨云, 高雪英, 吴传业, 1999b. 石门雄黄矿附近地区慢性砷中毒流行病学特征. 环境与健康杂志, 16 (1): 4-6.
吴红伟, 石振清, 王占生, 1999. 净水工艺对水中可生物降解有机物去除的研究. 给水排水, 125: 40-47.
肖唐付, 洪冰, 杨中华, 杨帆, 2001. 砷的水地球化学及其环境效应. 地质科技情报, (1): 71-76.
杨琦, 1998. 全球性水危机与水工程投资国际化. 给水排水, 24: 71-74.
杨中超, 朱利军, 刘锐平, 曲久辉, 2014. 强酸性高浓度含砷废水处理方法与经济性评价. 环境工程学报, 8: 2205-2210.
易求实, 2010. 我国饮用水砷污染状况及应对措施. 湖北第二师范学院学报, 27: 23-26.
中华人民共和国建设部, 2005. 城市供水水质标准. http://www.gov.cn/govweb/fwxx/bw/hbzj/content_810483.htm.

第3章 饮用水除砷方法概述

3.1 饮用水除砷原理

砷在水中通常以有机砷、无机砷等形态存在。相对于有机砷，无机砷在天然水体中存在更为广泛、毒性更强，而且是导致全球大范围砷中毒的主要形态，因此本章重点介绍无机砷的去除原理与方法。

无机砷可以分为颗粒态砷和溶解态砷两种。其中，颗粒态砷结合在水中胶体颗粒上，一般可通过沉淀、砂滤、膜滤等固液分离过程去除。因此，水中无机砷去除的基本过程是首先将其溶解态转化为束缚态或颗粒态，一般采取混凝、吸附、共沉降等物理化学方法；颗粒态砷可通过砂滤、膜滤等过滤单元将其与水分离。这也是许多饮用水除砷工艺设计的基本思路。进一步地，如前所述，溶解态砷可分为还原态 As(III)和氧化态 As(V)，前者常见于还原性较强的缺氧地下水中，后者则主要存在于地表水体（Pirnie，2000）。As(III)在天然水 pH 范围内主要以电中性亚砷酸分子（H_3AsO_3）形式存在，而 As(V)在 pH 3~11 的广谱范围内主要以具有负电性的 $H_2AsO_4^-$ 及 $HAsO_4^{2-}$（Masscheleyn et al.，1991）的形式存在。As(III)与 As(V)的不同存在形式决定了二者与天然矿物、除砷吸附剂等亲和力的差异，进而决定了砷循环转化的地球化学行为以及在饮用水处理工艺中的去除行为。具体地，负电性 As(V)更倾向于吸附在具有正电荷的固相表面，更容易通过吸附（Munoz et al.，2002；Saada et al.，2003）、共沉降（Meng et al.，2001；Gregor，2001）、离子交换（Vagliasindi and Benjamin，1998）、膜过滤（Oh et al.，2000；Philip and Gary，1998）等单元去除，而在相同条件下，电中性 As(III)的去除率则较 As(V)显著降低。因此，饮用水除砷工艺设计中往往以砷形态转化为核心，通过 As(III)向 As(V)转化、溶解态砷向颗粒态砷转化、颗粒态砷固液分离等单元操作实现砷的高效去除。

3.2 饮用水除砷方法

3.2.1 砷的价态转化

投加氧化剂将 As(III)氧化为更容易去除的 As(V)是饮用水除砷必不可少的环

节。如前所述，水中 As(III)以 H_3AsO_3 分子的形式存在，为还原剂；五价砷 AsO_4^{3-} 与三价砷 AsO_3^{3-} 电对的标准电极电位为 0.58 V[式（3-1）]：

$$AsO_4^{3-} + 2H^+ + 2e \Longrightarrow AsO_3^{3-} + H_2O \tag{3-1}$$

因此，从热力学角度而言，溶解氧、臭氧、高锰酸钾、氯气、次氯酸钠、二氧化氯、芬顿试剂等均可以将 As(III)氧化为 As(V)。表 3-1 总结了不同氧化剂氧化 As(III)时涉及的主要反应。但是，从工程角度而言，氧化剂的选择仍需要考虑水质差异、共存物质干扰、反应速率、药剂成本、使用方便程度等限制性因素。例如，溶解氧氧化 As(III)速率非常慢，可能需要 60 天以上才能完成（Frank and Clifford，1986），工程中往往难以利用。此外，芬顿试剂、过硫酸盐活化等虽也可快速氧化 As(III)，但成本较高、操作复杂、反应 pH 值较低，这些因素使得其难以在工程中应用。

表 3-1 不同氧化剂氧化 As(III)的主要反应

氧化剂 [活性物种]	标准氧化还原电位/V（25℃）	主要反应	参考文献
氧气[O_2]	1.23	$2H_3AsO_3 + O_2 \Longrightarrow 2H_2AsO_4^- + 2H^+$	（Huling et al.，2017；Kim and Nriagu，2000）
臭氧[O_3]	2.07	$3H_3AsO_3 + O_3 \Longrightarrow 3H_2AsO_4^- + 3H^+$ $1.231H_3AsO_3 + 1.077O_3 \Longrightarrow$ $1.231 H_2AsO_4^- + 1.231H^+ + O_2$	（Khuntia et al.，2014）
次氯酸根[ClO^-]	1.70	$H_3AsO_3 + ClO^- \Longrightarrow$ $H_2AsO_4^- + H^+ + Cl^-$	（Sorlini and Gaildini，2010；Vasudevan et al.，2006）
二氧化氯[ClO_2]	1.27	$5H_3AsO_3 + 2ClO_2 + H_2O \Longrightarrow$ $5H_2AsO_4^- + 7H^+ + 2Cl^-$	（Sorlini and Gaildini，2010）
高锰酸根 [MnO_4^-]	1.68	$3H_3AsO_3 + 2MnO_4^- \Longrightarrow$ $3H_2AsO_4^- + H^+ + H_2O + 2MnO_2$	（Guan et al.，2009b；Guan et al.，2009a；Sun et al.，2009；Li et al.，2007；Sorlini and Gaildini，2010）
二氧化锰[MnO_2]	1.23	$H_3AsO_3 + MnO_2 + H^+ \Longrightarrow$ $H_2AsO_4^- + Mn^{2+} + H_2O$	（Driehaus et al.，1995；Manning et al.，2002；Saleh et al.，2011；Wu et al.，2012）
过氧化氢[H_2O_2]/羟基自由基[$HO·$]（芬顿）	1.78(H_2O_2)/ 2.80($HO·$)	$H_3AsO_3 + H_2O_2 \Longrightarrow$ $H_2AsO_4^- + H^+ + H_2O$	（Hussain et al.，2017）
过硫酸根 [$S_2O_8^{2-}$]	2.1	$H_3AsO_3 + S_2O_8^{2-} + H_2O \Longrightarrow$ $H_2AsO_4^- + 2SO_4^{2-} + 3H^+$	（Hussain et al.，2017；Lu et al.，2016；Zhou et al.，2013）

氧化 As(III)的化学药剂可考虑采用饮用水应用较广泛的消毒剂或氧化剂，如氯、二氧化氯、高锰酸钾、臭氧等，而氯胺和单独紫外线（UV）则难以有效氧化 As(III)。

3.2.1.1 氯氧化

氯消毒是饮用水处理中应用最为普遍的消毒工艺，此处所说的氯包括氯气、次氯酸钠、次氯酸钙、漂白精（粉）、电解食盐水溶液产生的次氯酸钠等各种形式的活性氯。城市大规模水厂采用氯气消毒时，往往将高压液氯在常压气化后以氯气的形式通入水中。氯易溶于水，在水中可快速转化为氯离子（Cl^-）和次氯酸（HClO）[式（3-2）]，HClO 在水中可部分解离为 ClO^-。然而，高压氯罐运输、存储和使用的安全性较差，近年来不少大城市逐渐采用次氯酸钠溶液替代液氯进行消毒。不少农村采用漂白精粉、电解产生次氯酸钠等进行消毒。

$$Cl_2 + H_2O \rightleftharpoons HClO + HCl \tag{3-2}$$

氯氧化具有成本低、氧化 As(III)速率快、可持续维持消毒能力且消毒能力强等优点。新建除砷水厂的氯存储、投加等设施可按净水厂消毒设施设计要求进行设计，对于改扩建水厂则可利用和优化现有氯消毒单元来实现 As(III)氧化。地下水除砷水厂或水站通常原水水质较好、处理规模不大、管网范围较小，总需氯量也比较低，在确定氯投量时，可综合考虑 As(III)氧化、消毒和管网末梢余氯保障等要求。通常情况下，活性氯氧化 As(III)是次氯酸根 ClO^- 与 As(III)发生的反应[式（3-3）]。中性、弱碱性条件下，pH 值对氯氧化 As(III)的影响较小，理论上氧化 1 mg As(III)所需的氯为 0.95 mg 氧化剂的化学当量。中试研究表明，预氯化-强化混凝能使 100～600 μg/L 的 As(III)降低至 10 μg/L 以下（Yao et al., 2010）。此外，地下水中除了 As(III)外，往往存在 Fe^{2+}、Mn^{2+} 以及 HS^-、氨氮、有机物等竞争氯化反应的组分，这可能降低 As(III)的氧化速率，增加氯投量（USEPA，2003）。

$$H_3AsO_3 + ClO^- \longrightarrow H_2AsO_4^- + H^+ + Cl^- \tag{3-3}$$

采用氯氧化 As(III)时，氯投量应为式（3-3）理论氯投量与其他还原性组分氯消耗量之和。以 Fe^{2+}、Mn^{2+} 共存的含砷原水为例，氯（有效氯）投量可依照式（3-4）进行计算：

$$Cl_2(mg/L) = k \times [0.95 \times C_{As(III)} + 0.63 \times C_{Fe(II)} + 1.29 \times C_{Mn(II)}]/1000 \tag{3-4}$$

式中，$C_{As(III)}$、$C_{Fe(II)}$、$C_{Mn(II)}$ 分别为原水中 As(III)、Fe(II)、Mn(II)的浓度，以 μg/L 计；k 为安全系数，通常可取 1.10。

地下水中消毒副产物前驱体浓度一般较低，为降低小规模水厂运行管理要求，可考虑将二次加氯消毒所需的氯在预氯化处投加，此时氯总投量应考虑水厂处理和管网输送过程氯消耗量、管网末端余氯量等。对于有机物浓度较高的水源水，则应考虑预氧化与二次氯化消毒分开；此外，如果后续处理采用膜过滤，则不宜采用预氯化进行氧化以确保膜使用寿命。

3.2.1.2 高锰酸钾氧化

高锰酸钾运输、存储和使用方便，在受污染原水处理中具有氧化助凝、取代预氯化控制消毒副产物、可原位生成具有较强吸附能力和作为晶核的新生态二氧化锰等功能，因此在饮用水处理中得到较为广泛的应用。

高锰酸钾氧化能力强，能迅速将 As(III)氧化为 As(V)，且基本不形成消毒副产物。在 pH 值 6.3~8.3 范围内，高锰酸钾氧化能力受 pH 影响不大（Li et al., 2007），当水中存在硫化物、硫酸盐、磷酸盐、硅酸盐和腐殖酸时，会降低氧化和混凝效果（Guan et al., 2009a）。氧化 1 mg 的 As(III)所需高锰酸钾理论量为 1.06 mg，化学反应式如式（3-5）所示（USEPA, 2003）。以 Fe(II)、Mn(II)共存的含砷原水为例，高锰酸钾设计投量可依照式（3-6）进行计算。

$$3H_3AsO_3 + 2MnO_4^- \longrightarrow 3H_2AsO_4^- + H^+ + 2MnO_2 + H_2O \quad (3-5)$$

$$KMnO_4(mg/L) = k \times [1.41 \times C_{As(III)} + 0.94 \times C_{Fe(II)} + 1.92 \times C_{Mn(II)}]/1000 \quad (3-6)$$

式中，$C_{As(III)}$、$C_{Fe(II)}$、$C_{Mn(II)}$分别为原水中 As(III)、Fe(II)、Mn(II)的浓度，以 μg/L 计；k 为安全系数，通常可取 1.05。

高锰酸钾与 Fe(II)或 Fe(III)联用，不仅能氧化 As(III)为 As(V)，而且可提高混凝除砷效果。相比预氯化，高锰酸钾对膜的使用寿命影响不大，但成本较高，难以提供持续消毒能力，投量控制不当时出水会呈现粉红色（USEPA, 2003）。此外，生成的 MnO_2 胶体颗粒若未脱稳则难以固液分离，且可能导致后续膜过滤单元通量下降。

由于高锰酸钾运输、存储方便，较适合在农村或村镇地区的除砷水厂中使用。新建除砷水厂设计时，需要增加专门的高锰酸钾溶解、配制和投加设备设施。考虑到农村运行管理水平，也可将混凝剂与高锰酸钾混合配制、共同投加，配制浓度和比例应根据原水水质进行确定。需要特别指出的是，因高锰酸钾不可提供持续消毒能力，除砷出水应二次消毒后进入管网。

3.2.1.3 臭氧氧化

臭氧具有氧化助凝、降解微量有毒化学污染物、灭活病原微生物、氧化消毒副产物前驱体、改善口感等优异的净水功能，从而在以受污染地表水源为原水的预氧化和深度处理中得到广泛应用。此外，臭氧可快速氧化水中 As(III)、Fe(II)、Mn(II)、硫化物等无机物，Fe(II)和 Mn(II)经臭氧氧化之后可生成金属氧化物或氢氧化物沉淀。臭氧氧化具有氧化能力强、与 As(III)反应速率快、消毒效果好、在线生成无需存储、不产生消毒副产物等优点。氧化 1 mg 的 As(III)所需臭氧的理论量为 0.64 mg，臭氧氧化 As(III)的化学反应如式（3-7）所示。同样，硫化物、Fe(II)、Mn(II)等还原性组分会降低臭氧氧化能力，增加臭氧使用量（USEPA，2003）。

$$H_3AsO_3 + O_3 \longrightarrow H_2AsO_4^- + H^+ + O_2 \tag{3-7}$$

臭氧为气态，不稳定，应通过臭氧发生器在线发生，之后在线投加和利用。大规模市政自来水厂的臭氧预氧化或臭氧-活性炭深度处理工艺中，通常以空气或液态氧经气化后的高纯氧气为氧气源，在高频高电压放电条件下将 O_2 分解为单原子氧，之后单原子氧与 O_2 结合生成臭氧，产生的臭氧投加到水中。由于投资与运行成本等原因，中小规模除砷水厂一般不可能采用大型臭氧发生器。

根据短波长紫外线照射空气会产生臭氧的原理，宋强（2003）开发了光辐射激发在线产生臭氧的反应器（图 3-1）。该反应器利用 UV 辐射照射到灯管外壁与石英冷阱内壁之间的流动空气，在线产生一定量的臭氧，并通过装置入口水射器的射流补气作用将含臭氧的气体抽吸进入水中混合。研究表明，在波长为 253.8 nm 紫外灯的 C 波段紫外光辐照下，反应器具备 UV 光解、臭氧氧化、紫外消毒、UV 辐射二次激发溶解氧和臭氧产生氧化性自由基等多种功能，出水中溶解臭氧平均浓度可稳定在 0.3~0.5 mg/L，可以很好地满足含砷地下水氧化 As(III)的剂量要求。

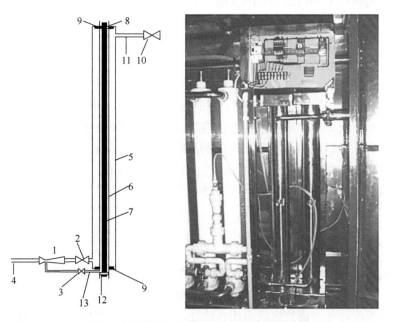

图 3-1 在线发生臭氧-UV 联用集成装置图

1. 水射器；2. 进水阀；3. 导气阀；4. 进水管；5. 反应器本体；6. 石英套管；7. UV_{254} 紫外灯；8. 进气口；9. 密封圈；10. 出水阀；11. 出水管；12. 出气密封圈；13. 导气管

3.2.1.4 催化溶解氧氧化

如前所述，单独溶解氧氧化 As(III)速率非常慢。体系存在 Mn(II)、Fe(II)时可加速 As(III)氧化，As(III)的半衰期可缩短至 2.5~4.0 天（Kim and Nriagu，2000）。研究表明，在空气曝气体系中引入 20~90 μmol/L Fe(II)可显著提升 As(III)的氧化效果，在数小时内可将 6.6 μmol/L 的 As(III)全部氧化为 As(V)，氧化率为 100%。引入羟基自由基(•OH)抑制剂在低 pH 值下表现出抑制作用而在中性 pH 值下影响不大，增加碳酸盐浓度到 100 mmol/L 可促进 As(III)氧化。根据以上结果推测，可能是由于体系中反应生成•OH、Fe(IV)等活性氧化物种所致（Hug and Leupin，2003）。同样，空气曝气体系中引入二氧化锰 MnO_2 也可促进 As(III)氧化，MnO_2 与 As(III)的初始摩尔比对反应速率有影响，反应级数为 1.5；Ca^{2+}使得 As(III)氧化速率降低 0.2；在 pH 5~10 范围内 As(III)氧化速率变化不大（Driehaus et al.，1995）。另外，曝气体系引入针铁矿（γ-FeOOH）和 Fe(II)可极大促进 As(III)氧化，反应 5 h 后 500 μg/L As(III)全部氧化为 As(V)，反应 28 h 可使溶解态砷全吸附在固相表面（Wang and Giammar，2015）。Pt-TiO_2 也可作为 As(III)和氧气之间的电子传递介质，自发催化溶解氧原位生成 H_2O_2 和自由基氧化 As(III)，氧化速率最高为 13.2 μmol/(min·g)（Kim and Nriagu，2000）。此外，水处理中广泛应用的活性炭也可在酸性条件下诱导溶解氧产生的活性氧自由基氧化 As(III)，曝气量为 1.0 L/min 时，反应 10 h 可使 90%的 As(III)氧化为 As(V)（Wu et al.，2012）。

3.2.1.5 其他氧化剂

（1）H_2O_2 氧化

从热力学角度而言，H_2O_2 可以氧化 As(III)，但反应速度很慢。在酸性和中性 pH 值条件下，As(III)在 1 mmol/L H_2O_2 溶液中的半衰期在 2.1 d 以上；引入 γ-FeOOH、Fe(II)和活性氧化铝等均可显著加速 As(III)氧化（Hug and Leupin，2003；Voegelin and Hug，2003；Önnby et al.，2014）。As(III)在 γ-FeOOH 表面的吸附可以显著促进其氧化，这一方面是由于吸附态 As(III)较水中未解离的 As(III)更容易被氧化，另一方面则归因于 γ-FeOOH 可催化 H_2O_2 分解产生氧化 As(III)的活性物种（Voegelin and Hug，2003）。此外，UV 和光催化剂 $FeTiO_3$ 的共同作用也可促进 H_2O_2 氧化 As(III)，而生成的 As(V)可吸附在催化剂表面得以去除（Garcia-Costa et al.，2020）。此外，研究显示，含水层中引入 H_2O_2 可将砷的吸附量提升 3 倍以上，这主要是由于 H_2O_2 氧化含水层中还原性固体和 As(III)的作用（Huling et al.，2017）。

(2) 过硫酸盐（$S_2O_8^{2-}$）氧化

常温和中性 pH 值条件下，$S_2O_8^{2-}$ 具有较好的化学稳定性，但在超声、UV、强碱以及均相或非均相催化剂等活化下可作为强氧化剂氧化 As(III)。例如，层状双金属氢氧化物 Mg-Fe-S_2O_8-LDH 可活化 $S_2O_8^{2-}$ 产生硫酸根自由基（$SO_4^{\cdot-}$），可高效氧化 As(III)，同时生成的 As(V)可进一步吸附在材料表面得以去除（Lu et al., 2016）。同样，零价铁（ZVI）也可活化 $S_2O_8^{2-}$ 产生 $SO_4^{\cdot-}$，当体系存在 5 mmol/L $S_2O_8^{2-}$ 和 0.3 g/L ZVI 时，反应 30 min 后 As(III)氧化率可达 96%（Hussain et al., 2017）。硫铁矿对 As(III)的吸附能力较弱，但在 0.25 g/L 硫铁矿的体系中引入 0.5 mmol/L $S_2O_8^{2-}$ 可显著促进砷的去除，在初始 As(III)浓度高达 5 mg/L 时，可实现砷接近完全去除（Hussain et al., 2017）。

(3) 光催化氧化

单独 UV 确实可以氧化 As(III)，但氧化速率非常慢，往往需要数周时间才能完成。UV 体系中引入 H_2O_2 可大幅提高氧化 As(III)性能，而二者在单独使用时几乎不具备动力学意义上对砷的有效氧化能力（Sorlini and Gaildini, 2010）。同样，引入 TiO_2、ZrO_2 等非均相催化剂也可大幅加速 UV 对 As(III)的氧化。热力学计算证实，UV 辐照 TiO_2 产生的光生空穴可将 As(III)氧化为 As(V)（Yang et al., 1999），而通过从催化剂导带到溶解氧之间的非均相电子传递产生的过氧化物也是加速 As(III)氧化的重要活性物种（Ryu and Choi, 2004）。进一步地，UV 辐照 WO_3/TiO_2 复合氧化物可在 25 min 内将 99%的 As(III)氧化为 As(V)，这主要是因为材料的异质结构促进空穴和电荷分离及迁移（Navarrete-Magana et al., 2021）。此外，同时具有光催化和吸附性能的磁性 ZrO_2-Fe_3O_4 材料可在 40 min 内实现 As(III)完全氧化，后续 As(V)可进一步吸附在材料表面（Sun et al., 2017）。

(4) 电化学氧化

国际上最早于 1967 年报道了利用电化学氧化 As(III)的研究结果（Catherino, 1967）。电化学反应器中，采用形稳阳极和铁板电极可同时实现 As(III)氧化和电混凝去除 As(V)（Zhao et al., 2010）。此外，采用空气阴极和铁板阳极的电化学反应器可原位产生 H_2O_2，As(III)氧化在 0.5 min 内即可完成，其除砷性能较传统铁电极电混凝反应器有显著提高（Bandaru et al., 2020）。电芬顿反应器也可有效实现 As(III)氧化，阳极直接氧化以及原位产生的 H_2O_2 和 ·OH 均发挥重要作用（Nidheesh et al., 2020）。进一步地，通过电化学可调控铁锰结核（iron-manganese nodules）中锰氧化物的还原和 As(III)氧化，除锰氧化物外，阴极产生的 H_2O_2 和高电势下阳极电化学氧化作用也对 As(III)氧化具有贡献（Liu et al., 2020）。此外，电化学体系设计时，也可构造催化电极以促进 As(III)氧化（Sánchez and Rivas, 2010），但总体而言 As(III)氧化较容易实现。

3.2.2 溶解态砷向颗粒态砷的转化

水中溶解态砷通过相迁移至固相，转化为颗粒态砷，这是饮用水除砷的关键步骤。如前所述，负电性较强的As(Ⅴ)较负电性较弱的As(Ⅲ)更容易吸持在正电固相表面，此处的基本假设是采用预氧化工艺将As(Ⅲ)氧化为As(Ⅴ)。

3.2.2.1 混凝

混凝广泛应用于地表水源饮用水处理，其基本原理是利用高价铁盐、铝盐等混凝剂的电中和作用使负电性胶体脱稳，再通过吸附、架桥、网捕、卷扫等过程形成絮体。混凝去除目标主要是水中胶体、悬浮颗粒物、大分子有机物、细菌、藻等，但荷正电的氢氧化铁、氢氧化铝等絮体对负电性As(Ⅴ)同样具有良好的去除效果。

一般认为，混凝可去除90%以上的As(Ⅴ)，而对As(Ⅲ)的去除效果并不理想；增加混凝剂投量可提高除砷效果，但仍难以将砷浓度降至极低水平。混凝剂种类是影响除砷效果的最主要因素。常用除砷混凝剂有铝盐和铁盐两大类，铝盐有聚合氯化铝(PACl)、硫酸铝[$Al_2(SO_4)_3$]、明矾(硫酸铝钾)等，铁盐有三氯化铁($FeCl_3$)、硫酸铁[$Fe_2(SO_4)_3$]、聚合氯化铁(PFCl)等；硫酸亚铁也曾被应用，但效果不如三价铁盐（Jekel，1994；Hering et al.，1996）。铁盐和铝盐对As(Ⅴ)均可有效去除，在实验室最优操作条件下，砷去除率可超过99%，且剩余砷浓度可在1 μg/L以下；大规模水厂效率略低，报道的去除率从50%到90%以上不等。PACl、PFCl等无机高分子絮凝剂也有较好除砷效果。对比而言，铁盐除砷效果优于铝盐，对As(Ⅲ)优势更为明显（Gregor，2001；Jekel，1994）。$FeCl_3$对软水和硬水中As(Ⅴ)均有良好去除效果，且明显高于硫酸铝；$FeCl_3$对As(Ⅲ)去除率通常仅为As(Ⅴ)的50%~60%，而$Al_2(SO_4)_3$对As(Ⅲ)去除效率很低（Scott and Green，1995；Shen，1973）。研究表明，混凝除砷过程中氢氧化铁絮体发挥主要作用，铁盐投量增大时，大部分铁盐仍可转化为氢氧化铁絮体；但铝盐混凝除砷过程中，相当部分铝盐仍以络合物形式存在而未生成沉淀，因此除砷效率较低（McNeill and Edwards，1997）。混凝剂投量和pH值也是影响除砷效果的重要因素。Bohro和Wilderer（1996）的研究发现，初始As(Ⅴ)浓度为0.3 mg/L，投加0.09 mmol/L Fe(Ⅲ)可实现95%以上As(Ⅴ)去除率，而同样条件下As(Ⅲ)去除率不足60%；在Fe(Ⅲ)与As(Ⅴ)摩尔比为7∶1、pH为5.0时，As(Ⅴ)除砷效率最高。pH值是影响混凝除砷效果的重要因素。Hering等（1996）的研究发现，$FeCl_3$混凝除砷的最佳pH值范围为4~9，pH值升高有利于提高除砷效果；对比而言，As(Ⅲ)去除效果受pH值影响更大，最佳 pH 值范围更窄，一般在 pH 6.0 左右。除传统铁盐和铝盐外，高铁酸盐以其具有氧化和絮凝作用而对 As(III)表现出很好的去除效果（Lee et al.，2003），但成本较高仍是限制高铁酸盐规模化应用的主要因素。地下水中常见的共存阴离子对除砷效果也有直接影响。例如，Meng 等（2002）综合考察了磷酸盐、硅酸盐和重碳酸盐对氢氧化铁除砷的影响，实验所用水样取自孟加拉国的砷污染地区。实验结果发现，氢氧化铁对阴离子的亲和力顺序为：As(Ⅴ)＞磷酸根＞As(III)＞硅酸根＞重碳酸根。混凝主要通过如下 3 种机制去除水中的砷（Edwards，1994）：①沉淀，形成不溶性的化合物如 $AlAsO_4$ 或者 $FeAsO_4$；②共沉淀，可溶性的砷嵌入正在生长的金属氢氧化物中；③吸附，可溶性砷与金属氢氧化物外表面的静电结合。

与前述预氧化剂结合使用，可形成预氧化-混凝除砷工艺。研究表明，采用 $KMnO_4$ 预氧化与 Fe(III)混凝去除印度阿萨姆 30 户家庭和 5 所学校的饮用水中的砷，在最优混凝剂投量下，能将初始浓度为 100~500 μg/L 的砷降低到 5.0 μg/L，成本约为 1 元/m^3（Bordoloi et al.，2013）。含有活性氯和高浓度 Al_{13} 的水处理药剂（PACC）能够同时发挥预氧化和混凝的作用，将水中 As(III)氧化为 As(Ⅴ)后凝聚去除，当 PACC 中 Cl_2 与 Al 的质量比为 0.99 时，出水砷含量达到饮用水标准（Ye et al.，2012）。采用 $Ti(SO_4)_2$ 同时作为光催化剂和混凝剂，在紫外光作用下，200 μg/L、pH 值 4~6 的 As(III)经催化氧化-混凝，其去除率可以达 99%；XPS 检测结果显示，84.7%的 As(Ⅴ)附着在絮体上，剩余溶液中未检测到 As(III)（Wang et al.，2016）。当水中同时含有 As(III)、Fe(Ⅱ)、Mn(Ⅱ)等时，氧化-过滤法可同时对其高效去除。首先，采用化学氧化或曝气氧化将 Fe(Ⅱ)、Mn(Ⅱ)转化为铁的氢氧化物和锰氧化物，As(III)转化为 As(Ⅴ)，利用铁氢氧化物沉淀吸附 As(Ⅴ)即可实现砷的去除。当 Fe 和 As 质量比高于 20∶1 时，砷去除率可达到 80%~95%（USEPA，2003），但水中共存天然有机物（NOM）、磷酸盐和硅酸盐等时对除砷效果会有影响。

高锰酸钾可将 As(III)氧化为 As(Ⅴ)，铁盐具有良好的吸附除砷能力，推测高锰酸钾预氧化-铁盐共沉降工艺（POFCP）可能具有良好除砷效果。我们对 POFCP 除砷性能进行了研究，并选择 $FeCl_3$ 共沉降除砷工艺（FCP）作为对比。其中，为保证 As(III)完全氧化，POFCP 工艺中选择 $KMnO_4$ 投量为 As(III)当量的 1.15 倍。图 3-2 对比了 1.0 mmol/L $NaHCO_3$ 条件下上述两种工艺对 As(III)的去除效果。可以看出，砷的去除率均随 Fe(III)投量增大而增加，投加 $KMnO_4$ 后其去除率提高更为显著。当 $FeCl_3$ 投量由 2.0 mg/L[以 Fe(III)计，下同]增大到 8.0 mg/L 时，FCP 工艺的 As(III)去除率由 41.3%提高到 75.4%，POFCP 工艺的 As(III)去除率则相应地由 61.2%提高至 99.3%。总的说来，POFCP 工艺的 As(III)去除率较 FCP 工艺高数十个百分点，这说明投加 $KMnO_4$ 对 As(III)的去除有明显促进作用。

POFCP 工艺中 $KMnO_4$ 的强化除砷首先归因于 $KMnO_4$ 的氧化作用。$KMnO_4$ 作为一种强氧化剂，能有效地将 As(III)氧化为对 $Fe(OH)_3$ 更具亲和力的 As(Ⅴ)，

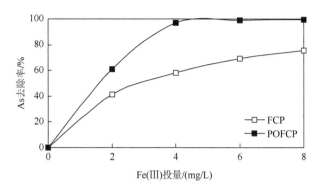

图 3-2　FCP 工艺与 POFCP 工艺对 As 去除效果对比（pH 7.4，$[As]_0 = 634\ \mu g/L$）

从而促进砷的去除。其次，$KMnO_4$ 的还原产物固相 δ-MnO_2 对砷也具有一定吸附去除能力。图 3-3 给出了未投加 $FeCl_3$ 时，由等当量 Mn^{2+} 与 MnO_4^- 反应生成的 δ-MnO_2 对 As(III)的去除效能（pH 7.0）。可以看出，随着 δ-MnO_2 投量由 1.0 mg/L 增大到 25.0 mg/L，As 去除率由 20%提高到 70%，表明 δ-MnO_2 确实能去除水中的砷。事实上，Fe、Al、Mn 等元素的金属氧化物对砷具有优良的吸附去除性能（Meng et al.，2001；Oh et al.，2000；Borho and Wilderer，1996）。另一方面，如图 3-2 中的 POFCP 工艺，$KMnO_4$ 投量为 1.15 mg/L，还原生成的 δ-MnO_2 则仅为 0.63 mg/L。图 3-3 表明，该 δ-MnO_2 投量仅能去除将近 75 μg/L As，远低于图 3-2 中 POFCP 工艺，优于 FCP 工艺的除砷效果。因此，δ-MnO_2 对 As 的吸附去除能力在 POFCP 除砷工艺中是次要的。

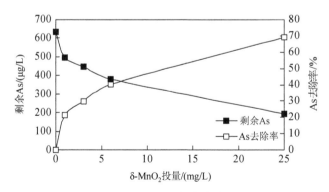

图 3-3　δ-MnO_2 对 As 的吸附去除效能（pH 7.0）

为了进一步探讨 $KMnO_4$ 在 POFCP 工艺中的作用，图 3-4 对 FCP、δ-MnO_2 二者除砷效能之和与 POFCP 工艺进行了对比。结果表明，POFCP 工艺除砷效果远高于两者单独作用之和。例如，当 Fe(III)投量为 4.0 mg/L 时，两工艺除砷效果相加，其剩余砷仍高达 190.0 μg/L；而对于 POFCP 工艺，剩余砷仅为 19.5 μg/L。

KMnO$_4$ 与 FeCl$_3$ 在 POFCP 工艺除砷过程中具有协同作用，KMnO$_4$ 将 As(Ⅲ)氧化为 As(Ⅴ)是强化 FeCl$_3$ 共沉降对砷去除效果的主要因素。

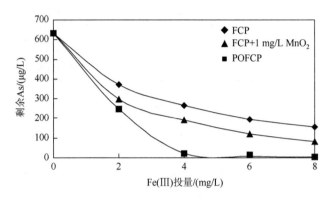

图 3-4　POFCP 工艺除 As 效果与 FCP 工艺及 δ-MnO$_2$ 吸附除 As 效果之和对比（pH 6.1）

关于 pH 值对不同工艺除 As 效果的影响有过不少研究。Manning 和 Goldberg 考察了 As 在 Fe、Al 氧化物及黏土矿物表面的吸附行为，发现体系 pH 值在 8.5 附近时 As(Ⅲ)出现最大吸附，对 As(Ⅴ)的最大吸附则出现在较低 pH 值范围（Manning and Goldberg，1996，1997b）。pH 值对 As 去除效果的影响是一般性规律，但对于不同存在形式的 As，其影响规律并不相同。进一步研究了 pH 值对高锰酸钾预氧化强化除砷工艺的影响。图 3-5 表明，随着 pH 值由 3.8 升高至 7.4，FCP 及 POFCP 两工艺除砷效果均升高；pH 值变化对 FCP 工艺除 As 效果的影响较大，而对 POFCP 工艺影响较小。例如，在 Fe(Ⅲ)投量为 6.0 mg/L 时，随着 pH 值由 3.8 升高至 9.2，FCP 工艺的 As 去除率由 15.6%升高至 70.8%，As 去除率相差 3.5 倍；POFCP 工艺 As 去除率则由 73.0%提高至 98.6%，As 去除率仅相差 0.36 倍。

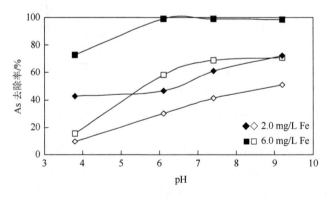

图 3-5　pH 值对 FCP（空心图标）及 POFCP（实心图标）除 As 效果的影响

对上述结果比较合理的解释是：首先，pH 值影响了 Fe(III)水解程度，pH 值越高，Fe(III)水解越彻底。残留 Fe 的测定结果表明，残留 Fe 浓度随 pH 值升高显著降低。例如，pH 值为 3.8 时，FCP 工艺[6.0 mg/L Fe(III)]的残留 Fe 高达 5.21 mg/L；pH 值为 9.2 时，残留 Fe 则在仪器检出限以下。Fe^{3+}水解程度增强，水解生成的 $Fe(OH)_3$ 将随之增加，从而提供更多吸附点位，提高了除砷效能。因此，pH 值升高有助于 FCP 和 POFCP 工艺对砷的去除。其次，对于 POFCP 工艺，$KMnO_4$ 和 As(III)反应可能生成与 As(III)及 As(V)性质不同的 As 与 $\delta\text{-}MnO_2$ 的配合体，pH 值对其去除的影响规律可能与 As(III)及 As(V)均不相同。事实上，Manning 等（2002）深入研究了 As(III)在合成 $MnO_2(s)$表面的氧化及其产物 As(V)在 $MnO_2(s)$表面的吸附行为，并提出了可能的 As(V)-MnO_2 配合体模型。考虑到 $KMnO_4$ 与 As(III)反应为均相反应，可认为反应产物 $\delta\text{-}MnO_2$ 和 As(V)有可能形成 As(V)-MnO_2 配合体。随着 pH 值升高，As(V)-MnO_2 配合体负电性增强（Manning et al., 2002），促进其在 $Fe(OH)_3$ 固相表面的吸附和共沉降去除。

混凝不仅可以除砷，还可同时去除水中悬浮颗粒物以及磷酸盐、氟化物等溶解性离子，也可以同时去除色度、臭味、降低三卤甲烷生成势等。投加混凝剂会消耗碱度，若混凝剂投量过大、pH 值明显降低，则滤后水应加碱提高出水 pH 值，以降低管道腐蚀风险。混凝除砷一般适合集中式大型净水厂，缺点是会产生含砷沉淀污泥。混凝后沉淀产生的含砷污泥需经污泥浓缩（重力浓缩或机械浓缩）、压滤脱水、干化（自然干化、低温干化）等过程处理，最终的含砷污泥进行填埋处置或协同资源化利用。

3.2.2.2 电混凝

电混凝是将铁、铝等金属极板置于待处理水中，在通电条件下金属阳极发生电化学反应，溶出 Fe^{2+}、Fe^{3+} 和 Al^{3+} 等具有电中和作用的金属离子，这些离子也可在一定条件下进一步水解、聚合形成聚合态絮凝剂，利用凝聚、吸附、絮凝等作用去除水中胶体颗粒物或溶解性污染物。与传统混凝相比，电混凝具有操作简单、无需额外投加化学药剂、效率高、污泥产量低、除砷效果好等优点，更适用于农村水站、场地式和移动式等小规模饮用水处理。

一般认为，电混凝反应器中同时发生了电絮凝、电气浮和电氧化等复杂过程。如果一个电混凝反应以铁或铝作阳极、不锈钢作阴极，向系统施加一定量电压后，铁阳极或铝阳极便可电解产生 Fe^{2+}、Fe^{3+} 和 Al^{3+} 等金属阳离子混凝剂，这些原位产生的混凝剂离子，通过电中和、凝聚、吸附、絮凝等过程，将水中悬浮胶体颗粒物、有机大分子、微生物、小分子有机物、重金属等污染物分离去除。电解阳极生成的铁、铝等金属阳离子还可以进一步水解成其胶体物质，并吸附水中

As(Ⅲ)、As(Ⅴ)等有害阴离子，或将这些有害物质吸附并包裹在絮体表面内部，之后分离去除。此外，电极反应过程会产出 H_2、O_2 等气体，将水中脱稳胶体、絮体等通过气浮作用带到水面；脱稳胶体及絮体等还可以通过沉淀、过滤等方式去除（图 3-6）。以铁板阳极为例，电混凝反应器中发生的主要电极反应包括（仝旭芳，2006）：

1）铁阳极：Fe^{2+} 溶出、Fe^{2+} 氧化为 Fe^{3+} 以及 Fe^{2+} 和 Fe^{3+} 向阴极迁移；水的电解和氧气释放[式（3-8）至式（3-10）]。

$$Fe \longrightarrow 2e^- + Fe^{2+} \tag{3-8}$$

$$Fe^{2+} \longrightarrow e^- + Fe^{3+} \tag{3-9}$$

$$2H_2O - 4e^- \longrightarrow 4H^+ + O_2 \uparrow \tag{3-10}$$

2）阴极：水得电子产生氢气（H_2）和氢氧根离子（OH^-）[式（3-11）]。

$$2H_2O + 2e^- \longrightarrow H_2 \uparrow + 2OH^- \tag{3-11}$$

3）Fe^{2+}、Fe^{3+} 与 OH^- 结合发生水解、沉淀等反应[式（3-12）和式（3-13）]。

$$Fe^{2+} + 2OH^- \longrightarrow Fe(OH)_2 \downarrow \tag{3-12}$$

$$Fe^{3+} + 3OH^- \longrightarrow Fe(OH)_3 \downarrow \tag{3-13}$$

总的电极反应如式（3-14）和式（3-15）所示。

$$Fe + 2H_2O \longrightarrow Fe(OH)_2 \downarrow + H_2 \uparrow \tag{3-14}$$

$$4Fe + 12H_2O \longrightarrow 4Fe(OH)_3 \downarrow + 6H_2 \uparrow \tag{3-15}$$

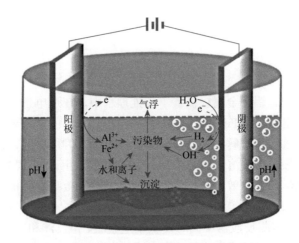

图 3-6 电混凝过程原理示意图（Song et al.，2017）

电混凝除砷可采用 Fe、Al 和 Ti 等极板，对比而言，Fe 板阳极具有更佳除砷效果。此外，国内外近年来报道了 Cu 复合电极、Fe-Al 复合电极等作为阳极的电化学除砷效果，可能具有良好前景。影响电混凝除砷效果的主要因素有电极材料、电流密度、电源形式、反应器形式、极板间距、运行模式以及 pH 值、共存离子、砷形态等物理化学因素，这些因素还会影响絮体生成以及气浮、沉淀特性等（Song et al.，2017）。例如，电絮凝可采用直流电（DC）、交流电（AC）等 2 种电源形式。直流电能耗较高，对于缺氧还原性地下水处理还需增加曝气复氧等措施。若采用交流电源对铁阳极、涂有混合 IrO_2/Ta_2O_5 的钛板（MMO）阳极交替供电，可直接生成 Fe(Ⅱ)、Fe(Ⅲ)和 O_2，解决了直流电混凝额外曝气问题，且在 As(Ⅲ)去除率达到 100%（不检出砷）时耗能仅为 0.11 kW·h/m^3（Xin et al.，2018），远低于使用直流电源时的能耗范围（0.72～0.78 kW·h/m^3）（Wan et al.，2011）。

与传统化学絮凝不同，电混凝的阳极附近区域具有强氧化性，As(Ⅲ)可直接失去电子转化为 As(Ⅴ)；同时，电化学过程可生成氧化性中间产物，通过间接氧化作用氧化 As(Ⅲ)。根据电化学反应原理，可以将电化学反应器设计成一个具有综合作用功能的水处理单元，即同时实现电混凝、电氧化、电吸附及其耦合作用，从而同时具备将 As(Ⅲ)氧化为 As(Ⅴ)、新生态羟基铁胶体对 As(Ⅴ)吸附、电混凝去除 As(Ⅴ)的一体化功能。该反应器主要由尺寸稳定的阳极（DSA）和铁板电极组成（图 3-7）（Zhao et al.，2010）。由图 3-8 可知，在 DSA 电极会发生 As(Ⅲ)的氧化，同时铁电极生成的 Fe(Ⅲ)进一步水解得到可有效去除 As(Ⅴ)的铁氢氧化物（或羟基铁）。该反应器在 pH 值为 8 时具有最佳除砷效果，pH 值升高或降低均会导致除砷效果下降（图 3-9）。进一步采用傅里叶红外光谱（FTIR）等手段研究发现，絮体中的砷主要为 As(Ⅴ)，表明原水中 As(Ⅲ)绝大部分已被氧化。对比 Fe 板和 Al 板作为阳极的电化学除砷效果，采用 Fe 极板的电混凝除砷速率和除砷效果均优于采用 Al 极板。上述电混凝除砷涉及的主要反应如下所述（Zhao et al.，2010）。

（1）阳极反应

DSA 阳极：

$$As(Ⅲ) \longrightarrow As(Ⅴ) + 2e^- \tag{3-16}$$

铁板阳极：

（a）单步氧化：

$$Fe \longrightarrow Fe^{3+} + 3e^- \quad E^0 = -0.04 \text{ V} \tag{3-17}$$

（b）两步氧化：

根据阳极电位的不同，铁首先被氧化成 Fe^{2+}，然后被氧化成 Fe^{3+}：

$$Fe \longrightarrow Fe^{2+} + 2e^- \quad E^0 = -0.44 \text{ V} \tag{3-18}$$

$$Fe^{2+} \longrightarrow Fe^{3+} + e^- \quad E^0 = 0.77 \text{ V} \tag{3-19}$$

Fe^{2+} 也可被水中其他氧化剂氧化为 Fe^{3+}：

$$O_2 + 4Fe^{2+} + 4H^+ \longrightarrow 4Fe^{3+} + 2H_2O \text{（酸性溶液）} \tag{3-20}$$

$$O_2 + 4Fe^{2+} + 2H_2O \longrightarrow 4Fe^{3+} + 4OH^- \text{（碱性溶液）} \tag{3-21}$$

（2）阴极反应

$$2H_2O + 2e^- \longrightarrow H_2\uparrow + 2OH^- \qquad (3\text{-}22)$$

之后，As(Ⅴ)通过吸附、共沉淀等作用与铁氢氧化物结合：

$$Fe(OH)_3(s) + AsO_4^{3-}(aq) \longrightarrow [Fe(OH)_3 \cdot AsO_4^{3-}](s) \qquad (3\text{-}23)$$

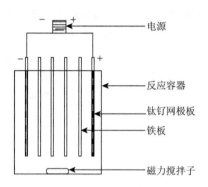

图 3-7 电氧化-电混凝反应装置示意图（Zhao et al.，2010）

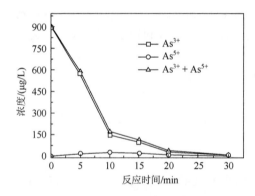
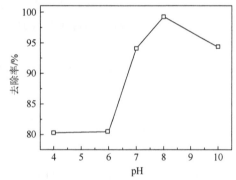

图 3-8 As(Ⅲ)去除过程中 As(Ⅲ)、As(Ⅴ)、总砷的浓度变化（Zhao et al.，2010）

图 3-9 不同 pH 值条件下 As(Ⅲ)去除效果（Zhao et al.，2010）

同样，通过极板设计可获得具有不同去除功能的电混凝反应器。除传统单一极板阳极外，还可采用不同类型极板进行组合。例如，有研究同时采用 Fe 和 Al 电极进行电混凝除砷，可产生 Fe_3O_4、$FeO(OH)$、FeO、$Al(OH)_3$、$AlO(OH)$ 等铁和铝的氧化物或氢氧化物，砷去除率范围可达 78.9%~99.6%（Gomes et al.，2007）。此外，电混凝可直接将 Fe、Al 极板作为牺牲阳极，还可以采用 DSA 钛钌网为形稳阳极和阴极，而 Fe 或 Al 极板插在阴阳极之间，通过电感应而电解生成（图 3-10）。通电条件下，Fe 或 Al 极板电解溶出的 Fe^{2+}、Fe^{3+} 和 Al^{3+} 等，可进一步水解、聚合转化为其他中间产物或最终产物。

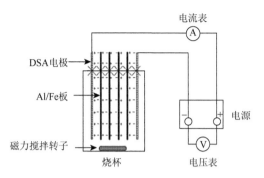

图 3-10　铁、铝、DSA 电化学反应器示意图（Zhao et al.，2011）

采用 DSA、铁电极和铝电极组成电化学反应器，可同时具备除砷和除氟功能（Zhao et al.，2011）。如图 3-11 所示，当 Fe 和 Al 电极板的比例为 1∶3 时，原水 As(III) 和氟化物浓度分别为 1 mg/L 和 4.5 mg/L，反应 40 min 可将砷和氟浓度分别降低至 10 μg/L 和 1.0 mg/L 以下；As(III) 去除率随着 pH 值升高而增加，氟化物的最佳 pH 值范围则为 6~7（图 3-12）。

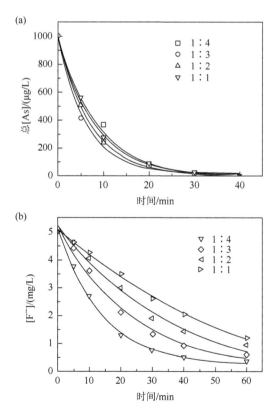

图 3-11　不同铁/铝电极比对 As(III) 和 F⁻ 的去除影响（Zhao et al.，2011）

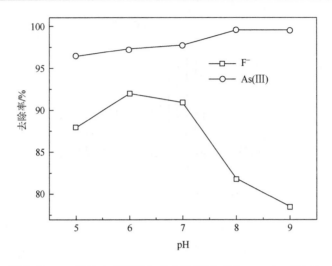

图 3-12 pH 值对 As(III)和 F⁻的去除影响（Zhao et al., 2011）

电混凝对 As(III)和 As(V)均有良好去除效果，适用于小规模除砷水站。电混凝缺点是运行成本较高，极板易形成阻碍电子传递的钝化层，电极不均匀腐蚀导致极板利用率较低等。

3.2.2.3 石灰软化

某些含砷地下水同时是高硬度水，钙离子（Ca^{2+}）、镁离子（Mg^{2+}）浓度较高。高硬度水的软化，一般是向水中投加石灰、纯碱等药剂形成碳酸钙（$CaCO_3$）、氢氧化镁[$Mg(OH)_2$]等沉淀，最终通过沉淀、气浮、过滤等工艺进行固液分离。在 pH＞10.5 条件下，砷会通过吸附、共沉淀等作用与 $Mg(OH)_2$ 等结合而去除。石灰软化法除砷产生的污泥量高于混凝-沉淀工艺，但固体废物中砷含量低，污泥经浓缩、压滤、干化等处理可填埋、协同处置或资源化利用。

石灰软化对 As(III)去除效果远小于 As(V)，投加氯将 As(III)氧化为 As(V)有助于砷的沉淀去除（Choong et al., 2007）。采用石灰软化强化混凝过程中，砷可生成 $Ca_3(AsO_4)_2$ 沉淀或通过吸附、共沉淀作用结合在碳酸钙沉淀表面（Moon et al., 2004）。此外，单独采用石灰软化一般难以达到＜10 μg/L 的标准要求，往往需要二级处理。McNeill 和 Edwards（1997）研究了在软化生成 $CaCO_3$ 条件下投加铁盐对除砷效果的影响，发现当原水 pH 9.5、砷浓度 0.02 mg/L、Ca^{2+} 浓度 80 mg/L、铁为 3 mg/L 时，投加少量三价铁盐可使砷去除率达到 90%。

软化法除砷药剂投量大、产泥量大，软化后水还需投加酸以将 pH 调节至中性附近，因此除非本身需要进行软化操作，一般不会专门采用石灰软化除砷工艺。

3.2.3 颗粒态砷的固液分离

溶解态砷转化为颗粒态砷之后，仍需要固液分离处理才能最终实现砷的去除。一般而言，水处理通常采用的所有固液分离工艺，如沉淀、气浮、介质过滤、袋式过滤、膜过滤等，均可用于颗粒态砷的分离去除，但应根据工程处理规模、悬浮颗粒物浓度、运行管理水平等选择最适合的固液分离方法。沉淀、过滤广泛应用于地表水处理，因其中的悬浮颗粒物浓度相对较高而净水效果较好。但含砷地下水一般浊度较低，且氧化剂、混凝剂投量不大，所以可考虑采用沉淀-过滤或直接过滤工艺。村镇或县城除砷水厂处理规模较小，一般不采用平流沉淀池，可选择斜管沉淀池或竖流式沉淀池；沉淀池与滤池尽可能紧凑布置，当处理规模为数百吨/天时，还可考虑采用沉淀过滤一体化设备。气浮分离的优点在于表面负荷高、占地面积小，缺点是设备复杂、运行管理困难，不适合农村地区。袋式过滤、滤芯过滤、硅藻土过滤等适合小规模供水系统，但随着膜技术发展和膜成本降低，这几种过滤形式目前较少应用于饮用水处理。

20 世纪八九十年代，由于膜制备成本高、膜污染控制效果不好等问题，膜过滤几乎很少应用于村镇、县城供水系统。过去 20 多年来，膜材料制备和应用工艺快速进步，我国膜相关产业迅猛发展，膜成本大幅降低，这使得膜技术在农村到城市饮用水厂中得到广泛应用。微滤（MF）和超滤（UF）广泛用于饮用水和废水净化，可直接去除水中浊度和细菌等（Chellam and Sari，2016），但不能去除水中溶解态 As(III)和 As(V)。微滤或超滤可替代传统颗粒介质过滤去除颗粒态砷，且以其优异过滤性能而确保除砷效果。与砂滤不同，浸没式超滤可直接将膜组件置于混凝池，节约占地面积以及投资运行成本，可通过系统集成实现一体化设计。

混凝-微滤（CMF）是 USEPA 推荐的饮用水除砷最适用技术（best available technology，BAT）之一。相对于混凝沉淀工艺，CMF 能降低混凝剂投量、提高出水水质、提高系统抗冲击负荷能力和稳定性。实际工程中，微滤一般采用错流过滤的形式，包括间歇错流过滤和连续错流过滤等。间歇错流过滤所需膜面积小，适用于小型处理系统；多级连续错流过滤可提高膜分离性能和出水水质。CMF 工艺中，首先在混凝单元中，Fe 或 Al 混凝剂及其絮体通过静电吸附作用将溶解态砷转化为颗粒态砷；混凝出水或混凝-沉淀出水在压力推动下从微滤膜高压侧透过滤膜，粒径 0.08 μm 以上絮体、颗粒物以及吸附在絮体表面的砷被截留，出水中砷得以去除；高压侧絮体、浓缩液等排出进行后续处理。Brandhuber 和 Amy（1998）采用中试研究了 CMF 联合除砷性能，确定了 pH、膜孔径、絮凝剂投量等最优操作条件，发现 pH 值在 6~7 范围内、$FeCl_3$ 投量为 7 mg/L、膜孔径为 0.2 μm 时，砷去除率最高达到 84%；在上述操作条件下，滤速对砷去除影响不大。还有研究显示，pH 值 7.0、Fe^{3+} 投量 4.0 mg/L 条件下，CMF 对砷去除率可在 97%以上，工艺连续运行 26 h，出水砷浓度可稳定在 10 μg/L 以下，成本约为 0.4 元/m^3（Mólgora et al.，2013）。CMF 出水中砷可稳定达标，导致膜污染的主要原因是絮体颗粒对膜孔的堵塞作用（Ćurko et al.，2011）。中试研究表明，CMF 除砷的膜反冲洗周期长，膜通量可高达 150 L/(m^2·h)以上；投加 CO_2 可降低 pH 值和混凝剂投量，从而降低微滤单元的固体负荷。原水溶解性有机碳（DOC）、磷酸盐、碳酸氢盐等会抑制除砷效果，这导致混凝剂投量上升（Zhang et al.，2012），因此一般应进行小试、中试以评估 CMF 除砷性能，确定最佳工艺参数。对于硬度较高的原水，As(Ⅴ)去除效果与 MF 膜孔径、膜滤前水力停留时间无关；相反，当原水 Ca^{2+} 和 Mg^{2+} 浓度较低，且硅酸盐、磷酸盐等阴离子浓度较高时，CMF 除砷效果明显下降，此时往往需要增加混凝剂投量（Ahmad et al.，2020）。铁盐微絮凝-微滤连续流实验显示，投加铁盐反应 20 s 以内直接微滤可达到较好除砷效果；pH 值、混凝剂投量是影响除砷效果的重要因素，Fe 投量 7 mg/L 时，出水砷低于 2 μg/L；将原水 pH 值降至 6.4，Fe 投量可降至 1.9 mg/L。CMF 除砷技术已在多个国家开展中试，证实具有出水水质稳定、成本低等优点，在难以采用吸附工艺的小型处理系统上具有优势。由于膜的孔径较大，微滤和超滤仅能去除颗粒态砷。

与 MF 相似，混凝也可与 UF 结合形成 CUF 除砷工艺。研究表明，原水浊度较高时（300 NTU、1000 NTU），将 UF 与常规混凝-沉淀工艺联用不仅能提高砷、铁、锰去除率，还可维持稳定的膜通量；超滤适合处理规模较大的除砷系统，且随着处理量从 0.108 m^3/h 增加至 12690 m^3/h，吨水运行成本可从 6.42 元降低至 5.31 元（Moreira et al.，2020）。

3.2.4　砷的直接膜滤去除

MF 与 UF 过滤是在压差推动力下的筛孔分离过程，属于低压膜分离，操作压力在 10~30 psi[①]范围内；纳滤（NF）、反渗透（RO）则主要通过溶剂扩散作用实现料液分离，属于高压膜分离，操作压力常常在 75~250 psi，甚至更高（Letterman，1999）。RO 过程作为渗透过程的逆过程，是溶剂从浓溶液一侧透过膜向稀溶液一侧流动的过程，即利用膜选择性滤过溶剂而截留溶质离子的性质（Gholami et al.，2006）。RO 操作压力高，膜通量低。NF 是介于 UF 和 RO 之间的压力驱动膜分离过程，因其操作压力较低而被称作"低压反渗透"，通常包括筛分、溶剂扩散和

---

① psi 为非法定单位，1 psi = 6.894 76×10^3 Pa。

电荷排斥等作用。图 3-13 对比了不同类型膜的孔径及用于膜过滤物质的粒径，可以看出 RO 和 NF 更适合用于去除溶解性砷。

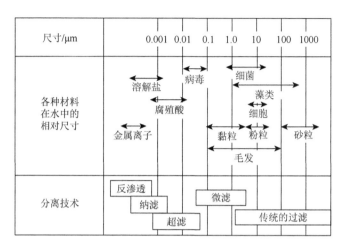

图 3-13　不同类型膜的孔径及用于膜过滤物质的粒径（Letterman，1999）

膜分离法的优点是除砷效率高，同时可去除微生物、微量有机污染物、硬度等；膜本身不累积砷，操作维护易于实现自动化，无需投加化学药剂，仅需定期清洗膜即可。存在的缺点是水回收率低、操作压力高、投资和运行成本高，此外对于北方农村小规模供水系统，冬季极寒天气可能导致膜组件受损。

3.2.4.1　纳滤

纳滤（NF）广泛应用于水处理，近年来已发展成为饮用水深度处理的可行工艺，我国张家港、郑州等多个城市采用 NF 工艺进行深度净水改造。NF 膜荷电表面能吸附水中阴离子，受离子强度、pH 等影响程度高于 RO。pH 中性条件下，NF 只能通过尺寸分离作用去除电中性 H_3AsO_3 分子，H_3AsO_3 分子直径一般较 NF 膜孔径小，去除率较低。相反，荷负电 NF 膜可通过静电排斥作用阻止负电性 As(Ⅴ)透过膜表面。研究显示，初始浓度 20~90 mg/L 的 As(Ⅴ)和 As(Ⅲ)的去除率分别能达到 90% 和 10%，且 NF 除砷效果随初始砷浓度升高而降低（夏圣骥等，2007）。此外，NF 对 As(Ⅴ)截留率随温度升高或 pH 值降低而降低，当进水 pH 为 8.5 时，As(Ⅴ)去除率为 85%；pH 为 4.5 时，去除率只有 8%（Seidel et al.，2001）。As(Ⅲ)的分离受 pH 影响不大，且截留率一般在 10% 以下。溶液化学特性、操作压力、膜孔径、表面电荷等均对 NF 截留离子性能有影响。例如，某地下水 As(Ⅲ)和 As(Ⅴ)的总砷浓度为 0.18 mg/L，总悬浮固体（TSS）为 190 mg/L，总溶解性固体（TDS）为 205 mg/L，铁含量 4.8 mg/L，pH 值为 7.2，高锰酸钾预氧化-纳滤工艺能实现砷去除率为 98%，富集浓缩后浓水中的砷采用 Ca^{2+}、Fe^{3+} 混凝去除，成本为 9.23 元/吨水（Pal et al.，2014）。Harisha 等（2010）研究表明，NF 可实现 99.8%的 As(Ⅴ)去除率，运行 180 min 未见明显通量下降。研究显示，提高 pH 值和降低操作温度可提高 NF 除砷效果，膜通量随操作温度、压力升高而增加（Figoli et al.，2010）。有研究采用市售 NF 处理实际含砷地下水，原水砷浓度为 59～118 μg/L 时，NF 出水砷浓度小于 10 μg/L；原水砷为 435 μg/L 时，出水接近 10 μg/L；原水含有 As(Ⅲ)时，应增加预氧化工艺和提高跨膜压差以确保出水达标（Figoli et al.，2020）。Boussouga 等（2021）研究发现盐度对 NF270、NF90 等 2 种 NF 膜去除 As(Ⅴ)影响不大；pH 值对 NF270 去除 As(Ⅴ)效果有明显影响，但对以尺寸位阻为主要机制的 NF90 影响不大；水中共存有机物可提高 NF 对 As(Ⅴ)去除率。

3.2.4.2 反渗透

随着膜材料制备和膜分离技术发展，RO 逐渐取代多级闪蒸而成为海水淡化或脱盐主流工艺。全世界有 120 多个国家和地区采用 RO 进行海水淡化，产水规模约为 1.3×10^7 m³/L。此外，RO 在苦咸地下水处理和饮用水脱盐中也得到广泛应用，当含砷地下水同时存在过高浓度 TDS 时，RO 技术更有其技术优势。Abejón 等（2015）对比研究了 AD、BE、SW30HR、UTC 80B 等 4 种 RO 膜去除 As(Ⅴ)效果，发现 BE 膜渗透性和截留率高，As(Ⅴ)截留效果最好；服务 2 万人口的两级 RO 膜饮用水除砷系统，经工艺优化后处理成本为 1041 美元/天，约合 0.52 美元/吨水。RO 膜也广泛应用于单户式家用净水器，绝大多数 RO 净水器除砷效率能达到 90%以上；当原水砷含量在 200 μg/L 以上或原水砷主要以 As(Ⅲ)形式存在时，家用 RO 净水器很难将总砷降低至 10 μg/L 以下，这说明即使采用膜滤工艺，对水中 As(Ⅲ)的去除率也远低于 AS(Ⅴ)。余氯会对 RO 膜有损坏作用而降低膜使用寿命（Walker et al.，2008）。研究表明，次氯酸钠浓度在 100 mg/L 以下时，会通过紧缩效应导致 RO 膜通量下降，但会增加膜表面电子而提高 As(Ⅴ)截留率；次氯酸钠浓度在 1000 mg/L 以上时，膜亲水性和透过性均明显变差（Do et al.，2012）。RO 产水率较低，但可采用多级串联方式得到有效提高。有研究者开发了新一代 RO 膜，价格较低、操作压力较低，且膜通量明显提高，研究显示在操作压力为 40～400 psi 范围内，As(Ⅲ)和 As(Ⅴ)去除率可达 96%～99%，这主要是由于 As(Ⅲ)和 As(Ⅴ)分子量相对较大，而不是来自于电荷排斥作用（Waypa et al.，1997）。

RO 除砷性能一般不受 pH 和共存溶质的影响，但较低的温度可略微提高砷的去除效率。RO 对进水水质要求较高，原水中胶体物质、有机物、铁和锰等容易导致膜污染，RO 前进行过滤等预处理可有效防止膜污染。RO 还可与其他预处理工艺结合以提高除砷效果。对 2 个地区的高砷地下水（总砷＞500 μg/L）进行的除砷中试结果表明，采用曝气-颗粒介质过滤-RO 工艺（图 3-14），处理的出水砷浓度可在 10 μg/L 以下，砷去除率达到 99%；如果不采用曝气-过滤工艺，由于 RO 对 As(III)去除率低，出水难以达标（Schmidt et al.，2016）。在取水点、用户端同时设置 RO 装置，可有效去除水中砷、硝酸盐、锑、钒等污染物，且水源井设置 RO 和双管路供水，可处理部分饮用水而降低运行成本（Chen et al.，2020）。

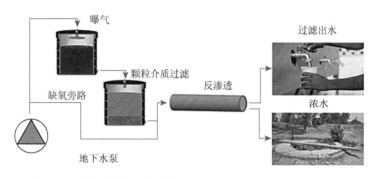

图 3-14 曝气-颗粒介质过滤-RO 工艺（Schmidt et al.，2016）

3.2.4.3 电渗析

电渗析（ED）是 20 世纪 50 年代发展起来用于提纯和分离物质的技术。作为一种电化学膜分离过程，ED 主要在直流电场作用下利用半透膜的选择透过性分离不同的溶质粒子（如离子）。ED 可实现水的脱盐和纯化，同时实现另一部分水的浓缩。利用 ED 以溶质的电迁移作用，可实现水中砷的去除率达 80%。实际应用中，一台电渗析器并非由一对阴、阳离子交换膜组成，而是采用上百对离子交换膜以提高净化效率。国外针对 ED 除砷的中试研究表明（Clifford and Lin，1991），As(V)去除率最高为 73%，但对 As(III)基本无去除效果。ED 在脱盐上的应用效果优于以除砷为目的的运行效果。尽管 ED 能把砷去除至较低水平，但工艺和装备复杂、能耗高、运行管理困难，与 NF、RO 相比不具备成本和效率上的竞争优势。

3.2.4.4 离子交换

离子交换是指利用固相树脂中的离子与液相的同号电荷离子进行交换置换的反应。离子交换树脂由不溶于水的高分子化合物骨架、可交换离子的活性基团构成。树脂的骨架通常由聚苯乙烯交联二乙烯基苯组成，带电的官能团通过共价键与骨架相连。树脂按照其官能团所带电荷的性质可分为酸性树脂和碱性树脂两大类，常用于去除水中汞、锌等阳离子和砷酸盐、磷酸盐、硝酸盐等阴离子。用于除砷的主要是碱性树脂，通常荷正电。除砷过程中，树脂中荷负电的可交换离子基团与水分子作用而扩散，由反离子形成扩散层。固定层中荷正电的树脂基体与扩散层的可交换阴离子之间因电荷相反而形成电场，水中与树脂基体电荷相反的As(Ⅴ)从外层逐渐向内层迁移，先后与扩散层、树脂基体中的反离子交换，最终完成水中砷酸盐的吸附。USEPA将离子交换列为饮用水除砷BAT技术之一。

影响离子交换除砷效果的主要因素包括原水pH、TSS浓度、浊度以及硅酸盐、硫酸盐、硝酸盐等阴离子的浓度等。原水TSS较高时，应增加过滤等预处理单元以降低进水颗粒物，避免离子交换床水头损失增长过快。离子交换除砷的建议空床停留时间（EBCT）为15 min；此外，水中共存阴离子可将已吸附的砷酸盐置换到水中，随着进水量增加再迁移至树脂床下层，最终穿透树脂。因此，当进水硅酸盐、硫酸盐、硝酸盐等浓度较高时，应联用保安树脂柱以防止工艺出水砷超标。当树脂运行至出水砷超标时应停止工作，并采用NaCl、HCl、NaOH等再生液进行再生操作以恢复As(Ⅴ)交换能力。树脂再生液应经无害化处理后达标排放，以免造成环境污染。典型的离子交换工艺流程如图3-15所示。

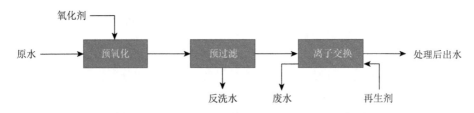

图3-15　离子交换工艺流程（USEPA，1999）

树脂对水中离子一般不具有很高的选择性，且不同类型、性质的树脂选择性不同。市售强碱性树脂可有效去除水中As(Ⅴ)，出水砷浓度可低于1 μg/L，但对As(Ⅲ)去除能力有限。研究表明，传统的硫酸根离子选择树脂特别适合于砷去除，硝酸根离子选择树脂也可以用来除砷，但效果不如前者。通常用盐酸预处理树脂，使其表面为容易被As(Ⅴ)所取代的氯离子。离子交换除砷受pH和进水砷浓度等影响不大，但天然地下水常见的硫酸盐等竞争离子对除砷表现出明显抑制作用。USEPA提出，离子交换树脂适于处理硫酸盐浓度低于120 mg/L或TDS低于500 mg/L的含砷水（USEPA，1999）。此外，具有较高亲水性的交联聚烯丙胺树脂（PAA）中盐酸和游离胺含量分别为4.5 mL/g和3.1 mL/g，降低pH值、升高进水As(Ⅴ)浓度可提高PAA吸附穿透容量；进水流速从250 h^{-1}升高至4000 h^{-1}，吸附容量从3.5 mmol/g降低至0.81 mmol/g；氯酸盐、硝酸盐和硫酸盐对PAA吸附As(Ⅴ)的影响较小，但磷酸盐表现出显著抑制性；PAA树脂经2 mol/L盐酸溶液反冲洗后可恢复除砷性能，且连续运行 4 个月除砷性能未见明显下降（Awual and Jyo，2009）。研究显示，在商品化离子交换树脂表面负载金属氧化物，可提高水中 As(III)和 As(V)去除性能。例如，商品化酸性阳离子交换树脂 Amberlite（200CTNa）负载 Y(III)和 Ce(III)氧化物后，对 As(III)最大吸附量分别为 0.48 mol/kg 和 0.46 mol/kg，而采用 Fe(III)负载改性后，As(V)最大吸附量高达 1.45 mol/kg（Shao et al.，2008）。Ce 负载的强酸性阳离子交换树脂（Ce-SAA）在 pH 值 5～6 条件下，对 As(V)和 As(III)的最大吸附量分别为 1.03 mg/g 和 2.53 mg/g，磷酸盐会降低 As(V)和 As(III)吸附效果，硝酸盐、硫酸盐影响不大（He et al.，2012）。将 Cu(II)负载到 4-乙烯基吡啶树脂上获得 WH-425-Cu，可作为配体交换剂选择性吸附水中 As(V)，减少硫酸盐、磷酸盐和硅酸盐干扰；采用 7 倍床体积、pH 值为 9 的 6% NaCl 溶液进行树脂再生，可洗脱 99% As(V)（Tao et al.，2011）。将锰和铁氧化物负载在弱碱性离子交换树脂（D301）表面，可在 pH 值 4～9 范围内有效去除 As(V)，且硝酸盐、硫酸盐等对除砷效果影响有限（Ma et al.，2010）。

有研究长期跟踪评估了针对小规模净水系统的离子交换除砷示范项目，发现出水总砷可稳定在砷最大允许浓度限值 10 μg/L 以下；强碱性阴离子交换树脂（SBA）去除水中不同种类阴离子的选择性为铀（U），钼（Mo）>钒（V）> SO_4^{2-} > $HAsO_4^{2-}$ > NO_3^- > HCO_3^-；NOM 会加剧树脂污染、降低树脂寿命和运行时间，将聚苯乙烯 SBA 和丙烯酸 SBA 树脂联用可避免 NOM 污染；系统反冲洗再生操作过程产生的废水需现场处理（Chen et al.，2020）。离子交换树脂的优点是除砷速度快，再生容易；缺点是选择性不高，成本也较高。

3.3 除砷吸附剂与反应器

吸附是最常用的水处理方法。研究显示，近 40 年来吸附净水技术持续发展，各种吸附净水新材料、新方法和新装备等不断涌现，成为推动并引领水处理技术和产业科技进步的重要方向。

吸附净水，是水中污染物（吸附质）通过物理、化学等作用力而吸持在固相（吸附剂）表面得以分离去除的过程，所涉及的作用力可以是吸附剂与吸附质之间的共价键结合、离子键结合以及分子作用力（范德瓦耳斯力）、静电作用力等。吸附法除砷以其成本低、操作简单、选择性好等优点而得到较为广泛的运用，尤其对于不具备建设市政水厂条件的广大农村地区具有明显优势。国内外在除砷吸附剂、吸附除砷工艺等方面开展了大量研究，并成为饮用水除砷工艺的优先选择。比如，2004 年美国建立了两期除砷供水示范工程，其中第一期的 12 个示范项目中，采用吸附技术的系统就占 9 个；吸附技术被 USEPA 认为是适合于社区、以乡镇或村镇为单位的农户及分散居住的家庭使用的最为经济有效的除砷方法。基于此，本节专门讨论国内外在除砷吸附剂、饮用水吸附除砷技术等方面的相关研究进展。

3.3.1 除砷吸附剂

吸附剂是吸附除砷技术的核心，因而开发经济高效的吸附剂是实现吸附除砷技术突破的关键。过去数十年来，国内外先后报道了上千种除砷吸附剂，主要包括天然矿物及其改性吸附剂、低值废弃物或基于废弃物制备的吸附剂、以生物质为基础制备的吸附剂以及人工合成的单一或复合金属氧化物、负载型吸附剂以及其他新型吸附材料。吸附除砷过程中，砷主要通过静电作用、范德瓦耳斯力、氢键、表面络合等作用力吸持在吸附剂表面。如前所述，负电性 As(Ⅴ)更容易吸附在正电性表面，而亚砷酸分子 As(Ⅲ)往往需要先氧化为 As(Ⅴ)再吸附去除。吸附本质上是污染物转移的过程，当达到吸附饱和时，一般可采用 5%～10%的 NaOH 溶液浸泡以实现吸附剂再生。再生原理是利用强碱溶液中的高浓度 OH^- 置换吸附在材料表面的砷，从而恢复材料活性吸附位，此为吸附质强化脱附的过程。再生过程产生的碱性再生液中含有较高浓度砷，且腐蚀性强，不能直接外排。一般材料再生后吸附容量会下降 10%～15%（Simms and Azizian，1997）。

本小节重点介绍国内外合成制备或改性开发的除砷吸附材料，讨论不同吸附材料的除砷效果与机制、适用条件和优缺点等。

3.3.1.1 低成本天然吸附剂

一般而言，低成本天然吸附剂的吸附容量并不高，但对于欠发达国家和地区而言，可能不失为解决饮用水砷污染问题可行途径之一。Asere 等（2019）系统总结了国内外报道的低成本天然吸附剂（图 3-16），主要包括天然矿石、土壤和岩石、工农业废弃物或副产品、生物聚合体、微生物或生物残骸等，以及以此为基质进行表面改性、颗粒化等制备的低成本吸附剂。

国内外先后研究了橄榄泥、夏克土、温莎砂等天然土壤吸附去除水中 As(Ⅴ)的性能和效果（Zhang and Selim，2005），各种改性砂粒也被广泛用于水中砷的去除（Petrusevski et al.，2002；Bajpai and Chaudhuri，1999；Hanson et al.，2000；Nguyen et al.，2006）。此外，高岭土、伊利土、蒙脱土等黏土矿物富含水合硅铝氧化物，有时还含有少量铁、镁等氧化物，对水中 As(Ⅲ)和 As(Ⅴ)也具有较好吸附效果（Manning and Goldberg，1997a，1997b；Ohki et al.，1996）。国内外前期研究主要评估了天然矿物的除砷性能，近年来有不少研究较为深入地探讨了除砷机制和强化除砷策略。例如，水钙铝榴石[$Ca_3Al_2(OH)_{12}$]含有 $Ca(OH)_2$ 和 $Al(OH)_3$ 等成分，

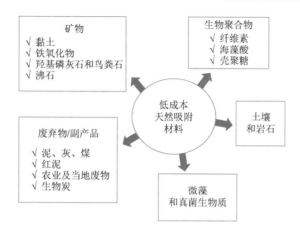

图 3-16　低成本天然吸附材料（Asere et al., 2019）

对 As(III)具有较高的选择吸附性能，Cl^-、SO_4^{2-}、NO_3^- 等共存离子对吸附除砷影响较小；当初始 As(III)浓度＜50 mg/L 时，As(III)能插入到 $Ca_3Al_2(OH)_{12}$ 的层状构架形成亚砷酸盐柱支撑的 Ca-Al 层状氢氧化物；当初始 As(III)浓度＞50 mg/L 时，As(III)会与 $Ca_3Al_2(OH)_{12}$ 形成亚砷酸钙沉淀而得以去除（Sha et al., 2020）。

糠壳等农业副产物曾被用于水体除砷（Amin et al., 2006）。工业废弃物或副产品包括焦炭、煤渣、赤泥、矿渣、炉渣、Fe(III)/Cr(III)氢氧化物废料、粉煤灰、水处理固废产物等；此外，木炭、骨炭、生物碳等也可作为活性炭替代品用于水处理（Allen and Brown, 1995；Allen et al., 1997；Mohan and Chander, 2006a, 2006b；Mohan et al., 2007）。赤泥是制铝工业提取氧化铝后产生的工业废弃物，氧化铁含量高而与赤色泥土相似，一般每生产 1 t 氧化铝会产生 1~2 t 赤泥（Gupta and Ali, 2002）。赤泥用于除砷时，在 pH 值为 9.5 的碱性条件下去除 As(III)效果较好；在 pH 为 1.1~3.2 的酸性条件下则可有效去除 As(V)（Altundogan et al., 2000）。粉煤灰主要成分包括硅铝氧化物，也可作为除砷吸附剂，静态吸附实验显示粉煤灰对砷去除率可在 80%以上，动态实验结果则可将水中砷浓度从 500 μg/L 降至 5 μg/L 以下。骨炭是兽骨在隔绝空气条件下经脱脂、高温碳化制得，是一种无定形碳，一般碳含量占 7%~11%、磷酸钙约占 80%。骨炭在 pH 值为 2~5 范围内对 As(V)有较好的去除效果（Sneddon et al., 2005）。饮用水混凝、沉淀处理产生的污泥也可用于除砷（Makris et al., 2006），其中 Al 盐污泥可有效去除 As(III)和 As(V)，Fe 盐污泥在 pH 值为 6.0~6.5 范围内对 As(III)去除效果优于 As(V)。酸性矿井排水中回收的富铝氧化铁-氢氧化铁[Fe/AlO(OH)]对 As(V)具有较高的吸附容量，在 As(V)浓度为 150 mg/L、固液比为 1 g/250 mL 条件下，反应时间 60 min 后 As(V)的吸附量达到 102~129 mg/g，Fe/Al 表面与 As(V)形成内层络合物（Muedi et al., 2021）。Namasivayam 等发现含 Cr 废水处理产生的 Fe(III)/Cr(III)氢氧化物污泥也可用于去除水中 As(V)，并研究了 As(V)初始浓度、陈化时间、吸附剂投量、吸附剂粒径、干燥温度和 pH 等对除砷效果的影响（Namasivayam and Senthilkumar，1998）。除了直接利用工农业废物，也有人将废物进行改性后制成低成本除砷吸附剂。例如，有研究者采用酸浸-沉淀法改性具有较高 Fe 含量的焚烧污水污泥灰（ISSA），改性后 ISSA 中 Fe 主要以 $Fe(SO_4)OH$ 的形式存在；吸附过程中 ISSA 表面羟基与 As(V)发生配位交换反应生成内层络合物，吸附能力较改性前提高 8 倍（Gao et al.，2021）。另外的研究是在固体废物焚烧残渣上负载 Fe(III)氧化物用于除砷（Zhang and Itoh，2005），其基本原理是原位生成无定形的水合铁氧化物胶体和硅氧化物胶体，进而形成 Fe—Si 表面络合键，从而使 Fe 氧化物稳定附着在炉渣表面。

某些藻类、真菌和细菌可作为吸附去除水中重金属的吸附剂（Brierley，1990）。生物吸附和生物累积在本质上存在明显区别，前者是指污染物被生物体捕获并在表面固定化的过程，细胞膜表面的吸附作用独立于细胞新陈代谢过程，反应主要发生在细胞膜表面活性基团与污染物之间（Kadukova and Vircikova，2005；Veglio and Beolchini，1997）；后者是指重金属进入细胞体内及其生物累积，重金属可能参与细胞代谢，包括重金属与胞内物质的结合、胞内沉淀、甲基化等过程（Kwon et al.，1988）。活体微生物可直接吸附重金属，也可将微生物或其残骸进行表面修饰负载获得生物吸附剂。例如，将芽孢杆菌 K1 负载到 Fe_3O_4 修饰的生物炭上，芽孢杆菌 K1、磁性生物炭可发挥协同作用同时去除水中 Cd(II)和 As(III)；其中，芽孢杆菌 K1 可提供胺、羟基等生物吸附位点，对于 Cd(II)和 As(III)共存体系，二者最大吸附量分别为 25.04 mg/g 和 4.58 mg/g，且吸附剂饱和后可被外加磁场分离（Wang et al.，2021a）。此外，对于某些农林废弃物，也可经过改性或表面负载提高除砷性能。例如，采用三亚乙基四胺对木质素进行活化，获得的活化后木质素（a-CL）对含氧阴离子具有较高选择性吸附能力，利用密度泛函理论和 FTIR 研究了 a-CL 吸附 As(V)、P（V）和 Cr(VI) 过程，发现 a-CL 对 As(V)的选择性最高，As(V)水合离子与 N 原子之间的氢键作用是主要因素；a-CL 对 As(V)的最大吸附容量为 62.5 mg/g，当 As(V)初始浓度为 50 mg/L 时，反应 60 min 可获得近 100%的 As(V)去除率（Huang et al.，2019）。软木颗粒的原材料为栎树树皮，具有天然的可再生效果，将铁包裹到软木外层可获得铁包软木颗粒，研究发现其对砷、磷、锑、铅等具有良好的吸附亲和力（Pintor et al.，2021）。

3.3.1.2 活性氧化铝

活性氧化铝是早期应用较为广泛的商品化除砷吸附剂。活性氧化铝是一种颗粒状的三氧化二铝，比表面积一般为 200～300 m^2/g，这使得其拥有大量活性吸附位点与砷结合。砷去除机理类似于弱碱离子交换树脂进行的离子交换,常被定义为"吸附",尽管配位交换和化学吸附可能是更合适的术语(Clifford,1999)。活性氧化铝对 As(Ⅴ)去除效果较好,在最佳投量和 pH 值条件下,As(Ⅴ)去除率可在 95%以上,但吸附容量受原水 pH、进水砷浓度、砷形态以及共存阴离子等影响很大。Wang 等(2002)研究显示,初始 As(Ⅴ)浓度为 0.034~0.087 mg/L 时,平均去除率可达到 87%~98%,但实际吸附容量明显低于模拟配水体系下的吸附容量,这主要是由于竞争性阴离子的抑制作用。Clifford 和 Lin(1995)的研究表明,活性氧化铝对水中阴离子的选择性吸附顺序为:$OH^->H_2AsO_4^->Si(OH)_3O^->F^->HSeO_3^->TOC>SO_4^{2-}>H_3AsO_3$,对 As(Ⅴ)的吸附要优先于 As(Ⅲ)。活性氧化铝去除 As(Ⅴ)的最佳 pH 值范围很窄,一般为 5.5~6.0。典型活性氧化铝的零电荷点(pH_{PZC})为 8.2,溶液 pH 值低于 pH_{PZC} 时表面带正电荷,高于 pH_{PZC} 时则表面带负电荷。当溶液 pH 值接近 pH_{PZC} 时,砷去除能力急剧下降;pH 值高于 8.5 时,砷吸附容量降低至最佳 pH 值条件下的 2%~5%。因此,对于中性和碱性含砷地下水,为提高活性氧化铝除砷效果,往往需要加酸将 pH 值调节至弱酸性。在砷平衡浓度为 0.02~0.1 mg/L 时,砷吸附容量约为 5~15 mg/g。水中共存的 SO_4^{2-}、Cl^- 可使吸附容量降低约 50%。吸附砷的活性氧化铝可用 NaOH 稀溶液和硫酸溶液再生,但与离子交换树脂相比,再生更困难,且砷脱附率一般仅为 50%~80%。对比而言,活性氧化铝除砷性能低于铁基吸附剂,当水中砷浓度为 0.02~1.1 mg/L 时,砷去除率只有 43%~51%(Jiang,2001)。因此,尽管活性氧化铝在早期得到一定范围的应用,但在实际工程中逐渐被淘汰。

3.3.1.3 铁(氢)氧化物

铁(氢)氧化物是最常见的除砷吸附材料,这主要是由于铁氧化物可与砷形成内核络合物,对砷具有很强的吸附结合能力,铁(氢)氧化物的表面羟基是吸附除砷过程中最关键的官能团。同样,铁(氢)氧化物对 As(Ⅲ)吸附能力较弱,往往需要投加氧化剂以提高除砷性能。国内外先后研究了大量铁氧化物、羟基氧化物、铁矿物等除砷吸附剂,常见的铁(氢)氧化物有水铁矿、针铁矿、赤铁矿、纤铁矿、磁赤铁矿和磁铁矿等(Navratil,1999),其共同特点是都含有表面羟基(—OH)。有研究者结合吸附速率、吸附等温线、表面络合模型、扩展 X 射线吸收精细结构分析技术(EXAFS)等研究了 As(Ⅴ)在针铁矿表面的吸附机理,确立了双齿双核、双齿单核的吸附模型(Arai et al.,2004)。Fendorf 等(1997)研究了 As(Ⅴ)在针铁矿表面上的吸附机理,也认为双齿双核的吸附络合方式是铁氧化物吸附 As(Ⅴ)的主要模型(图 3-17)。铁矿石是成熟结晶体,表面吸附位密度较低,吸附砷的效果并不理想,因此后期研究中,多用合成的针铁矿获得较高纯度的

α-FeOOH。在物质组成、Fe 价态和氧化物晶型等方面,不同铁(氢)氧化物之间存在着明显差别。大多数铁氧化物中的 Fe 为+3 价,具有八面体的基本结构单元,即每个 Fe 原子周围都被六个氧离子(O^{2-})或 OH^- 所围绕。这些 O^{2-} 和 OH^- 以层离子结构存在,并呈六角密堆积结构(hcp)或四角密堆积结构(ccp)(Schwertmann and Cornell,1991),如表 3-2 所示。人工合成的铁(氢)氧化物可通过 Fe^{3+} 水解(如针铁矿、赤铁矿和水铁矿)或在实验室条件下氧化 Fe^{2+} 制得(如纤铁矿)。这些人工合成的铁(氢)氧化物与天然铁氧化物在溶解性、晶体结构、表面形貌等诸多物化特征上存在明显差别(图 3-18)。这是由于天然铁氧化物在长期形成过程中会吸附或包埋各种杂质成分(Bennett,1992);当温度、pH、陈化时间以及湿度等外界条件发生变化时,不同形态的铁氧化物之间可能会发生相互转化(Foundation,1993;Bennett,1992)。

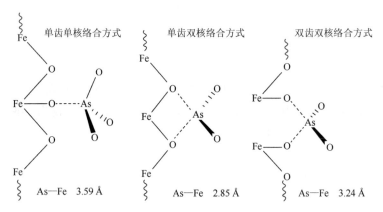

图 3-17 As(V)在针铁矿表面的络合模式(Fendorf et al.,1997)

表 3-2 主要铁氧化物的晶型参数(Schwertmann and Cornell,1991)

铁氧化物种类	晶体结构	空间群	阴离子堆积类型	晶胞参数/nm a	b	c	Z
针铁矿	正交晶格	$Pnma$	ABAB	0.9956	0.30215	0.4608	4
纤铁矿	正交晶格	$Bbmm$	ABCABC bcc	0.3071	1.2520	0.3873	4
四方纤铁矿	单斜晶格	$12/m$	bcc	1.056	0.3031	1.0483	8
硫铁矿	四方晶格	$P4/m$		1.066		0.604	
六方纤铁矿	六角晶格	$P3m1$	ABAB	0.293		0.456	2
δ-FOOH	六角晶格	$P3m1$	ABAB	0.293		0.449	1
HP FeOOH	正交晶格	$Pn2_1m$		0.4932	0.4432	0.2994	2
水铁矿	六角晶格	$P31c:P3$	ABAB	0.2955		0.937	4
赤铁矿	六角晶格	$R3c$	ABAB	0.5034		1.3752	6
磁铁矿	立方晶格	$Fd3m$	ABCABC	0.8396			8

续表

铁氧化物种类	晶体结构	空间群	阴离子堆积类型	晶胞参数/nm a	b	c	Z
磁赤铁矿	立方晶格	$P4_332$	ABCABC	0.83474			8
	四方晶格	$P4_12_12$		0.8347			24
方铁矿	立方晶格	$Fm3m$		0.4302			
$\varepsilon\text{-}Fe_2O_3$	正交晶格	$Pna2_1$		0.5095	0.879	0.9437	8
$Fe(OH)_2$	六角晶格	$P3ml$		0.3262		0.4596	1

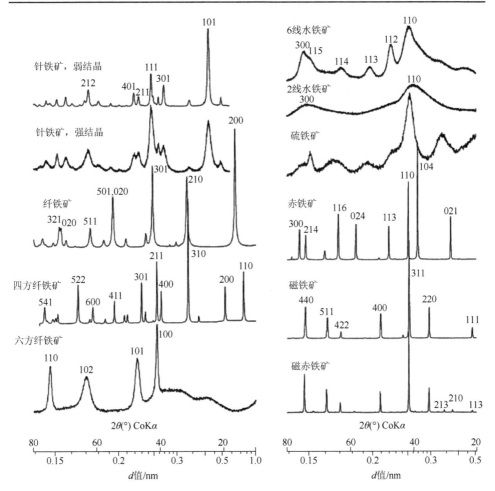

图 3-18 主要 Fe(III) 氧化物的 XRD 衍射图（Schwertmann and Cornell，1991）

有研究考察了不同晶形铁氧化物吸附除砷性能，发现无定形铁氧化物具有更高比表面积和更丰富表面吸附位，从而较结晶程度更高的铁氧化物具有更高的吸附除砷容量（Dixit and Hering，2003）。Raven 等（1998）研究了 As(V) 和 As(III)

在氢氧化铁表面的吸附动力学、热力学以及酸碱度的影响,当初始砷浓度较低时,在 pH 4.6 条件下氢氧化铁对 As(V)的吸附速率明显高于 As(Ⅲ),而在 pH 9.2 时 As(Ⅲ)较快达到吸附平衡。Gupta 和 Chen（1978）的研究指出,As(V)和 As(Ⅲ)在氢氧化铁表面的吸附最佳 pH 范围为 4~7,且将 As(Ⅲ)氧化为 As(V)后可有效提高 As 的去除效率。

无定形氢氧化铁一般呈粉末状态,加入水中后则为悬浮胶体,固液分离困难,严重限制了其在大规模水处理中应用。利用黏联剂将无定形氢氧化铁制备成颗粒状吸附剂是目前比较成熟的颗粒化方法。颗粒状铁氧化物既有高透水性,又保留无定形氢氧化铁优异的吸附性能,可作为吸附填料应用于吸附固定床反应器中。因此,市场上出现了各种商品化的除砷吸附剂。例如,颗粒水合氧化铁是一种高效除砷吸附剂,最先由德国 Driehaus 等（1998）研制开发,并于 1997 年实现商品化,之后加拿大、美国等也开发了类似的产品。目前商品化的除砷吸附剂有 GFH®、Bayoxide® E33、G2®、GFO®等。颗粒水合氧化铁具有很高的比表面积和孔隙率,从而表现出很高的除砷吸附容量。例如,GFH®对 As(V)吸附能力很强,出水砷浓度为 10 μg/L 时,床体积倍数（BV）值可高达 50000 倍（Driehaus et al.,1998）。Badruzzaman 等（2004）研究证实,GFH®比表面积高（235 m^2/g）、具有多孔结构（孔容 0.0394 mL/g）,适合吸附 As(V)。Banerjee 等（2008）进一步论证 GFH®吸附 As(V)和 As(Ⅲ)是吸热自发过程,较高温度、较长平衡时间和较低 pH 等有利于砷的去除,但对 As(Ⅲ)吸附容量仅为 As(V)的一半左右。德国 Severn Trent Services 公司开发的 Bayoxide® E33,年生产能力为 30 万吨,提供的除砷服务也是全球规模最大的。G2®（ADI）、Bayoxide® E33（Severn Trent 与 AdEdge）、GFH®（USFilter）是市场上最重要的 3 种铁基颗粒除砷吸附剂,都经过实验室小试和现场中试评估,且符合美国国家卫生基金会（NSF）颁布的涉及饮用水材料的 61 项评价标准。上述吸附剂在总物质成分、Fe 价态、氧化物晶型、比表面积以及其他物化性质上存在明显差别,这也影响其除砷吸附容量和吸附速率（Rubel, 2003）。表 3-3 列出了这几种吸附剂的主要物化指标及使用成本（Wang et al.,2004）,以下对不同几种主要商品化吸附剂进行介绍。

表 3-3 商品化除砷吸附剂的主要物化指标和处理成本对比

参数	G2®	Bayoxide® E33	GFH®
物化性质			
活性组分	Fe 氧化物包埋硅藻土	Fe 氧化物合成材料（90.1% FeOOH）	52%~57% Fe(OH)$_3$ 与 β-FeOOH
物质形态	干燥颗粒	干燥颗粒滤料	湿状颗粒滤料
颜色	深棕色	琥珀色	深棕色

续表

参数	G2®	Bayoxide® E33	GFH®
堆密度/(g/cm³)	0.75	0.45	1.22~1.29
BET 比表面积/(m²/g)	27	142	127
粒径分布	0.32 mm	10 目	0.32~2 mm
零电点	N/A	8.3	7.6
操作 pH 范围	5.5~7.5	6.0~8.0	5.5~9.0
EBCT/min	10	5	5
可否再生	是	否	否
处理成本			
供应厂商	ADI	Severn Trent	AdEdge	USFilter
价格/($/ft³)①	35	150	245	238

1）G2®滤料。G2®滤料是美国 ADI 公司开发的 Fe 氧化物除砷滤料。以硅藻土为载体，主要活性成分为铁氢氧化物。G2®滤料对水中 As(V)去除效果良好，最佳 pH 范围为 5.5~7.5；当体系 pH 高于 7.5 时，除砷性能明显下降。含砷地下水 pH 一般高于 7.5，加酸降低原水 pH 等预处理有助于延长滤料再生周期。

2）Bayoxide® E33 滤料。Bayoxide® E33 滤料是德国 Bayer AG 公司开发的饮用水除砷吸附剂，是一种颗粒状铁氧化物材料。Severn Trent Services 公司将这种滤料（商标为 Sorb-33）引入美国市场，并提供相应除砷设备（APVs），设备处理能力从 150~300 加仑/分（gpm）②不等。AdEdge 公司将该滤料加上 AD-33 的商标，与配套除砷系统投入市场，处理能力范围为 5~150 gpm。Bayoxide® E33 滤料除可吸附砷外，还可吸附锑（Sb）、镉（Cd）、硒（Se）、钒（V）等金属离子或含氧酸盐。Bayoxide® E33 滤料适用 pH 范围为 6.0~8.0，当 pH 大于 8.5 时，可增加 pH 调节预处理以保持滤料吸附能力；硅酸根和磷酸根是影响除砷的主要阴离子，硅酸根在 40 mg/L 时表现出明显的抑制效果，而磷酸根在低至 1 mg/L 时就显著降低了砷的吸附；增设预氧化单元可提高除砷效果；原水中 Fe 浓度低于 0.3 mg/L 时，无须增设除铁预处理单元。

3）GFH®滤料。GFH®滤料是由德国 GEH Wasserchemic Gmbmh 公司开发的一种颗粒状铁氢氧化物。美国 USFilter 公司购得其专利后，加工生产该滤料并投放市场。GFH®滤料可同时去除水中 As(III)和 As(V)，适用 pH 范围为 5.5~9.0，但在 pH 接近 9 时除砷效果显著下降；原水 pH 为 6.9~7.9 时，可不进行调节 pH 预处理；硅酸根、磷酸根会通过竞争吸附作用降低除砷效果。

---

① 1ft = 3.048×10⁻¹ m。

② gpm 非法定单位，gpm = 4.546 09 L/min。

总的说来，上述商品化吸附剂适用于小型除砷系统，具有操作简单、维护方便、成本较低、产生的固体废物较少等优点。但是，成本过高仍是限值其在用于发展中国家和欠发达地区使用的主要因素。例如，USFilter 销售的 GFH® 为 3.5 美元/磅或 72 磅/立方英尺，约合人民币 62000 元/t 或 72000 元/m³，难以在我国农村饮用水除砷工程中推广应用（图 3-19）。

除了上述商品化除砷吸附剂，合成水铁矿（$Fe_5HO_8 \cdot 4H_2O$）也是常用铁基吸附剂。Raven 等（1998）发现，当砷浓度较高时，As(III)在合成水铁矿表面的吸附速率较 As(V)快，而在低 pH、低砷浓度下，As(III)吸附速率比 As(V)慢；合成水铁矿对 As(III) 和 As(V)的最大吸附容量分别为 0.6 mol As/mol Fe 和 0.25 mol As/mol Fe。关于砷在铁氧化物表面的吸附机理研究和解释，绝大多数研究都以人工合成的、纯度较高的针铁矿 α-FeOOH 为对象。这主要是由于天然铁矿石成分复杂、表面吸附位密度较低、吸附容量低，而商品化吸附剂颗粒大，这些均不利于吸附机理的研究。Mastis 等（1999）采用 X 射线衍射仪（XRD）研究发现，α-FeOOH 的前驱液经水解沉淀、干燥后为无定形结构，经 110℃陈化后出现针铁矿特征峰，吸附 As(V)后晶形未发生变化。Fendorf 等（1997）研究认为，As(V)在针铁矿表面主要生成双齿双核的表面络合物（图 3-20）。Zhang（2007）和 Jain（1999）等分别研究了表面羟基在针铁矿和水铁矿吸附砷过程中的作用，均认为 As(III)和 As(V)首先与铁氧化物表面羟基发生置换反应，之后再生成表面络合物 Fe—O—As。除了上述铁（氢）氧化物吸附剂外，还有研究者采用非均相成核技术，以水处理过程产生的废弃铁泥为原料，成功制备以 γ-Fe_2O_3 为磁芯、FeOOH 为壳的磁性壳-核结构纳米颗粒 c-MNPs，该材料对 As(V)最大吸附容量为 26.05 mg/g，约为单独 γ-Fe_2O_3 的 2 倍；当 pH 为 4～8、初始 As(V)浓度为 400 μg/L 时，投加 0.2 g/L c-MNPs 可将砷去除至 10 μg/L 以下（Zeng et al.，2021）。

图 3-19　除砷设备现场（美国，宾夕法尼亚州）　　图 3-20　Bayoxide® E33 吸附剂实物图

3.3.1.4 锰氧化物

锰也是地壳中丰度较高的元素,天然锰砂广泛应用于地下水除铁除锰工程中,但天然锰砂氧化As(III)和吸附As(V)的能力均有限。水钠锰矿主要成分为MnO_2,对As(III)具有较强的氧化和吸附作用,能够先将As(III)氧化为As(V),再通过吸附和络合作用去除As(V)。但是,水钠锰矿表面容易形成低价态Mn(II/III)沉淀,阻碍As(III)氧化;焦磷酸盐作为Mn(III)螯合剂,可使Mn(II/III)形成可溶性的络合物,抑制锰氧化物表面钝化,促进As(III)向As(V)的氧化和转化(Ying et al., 2020)。人工合成的水钠锰矿(MnO_x),可代表多种含锰氧化物。图3-21显示了MnO_2表面原子的排列结构,该图展示的是一种被广泛认可的Mn氧化物结构模型。需要注意的是,MnO_2中各原子并不是完全按规则排列。在不考虑水解程度的前提下,Mn氧化物应采用MnO_x表示,其中x的数值范围为1.1~1.95,具体值与Mn氧化物的反应制备条件有关(Posselt et al., 1968)。但是,人们往往习惯于用MnO_2表示锰氧化物。

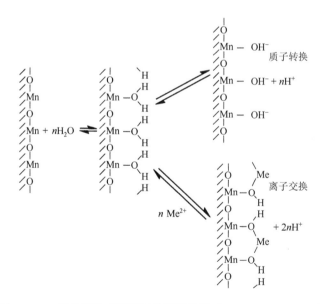

图3-21 二氧化锰的表面原子排列示意图(Posselt et al., 1968)

MnO_2不仅具有氧化As(III)性能,还可以吸附As(V)。最早关于MnO_2作为氧化剂氧化As(III)的研究文献于1981年发表在 *Nature* 上(Oscarson et al., 1981),该研究发现MnO_2可以有效地氧化溶液中的As(III)。此后,很多学者开展了MnO_2

氧化 As(III)的研究，主要集中在反应动力学、水相中砷价态的确定以及二价锰溶出（Oscarson et al.，1983；Moore et al.，1990；Wolfgang et al.，1994；Nesbitt et al.，1998；Manning et al.，2002；Tournassat et al.，2002）。有研究报道（Manning et al.，2002），人工合成 MnO_2 去除 As(III)时，As(III)首先被氧化为 As(V)，之后 As(V)再吸附在 MnO_2 表面。MnO_2 氧化 As(III)后，表面会生成更多吸附 As(V)的活性位点，因此 MnO_2 对 As(III)表现出更高的吸附容量。将 MnO_2 氧化物引入除砷工艺可促进 As(III)向 As(V)的转化，从而提高除砷效果。MnO_2 的 pH_{PZC} 一般在 2.8～4.5 之间，而含砷地下水 pH 值一般为弱碱性，此时水中 MnO_2 表面荷负电，从而对负电性 As(V)去除效果有限。研究显示，当 MnO_2 和 As(III)的初始摩尔浓度比为 14∶1 时，As(III)氧化效率最高（Driehaus et al.，1995）。溶液 pH 值在 5～8.2 范围内，MnO_2 对 As(III)的氧化效果差别不大；当反应温度由 15℃升高至 35℃时，As(III)去除率有所提高，同时伴随 As(V)的解吸（Scott and Morgan，1995）。水中 Fe(II)或腐殖酸等还原性组分会抑制 MnO_2 对 As(III)的氧化效果，加速 MnO_2 的还原消耗和 Mn(II)溶出，同时导致水中浊度升高（Driehaus et al.，1995）。MnO_2 本身对 As(V)的吸附效果并不理想（McNeill and Edwards，1994），但 MnO_2 可将 Fe(II)氧化为 Fe(III)，而 Fe(III)水解产生的氢氧化铁可有效吸附 As(V)（Ficek，1996）。根据这一机制，当原水 As(III)浓度为 200 μg/L 时，随着 Fe(II)/As(III)摩尔比由 1∶1 增加到 20∶1 时，MnO_2 对 As 的去除率可从 41%提高至 83%（Subramanian et al.，1997）。MnO_2 和 As(III)反应后释放的 Mn(II)可被吸附到 MnO_2 表面，这使得 MnO_2 表面带正电荷，有利于 As(V)吸附（Bajpai and Chaudhuri，1999）。这也是 MnO_2 吸附 As(V)的效果要低于其对 As(III)或 As(III)+As(V)吸附效果的原因之一。也有研究发现，水合氧化锰（MnO）在 pH 值为 6 或 8 时可有效吸附 As(V)，但对 As(III)吸附容量很低（Manning et al.，2002）；水合氧化锰即便在高投量下也难以完全去除水中 As(V)，推测去除 As(V)主要机制为吸附而非共沉淀。

关于 MnO_2 氧化 As(III)的机理，一般认为二者之间的氧化还原反应可用式（3-24）表达。实际上，MnO_2 并非经过一步反应直接被还原成二价锰的，而是经过两步反应，即先从 Mn(IV)还原至 Mn(III)，然后再还原至 Mn(II)（Moore et al.，1990；Nesbitt et al.，1998）。这两步反应可以分别用式（3-25）和式（3-26）表示。

$$MnO_2 + H_3AsO_3 + 2H^+ \Longrightarrow Mn^{2+} + H_3AsO_4 + H_2O \qquad (3\text{-}24)$$

$$2MnO_2 + H_3AsO_3 + H_2O \Longrightarrow 2MnOOH^* + H_3AsO_4 \qquad (3\text{-}25)$$

$$2MnOOH^* + H_3AsO_3 + 4H^+ \Longrightarrow 2Mn^{2+} + H_3AsO_4 + 3H_2O \qquad (3\text{-}26)$$

Nesbitt 等对 MnO_2 氧化 As(III)的反应机理进行了深入研究，认为 As(III)在 MnO_2 表面是通过经典的电子转移机制或者取代反应机制进行氧化还原反应的，

这深化了我们对 MnO_2 氧化 As(III) 整个过程的认识。

As(III)氧化电子转移机制如图 3-22 所示。首先，As(III)吸附到 MnO_2 表面，通过氧桥键，与 Mn(IV)离子形成双齿、内层表面配合物。给每个相连的 Mn(IV)离子转移一个电子，As(III)就被氧化成五价砷，同时产生了两个表面 Mn(III)离子（图 3-22B）。As(V)从 MnO_2 固体表面脱附使得 Mn(III)离子暴露出来，随后另一个亚砷酸分子吸附到两个 Mn(III)离子上形成了第二个双齿表面配合物（图 3-22D），给每个 Mn(III)离子转移一个电子，As(III)就被氧化成 As(V)，同时 Mn(III)被还原成 Mn(II)。As(V)和二价锰离子均可脱附进入溶液（图 3-22E）。

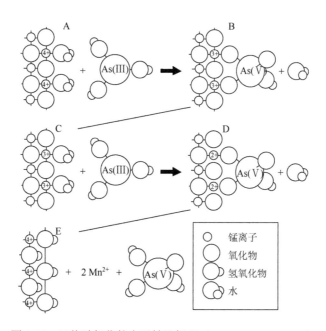

图 3-22 三价砷氧化的电子转移机理（Nesbitt et al.，1998）

As(III)氧化的亲电取代反应机制见图 3-23。As(III)分子作为亲核试剂进攻连接两个 Mn(IV)离子的氧（图 3-23A），两个电子通过氧从 As(III)转移给与氧相连的两个 Mn(IV)离子。电荷转移之后，两个 Mn—O 键断裂，As(III)与一个氧形成 As(V)，形成的 As(V)随后从固体表面脱附（图 3-23B）。上述过程重复进行，包括产生的 Mn(III)还原成 Mn(II)及附近的 Mn(IV)还原成 Mn(III)。被氧化的砷以砷酸的形式从表面脱附（图 3-23D），并且 Mn(II)最终脱附形成溶解态 Mn^{2+}（图 3-23E）。这两个机理均可很好地解释了 As(III)在 MnO_2 表面发生的氧化还原过程。

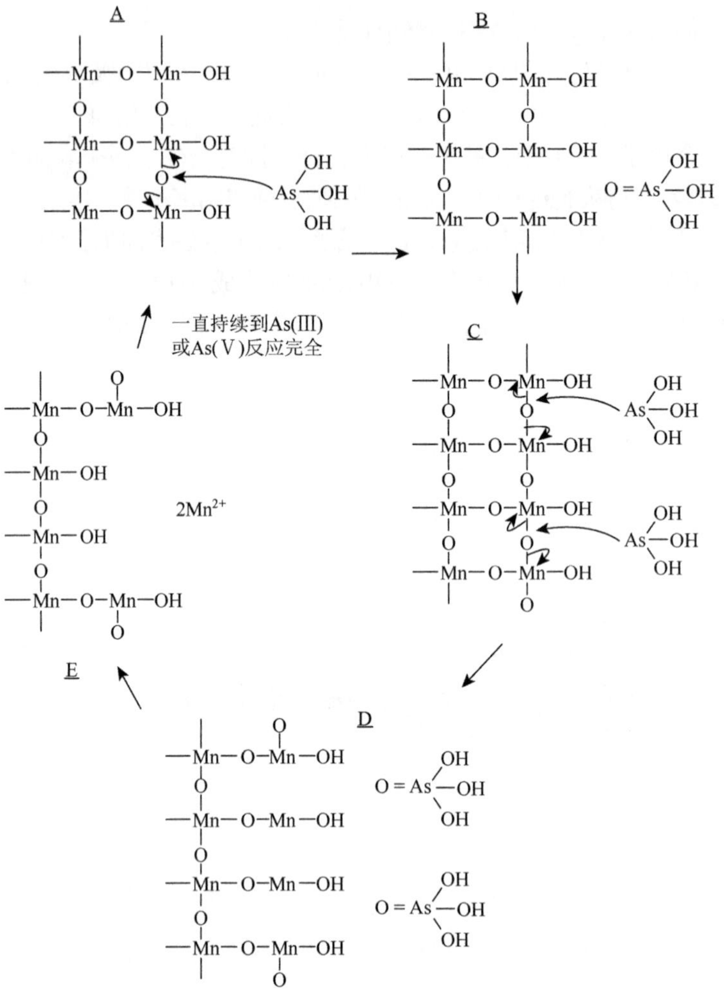

图 3-23　As(III)氧化的亲电取代反应机制（Nesbitt et al.，1998）

3.3.1.5　复合金属氧化物

单一金属氧化物具有不同性质和功能，将不同金属氧化物进行复合，有可能显著提高材料吸附除砷容量、改善材料机械强度或提高分离性能。复合金属氧化物提高除砷效果的基本路径可能包括：①不同氧化物之间功能的协同，从而获得更高吸附容量；②不同组分复合而提高分散性，增大比表面积，提供更多吸附位点；③具有吸附功能的组分与磁性组分复合，赋予材料磁分离功能等。

复合金属氧化物可通过共沉淀、氧化还原、掺杂、交联等手段得以实现。例如，Zeng（2003）将 SiO_2 溶胶掺杂在水合氧化铁中，SiO_2 与氧化铁以 Fe—O—Si

络合键的形式结合，有效增强吸附剂机械强度，但除砷吸附容量有一定程度下降；在吸附容量、机械强度最优的约束条件下，最佳 Si/Fe 摩尔比为 0.33。Zhang 等（2005）采用共沉淀法将稀土元素铈掺杂在铁氧化物中，优化配比后获得的铁铈复合氧化物对 As(V)的最大吸附容量约为 100 mg/g；As(V)与材料表面羟基发生配位交换生成单齿络合物。针对大多数铁氧化物对 As(III)吸附容量较低的问题，Ghosh 等（2006）制备了铁锡复合氧化物，其对 As(III)和 As(V)的吸附容量分别为 43.86 mg/g 和 27.55 mg/g；在 pH 值 3.0~9.0 范围内，铁锡复合氧化物对 As(III)去除率基本不变，As(V)去除率则随 pH 值升高而快速下降。研究发现，某些含有高价铁、锰氧化物的土壤中，As(III)可被氧化并固着在土壤的铁核或锰核表面。以此为基础，有研究者利用含铁氧化物、锰氧化物的土壤制备铁锰土壳材料，实现 As(III)自然氧化和 As(V)吸附的目的（Chen et al.，2006）。Fe-Mn 结核（Fe-Mn nodule）也可催化空气、氧气对 As(III)的氧化和 As(III, V) 的吸附；在 N_2、空气和 O_2 体系中，初始 As(III)浓度为 10 mg/L、Fe-Mn 结核投量为 1.0 g/L 条件下，As(III)最大氧化能力为 3.22 mg/g、3.48 mg/g 和 3.71 mg/g，对应 As(III, V) 吸附量为 2.49 mg/g、2.40 mg/g 和 2.39 mg/g（Rady et al.，2020）。将锰氧化物与氢氧化铁胶体混合可得到 $Mn_{0.13}Fe_{0.87}OOH$ 吸附剂，研究显示，$Mn_{0.13}Fe_{0.87}OOH$ 对 As(III)和 As(V)的最大吸附容量分别为 4.58 mg/g 和 5.72 mg/g（Lakshmipathiraj et al.，2006）。

此外，也有研究者以某些组分与 As(III)的氧化反应为基础设计复合氧化物材料，从而获得更高的除砷性能。例如，铁酸锰（$MnFe_2O_4$）对 As(III)和 As(V)均具有吸附作用，吸附容量分别为 9.49 mg/g 和 9.14 mg/g；当体系存在亚硫酸盐时，$MnFe_2O_4$ 对 As(III)的吸附能力显著提高至 26.26 mg/g。进一步研究显示，亚硫酸盐不仅可作为络合物配体，还可产生硫酸盐自由基加速中间产物 Mn(III)生成，促进其与 As(III)的氧化还原反应（Ding et al.，2021）。

3.3.1.6 负载型金属氧化物

采用共沉淀等方法制备而得的材料一般为粉末，投加在水中进行除砷需要固液分离单元才能最终完成水的净化，这导致处理工艺复杂、运行操作困难，因此实现吸附剂颗粒化是开发真正可工程化应用除砷吸附剂的重要内容。理想吸附剂颗粒应具有均一适度粒径、较高孔隙率和机械强度，且颗粒化后吸附容量不会显著降低。常用的造粒技术有流化床法、喷雾干燥法、挤出滚圆法、黏结造粒法等。另一方面，吸附活性组分通常成本较高，如果直接将活性组分进行颗粒化，吸附剂颗粒内部的活性组分往往利用率较低，这将显著增加处理成本。将金属氧化物活性组分负载在多孔载体表面实现造粒，可能是降低成本的有效途径。综合而言，制备负载型吸附剂的主要目的在于实现活性组分的颗粒化、降低材料成本、提高金属氧化物分散性能、提高材料机械强度等，将单一或复合金属氧化物负载在多孔载体表面，获得负载型金属氧化物除砷材料，也成为除砷材料设计开发的热点。

事实上，地下水除铁除锰工艺接触过滤单元，在长期运行过程中 Fe(II)和 Mn(II)被氧化后形成的 Fe(III)氧化物与 MnO_2 会逐渐附着在介质滤料表面形成天然熟砂。天然熟砂对铁、锰、砷等有较好去除效果，但铁、锰氧化物负载量较低，需要频繁再生才能保证处理效果。这启发研究者思考如何通过人工强化的方式提高铁、锰氧化物负载量，形成可工程化应用的除砷材料。有人研究了滤料表面负载 Fe 氧化物、Mn 氧化物和 Al 氧化物等（Vaishya and Gupta，2003），所获得的滤料不仅可以除砷，同时对水中金属氧化物颗粒也具有良好截留去除效果（Katsoyiannis and Zouboulis，2002）。还有研究者把具有优异除砷性能的铁氧化物负载在石英砂、河沙、硅藻土等廉价载体表面制成铁氧化物负载吸附剂。研究表明，铁氧化物负载的石英砂（IOCS）可有效去除 As(III)和 As(V)，装填在简单容器中可形成吸附固定床反应器；当初始砷浓度为 1000 μg/L 时，可处理 160~190 BV 的 As(III)原水和 150~165 BV 的 As(V)原水；用 0.2 mol/L 的 NaOH 溶液即可方便地再生吸附剂，非常适合单户式含砷地下水处理（Joshi and Chaudhuri，1996）。Benjamin 等（1998）采用静态实验研究了 IOCS 除砷性能，发现 pH 从 5.5 升高至 8.5，As(V)去除率会降低 30%左右；反应 24 h，IOCS 对 As(III)和 As(V)的去除率分别为 50%和 60%；进一步采用连续流小试实验评估 IOCS 吸附床去除 Washington 湖含砷水，出水砷浓度低于 0.005 mg/L 条件下反应器可运行 2000 h，且延长 EBCT 有助于提高 As(III)和 As(V)去除效果，As(III)和 As(V)的吸附容量可达 0.175~0.20 mg/g。也有研究者采用动态模拟柱实验方法评估了 IOCS 除砷性能，发现对于 As(III)初始浓度为 0.4 mg/L、pH 为 7.5 的原水，当滤速为 4 mL/min 时，As(III)最大去除率可达 94%（Gupta et al.，2005）。在已有的研究工作中，人们在不同铁盐种类与浓度、干燥温度、负载液 pH、干燥时间等条件下制备了 IOCS（表 3-4），发现负载工艺对 IOCS 除砷性能有重要影响。IOCS 可直接装填在固定床反应器用于除砷，在砷污染非常严重的孟加拉国，IOCS 已被用于单户式除砷过滤净水系统（Ali et al.，2001）。

表 3-4 除砷载铁砂的 Fe 氧化物负载方法比较

编号	负载方法				参考文献
	Fe(III)溶液浓度/(mol/L)	溶液 pH	干燥温度/℃	干燥时间/h	
1	2	11.0	110	14	(Joshi and Chaudhuri, 1996)
2	2.47	N.A.	110	14	(Bailey et al., 1992)
3	N.A.	N.A.	100-120	20	(Edwards and Benjamin, 1989)

续表

编号	负载方法				参考文献
	Fe(III)溶液浓度/(mol/L)	溶液 pH	干燥温度/℃	干燥时间/h	
4	2.5	N.A.	110 和 550	3 和 3	(Benjamin et al., 1996)
5	0.4	N.A.	110	20	(Yuan et al., 2002)
6	2.5	N.A.	110、550 和 110	4、3 和 20	(Thirunavukkarasu et al., 2003)
7	0.7	N.A.	100	N.A.	(Vaishya and Gupta, 2003)
8	N.A	N.A.	105	24	(Vaishya and Gupta, 2004)
9	N.A	11	110	14	(Gupta et al., 2005)
10	10	2	110	20	(Ramakrishna et al., 2006)

IOCS 除砷性能与表面负载的铁氧化物晶型、负载量有密切关系，而铁氧化物性质主要由 IOCS 制备过程的物化条件决定（Bennett，1992；Cornell and Schwertmann，1983）。Lo 等（1997）研究发现，提高干燥温度有助于提高铁氧化物负载的稳定性，当温度较低时（60℃），铁氧化物负载层主要为无定形结构；当温度高于 300℃时，铁氧化物的晶型则转变为针铁矿和赤铁矿。Lo 与 Chen 等（1997）发现，干燥温度在 105～200℃范围内变化时，石英砂表面铁负载量差异不大。但也有研究报道，干燥温度由 110℃升高到 120℃后，石英砂表面针铁矿负载量有所增加（Scheidegger et al.，1993）。Zeng（2003）研究认为，铁氧化物由无定形结构向结晶结构的转化是缓慢的过程，需在碱性条件下陈化数天。Lo 和 Chen 等（1997）研究指出，pH 为 0.5 的酸性条件下制备而得的 IOCS 的除砷性能要明显优于 pH 为 11 的碱性条件，而铁盐浓度对铁氧化物负载量影响不大。硅藻土具有发达孔结构，也可作为载体负载水合铁氧化物，从而获得对 As(III)和 As(V)均具有较高吸附容量的除砷吸附剂（Pan et al.，2010）。除此之外，铁氧化物还可以负载在聚合材料（Katsoyiannis and Zouboulis，2002）、水泥残渣（Kundu and Gupta，2005，2007）、陶粒（Dong et al.，2009）、炉渣（Zhang and Itoh，2005）等材料表面获得除砷吸附剂。

采用价廉易得的载体可有效控制吸附剂成本，但总体而言负载量较小，吸附容量较低，采用其他价格略高的多孔载体可在一定程度上提高负载量和吸附容量。例如，Munoz 等（2002）将铁氧化物负载在海绵上，发现吸附 As(V)和 As(III)的最佳 pH 分别为 4.5 和 9.0，对应的最大吸附容量则分别为 1.83 mmol/g 和 0.24 mmol/g。Singh 等（2006）将氢氧化铁负载在活性氧化铝载体表面后除砷性能明显提高，这一方面是由于氢氧化铁负载层吸附能力更强，另一方面则归因于负载铁氧化物后活性氧化铝的孔容明显提高。Maeda 等将氢氧化铁负载在珊瑚表面制得除砷吸附剂，珊瑚本身具有缓冲作用，从而在 pH 3～10 的广谱范围内表现出可同时去除 As(Ⅲ)和 As(Ⅴ)的效果（Maeda and Ohki，1992）。此外，也有研究者以大孔强酸型阳离子交换树脂为载体，将纳米水合铁氧化物负载在树脂表面，该材料同时具有铁氧化物的优良吸附性能和树脂的良好机械强度、化学稳定性，具有较好的应用前景（Matthew et al.，2003）。有研究采用模拟柱实验评估了铁氧化物负载的树脂吸附剂除砷性能，发现 EBCT 越长，除砷效率越高，颗粒内扩散速率是除砷吸附速率的关键；磷酸盐、硅酸盐对除砷表现出明显抑制作用，其中硅酸盐抑制作用更强（Zeng et al.，2008）。

随着材料科学的发展，近年来针对负载型除砷吸附剂的研究更多地关注于负载活性组分、载体等方面的创新。例如，有研究将氧化铁与壳聚糖、氧化石墨烯结合获得壳聚糖-磁性-氧化石墨烯复合物（CMGO），其比表面积为 152.38 m^2/g，饱和磁化量为 49.30 emu/g；在 pH 为 7.3 时，As(Ⅲ)的最大吸附容量为 45 mg/g；CMGO 的超顺磁特性易于后续分离回收（Sherlala et al.，2019）。有研究者对比了氧化石墨烯负载磁铁（GM）、氧化石墨烯负载纳米零价铁（GNZVI）2 种纳米复合材料去除 As(Ⅲ)和 As(Ⅴ)性能，发现 GM 在 pH 为 3 时对 As(Ⅴ)去除率在 90%以上，静电作用是决定 As(Ⅴ)去除的主要因素；在 pH 为 9 时对 As(Ⅲ)的最大去除率为 80%，As(Ⅲ)在吸附剂表面主要发生配体交换和表面络合作用。作为对比，GNZVI 的除砷性能更好，在 pH 3～9 的广谱范围内，GNZVI 对 As(Ⅲ)和 As(Ⅴ)的去除率均在 90%以上，表面络合在除砷过程中发挥主导作用（Das and Bezbaruah，2021）。将蒙脱石表面负载纳米零价铁的材料 NZVI-Mt 对 As(Ⅴ)的最大吸附容量为 54.75 mg/g，高于单独蒙脱石、NZVI 对 As(Ⅴ)的吸附效果（Suazo-Hernandez et al.，2021）。高分子基 Fe(Ⅲ)氧化物（HFO@PS-Cl）可有效去除水中 As(Ⅲ)，其中含有活性氯的聚合物主体（PS-Cl）具有氧化作用，可将 As(Ⅲ)氧化为 As(Ⅴ)后通过氧化铁吸附去除，出水砷浓度小于 10 μg/L；模拟含砷地下水的动态吸附柱结果表明，在出水达标前提下，BV 值可在 3200 倍以上（Fang et al.，2021）。

与铁氧化物类似，锰氧化物也可负载在滤料表面以提高除砷性能。含锰绿砂是一种类似沸石的海绿石矿物，可通过人工强化的方式在锰矿石表面负载活性水合 MnO_2 或其他高价锰氧化物而得（Viraraghavan et al.，1999）。MnO_2 还可以负载到石英砂滤料上制得载锰砂用于除砷（Hanson et al.，2000；Nguyen et al.，2006），该材料对 As(Ⅲ)有良好的氧化能力，还可以有效去除水中 As(Ⅴ)。载锰砂可通过如下两种方法进行制备：一种为氧化法（Maliyekkal et al.，2006），即先用 Mn(Ⅱ)溶液浸泡载体，再加入氧化剂将吸附在载体表面的 Mn(Ⅱ)氧化以生成 MnO_2；另一种为还原法（Han et al.，2006），即先用 $KMnO_4$ 溶液浸泡载体，再加入还原剂

还原载体上的 MnO_4^- 生成 MnO_2。载锰砂对 As(III)的氧化能力会随着 MnO_2 的逐渐消耗而降低,需对其进行再生处理。再生方式可分为连续再生和间歇再生。连续再生时,在运行过程中往原水中连续加入适量 $KMnO_4$;间歇再生时,需将滤床中的水放空,之后用 $KMnO_4$ 溶液浸泡滤料(Ficek,1996)。除负载在常规石英砂滤料外,Mn 氧化物还可以负载在活性氧化铝(Maliyekkal et al.,2006)、沸石(Han et al.,2006)、蒙脱土(Boonfueng et al.,2006)、黏土(Boonfueng et al.,2005)等材料表面,形成负载型除砷吸附材料。

3.3.1.7 炭系吸附剂

颗粒活性炭(GAC)广泛应用于饮用水深度处理,其主要功能是吸附去除水中微量有机污染物、致嗅物质等,同时作为微生物生长的载体形成生物活性炭(BAC)。GAC 吸附砷的有效成分是金属氧化物等矿物灰分,其种类、含量等因活性炭原料、制备工艺等不同而存在明显差异,从而在砷吸附容量上也存在区别。例如,相对于椰壳炭,含有更高灰分的泥质炭和煤质炭对砷的吸附容量更高。影响 GAC 除砷效果的因素有 pH、GAC 类型、原料等,吸附 As(V)的最佳 pH 范围为 5~7(Gupta and Chen,1978),但总体而言 GAC 对砷的吸附容量并不高,在除砷方面应用受限。有研究者提出对 GAC 进行表面改性以提高吸附容量,例如负载铁氧化物可使吸附容量大幅提高(Sarkar et al.,2005)。有研究者将稻壳生物炭(BC)与 MnO_2 相结合获得 MnO_2@BC,相对于 BC,MnO_2@BC 孔结构得到明显改善,且可提供丰富的 As(III)氧化和吸附活性位点,对模拟地下水的除砷效率达 94.6%,出水砷浓度在 0.01 mg/L 以下。MnO_2@BC 去除 As(III)过程中,As(III)首先被 MnO_2 氧化生成 As(V),之后与 MnO_2 表面羟基络合,同时反应生成的 Mn(II)和 As(V)可在 MnO_2@BC 表面形成沉淀,BC 表面羧基、羟基也可与 As(III)、As(V)生成络合物(Cuong et al.,2021)。此外,活性炭制备方法和形貌对除砷性能也有明显影响。有研究者采用溶剂热法制备了球形、纳米棒形、块状形等纳米结构活性炭,发现纳米棒形活性炭比表面积大、耐酸性强,吸附除砷效果最好;进一步采用浸渍法将氢氧化铁附着在纳米棒活性炭上可显著提高除砷性能,反应 60 min 可将水中砷浓度降低至 0.01 mg/L 以下,去除率达到 80%(Islam et al.,2021)。

骨炭由脱脂骨头在隔绝空气的条件下经脱脂、脱胶、高温灼烧、分拣等多道工序碳化制得,是一种无定形碳,主要成分为碳、磷酸钙和其他无机盐。骨炭在欠发达国家和地区常用于饮用水除氟。有学者研究了 900℃高温热解条件下制备骨炭的吸附除砷性能,发现当 As(III)和 As(V)浓度分别为 0.5 mg/L 和 2.5 mg/L 时,骨炭对砷的吸附符合拟一级动力学模型,孔隙扩散和内部颗粒作用是主导机制。当 As(III)和 As(V)初始浓度升高至 5 mg/L 和 10 mg/L 时,可采用拟二级动力学模型和 Elovich 模型进行描述，砷在骨炭表面主要以氧化砷和金属络合物的形式存在（Alkurdi et al.，2021）。此外，将 MnFe$_2$O$_4$ 磁性纳米颗粒负载在多孔生物炭上获得的材料，可同时去除水中对氨基苯砷酸（p-ASA）和 As(Ⅴ)，最大吸附容量分别为 105 mg/g 和 90 mg/g；静电作用和表面络合是 p-ASA 和 As(Ⅴ)在材料表面吸附的主导机制，而 p-ASA 吸附还包括氢键、π-π 共价键等作用（Wen et al.，2021）。

3.3.1.8　金属有机框架材料（MOFs）吸附剂

MOFs 是由有机配体和金属离子或团簇通过配位键自组装形成的具有分子内孔隙的有机-无机杂化材料，由有机配体配位的金属原子或原子簇可构成一维、二维或三维的结构。MOFs 具有规则孔道结构、丰富的形貌和晶型特征，有望突破传统无机或者有机材料的瓶颈，由此吸引了大量研究者的关注（Chen et al.，2001），目前已报道的 MOFs 材料将近 10 万种。MOFs 的最大优势在于可根据需要，通过配体选择和制备方法优化获得可控的材料形貌、尺寸和孔道结构。MOFs 材料在气体分离与储存、催化、传感器、手性分离、药物传送、环境净化等方面具有广泛应用前景（Bradshaw et al.，2012）。近年来国内外有不少学者研究了 MOFs 除砷性能和机制。例如，有研究者制备了锆金属有机框架（UiO-66），发现其对 As(Ⅲ)和 As(Ⅴ)的吸附容量分别为 205.0 mg/g 和 68.21 mg/g；固定床动态吸附结果表明，当出水砷浓度在 0.01 mg/L 以下时，UiO-66 对 As(Ⅲ)和 As(Ⅴ)的最大吸附能力分别为 2270 BV 和 1775 BV；Zr—O 键在 UiO-66 吸附过程中发挥重要作用，As(Ⅲ)和 As(Ⅴ)在 UiO-66 的六核 Zr 基团上形成双齿单核和双齿双核的络合物（He et al.，2019a）。

类沸石咪唑骨架材料（ZIFs）是一类研究广泛的 MOFs 材料，它具有与无机沸石相似的 TOT 结构。只是其中的氧原子 O 被金属原子取代，而 T(Si, Al) 被有机配体取代。两个配体和金属原子之间也组成 145° 的夹角，形成 11.6 Å 的窗口和 3.4 Å 的孔道（Park et al.，2006；Fairen-Jimenez et al.，2011）。ZIF-8 是由 Zn 原子和 2-甲基咪唑（2-methylimidazole）相互配位形成的一种具有方钠石（SOD）结构的 ZIFs 材料。ZIF-8 结构中 1 个 Zn 原子可以与 4 个咪唑配位，形成 ZnN$_4$ 的分子簇，而 1 个咪唑分子含有两个可供 Zn 配位的氮原子，化学组成为 Zn(C$_4$H$_4$N$_2$)$_2$（Venna et al.，2010）。ZIF-8 具有很好的热稳定性和化学稳定性，还有很好的配体修饰功能，可被应用在气体分离、催化、光电催化、传感、吸附等领域（Wu et al.，2007；Khan et al.，2013；Ortiz et al.，2014；Gucuyener et al.，2010）。

ZIF-8 一般在甲醇或者 DMF 等有机溶剂中制备，制备过程中还需要加入甲酸钠作为脱质子化试剂，或者是在超声、加热加压、微波等条件下进行。针对上述问题，我们成功地建立了无需添加模板剂、咪唑消耗量低的 ZIF-8 晶体制备方法。研究表明，2-甲基咪唑（2-Hmim）分子的脱质子化是影响 ZIF-8 结构的关键因素，成核速率影响 ZIF-8 颗粒尺寸；采用 Zn(OAc)$_2$ 作为 Zn 源制备 ZIF-8，CH$_3$COO$^-$ 能够竞争配位部分的 Zn^{2+}，降低成核速率，从而获得尺寸较大、晶型较好的菱形十二面体 ZIF-8 形貌；Zn(NO$_3$)$_2$、ZnCl$_2$ 和 ZnI$_2$ 作为前驱体时得到的 ZIF-8 形貌较差，尺寸较小；此外，水的比例对 ZIF-8 形貌形成也有很大的影响，最佳的 Zn/Hmim/H$_2$O 为 1/10/310（图 3-24）。

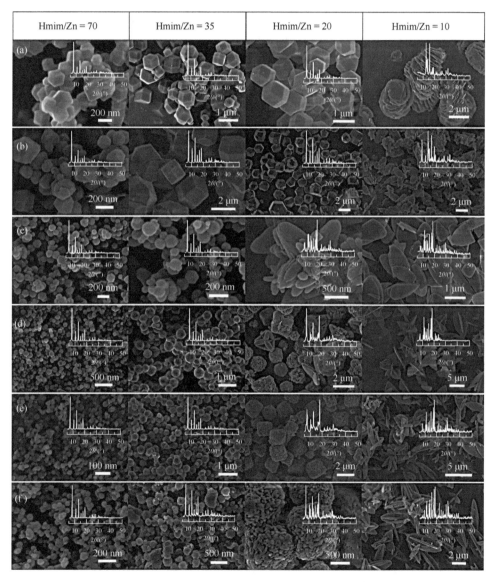

图 3-24　不同比例和 Zn 源条件下合成的 ZIF-8 的 SEM 图像和 PXRD 图像（内嵌）

（a）Zn(OAc)$_2$；（b）ZnSO$_4$；（c）Zn(NO$_3$)$_2$；（d）ZnCl$_2$；（e）ZnBr$_2$；（f）ZnI$_2$

在材料结构表征基础上，我们进一步提出了采用上述方法制备 ZIF-8 的反应过程与机理（图 3-25）。在水相中，影响 ZIF-8 颗粒的形成和形貌主要取决于两个因素：咪唑的脱质子化和自由的 Zn^{2+}。Zn^{2+} 可以与脱质子化的咪唑分子结合生成稳定的 Zn-N 结构。但是在水溶液中，咪唑的 pK_a [Hmim] 为 14.2，大部分的咪唑分子会水解带上一个质子形成 Hmim 或者 H_2mim^+。当 Zn^{2+} 与 Hmim 或者 H_2mim^+ 结合时生成 $Zn(Hmim)^{2+}$ 的中间产物，其 pK_a 值为 10.3。这时，溶液中过量的咪唑分子可以使得 $Zn(Hmim)_2^{2+}$ 脱质子化形成 $Zn(Hmim)_2$ 的基本单元，也就是 ZIF-8 的基本结构。溶液中的成核速率取决于 Zn 和 Hmim 的结合速度，当溶液中 Zn^{2+} 的浓度较高时，结合速度快，能够得到尺寸较小的 ZIF-8 颗粒；反之，则会得到大尺寸的 ZIF-8。

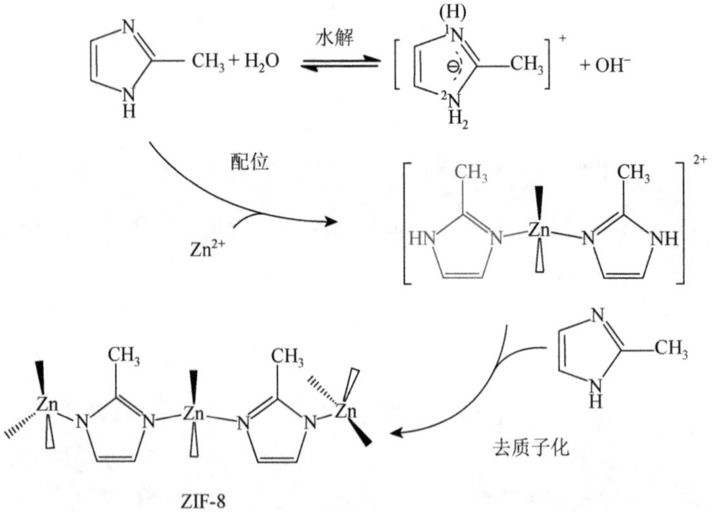

图 3-25 在水相中合成 ZIF-8 的机理推测示意图

进一步通过改变 ZIF-8 制备工艺条件获得了立方体状 ZIF-8（C-ZIF-8）、叶片状 ZIF-8（L-ZIF-8）和十二面体 ZIF-8（D-ZIF-8）3 种不同 ZIF-8 材料，三者比表面积分别为 958.4 m²/g、12.7 m²/g 和 1151.2 m²/g，对 As(Ⅲ) 的最大吸附容量分别为 122.6 mg/g、108.1 mg/g 和 117.5 mg/g，但 As(Ⅲ) 在 ZIF-8 上的吸附行为与三种材料的形貌、比表面积无关。FTIR 和 XPS 数据表明，As(Ⅲ) 在 ZIF-8 上的吸附主要是与 Zn—OH 进行结合的；Zn—OH 可以通过表面未饱和配位的 Z 原子或者断裂的 Zn—N 基团进行补充。此外，D-ZIF-8 对 As(Ⅴ) 也具有很高的吸附容量，可在 5 min 内将 As(Ⅲ) 和 As(Ⅴ) 浓度从 200 ppb 降到 10 ppb 以下，表现出良好的除砷性能。水中常见的阴离子对 ZIF-8 吸附水中砷性能影响大小为磷酸根＞碳酸根＞硫酸根。进一步地，在 FTIR、XPS 等表征结果基础上，我们提出了 ZIF-8 吸附

As(Ⅲ)的可能机理,如图3-26所示。在新制备的吸附剂表面,少量的水分子可通过化学结合在ZIF表面形成少量的Zn—OH基团。当水中存在As(Ⅲ)时,水分子和H_3AsO_3可影响Zn—N稳定性,导致Zn—N键断裂并产生大量Zn—OH。ZIF-8中原有的和新形成的Zn—OH是As(Ⅲ)结合到ZIF-8材料表面的主要位点,As(Ⅲ)结合产生Zn—O—As络合物;吸附过程中,ZIF-8形貌和结构会发生很大变化。

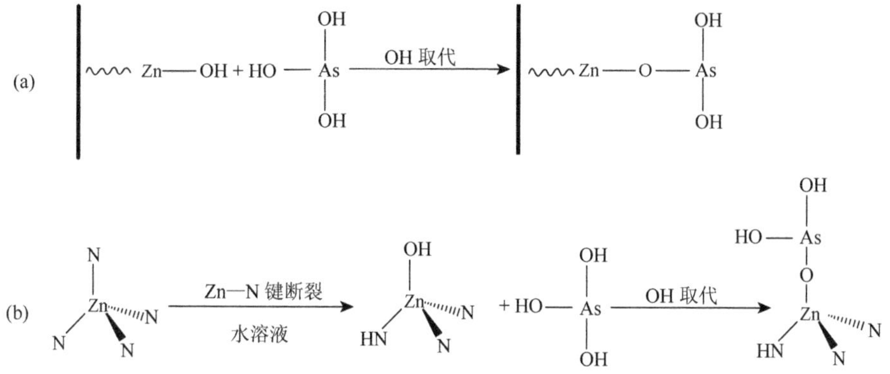

图3-26 ZIF-8材料吸附As(Ⅲ)的机理推导

ZIF-8对As(Ⅴ)也表现出良好的吸附效果。吸附动力学结果表明,初始As(Ⅴ)为20 mg/L、pH为8.5时,反应5 h可达到吸附平衡,平衡吸附量为73.4 mg/g。假一级和假二级动力学方程都可以很好地描述As(Ⅴ)的吸附动力学过程,R^2分别为0.967和0.955。吸附等温线结果显示,As(Ⅴ)在ZIF-8上的最大吸附容量为125.4 mg/g,高于nZVI、Al_2O_3等金属氧化物。Freundlich方程拟合n值为7.10,表明As(Ⅴ)和ZIF-8颗粒具有很好的亲和力。模拟实际含砷地下水评估ZIF-8除砷性能显示,当砷初始浓度为200 μg/L、ZIF-8投量为0.4 g/L时,反应5 min可使As(Ⅲ)和As(Ⅴ)浓度分别降低至4.8 μg/L和0.9 μg/L,表明ZIF-8较适用于低浓度含砷地下水处理,具有潜在应用价值。

3.3.1.9 层状双氢氧化物吸附剂

层状双氢氧化物(LDHs)是一类由两种或两种以上金属元素组成、具有荷正电平面和共享边界的八面体金属氢氧化物,结构由主层板和层间的阴离子及水分子相互交叠构成。LDHs层间和层面边缘有溶剂分子和阴离子作为电荷补偿,具有与阳离子黏土相似的结构,被广泛用作吸附剂、催化剂等。有研究者采用原位生成的ZnFe-As-LDHs吸附水中As(Ⅲ),发现其相对于异位形成的ZnFe-As-LDHs对As(Ⅲ)去除率可提高21.6%;除砷过程中,首先生成无定形砷酸铁,之后逐渐转化为无定形氢氧化铁的前驱物，最终形成 ZnFe-As-LDHs（Wang et al.，2021b）。研究显示，采用聚丙烯酰胺（PAM）和聚乙烯醇（PVA）可调控 Mg-Fe-LDH 的颗粒粒径和凝聚度；相比于 Mg-Fe-LDH，PAM/PVA-Mg-Fe-LDH 对 As(III)和 As(V)的亲和力更强，吸附容量分别由 7.1 mg/g 和 7.9 mg/g 提高至 14.1 mg/g 和 22.8 mg/g；除砷机制主要包括氢键键合、络合以及 SO_4^{2-} 掺入等（Liu and Qu，2021）。

3.3.2 吸附除砷的单元操作

根据粒径尺寸不同，可分为颗粒状和粉末状吸附剂。前者可装填在反应器中形成吸附固定床；后者可投加到水中，在充分水力条件下完成污染物吸附，吸附了污染物的吸附剂最终通过固液分离单元去除。

3.3.2.1 吸附固定床

吸附固定床中，含砷水流经填装吸附剂滤料的滤床，进水方向可为上向流或下向流，过滤方式可为重力过滤或压力过滤。从化学工程角度而言，上述过程属于推流式反应器。反应器运行过程中，含砷水中的砷吸附在吸附剂表面，去除了砷的水流出；随着处理水量的增大和吸附在表面的砷增加，出水砷浓度逐渐升高直至砷超标水平（<10 μg/L），此时对应的吸附容量为砷超标时对应的平衡吸附容量；若不对吸附剂进行再生，出水砷浓度进一步升高，直至和进水砷浓度一致，此时对应的吸附容量为饱和吸附容量（或最大吸附容量）。在确保饮用水达标的条件下，应在出水砷超标时对吸附剂进行再生，吸附剂能发挥作用的容量则对应于平衡吸附容量。由于出水砷平衡浓度极低（10 μg/L），平衡吸附容量一般远低于饱和吸附容量，因此吸附剂表面的绝大多数吸附位点事实上并不能发挥作用。

为更好地评估吸附剂性能，且利用根据柱实验结果指导吸附反应器设计，有研究者提出了床体积倍数（BV）、空床停留时间（EBCT）等吸附固定床反应器的重要设计和运行参数。BV 指的是，当出水砷刚超标、吸附床达到平衡吸附容量时的处理水量与吸附床的体积之比。相同工况条件下，BV 值越高则吸附剂性能越好。对于同一种吸附剂和吸附床反应器尺寸，吸附滤速越低，BV 值越高；若改变 pH 值等水质条件可提高吸附容量，则对应的 BV 值也会升高。此外，不同反应器由于直径、高度、滤料装填高度等的不同，水在反应器中反应接触时间也存在很大区别。EBCT 指的是，水在以吸附剂作为填料的空床体积中的停留接触时间。对于不同吸附剂，在出水达标的前提下，EBCT 越低，相同运行周期内的处理水量越大，吨水处理成本越低（USEPA，1999）。对于同一种吸附剂，EBCT 越高，则可处理的水量越大，达标水的 BV 值越高，吨水成本越低。但对应的吸附剂用量、反应器体积也会更高，投资成本会增大。

出水超标之后应对吸附剂进行再生操作，主要是利用化学再生液浸泡吸附床，将吸附在填料表面的砷用化学脱附的方法脱附出来，吸附床的吸附活性得以恢复。化学再生的基本原理是吸附、解吸之间的动态平衡，绝大多数吸附剂再生都依据不同 pH 值条件下吸附容量的差异，通过酸性或碱性溶液进行再生。以碱液再生为例，在强碱性 pH 值条件下，吸附剂的吸附除砷容量下降，已吸附在表面的砷难以继续吸附而被脱附到再生废液中。再生周期指的是两次再生操作之间的反应器运行时间，与 BV 值正相关。再生周期越长，则运行维护要求越低；反之，再生周期越短，如需频繁再生则操作复杂，会限制用户对技术的接受度。吸附剂可再生次数也是影响吸附剂应用的重要参数。吸附剂经多次再生后，可能因为板结硬化、磨损破碎等物理因素和官能团失活等化学因素而失效，此时需要更换吸附填料。在正常运行和确保出水达标的条件下，吸附剂从最初装填至最终废弃之间的时间可定义为吸附剂更换周期，其可用于计量吸附剂使用寿命。吸附剂更换周期过短，更换过于频繁，不仅会增大系统运行维护难度，而且会提高吨水处理成本。因此，在吸附剂设计时，应提高机械强度，避免表面官能团失活以延长吸附剂更换周期。废弃吸附剂和再生过程产生的废液都有较高的砷含量，需对其合理处理和安全处置（Pontius，2003）。

3.3.2.2 吸附流化床

吸附流化床指的是吸附剂在紊流条件下处于流化状态的反应器，紊流条件可通过水力、气流以及二者的共同作用得以实现。吸附流化床的优点是吸附剂颗粒小、水力条件好，传质效率高、反应效果好；缺点则在于反应器复杂，动力消耗大，且对吸附剂机械强度要求高。从化学工程角度而言，上述过程属于完全混合反应器，稳态运行条件下反应器内任何一点（包括出水口）状态是一致的。同样，由于需要确保出水达标，则事实上所有吸附剂的吸附容量仅仅对应于平衡吸附容量，并非饱和吸附容量；而反应器的设计反应时间与进出水吸附质浓度差成正比。

可能由于反应器、动力消耗等考虑，实际饮用水除砷工程几乎很少应用严格意义上的吸附流化床。比较常见的是混合反应器、吸附反应器的组合，尽管二者均可视作完全混合反应器，但前者紊流状态更充分。吸附剂投加到混合反应器中与水、污染物充分接触和反应，之后进入吸附反应器在较温和水力条件下进一步吸附水中污染物，最终进入固液分离反应器进行固液分离，净化后的水流出，而吸附了污染物的吸附剂则回收做后续处理。在反应器设计时，可根据吸附剂对砷的吸附动力学、吸附等温线等实验结果，结合反应器模拟计算等方法，确定混合和吸附反应器的最佳参数，如水力停留时间、搅拌条件等。同样，吸附了砷的吸附剂也需要进行化学再生，其基本原理与前述相同。二者区别在于，吸附固定床反应器的吸附和再生在同一个反应器中完成，而吸附流化床则需要专门设计吸附剂分离回收和再生的反应器。

3.4　影响饮用水除砷关键因素

饮用水除砷工艺开发初期，往往先在模拟配水体系下进行。但是，实际含砷地下水或受污染地表水源中可能存在共存离子，某些除砷工艺在配水条件下具有良好的砷去除效果，但对实际含砷原水效果欠佳，因而限制了其在实际工程中的应用。明确影响除砷的关键因素，是评估饮用水除砷工艺可行性的前提，同时也有助于优化关键工艺参数，从而获得高效稳定的除砷效果。含砷地下水常见的共存组分一般包括天然有机物（NOM）、阴离子（Cl^-、SO_4^{2-}、CO_3^{2-}/HCO_3^-、磷酸盐、硅酸盐等）和阳离子（Na^+、K^+、Ca^{2+}、Mg^{2+}等）。其中，大量研究显示，Cl^-、SO_4^{2-}、CO_3^{2-}/HCO_3^-、Na^+和K^+等阴阳离子对除砷效果影响不大，故在此不作阐述。

3.4.1　天然有机物的影响

天然有机物（NOM）广泛存在于天然地表和地下水体中，一般包括腐殖酸、富里酸、胡敏素等腐殖质以及某些天然有机小分子化合物。NOM 的影响主要表现在影响砷的吸附或在物理化学或微生物化学过程下的形态转化。NOM 可与砷竞争铁、铝等金属氧化物表面吸附位点，或作为电子供体在微生物作用下还原吸附在铁氧化物表面的砷；此外，NOM 可能与砷形成络合物对砷的迁移转化产生影响，二者络合程度取决于 NOM 来源、组分特性、氧化还原作用、金属阳离子含量等。

研究显示，NOM 中腐殖质可通过氧化还原、固液界面络合等作用阻碍砷在矿物表面形成沉淀（Zhai et al.，2019）。富里酸、腐殖酸和胡敏素等可能作为电子穿梭体促进砷的微生物还原，富里酸溶解度高、分子量小而表现出最强的影响作用，可提高参与砷酸盐还原的偶氮菌、厌氧黏杆菌、假单胞菌等微生物丰度，同时作为电子供体提供微生物可利用的碳源，激发与 As(V)呼吸作用相关的基因和细菌转录（Qiao et al.，2019）。腐殖质可作为电子穿梭体参与水中砷的氧化还原反应（图 3-27），其中醌类化合物是直接参与反应的主要基团（Chen et al.，2017）。在微生物或化学还原作用下生成的半醌自由基、氢醌等能直接发生氧化还原；对比而言，醌类化合物的氧化中间产物并不直接参与砷的氧化还原，而是作为微生物还原的电子受体间接影响砷的形态转化。这也在一定程度上解释了厌氧条件下水中依然可能存在 As(V)的原因。

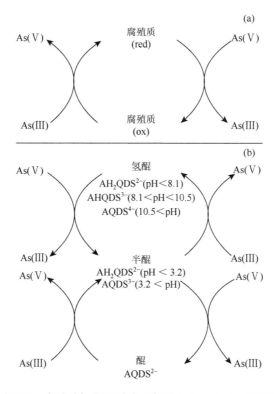

图 3-27 腐殖酸氧化还原砷示意图（Chen et al.，2017）

NOM 可置换吸附在赤铁矿表面的 As(III)和 As(V)进而影响砷的迁移率，As(III)的脱附效果更为明显；此外，As(III)和 As(V)本身也可与 NOM 结合而影响其迁移性（Wu et al.，2019）。As(III)在中性环境下与腐殖酸结合能力最强，pH 值过高或过低都会影响二者结合能力，这主要是由于 H^+ 会竞争腐殖酸官能团的吸附位点，OH^- 会竞争 As(III)的中心位点。As(III)与腐殖酸中醇类官能团结合可形成稳定的醚类物质，As(III)在 pH>9 条件下会形成易与酚类官能团发生配位反应的 $As(OH)_3$，羧基形成带负电的加合物也可通过氢键架桥方式与 As(III)结合。As(V)与腐殖酸在水中均荷负电，彼此由于静电斥力作用而难以结合。当 pH 为中性且 As(III)和磷酸盐含量较低的条件下，溶解性腐殖酸能结合少量 As(V)，二者结合量随腐殖酸浓度升高而增加。As(V)可能主要通过氢键架桥、与某些官能团螯合等作用与砷酸盐中 +5 价的 As 结合。对于河流、湖泊、稻田等地表水体，光照条件下溶解性有机物（DOM）可促进 As(III)光敏氧化为 As(V)，且 DOC、铁离子、Fe-NOM 络合物等含量增加均有助于 As(III)氧化。当水中存在铁离子时，DOM 可通过 Fe 的桥联作用与 As(III)形成络合物，或者在 Fe 与 DOM 胶体表面形成 As(III)-Fe-DOM 络合物，其形成动力学可通过拟一级动力学方程进行描述，而络合物稳定性可利用双位点配体结合模型进行表达（Liu et al., 2011）。此外, 酸性条件下腐殖酸中的羧基和酚基能与 As(Ⅲ)和 As(Ⅴ)发生络合反应生成 As(Ⅲ)/As(Ⅴ)-HA, 而环境中 Fe^{3+} 也可通过配位体交换机制形成 As(Ⅲ)/As(Ⅴ)-HA-Fe 络合物（Wang et al., 2021c）。吸附在铁矿物表面 As(Ⅴ)的还原速率与水合氧化铁还原速率具有相关性, 腐殖酸吸附到铁矿物表面可能导致整体反应速率下降（Hu et al., 2018）。

事实上, 砷与 NOM 的相互作用在很大程度上影响了砷的环境地球化学过程。对我国江汉平原浅层地下水中不同种类溶解性有机物（DOM）与砷的年变化规律的研究发现, 微生物源的蟹足状 DOM 会通过微生物作用影响砷迁移（Yu et al., 2020）。我国山西、内蒙古等地含砷地下水普遍存在一定浓度 DOM, 并对砷在地下含水层中迁移产生显著影响（Guo et al., 2019）, 这类高砷地下水中砷主要为 As(Ⅲ), 而 DOM 主要为微生物源的类腐殖质, 二者之间浓度存在正相关关系（李晓萌, 2019）。砷与 NOM 的相互作用对除砷工艺性能也有显著影响。研究显示, DOM 与 Fe 氧化物、As(Ⅴ)形成 Fe 基桥联或 As-DOM-Fe 三元络合物（Cai et al., 2021; Chen et al., 2016）, 这将显著抑制材料吸附除砷性能。不同 DOM 分子尺寸、官能团特征存在区别, 这将影响其与 As(Ⅴ)、As(Ⅲ)的相互作用, 进而影响砷在针铁矿表面的吸附行为（Deng et al., 2019）。腐殖酸和富里酸会通过争夺活性位点、静电排斥等作用显著影响 As(Ⅴ)在针铁矿表面吸附, 残留 As(Ⅴ)浓度可能增加到原来的 10 倍至 100 倍以上（Weng, 2009）。还有研究表明, 当体系存在腐殖酸时, 纳米零价铁吸附去除水中 As(Ⅲ)和 As(Ⅴ)的性能下降, 这一方面是由于腐殖酸占据零价铁表面大量活性吸附位点, 另一方面则由于腐殖酸促进纳米零价铁团聚、抑制零价铁腐蚀以及减少表面活性位点暴露量。除腐殖酸外, 富里酸也会对砷的吸附和形态转化产生影响。模型模拟研究表明, 相对于腐殖酸, 富里酸空间位置更靠近针铁矿表面, 与 As(Ⅴ)之间的静电作用更强, 对 As(Ⅴ)在针铁矿表面吸附的影响更大（Weng, 2009）。此外, DOM 还可能附着在 Fe、Mn 等金属氧化物表面, 影响吸附剂表面性质和存在形态（Wu et al., 2019）, 进而影响除砷效果。例如, 当体系存在小分子 DOM（<3 kDa）时, 纳米金属氧化物颗粒可能通过电荷补偿吸引效应（patch charge attraction）发生团聚（Li et al., 2020）, 从而显著抑制砷的去除。

3.4.2 磷酸盐的影响

天然含砷地下水中可能存在磷酸盐, 但一般情况下浓度并不高。对于某些使用磷酸二氢钾等磷肥的地区, 磷酸盐可能渗入到地下并在厌氧条件下促进矿物中 As(Ⅲ)溶出释放, 导致地下水砷浓度升高（Lin et al., 2016）。研究发现, 磷酸盐在短时间（6 h）内可在砷黄铁矿表面生成单齿单层络合物，进而促进砷溶出释放；但经较长时间（7 天）后，表面氧化铁和磷酸铁沉淀含量增加，砷可能重新吸附在表面（Wu et al., 2020）。

磷与砷为同族元素，相比于 As(III) 和 As(V)，磷酸盐与铁（氢）氧化物亲和力更强，更容易通过铁盐混凝或铁（氢）氧化物吸附去除。研究发现，磷酸盐在混凝剂投量较小或 pH 较高时，可表现出显著的抑制氯化铁混凝除砷效果（Laky and Licsko, 2011）。磷酸盐会降低铁氧化物吸附 As(V)、As(III) 和硫砷酸盐效果，且对硫砷酸盐吸附的抑制程度最弱（Planer-Friedrich et al., 2018）。在 pH 为 7~9 范围内，磷酸盐会降低零价铁吸附砷的速率，且主要通过竞争零价铁氧化或腐蚀生成铁（氢）氧化物表面的吸附位点而抑制砷的吸附；硅酸盐共存时磷酸盐表现出更强的抑制作用。铁与磷酸盐之比（铁磷比，Fe/P）是决定磷酸盐影响效应的关键参数之一，磷酸盐浓度增加、Fe/P 降低会导致砷吸附位点减少；在相同磷酸盐浓度条件下，提高 Fe/P 比有助于砷的去除。As(V) 与二甲砷酸可在铁（氢）氧化物表面上形成弱键合的单齿外层络合物和强键合的双齿内层络合物；磷酸盐存在时，二甲砷酸与磷酸盐发生配位交换和脱附反应的速率较 As(V) 更快（Tofan-Lazar and Al-Abadleh, 2012）。

除了对除砷表现出抑制外，溶解性磷酸盐还对砷的生物毒性有拮抗作用，可用于降低砷在土壤孔隙水中的毒性（Lamb et al., 2016）。此外，磷酸盐还能影响蓝藻细菌对砷的氧化还原作用，通过蓝藻细菌氧化 As(III)、As(V) 的磷转运吸附、细胞内 As(V) 还原、As(III) 外排等作用，使得 As(III) 占比增加（Zhang et al., 2014）。

3.4.3 硅酸盐的影响

硅酸盐在天然水环境中广泛存在（Davis, 2000；George et al., 2000；Clesceri et al., 1989），地表水中其浓度通常在 1~20 mg/L SiO_2 之间，而地下水中则在 7~45 mg/L SiO_2 之间（Davis, 2000）。硅酸盐负电性强，对金属氧化物（及金属氢氧化物）表面有很强的亲和力，能有效占据固相金属氧化物表面的活性位，从而对天然水体中污染物转化、迁移等地球化学行为产生很大影响（Kundu and Gupta, 2005, 2007；Nikolaos et al., 2003；Sperlich et al., 2005）。例如，Fe(II) 或 Fe(III) 吸附除砷过程中，硅酸盐能与 Fe 形成共享边和角的双齿双核结构 Si-Fe 络合物，Si—O—Fe 键会阻碍 Fe(III) 水解和铁氢氧化物生成，从而降低砷的去除（Davis et al., 2001）。除强酸性 pH 外，硅酸盐可在赤铁矿面生成聚合物阻碍 As(III) 和 As(V) 吸附，聚合过程的平衡时间越长，对砷吸附的影响越大（Christl et al., 2012）。在 Si/Fe = 0.1、pH>9 条件下，硅酸盐通过竞争吸附位点而对 As(III) 和 As(V) 在水铁矿表面的吸附表现出明显抑制；当 Si/Fe 较高时，水铁矿上硅酸的聚合对抑制砷吸附也发挥重要作用（Davis et al., 2001；Meng et al., 2000）。水铝英石是常见的由氧化硅、氧化铝和水组成的非晶质铝硅酸盐矿物，水铝英石吸附 As(V)过程中，As(V)能与表面水分子、羟基和硅酸盐发生配体交换反应生成双齿双核表面络合物，进而吸附在固相界面。在零价铁-砂滤柱动态除砷过程中，硅酸盐与 As(Ⅲ)或 As(V)竞争氧化铁或氢氧化铁表面活性位点，进而导致出水砷浓度升高。

硅酸盐可占据表面吸附位点，除影响吸附除砷效果外，还可能影响混凝剂水解聚集等过程，进而降低混凝除砷效果。我们选择了高锰酸钾预氧化-铁盐混凝除砷工艺（POFCP），较为系统地研究了硅酸盐影响混凝除砷性能和主要机制。图 3-28 对比了硫酸盐、磷酸盐、硅酸盐等阴离子对 POFCP 工艺的除砷效果影响，发现硅酸盐影响最大，磷酸盐次之，而硫酸盐则无明显影响。具体而言，硅酸盐浓度仅为 0.125 mmol/L 时即可导致出水残留砷浓度大幅升高，而 1.0 mmol/L 硫酸盐时出水砷含量未见明显增加。

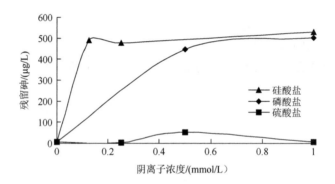

图 3-28　硫酸盐、磷酸盐、硅酸盐对 POFCP 工艺除 As 效果的影响

Fe = 8 mg/L，$KMnO_4$ = 2 mg/L，pH = 7.1

图 3-29 对比了不同 pH 值条件下硅酸盐对除砷效果的影响，发现在相同硅酸盐浓度下，pH 值越高砷去除率越低，表明硅酸盐抑制作用越明显。进一步地，当水中硅酸盐浓度较高时，加酸降低 pH 值可能是减缓硅酸盐负面影响、提高除砷效果的可行途径。此外，图 3-29 还显示，硅酸盐抑制砷去除似乎存在一个临界浓度，当硅酸盐浓度超过临界浓度时，砷去除效果未见进一步下降；pH 值越高，抑制除砷效果的硅酸盐临界浓度越低。

硅酸盐是通过何种作用机制影响砷的去除呢？首先考察了硅酸盐对铁盐水解产生的 $Fe(OH)_3$ 絮体 ζ 电位的影响（图 3-30），发现硅酸盐的存在显著降低了 $Fe(OH)_3$ 表面的 ζ 电位。例如，对于水中无 Ca^{2+} 体系，10 mg/L 硅酸盐（以 Si 计，下同）使得 $Fe(OH)_3$ 表面 ζ 电位由−11.9 mV（pH 8.61）降低至−29.9 mV（pH 8.84）；

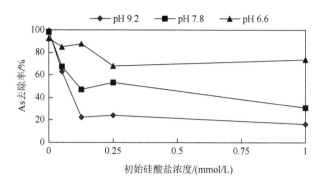

图 3-29　不同 pH 值下硅酸盐对三氯化铁共沉降除 As 效果的影响

Fe = 8 mg/L，$[As]_0$ = 634 μg/L，$NaHCO_3$ = 1 mmol/L

而当体系存在 1.0 mmol/L Ca^{2+} 时，ζ 电位则相应由 + 6.3 mV（pH 8.77）降低至 −10.7 mV（pH 8.75）。总的说来，体系 pH 值越高，硅酸盐降低 $Fe(OH)_3$ 表面 ζ 电位的能力越强。研究表明，硅酸盐有可能与 $Fe(OH)_3$ 的表面羟基基团生成内区表面络合物（inner sphere surface complex），从而降低 $Fe(OH)_3$ 的界面势能及 ζ 电位（Davis，2000）。另一方面，pH 值越高，硅酸盐电离程度越高，负电性越强（David and Aillison，1980），从而降低 $Fe(OH)_3$ 表面 ζ 电位的能力也越强。因此，硅酸盐一方面吸附在 $Fe(OH)_3$ 表面占据表面活性吸附位，另一方面增大 $Fe(OH)_3$ 表面负电性，负电性 As(Ⅴ) 与 $Fe(OH)_3$ 表面之间的作用势能升高，从而抑制 As(Ⅴ) 在 $Fe(OH)_3$ 表面的吸附。

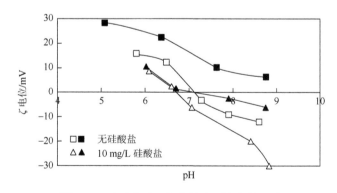

图 3-30　硅酸盐对三氯化铁表面电位的影响

采用可动态监测絮体粒径变化的絮凝检测器，研究了硅酸盐对 $FeCl_3$ 水解絮凝以及絮体增长过程的影响。图 3-31 和图 3-32 给出了不同硅酸盐浓度、不同 pH 值条件下，$FeCl_3$ 水解絮凝过程中絮体在线相对粒径（以 R_{PDA} 值计）的变化规律。可以看出，硅酸盐的存在明显降低了 R_{PDA} 值，显著抑制了 $FeCl_3$ 水解絮凝过程絮体粒径的增长。当体系不存在硅酸盐时，$FeCl_3$ 水解絮凝过程 R_{PDA} 的最大值为 5.77；体系存在 0.125 mmol/L 和 0.25 mmol/L 硅酸盐时，R_{PDA} 的最大值分别降低至 3.19 和 2.48（图 3-31）。此外，pH 值对硅酸盐抑制 $FeCl_3$ 水解絮凝也表现出不同的影响，pH 值越高，R_{PDA} 值降低程度越大。当水中存在 0.125 mmol/L 硅酸盐时，随着 pH 值由 6.1 升高至 7.9，R_{PDA} 的最大值则由 5.27 降低至 2.43（图 3-32）。这与图 3-30 中 pH 值越高、ζ 电位降低的程度越大的现象是一致的。

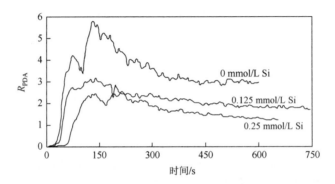

图 3-31 硅酸盐浓度对三氯化铁絮凝过程 R_{PDA} 值的影响
Fe = 8 mg/L，$NaHCO_3$ = 1 mmol/L，pH = 7.3

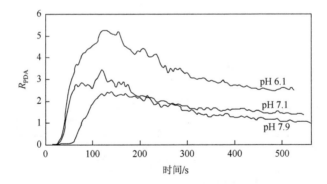

图 3-32 不同 pH 值下硅酸盐对三氯化铁絮凝过程 R_{PDA} 值的影响
Si = 0.125 mmol/L，Fe = 8 mg/L，$NaHCO_3$ = 1 mmol/L

硅酸盐影响 $FeCl_3$ 水解絮凝过程絮体粒径增长，这是否可能导致滤后水残留铁浓度升高呢？针对这一问题的研究发现，硅酸盐的存在可显著抑制大颗粒 $Fe(OH)_3$ 絮体生成，从而引起滤后水残留铁含量升高。图 3-33 结果证实，在较高 pH 值范围内，硅酸盐的存在将导致经 0.45 μm 滤膜过滤出水中残留铁浓度明显提高，因此可能导致用于吸附砷的固相 $Fe(OH)_3$ 有效量降低，而吸附了砷的 $Fe(OH)_3$

细小絮体也可能穿透滤池，这些均可能不同程度地降低除砷效果。进一步研究显示，在不同浓度下，Fe(OH)$_3$ 絮体 ζ 电位与滤后水残留铁浓度之间存在明显的负相关关系（图 3-34），表明 ζ 电位的降低将引起滤后水残留铁浓度明显升高。上述结果之间存在如下因果关系：硅酸盐的存在增强了 Fe(OH)$_3$ 絮体负电性，增大了 Fe(OH)$_3$ 絮体之间的静电斥力，抑制了 Fe(OH)$_3$ 絮体之间的聚合，混凝反应生成的 Fe(OH)$_3$ 絮体粒径减小，进而导致滤后水铁浓度升高。

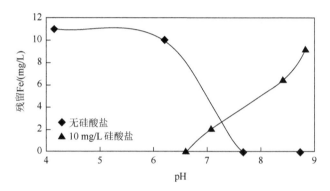

图 3-33　不同 pH 值下硅酸盐对滤后水残留铁的影响

Fe = 12 mg/L，NaHCO$_3$ = 1 mmol/L

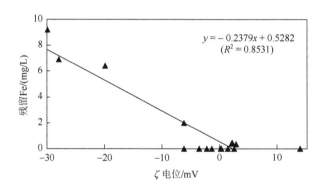

图 3-34　Fe(OH)$_3$ 表面电位与滤后水残留铁浓度的相关关系

综上，硅酸盐主要从四个途径影响高锰酸钾预氧化-铁盐混凝工艺除砷效果：①硅酸盐吸附在 Fe(OH)$_3$ 絮体表面，减少了砷吸附的表面活性位；②硅酸盐增大了砷与固相 Fe(OH)$_3$ 之间的斥力，提高了砷与表面的静电势能；③硅酸盐与 Fe^{3+} 络合生成可溶性配合体，减少了用于吸附砷的固相 Fe(OH)$_3$ 的有效量；硅酸盐导致了细小 Fe(OH)$_3$ 絮体生成，致使吸附了砷的细小 Fe(OH)$_3$ 穿透滤池，提高了出水砷浓度。

在上述各种途径中，什么是硅酸盐抑制除砷的最主要机制呢？从理论上讲，过滤出水中的砷包括溶解态砷和吸附在可穿透 0.45 μm 滤膜的 $Fe(OH)_3$ 细小絮体上的束缚态砷。为此，将反应后出水依次通过具有不同截留能力的微滤膜和超滤膜，分析不同滤膜过滤出水中残留铁与残留砷的浓度变化规律（图 3-35）。可以看出，随着膜孔径减小及其截留能力提高，相应膜过滤出水中残留铁、砷的浓度逐渐降低。具体而言，孔径为 0.45 μm 的微滤膜（0.45MFM）出水中 Fe 与 As 浓度分别为 53 μg/L 及 270 μg/L；孔径为 0.20 μm 的微滤膜（0.20MFM）出水中 Fe 与 As 浓度分别为 19 μg/L 及 261 μg/L；切割分子量为 60 kDa 的超滤膜（60KDUFM）出水中 Fe 与 As 浓度则分别为 5 μg/L 及 203 μg/L。

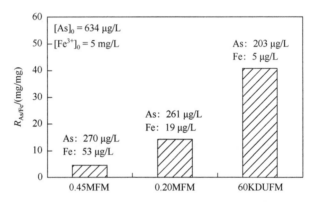

图 3-35 具有不同截留能力的滤膜滤后水中残留砷与残留铁比值变化

为了进一步探讨硅酸盐抑制砷去除的主导作用机制并给出定量计算结果，以下定义 $R_{As/Fe}$ 为过滤出水中砷与铁的浓度比。其中，某一确定的水样依次进行过滤分级后，$R_{As/Fe}$ 的升高表示水中溶解态砷所占比例增大而颗粒态砷所占比例减小。图 3-35 表明，随着处理水依次通过孔径逐渐减小的滤膜，$R_{As/Fe}$ 依次由 5.09 mg/mg 升高至 40.6 mg/mg，表明 60KDUFM 出水中溶解态砷所占比例增大。进一步地，考虑到颗粒态砷以与 $Fe(OH)_3$ 絮体结合的方式存在，而 60KDUFM 出水中铁浓度已接近零（5 μg/L），可以认为 60KDUFM 出水中的砷（203 μg/L）均为溶解态砷，0.45MFM 出水的总砷（270 μg/L）中以溶解态砷形式存在的砷为 203 μg/L。上述结果表明，0.45MFM 出水中确实存在 $Fe(OH)_3$ 细小颗粒和絮体，而这些微细颗粒也确实吸附了部分砷，但总体而言，绝大多数砷并未吸附在颗粒表面，而是以溶解态砷的形式存在。

综合上述分析，我们认为，硅酸盐抑制水中砷在 $Fe(OH)_3$ 絮体上的吸附是其抑制除砷的主导机制，而硅酸盐抑制大尺寸 $Fe(OH)_3$ 絮体生成，并导致吸附了砷的细小絮体穿透滤池并非主要因素。

3.4.4 钙离子的影响

Ca^{2+}在天然水环境中几乎无处不在，其浓度范围在数十至数百 mg/L 之间（Anazawa and Ohmori，2001；Frau，2000）；地下水中由于碳酸钙矿物溶解等作用，其浓度一般较地表水为高。研究表明，Ca^{2+}能与水中许多无机离子（Genz et al.，2004；Lopez et al.，1996）、有机分子（Benedetti et al.，1995；McCafferty et al.，2000）、金属氧化物及天然矿物（Zachara et al.，1987；Posselt et al.，1968）等发生以生成配位体为主要形式的化学反应，进而影响水中污染物、固相矿物的地球化学行为。此外，许多研究表明，广泛存在的Ca^{2+}对许多污染物去除具有显著影响。例如，Ca^{2+}能提高天然锰砂对 DLR 染料的脱色速率，这主要是由Ca^{2+}增强染料分子与颗粒物表面的静电引力所致，静电中和、阳离子架桥等是主导作用机理（Liu and Tang，2000）。

Ca^{2+}是否可在一定程度上促进负电性 As(V)和 As(III)在固相表面的吸附，当体系存在硅酸盐时，Ca^{2+}是否可能延缓硅酸盐对砷去除的抑制作用？鉴于Ca^{2+}在天然水体中存在的广泛性，对这些问题的探讨不仅具有理论意义，而且具有重要的工程应用价值。我们首先研究了硅酸盐存在条件下Ca^{2+}对 $Fe(OH)_3$ 絮体表面 ζ 电位的影响。结果显示，当体系存在 10 mg/L 硅酸盐时（以 Si 计），Ca^{2+}能明显提高 $Fe(OH)_3$ 絮体表面 ζ 电位，且体系 pH 值越高，Ca^{2+}的正效应越显著（图3-36）。当硅酸盐为 10 mg/L、Ca^{2+}为 0 mg/L 时，随着 pH 值从 6.1 升高至 8.8，$Fe(OH)_3$ 絮体 ζ 电位由 + 8.8 mV 降低至−29.9 mV；作为对比，当水中存在 1.0 mmol/L Ca^{2+}时，对应的 ζ 电位则由 + 10.5 mV 降低至−6.2 mV。上述结果暗示，Ca^{2+}可能在一定程度上降低了负电性硅酸盐对砷的抑制作用。

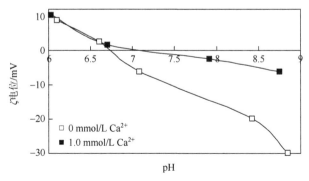

图 3-36　Ca^{2+}对 $Fe(OH)_3$ 絮体表面电位的影响

进一步考察了Ca^{2+}对 $FeCl_3$ 絮凝过程颗粒粒径变化的影响，结果表明Ca^{2+}在不同浓度硅酸盐条件下均可促进絮体粒径增长（图 3-37）。当水中硅酸盐浓度为 0.125 mmol/L 时，Ca^{2+} 明显提高了在线 R_{PDA} 值；进一步增大硅酸盐浓度至 0.25 mmol/L，R_{PDA} 值提高的程度相对较小。这主要是由于 Ca^{2+} 提高了絮体 ζ 电位、降低了颗粒间静电斥力所致。

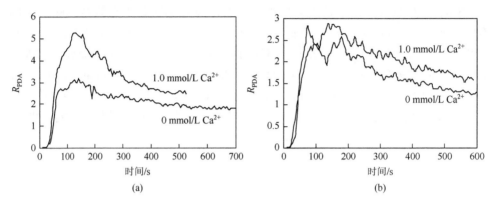

图 3-37　Ca^{2+} 对 $Fe(OH)_3$ 絮凝过程在线 R_{PDA} 值的影响

(a) 硅酸盐浓度 0.125 mmol/L；(b) 硅酸盐浓度 0.25 mol/L

Ca^{2+} 具有改善混凝过程、提高絮体粒径的作用，这可能有利于降低滤后水残留铁浓度。研究显示，当水中无硅酸盐时，Ca^{2+} 对出水残留铁浓度无明显影响；当水中含有 10 mg/L Si 时，Ca^{2+} 对残留铁的影响与 pH 值有关（图 3-38）。具体而言，当 pH 值较低时，Ca^{2+} 对出水残留铁浓度影响较小；随着 pH 值升高，出水残留铁浓度因 Ca^{2+} 存在而显著降低，且 pH 值越高，残留铁降低程度越明显，这与图 3-37 中 Ca^{2+} 对 R_{PDA} 值的影响规律是一致的。

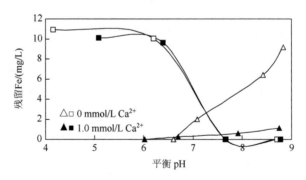

图 3-38　Ca^{2+} 对 $FeCl_3$ 混凝过程出水残留铁的影响

上述 Ca^{2+} 对 ζ 电位和颗粒粒径的正面效应是否会对除砷产生促进作用呢？为此，我们同样选择高锰酸钾预氧化-铁盐混凝工艺进行研究，结果显示，当水中不存在硅酸盐时，Ca^{2+} 在不同 $FeCl_3$ 投量下对除砷效果无明显影响；与之比较，当体系存在 20 mg/L Si 时，Fe(OH)$_3$ 絮体 ζ 电位随 Ca^{2+} 浓度升高而增加，除砷效果也相应地在一定程度上得到提高（图 3-39）。事实上，无硅酸盐体系中，Fe(OH)$_3$ 絮体带正电（pH 7.0），Ca^{2+} 难以在表面结合，从而对砷去除无明显影响；当水中存在硅酸盐时，Ca^{2+} 可提高表面 ζ 电位、促进絮体聚合，从而表现出促进作用。进一步利用 SEM/EDAX 分析两种模拟体系下絮体表面元素组成（图 3-40）。当体系不存在硅酸盐时，絮体表面未检测出明显 Ca 元素，表明 Ca^{2+} 在 Fe(OH)$_3$ 表面沉积极少；体系存在硅酸盐时，絮体表面明显出现 Fe、Mn、Si、Ca 等多种元素的峰，证实 Ca^{2+} 和硅酸盐在 Fe(OH)$_3$ 表面发生沉积。Ca^{2+} 可能通过静电中和、阳离子架桥等作用促进砷的吸附。

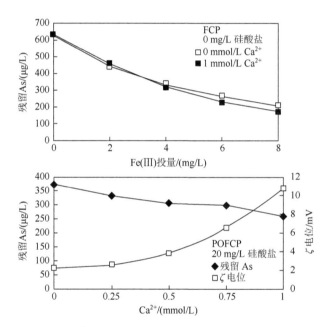

图 3-39 Ca^{2+} 对 FCP、POFCP 两种工艺除 As 的影响对比

pH 7.4，[As]$_0$ = 634 μg/L

进一步考察了不同 FeCl$_3$ 投量、初始砷浓度、硅酸盐浓度、pH 值等条件下 Ca^{2+} 对砷去除效果的影响。为了便于比较，图 3-41 中横轴和纵轴分别表示体系 Ca^{2+} 浓度为 0 mmol/L 及 1.0 mmol/L 时出水残留砷浓度。若 Ca^{2+} 对除砷效果无影响，即两种情况下出水砷浓度相等，则数据点落在斜率为 45°的对角线上；若 Ca^{2+} 对除砷效果表现出促进作用，即存在 Ca^{2+} 时出水残留砷浓度更低，则数据点落在对角线下方；若 Ca^{2+} 对除砷效果表现出抑制作用，则数据点落在对角线上方。可以看出，绝大多数数据点均落在对角线下方，所得拟合直线的斜率为 0.779 mg/mg，表明 Ca^{2+} 在多数情况下对除砷效果表现出促进作用。

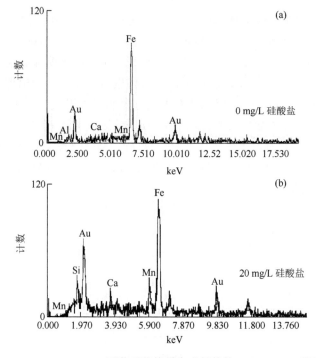

图 3-40　FCP、POFCP 两种工艺体系生成絮体的 SEM/EDAX 能谱图

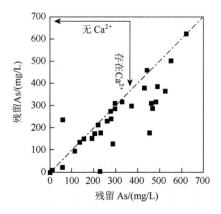

图 3-41　不同条件下 Ca^{2+} 对 As 去除效果的影响

横轴表示体系无 Ca^{2+}，纵轴表示体系存在 Ca^{2+}，其他条件相同

3.4.5　亚铁离子的影响

砷地球化学的研究表明，砷结合在固相 Fe、Mn 矿物中是自然界砷的重要归趋模式，沉积物中的砷大多数都与铁、锰等氧化物结合（Matisoff et al.，1982；

Smedley and Kinniburgh,2002)。另一方面,结合在固相中的砷通过还原溶解、解吸、脱附等作用从天然矿物中释放是天然水环境中的砷主要来源(Smedley and Kinniburgh,2002)。固相中的 Fe(III)和 As(V)在还原气氛下常常会被转化为溶解性的 Fe(II)及 As(III),最终释放导致地下水砷污染。高砷地下水通常伴随着低氧化还原电位的还原性条件(Foster et al.,2000),含砷地下水通常存在较高浓度的 Fe(II)、Mn(II)等(Akai et al.,2004)。

对于 As(III)与 Fe(II)共存地下水,如果利用高锰酸钾将 Fe^{2+} 氧化为 Fe^{3+},同时高锰酸钾还原为 $\delta\text{-}MnO_2$,此时水中溶解态砷可能与 Fe^{3+} 水解产物 $Fe(OH)_3$、$\delta\text{-}MnO_2$ 发生氧化、吸附、共沉降等作用转化为颗粒态砷,从而实现砷的去除。从这一角度而言,共存 Fe^{2+} 可能对除砷是有正面作用的。图 3-42 对比了不同 pH 值条件下投加与原水 Fe^{2+} 等当量的 $KMnO_4$ 对水中 As(III)的去除效果(体系存在 20 mg/L Si),发现 pH 8.7 时砷去除效果最差,pH 6.6 时砷去除效果最好,这可能是由于不同 pH 值条件下硅酸盐电离程度不同所致。图 3-42 还表明,若原水含有较高浓度 Fe^{2+},投加等当量 $KMnO_4$ 即可使得出水砷达标。进一步可以推测,投加等当量高锰酸钾与硫酸亚铁进行反应可能是可行的除砷工艺。

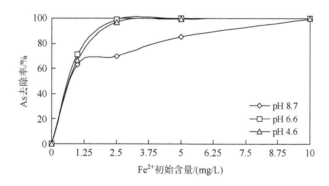

图 3-42　不同 pH 值下投加与原水中 Fe^{2+} 等当量 $KMnO_4$ 对 As 去除效果

进一步测定滤后水残留 Fe、Mn 表明,在 pH 8.7 时残留 Fe、Mn 浓度低于仪器检出限;pH 6.6 时残留 Mn 超标而残留 Fe 接近于零;pH 4.6 时残留 Fe、Mn 均在不同程度上超出饮用水标准限值。

3.5　其他除砷新方法

3.5.1　零价铁法

零价铁(ZVI)广泛应用于废水中有毒有机物还原脱毒、重金属去除以及受污染地下水原位治理和修复。ZVI 除砷可能包括直接还原、间接还原、共沉淀、吸附等多种作用，除砷效果与氧化还原电位、ZVI 投量、腐蚀程度、可利用氧含量等有关。ZVI 可迅速与水反应形成以 ZVI 为核、铁（氢）氧化物为壳的核-壳结构材料，砷可吸附或络合在材料表面，或者与 ZVI 腐蚀产生的 Fe^{2+} 以及进一步氧化生成的 Fe^{3+} 通过共沉淀去除（Wang et al.，2017；Yan et al.，2012；Ramos，2009）。

有研究者将铁具置于有氧水中腐蚀形成氢氧化铁，证实其对 As(V) 具有良好去除效果；以铜和铁为电极，导入电流可加速 ZVI 腐蚀并提升除砷效果（Karschunka and Jekel，2002）。溶解氧和 pH 值是影响铁屑除砷性能的重要因素。溶解氧存在条件下，ZVI 去除 As(V) 的效果优于 As(III)，pH 值为 6 条件下，零价铁反应 9 h 可使 As(V) 去除率达 99.8%以上，对应 As(III) 去除率则为 82.6%；利用氮气吹脱去除水中溶解氧，As(III) 和 As(V) 去除率均降至 10%以下；原水中高溶解氧和低 pH 值会加速 ZVI 腐蚀，所产生的氢氧化铁在除砷中发挥主要作用（Kanel et al.，2005；Gautham et al.，2005）。与无电解质的纯水相比，含有 100 μg/L As(V) 的溶液可使 ZVI 腐蚀速率下降 20%左右，进一步提高 As(V) 浓度至 20000 μg/L，ZVI 腐蚀速率未进一步下降。相比于无砷水，ZVI 在含砷水中生成的沉淀比表面积大、吸附容量大、砷释放和迁移率低，这主要是由于砷在铁氧化物表面生成双齿双核络合物所致。因此，在含砷地下水治理和修复时，应直接将 ZVI 投加到含砷区域形成氢氧化铁沉淀以提升除砷效率（Peng et al.，2017）。有研究表明，磷酸盐、硅酸盐、碳酸盐、硼酸盐、硫酸盐、铬酸盐、钼酸盐、硝酸盐和氯酸盐等无机阴离子对 ZVI 吸附 As(V) 和 As(III) 有不同影响，其中硅酸盐和磷酸盐对 As(V) 吸附的影响最大，As(III) 在 ZVI 表面吸附量很低（Su and Puls，2001）。另有相关研究显示，铁屑（80~120 目）在无溶解氧条件下除砷，在 pH 4~7 范围内对 As(III) 去除效果优于 As(V)；XPS 分析显示，As(III) 吸附在 ZVI 表面后被还原为砷单质 [As(0)]，缺氧条件下 As(V) 被 ZVI 吸附后会被还原为 As(III)，但继续反应 5 天仍未能检出 As(0)；上述结果暗示，缺氧条件下 ZVI 可通过电化学还原作用将 As(III) 转化为不溶于水的 As(0)，原位生成的 Fe 氢氧化物可进一步吸附 As(III) 和 As(V)（Bang et al.，2005）。在溶解氧浓度较高条件下，ZVI 除砷效果远优于缺氧环境，且 As(V) 去除速率高于 As(III)，这主要是由于 ZVI 氧化腐蚀生成的氢氧化铁可对 As(III) 和 As(V) 快速吸附。将芬顿试剂和 ZVI 联用去除 As(III)，可大幅提高 As(III) 去除量和 As(III) 转化速率（Krishna et al.，2001）。ZVI 除砷过程中会溶出 Fe^{2+}，可采用氧化-过滤方法将其化为氢氧化铁后过滤去除，这可有效提高 As(III) 去除率（陈春宁等，2007）。

实验室和中试规模研究均证实，ZVI 具有良好除砷性能以及技术经济可行性（Lackovic et al.，2000）。研究显示，ZVI 固定床除砷反应器可保证一年以上的连续稳定运行;相对于采取阳极保护 ZVI,自由腐蚀 ZVI 去除 As(Ⅴ)效果更佳,铁氧化物原位持续生成、As(Ⅴ)在腐蚀产物中扩散速率等对除砷效果有重要影响。针对家用或场地式 ZVI 除砷过滤器的小试和现场中试研究表明,对砷浓度为 400~1350 μg/L 实际地下水,在流量为 40~60 L/d、流速 10 L/h 条件下,6 个月运行期内砷去除率为 60%~80%,出水砷超标;改造反应器结构避免空气滞留后,即便进水砷浓度在 1000 μg/L 以上,出水砷仍可稳定达标,砷去除率高达 95%左右(Bretzler et al.,2020)。采用 ZVI 腐蚀与沉淀相结合的工艺处理含砷水,其中原水砷浓度为 100 μg/L,实验处理规模为 400 L/d,砷去除率达到 77%~96%,出水砷浓度略高于 10 μg/L,Fe 浓度在 0.2 mg/L 以下(Casentini et al.,2016)。

纳米级零价铁(nZVI)可进一步提高零价铁的除砷性能。nZVI 具有巨大比表面积和高密度吸附位,在高砷地下水处理中具有明显优势(Sun et al.,2006)。有研究者在磁力搅拌条件下将 $NaBH_4$ 溶液加入脱除溶解氧的 $FeCl_3$ 溶液中,得到粒径范围为 1~120 nm 的 nZVI,所制得的 nZVI 在 60 天陈化过程中会逐步转化为磁铁矿腐蚀产物。As(Ⅲ)在 nZVI 及其腐蚀产物表面生成内层络合物,最大吸附容量为 3.5 mg/g(Kanel et al.,2005)。如果将 ZVI 颗粒与镍盐、钯盐混合,之后利用 $NaBH_4$ 进行还原,可制备出 NiFe、PdFe 等改性的零价铁微粒,证实其对水中 As(Ⅴ)具有良好去除效果,且温度升高有利于砷的去除(Gautham et al.,2005)。Kanel 等(2005)证实 nZVI 可快速去除水中 As(Ⅲ)与 As(Ⅴ),表观动力学常数 k_{obs} 为 0.07~1.3 min^{-1},吸附速率较普通铁屑高 1000 倍以上;Freundlich 吸附等温线方程拟合显示,nZVI 对 As(Ⅲ)的最大吸附容量为 3.5 mg/g;As(Ⅲ)在 nZVI 表面主要生成内层络合物(Vaishya and Gupta,2003;Katsoyiannis and Zouboulis,2002)。ZVI 具有良好除砷性能,但纳米颗粒容易聚集而降低吸附能力的发挥。有研究将 nZVI 负载在生物炭(BC)表面,发现 nZVI@BC 在 pH 3~8 范围内对 As(Ⅴ)均具有良好吸附性能,pH 为 4.1 时最大吸附容量达到 124.5 mg/g(Wang et al.,2017)。烧杯小试和吸附柱连续流实验均表明,将 ZVI 负载在生物炭表面(ZVI@BC),可通过共沉淀作用有效去除水中 As(Ⅴ);除砷过程中,Fe(0)被氧化为 Fe(Ⅲ),As(Ⅴ)被还原为 As(Ⅲ),负载在 BC 表面的羟基氧化铁内部发生 As(Ⅲ)和 Fe(Ⅲ)的晶格取代(Bakshi et al.,2018)。

3.5.2 电化学法

电化学除砷是以电化学基本原理为基础,利用电极反应实现氧化还原、凝聚絮凝、沉淀气浮等不同功能。除了上面介绍的电混凝除砷方法外,近年来国内外开发了多种新型电化学除砷技术。

研究发现,天然 Fe-Mn 结核(Fe-Mn nodules)吸附除砷过程中引入电化学过程可显著提高除砷效果，总砷浓度可由 4.0 mg/L 降低至 0.7 mg/L，去除率达到 83.6%；增大电压和提高锰氧化物含量、增强氧化性等有助于 As(III)和 As(V)的去除（Qiao et al.，2020）。有研究者采用新型铁基双阳极体系的电化学反应器去除地下水中 As(III)（图 3-43），当总电流为 60 mA、反应时间为 30 min 时，浓度 500 μg/L 的 As(III)可被全部氧化和沉淀去除。在电化学除砷反应体系中，铁主要包括如下转化过程：阳极铁在缺氧条件下产生 Fe(II)，惰性电极产生氧气，氧气氧化 Fe(II)形成氢氧化铁沉淀；增大电流有利于惰性电极产生氧气，进而调控 As(III)氧化和 As(V)去除（Tong et al.，2014）。此外，将惰性阳极、惰性阴极、Fe 阳极从下至上依次置于石英砂滤柱（图 3-44），可利用电化学氧化还原、吸附聚集等作用去除水中 As(III)和 As(V)。其中，铁阳极和惰性阳极生成的 Fe(II)和 O_2 会产生具有强氧化性的羟基自由基，并迅速将 As(III)被氧化为 As(V)，Fe(II)则被氧化为 Fe(III)，As(V)最终吸附在无定形氢氧化铁胶体得以去除（Tong et al.，2016）。此外，还有研究利用水钠锰矿为电化学阳极构建除砷反应系统，发现在 1.2 V 恒定电压、连续反应 24 h 条件下，采矿废水中总砷和 As(III)分别从 3.8 mg/L 和 0.68 mg/L 降至 0.07 mg/L 和 0.02 mg/L；水钠锰矿阳极的高电位和阴极产生的 H_2O_2 可促进 As(III)氧化；阴阳极切换可提高水钠锰矿电极利用率，总砷去除率从 73.5%提高至 85.1%（Liu et al.，2019）。

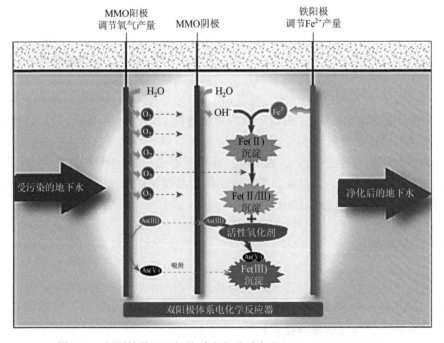

图 3-43　新型铁基双阳极体系电化学反应器（Tong et al.，2014）

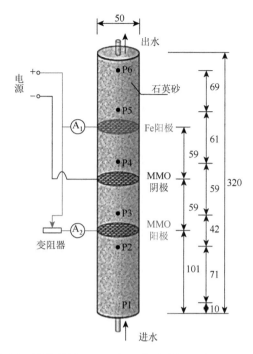

图 3-44　惰性阳极、惰性阴极、Fe 阳极石英砂滤柱反应器（Tong et al.，2016）

图中数据单位为 mm

3.5.3　生物锰法

研究显示，以 Fe^{2+} 或 Mn^{2+} 为营养源的铁细菌、锰细菌可有效促进砷的去除，二者可附着在滤料表面生长形成生物过滤单元，通过生物催化氧化作用将水中 Fe^{2+} 或 Mn^{2+} 氧化为 Fe^{3+} 和 MnO_2（Katsoyiannis and Zouboulis，2004），这些氧化产物及其水解产物可很好地发挥氧化 As(III) 和吸附 As(V) 的作用。此外，水中 Mn^{2+} 在真菌、细菌等微生物作用下可氧化生成生物二氧化锰（$BioMnO_2$），其物理化学特性与人工合成的化学 MnO_2 有明显区别，对水中 Pb^{2+}、Co^{2+}、Ni^{2+}、Zn^{2+} 等金属离子的吸附能力也明显高于化学 MnO_2。含砷地下水 As(III) 和 As(V) 浓度分别为 35 μg/L 和 42 μg/L，砂滤柱过滤过程中锰氧化菌可将溶解性 Mn^{2+} 氧化生成不溶性 MnO_2，砷也得到同步去除（Jekel，2004）。生物氧化锰菌株 KR21-2 处理含砷水时，$BioMnO_2$ 形成初期表面 Mn^{2+} 含量较高，会降低 As(V) 和负电性锰氧化物表面斥力，促进表面络合物生成；当 MnO_2 完全形成后，As(III) 被氧化为 As(V)，As(III) 氧化速率随 Mn^{2+} 还原溶解量增加而降低（Tani et al.，2004）。

生物锰氧化物具有特殊的结构和氧化还原特性，在除砷上可能具有特别优势。我们采用筛选驯化的恶臭假单胞菌（*Pseudomonas putida*）对水中 Mn^{2+} 进行生物氧化，之后研究了生物锰氧化物对 As(III)和 As(V)的去除性能和机理。图 3-45 为假单胞菌 *Pseudomonas* sp. QJX-1 生成的锰氧化物对 As(III)的转化结果。可以看出，空白试验中 As 含量没有明显变化，说明 As(III)的转化是生物锰氧化物作用的结果。*Pseudomonas* sp. QJX-1 在培养基中生长，OD_{600} 值在 12 h 内从 0.047 升高到 0.262；随后由于生成锰氧化物沉淀，部分菌体随着生物锰氧化物沉积于底部，在 60 h 时 OD_{600} 值降低为 0.094。培养基 Mn^{2+} 含量随着 *Pseudomonas* sp. QJX-1 生长逐渐降低，反应 36 h 可将浓度为 5.72 mg/L 的 Mn^{2+} 氧化，转化率高达 99.8%。随着生物锰氧化物生成，反应 24 h 后，As(III)开始被氧化，反应至 48 h 时，As(III)浓度从 0.85 mg/L 降低至 0.02 mg/L；进一步反应至 60 h，As(V)浓度从 0.76 mg/L 降低至 0.65 mg/L，但随着反应时间的进一步延长，As(V)脱附解吸到溶液中。上述结果表明，生物锰氧化物对 As(III)具有良好氧化效果。

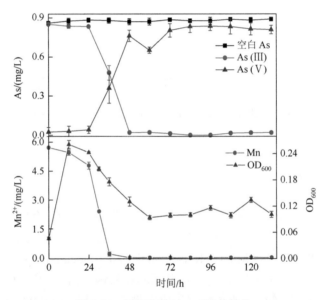

图 3-45　锰氧化物对 As(III)的转化

图 3-46 为 *Pseudomonas* sp. QJX-1 生成的锰氧化物对 As(V)转化实验结果。可以看出，*Pseudomonas* sp. QJX-1 在培养基中可以很好地生长，同时表现出良好的氧化 Mn^{2+} 效果，Mn^{2+} 转化率高达 98.90%。随着生物锰氧化物生成，在 60 h 内 As(V)从 0.84 mg/L 降低至 0.80 mg/L；之后同样发生 As(V)解吸脱附，反应 132 h 时 As(V)浓度为 0.82 mg/L，说明锰氧化物对 As(V)吸附效果较差。

为进一步提高生物锰氧化物吸附作用，拟利用锰氧化细菌原位生成生物锰氧化物，之后通过 Fe^{2+} 在溶解氧和微生物作用下氧化为铁氧化物，最终生成生物铁锰氧化物。图 3-47 和图 3-48 分别为 *Pseudomonas* sp. QJX-1 在不同铁锰比条件下生成的生物铁锰氧化物对 As(III)和 As(V)去除效果。当 Mn^{2+}：Fe^{2+} 为 1∶3 和 1∶5 时，As(III)去除率最高，分别达到 71.3%和 71.1%；当 Mn^{2+}：Fe^{2+} 为 1∶7 和 1∶9 时，As(V)去除率为 86.5%和 84.2%，在其他比例条件下，As(V)去除率也在 55%以上。

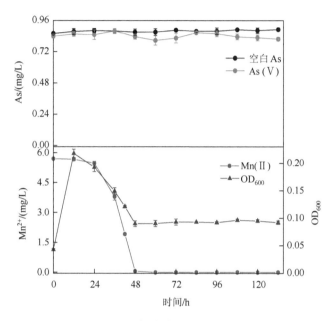

图 3-46　锰氧化物对 As(V)的转化

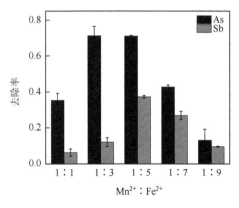 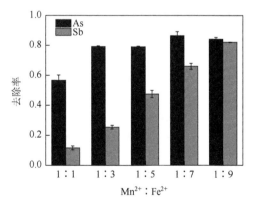

图 3-47　锰氧化物对 As(III)和 Sb(III)的去除　　图 3-48　锰氧化物对 As(V)和 Sb(V)的去除

进一步研究了锰铁比为 1∶3 条件下生成的生物铁锰氧化物氧化吸附去除 As(III)的过程（图 3-49）。结果表明，Fe^{2+} 的化学氧化明显快于 Mn^{2+} 的生物氧化，铁氧化物（FeOOH）能快速吸附 As(III)和 As(V)，但几乎不具备氧化 As(III)的能力；生成的生物铁锰氧化物不但能氧化 As(III)，同时能吸附 As(III)和 As(V)；此外,生物铁锰氧化物能氧化水中残留 Fe^{2+}。生物铁锰氧化物中,生物氧化锰主要负责 As(III)氧化,而铁氧化物则作为 As(III)和 As(V)的吸附剂。

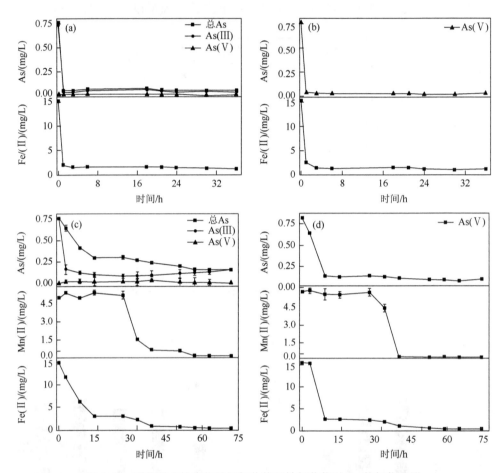

图 3-49　原位形成的生物铁锰氧化物及铁氧化物对 As 的氧化吸附

(a) As(III)-BFMO;(b) As(V)-BFMO;(c) As(III)-FeOOH;(d) As(V)-FeOOH;
初始 pH 值为 7.5,Fe(II):Mn(II)=3:1

设计动态生物滤池,进一步研究了动态运行条件下除砷性能。其中,滤柱直径 3 cm,高 50 cm;卵石承托层厚度为 3 cm,过滤床分两层装填,粒径 2 mm 的石英砂装填 10 cm,粒径 5 mm 的石英砂装填 7 cm;设置固定锰氧化菌的滤柱和无锰氧化菌的滤柱作为对照(图 3-50)。

对比两个体系在初始启动阶段 Mn^{2+} 去除规律表明,固定锰氧化菌滤柱对 Mn^{2+} 去除率达 80%以上,随反应时间延长去除率进一步提高,运行约 20 天后去除率达到 100%。如图 3-51 所示,未加菌滤柱在启动初期出水 Mn^{2+} 浓度波动较大,培养

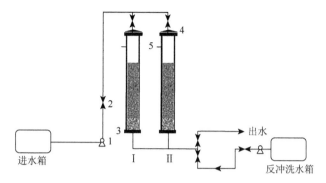

图 3-50 动态过滤实验装置

1. 计量泵；2. 阀头；3. 法兰；4. 喷淋头；5. 溢出口

驯化 35 天左右后逐渐稳定，Mn^{2+} 去除率也达到近 100%；将水中 Mn^{2+} 浓度提高一倍，二者去除率均接近 100%。上述结果表明，生物过滤具有良好去除 Mn^{2+} 效果，且接种锰氧化菌可缩短生物滤池启动时间。同样，接种锰氧化菌也可以促进水中 Fe^{2+} 去除，Fe^{2+} 去除率最高达到 100%。两个体系运行 30 d 后去除率均可达到 100%，且进一步将进水 Fe^{2+} 浓度提高一倍仍可达到 100% 去除率。

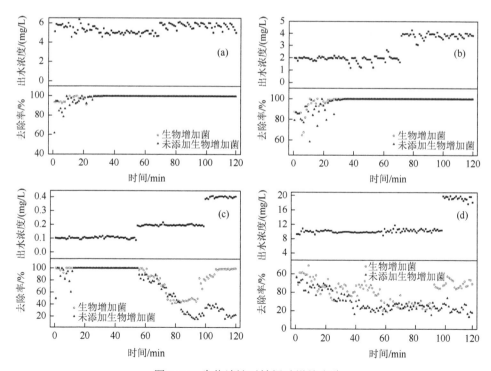

图 3-51 生物滤池对铁锰砷锑的去除

（a）Fe；（b）Mn；（c）As；（d）Sb

除砷结果显示，固定锰氧化菌有利于提高砷去除率、降低出水砷浓度波动，随着反应时间延长，砷去除率逐渐接近 100%；将进水砷浓度由 0.1 mg/L 提高至 0.2 mg/L，出水砷浓度逐渐升高，砷去除率降低至 50%左右；进一步将进水砷浓度提高至 0.4 mg/L，同时投加锰氧化菌，砷去除率提高至 90%以上。对比而言，未固定锰氧化菌滤柱出水砷浓度波动范围大，提高进水砷浓度会导致去除率逐渐下降至 20%左右。上述结果表明，生物滤池中固定锰氧化菌可有效促进铁、锰、砷等污染物去除。

除锰氧化菌之外，铁氧化菌可氧化 Fe^{2+} 并生成对砷具有良好去除性能的 $Fe(OH)_3$ 沉淀。研究表明，采用生物铁氧化方法可有效除砷，As(Ⅲ)和As(Ⅴ)的适应浓度范围为 50～200 μg/L。在微生物催化作用下，As(Ⅲ)被氧化为容易被吸附的 As(Ⅴ)。该方法成本低、操作简单，具有良好工程应用前景（Katsoyiannis and Zouboulis，2004）。在考察水中铁砷比对生物过滤除砷性能影响时发现，初始砷浓度为 100 μg/L、Fe^{2+} 与 As 比为 40∶1 条件下，滤池出水砷浓度小于 5 μg/L，Fe^{2+} 小于 0.1 mg/L（Pokhrel and Viraraghavan，2009）。

除专属的锰或铁氧化菌，好氧颗粒污泥（AGS）也是去除水中 Fe^{2+} 和 Mn^{2+} 的可行工艺。研究显示，锰氧化好氧颗粒污泥（Mn-AGS）作为 AGS 拓展技术具有很好的除砷效果。其除砷的基本过程是，Mn-AGS 首先将 As(Ⅲ)氧化为 As(Ⅴ)，As(Ⅲ)去除率为 74.6%～82.6%；之后 As(Ⅴ)被无定形氢氧化铁和生物锰 Bio-MnO_x 吸附去除，As(Ⅴ)去除率为 56.2%～65.0%；投加少量 Fe(Ⅱ)可显著提高砷去效果（He et al.，2019b）。在 SBR 反应器中驯化形成 Mn-AGS 污泥处理含砷废水，发现进水酸性 pH 冲击可将 As(Ⅲ)去除率从 23.4%～38.2%提高至 64.7%～72.5%，但短期冲击对反应器微生物群落结构影响不大（He et al.，2020b）。实际废水处理结果显示，SBR 运行 91 d 后 As(Ⅲ)去除率为 83%，pH 值对 As(Ⅲ)去除率影响较大；进水 As(Ⅲ)部分被氧化为 As(Ⅴ)，大部分 As(Ⅴ)被吸附固化于铁锰氧化物中（He et al.，2020a）。

3.5.4　生化法

在除砷过程中，锰氧化菌的主要作用是将 Mn^{2+} 氧化为可氧化 As(Ⅲ)和吸附 As(Ⅴ)的生物锰氧化物，锰氧化菌本身并不具备除砷能力。但是，某些微生物可以砷为底物，在生长代谢过程中吸收砷或将砷同化，从而实现砷的固定和去除。该方法的优点在于耗能低、污泥产生量小，缺点是微生物筛选、驯化困难，且微生物生长受水质、水量、溶解氧、温度等影响较大。有报道显示，已在实验室筛出 As(Ⅲ)耐性菌种，将 As(Ⅲ)氧化酶基因导入可耐受较高浓度 As(Ⅲ)的宿主菌，可得到耐受 As(Ⅲ)且具备氧化 As(Ⅲ)功能的菌株（范秋燕等，2009）。也有研究报道铁细菌氧化过程可同时去除 As(III)和 As(V)，二者初始浓度范围高达 50~200 mg/L（Katsoyiannis and Zouboulis，2004）。

砷污染地下水可考虑采用生物法进行修复，依靠微生物的吸附、络合、生物甲基化、共沉淀和氧化还原等作用实现砷形态转化和固定，具有成本低、环境相容性高等特点（Wang and Zhao，2009）。利用微生物作用实现砷形态转化是氧化和去除 As(III)的重要方向，且无需投加化学药剂、无二次污染、易与其他吸附技术结合。研究显示，采用生物滤池去除水中 Fe(II)、Mn(II)和 As(III)，滤池深度为 20 cm、40 cm 和 60 cm 的微生物分别为铁氧化菌（披毛菌属和纤毛菌属）、锰氧化菌（钩丝菌属、假单胞菌属、丝孢菌属、节杆菌属）、砷氧化菌（产碱杆菌属、假单胞菌属），且微生物分布情况对砷去除率有较大影响（Yang et al.，2014）。针对分散式除砷处理系统，研究了地下水土著微生物在生物过滤器中氧化 As(III)的过程，考察了填料类型、流速、进水 As(III)浓度、As(III)和 As(V)比值、过滤体积对微生物氧化 As(III)的影响，发现初始 As 浓度 100 μg/L、过滤 3 h 时，As(III)最高氧化率达到 90%（Crognale et al.，2019）。

砷是饮用水中少数具有明确毒性、分布广泛、暴露面大、影响显著的污染物，因而对其去除方法的研究与应用探索也非常活跃，已报道和尝试的技术层出不穷、各有特色，但真正能用于实际工程并持续稳定运行的案例却为数不多。当考虑运行成本、除砷效率、操作可行性、管理简便性等因素时，多数方法只能停留在论文或止步于试验。即使国际上普遍采用的先氧化、后吸附等成熟除砷工艺，也因过程复杂、成本较高而无法实现真正的推广应用，特别是对于经济水平不高、水处理管理能力较低的不发达或发展中国家和地区，尚缺乏高效可行、简易、成本低廉的除砷实用技术。在后述几章将要介绍的一步法除砷技术，已经为解决这一世界性难题打通了成功之路。

参 考 文 献

Abejón A，Garea A，Irabien A，2015. Arsenic removal from drinking water by reverse osmosis: Minimization of costs and energy consumption. Separation and Purification Technology，144：46-53.

Ahmad A，Rutten S，de Waal L，Vollaard P，van Genuchten C，Bruning H，Cornelissen E，van der Wal A，2020. Mechanisms of arsenate removal and membrane fouling in ferric based coprecipitation-low pressure membrane filtration systems. Separation and Purification Technology，241：10.1016/j.seppur.2020.116644.

Ahmann A R D M D，2002. Natural organic matter affects arsenic speciation and sorption onto hematite. Environmental Science & Technology，36：2889-2896.

Akai J，Izumi K，Fukuhara H，Masuda H，2004. Mineralogical and geomicrobiological investigations on groundwater arsenic enrichment in bangladesh. Applied Geochemistry，19：215-230.

Ali M A，Badruzzaman A B M，Jalil M A，Hossain M D，Hussainzzuman M，Badruzzaman M，Mohammad O I，Akter N，2001. Development of low-cost technologies for removal of arsenic from groundwater. BUET-UNU International

Workshop on Technologies for Arsenic Removal from Drinking Water.

Alkurdi S S A, Al-Juboori R A, Bundschuh J, Bowtell L, Marchuk A, 2021. Inorganic arsenic species removal from water using bone char: A detailed study on adsorption kinetic and isotherm models using error functions analysis. Journal of Hazardous Materials, 405: 124112.

Allen S J, Brown P, 1995. Isotherm analysis for single component and multicomponent metal sorption onto lignite. Journal of Chemical Technology & Biotechnology, 62: 17-24.

Allen S J, Whitten L J, Murry M, Duggan O, 1997. The adsorption of pollutants by peat, lignite and activated chars. Journal of Chemical Technology & Biotechnology, 68: 442-452.

Altundogan H S, Altundogan S, Tumen F, Bildik M, 2000. Arsenic removal from aqueous solutions by adsorption on red mud. Waste Manage, 20: 761-767.

Amin M N, Kaneco T, Kitagawa T, Begum A, Katsumata T, Suzuki T, Ohta K, 2006. Removal of arsenic in aqueous solutions by adsorption onto waste rice husk. Industrial & Engineering Chemistry Research, 45: 8105-8110.

Anazawa K, Ohmori H, 2001. Chemistry of surface water at a volcanic summit area, norikura, central Japan: Multivariate statistical approach. Chemosphere, 45: 807-816.

Arai Y J, Sparks D L, Davis J A, 2004. Effects of dissolved carbonate on arsenate adsorption and surface speciation at the hematite-water interface. Environmental Science & Technology, 38: 817-824.

Arai Y, Sparks D L, Davis J A, 2005. Arsenate adsorption mechanisms at the allophane-water interface. Environmental Science & Technology, 39: 2537-2544.

Asere T G, Stevens C V, Du Laing G, 2019. Use of (modified) natural adsorbents for arsenic remediation: A review. Science of the Total Environment, 676: 706-720.

Awual R, Jyo A, 2009. Rapid column-mode removal of arsenate from water by crosslinked poly(allylamine) resin. Water Research, 43: 1229-1236.

Badruzzaman M, Westerhoff P, Knappe D R U, 2004. Intraparticle diffusion and adsorption of arsenate onto granular ferric hydroxide (GFH). Water Research, 38: 4002-4012.

Bailey R P, Bennett T, Benjamin M M, 1992. Sorption onto and recovery of Cr(VI) using iron-oxide-coated sand. Water Science and Technology, 26: 1239-1244.

Bajpai S, Chaudhuri M, 1999. Removal of arsenic from ground water by manganese dioxide-coated sand. Journal of Environmental Engineering, 125: 782-787.

Bakshi S, Banik C, Rathke S J, Laird D A, 2018. Arsenic sorption on zero-valent iron-biochar complexes. Water Research, 137: 153-163.

Bandaru S R S, van Genuchten C M, Kumar A, Glade S, Hernandez D, Nahata M, 2020. Rapid and efficient arsenic removal by iron electrocoagulation enabled with *in situ* generation of hydrogen peroxide. Environmental Science & Technology, 54: 6094-6103.

Banerjee K, Amy G L, Prevost M, Nour S, Jekel M, GAllagher P M, Blumenschein C D, 2008. Kinetic and thermodynamic aspects of adsorption of arsenic onto granular ferric hydroxide (GFH). Water Research, 42: 3371-3378.

Bang S, Johnson M D, Korfiatis G P, Meng X, 2005. Chemical reactions between arsenic and zero-valent iron in water. Water Research, 39: 763-770.

Benedetti M F, Milne C J, Kinniburgh D G, 1995. Metal ion binding to humic substances: Application of the non-ideal competitive adsorption model. Environmental Science & Technology, 29: 446-457.

Benjamin M M, Sletten R S, Bailey R P, Bennett T, 1996. Sorption and filtration of metals using iron-oxide-coated sand.

Water Research, 30: 2609-2620.

Benjamin M M, Sletten R S, Bailey R P, Bennett T, 1998. Sorption of arsenic by various adsorbents. San Antonio, TX: AWWA Inorganic Contaminants Workshop.

Bennett T E, 1992. Surface characterization of iron-oxide-coated sand media. Washington: Master of Science, University of Washington.

Boonfueng T, Axe L, Xu Y, Tyson T A, 2005. Properties and structure of manganese oxide-coated clay. Journal of Colloid and Interface Science, 281: 80-92.

Boonfueng T, Axe L, Xu Y, Tyson T A, 2006. Nickel and lead sequestration in manganese oxide-coated montmorillonite. Journal of Colloid and Interface Science, 303: 87-98.

Bordoloi S, Nath S K, Gogoi S, Dutta R K, 2013. Arsenic and iron removal from groundwater by oxidation-coagulation at optimized pH: laboratory and field studies. Journal of Hazardous Materials, 260: 618-626.

Borho M, Wilderer P, 1996. Optimized removal of arsenate(Ⅲ) by adaptation of oxidation and precipitation processes to the filtration step. Water Science and Technology, 34: 25-31.

Boussouga Y-A, Frey H, Schäfer A I, 2021. Removal of arsenic(Ⅴ) by nanofiltration: Impact of water salinity, pH and organic matter. Journal of Membrane Science, 618: 10.1016/j.memsci.2020.118631.

Bradshaw D, Garai A, Huo J, 2012, Metal-organic framework growth at functional interfaces: Thin films and composites for diverse applications. Chemical Society Reviews, 41: 2344-2381.

Brandhuber P, Amy G, 1998. Alternative methods for membrane filtration of arsenic from drinking water. Desalination, 117: 1-10.

Bretzler A, Nikiema J, Lalanne F, Hoffmann L, Biswakarma J, Siebenaller L, Demange D, Schirmer M, Hug S J, 2020. Arsenic removal with zero-valent iron filters in Burkina Faso: Field and laboratory insights. Science of the Total Environment, 737: 139466.

Brierley C L, 1990. Bioremediation of metal-contaminated surface and groundwater. Geomicrobiology Journal, 8: 201-223.

Buschmann J, Canonica S, Lindauer U, Hug S, Sigg L, 2005. Photoirradiation of dissolved humic acid induces arsenic(Ⅲ) oxidation. Environmental Science & Technology, 39: 954-9546.

Cai X L, Laurel K, Thomas A, Fang X, Sylvain B, Cui Y S, Ruben K, 2021. Impact of organic matter on microbially-mediated reduction and mobilization of arsenic and iron in arsenic(Ⅴ)-bearing ferrihydrite. Environmental Science & Technology, 55: 1319-1328.

Casentini B, Falcione F T, Amalfitano S, Fazi S, Rossetti S, 2016. Arsenic removal by discontinuous ZVI two steps system for drinking water production at household scale. Water Research, 106: 135-145.

Catherino H A, 1967. Electrochemical oxidation of arsenic(Ⅲ). A consecutive electron-transfer reaction. Journal of Physical Chemistry, 71: 268-274.

Chellam S, Sari M A, 2016. Aluminum electrocoagulation as pretreatment during microfiltration of surface water containing NOM: A review of fouling, NOM, DBP, and virus control. Journal of Hazardous Materials, 304: 490-501.

Chen A S C, Wang L, Sorg T J, Lytle D A, 2020. Removing arsenic and co-occurring contaminants from drinking water by full-scale ion exchange and point-of-use/point-of-entry reverse osmosis systems. Water Research, 172: 115455.

Chen B, Eddaoudi M, Hyde S T, O'Keeffe M, Yaghi O M, 2001. Interwoven metal-organic framework on a periodic minimal surface with extra-large pores. Science, 291: 1021-1023.

Chen T C, Hseu Z Y, Jean J S, Chou M L, 2016. Association between arsenic and different-sized dissolved organic matter in the groundwater of black-foot disease area, Taiwan. Chemosphere, 159: 214-220.

Chen Z, Kim K W, Zhu Y G, McLaren R, Liu F, He J Z, 2006. Adsorption (As III, V) and oxidation (As III) of arsenic by pedogenic Fe-Mn nodules. Geoderma, 136: 566-572.

Chen Z, Wang Y P, Jiang X L, Fu D, Xia D, Wang H T, Dong G W, Li Q B, 2017. Dual roles of AQDS as electron shuttles for microbes and dissolved organic matter involved in arsenic and iron mobilization in the arsenic-rich sediment. Science of the Total Environment, 574: 1684-1694.

Chiew H S, Sampson M L, Huch S, Ken S, Bosthok B, 2009. Effect of groundwater iron and phosphate on the efficacy of arsenic removal by iron-amended biosand filters. Environmental Science & Technology, 43: 6295-6300.

Choong T S Y, Chuah T G, Robiah Y, Gregory Koay F L, Azni I, 2007. Arsenic toxicity, health hazards and removal techniques from water: An overview. Desalination, 217: 139-166.

Christl I, Brechbuhl Y, Graf M, Kretzschmar R, 2012. Polymerization of silicate on hematite surfaces and its influence on arsenic sorption. Environmental Science & Technology, 46: 13235-13243.

Chwirka J D, Colvinc C, Gomez J D, Mueller P, 2004. Arsenic removal from drinking water using the coagulation/microfiltration process. Journal of the American Water Works Association, 96: 106-114.

Clesceri L S, Greenberg A E, Trussell R R, 1989. Standard Methods for the Examination of Water and Wastewater. Washington DC: 17th ed. American Public Health Association.

Clifford D, 1999. Ion Exchange and Inorganic Adsorption//Letterman A. Water Quality and Treatment, American Water Works Association. New York: McGraw Hill.

Clifford D, Lin C C, 1991. Arsenic(III) and arsenic(V) removal from drinking water in San Ysidor. EPA report EPA/600/2-91/011, Office of Research and Development, USEPA.

Clifford D, Lin C C, 1995. Ion exchange, activated alumina, and membrane processes for arsenic removal from Groundwater. Proceedings of the 45th Annual Environmental Engineering Conference, University of Kansas.

Cornell R M, Schwertmann U, 1983. The Iron Oxides, Structures, Properties, Reactions, Occurrence and Uses. New York: VCH Publications.

Crognale S, Casentini B, Amalfitano S, Fazi S, Petruccioli M, Rossetti S, 2019. Biological As(III) oxidation in biofilters by using native groundwater microorganisms. Science of the Total Environment, 651: 93-102.

Cuong D V, Wu P C, Chen L I, Hou C H, 2021. Active MnO_2/biochar composite for efficient As(III) removal: Insight into the mechanisms of redox transformation and adsorption. Water Research, 188: 116495.

Ćurko J, Mijatović I, Matošić M, Jakopović H K, Bošnjak M U, 2011. As(V) removal from drinking water by coagulation and filtration through immersed membrane. Desalination, 279: 404-408.

Das T K, Bezbaruah A N, 2021. Comparative study of arsenic removal by iron-based nanomaterials: Potential candidates for field applications. Science of the Total Environment, 764: 142914.

David S B, Aillison J D, 1980. An Equilibrium Metal Speciation Model: User's Manual. Enviromental Research Laboratoy, office of Research and Development USEPA, Report No. EPA 600-3-87-012.

Davis C C, 2000. Aqueous silica in the environment: Effects on iron hydroxide surface chemistry and implications for natural and engineered systems. Virginia: Virginia Polytechnic Institute and State University.

Davis C C, Knocke W R, Edwards M, 2001. Implications of aqueous silica sorption to iron hydroxide: Mobilization of iron colloids and interference with sorption of arsenate and humic substances. Environmental Science & Technology, 35: 3158-3162.

Deng Y X, Weng L P, Li Y T, Ma J, Chen Y L, 2019. Understanding major NOM properties controlling its interactions with phosphorus and arsenic at goethite-water interface. Water Research, 157: 372-380.

Ding W, Zheng H, Sun Y, Zhao Z, Zheng X, Wu Y, Xiao W, 2021. Activation of MnFe$_2$O$_4$ by sulfite for fast and efficient removal of arsenic(Ⅲ) at circumneutral pH: Involvement of Mn(Ⅲ). Journal of Hazardous Materials, 403: 123623.

Dixit S, Hering J G, 2003. Comparison of arsenic(Ⅴ) and arsenic(Ⅲ) sorption onto iron oxide minerals: Implications for arsenic mobility. Environmental Science & Technology, 37: 4182-4189.

Do V T, Tang C Y, Reinhard M, Leckie J O, 2012. Effects of hypochlorous acid exposure on the rejection of salt, polyethylene glycols, boron and arsenic(Ⅴ) by nanofiltration and reverse osmosis membranes. Water Research, 46: 5217-5223.

Dong L J, Zinin P V, Cowen J P, Ming L C, 2009. Iron coated pottery granules for arsenic removal from drinking water. Journal of Hazardous Materials, 168: 626-632.

Driehaus W, Seith R, Jekel M, 1995. Oxidation of arsenate(Ⅲ) with manganese oxides in water treatment. Water Research, 29: 297-305.

Driehaus W, Jekel M, Hildebrandt U, 1998. Granular ferric hydroxide: A new adsorbent for the removal of arsenic from natural water. Journal of Water Supply: Research and Technology, 47: 1-6.

Edwards G, Benjamin M M, 1989. Adsorptive filtration using coated sand: A new approach for treatment of metal-bearing wastes. Journal of the Water Pollution Control Federation, 61: 1523-1533.

Edwards M, 1994. Chemistry of arsenic removal during coagulation and Fe-Mn oxidation. Journal of the American Water Works Association, 86: 64-78.

Fairen-Jimenez D, Moggach S A, Wharmby M T, Wright P A, Parsons S, Duren T, 2011. Opening the gate: Framework flexibility in ZIF-8 explored by experiments and simulations. Journal of the American Chemical Society, 133: 8900-8902.

Fang Z, Li Z, Zhang X, Pan S, Wu M, Pan B, 2021. Enhanced arsenite removal from silicate-containing water by using redox polymer-based Fe(Ⅲ) oxides nanocomposite. Water Research, 189: 116673.

Fendorf S, Eick M J, Grossl P, Sparks D L, 1997. Arsenate and chromate retention mechanisms on goethite.1. Surface sstructure. Environmental Science & Technology, 31: 315-318.

Ficek K J, 1996. Remove heavymetals with greensand/permanganate: Look at greensand to reduce radium and arsenic levels. Water Technology, 19: 84-88.

Figoli A, Cassano A, Criscuoli A, Mozumder M S, Uddin M T, Islam M A, Drioli E, 2010. Influence of operating parameters on the arsenic removal by nanofiltration. Water Research, 44: 97-104.

Figoli A, Fuoco I, Apollaro C, Chabane M, Mancuso R, Gabriele B, Rosa R D, Vespasiano G, Barca D, Criscuoli A, 2020. Arsenic-contaminated groundwaters remediation by nanofiltration. Separation and Purification Technology, 238: 10.1016/j.seppur.2019.116461.

Foster A L, Breit G N, Welch A L, 2000. *In-situ* identification of arsenic species in soil and aquifer sediment from ramrail. San Francisco: AGU Fall Meeting.

Foundation A R, 1993. Now adsorption onto iron oxide-coated sand. American Water Works Association.

Frank P, Clifford D, 1986. Arsenic(Ⅲ) oxidation and removal from drinking water. Water Engineering Research Laboratory, Office of Research and Development, USEPA.

Frau F, 2000. The formation-dissolution-precipitation cycle of melanterite at the abandoned pyrite mine of Genna luas in Sardinia, Italy: Environmental implications. Mineralogical Magazine, 64: 995-1006.

Gao S, Wang Q, Nie J, Poon C S, Yin H, Li J S, 2021. Arsenate(Ⅴ) removal from aqueous system by using modified incinerated sewage sludge ash (ISSA) as a novel adsorbent. Chemosphere, 270: 129423.

Garcia-Costa A L, Sarabia A, Zazon J A, Casas J A, 2020. UV-assisted catalytic wet peroxide oxidation and adsorption as efficient process for arsenic removal in groundwater. Catalysis Today, 361: 176-182.

Gautham J, Mondal K, Lalbani S B, 2005. Arsenate remediation using nanosized modified zero-valent iron particles. Environmental Progress & Sustainable Energy, 24: 289-296.

Genz A, Kornmuller A, Jekel M, 2004. Advanced phosphorus removal from membrane filtrates by adsorption on activated aluminium oxide and granulated ferric hydroxide. Water Research, 38: 3523-3530.

George S, Steinberg S M, Hodge V, 2000. The concentration, apparent molecular weight and chemical reactivity of silica from groundwater in Southern Nevada. Chemosphere, 40: 57-63.

Gholami M M, Mokhtari M A, Aameri A, Alizadeh Fard M R, 2006. Application of reverse osmosis technology for arsenic removal from drinking water. Desalination, 200: 725-727.

Ghosh U C, Bandyopadyay D, Manna B, Mandal M, 2006. Hydrous iron(III)-tin(IV) binary mixed oxide: Arsenic adsorption behaviour from aqueous solution. Water Quality Research Journal of Canada, 41: 198-209.

Ghurye G, Clifford D, Tripp A, 2004. Iron coagulation and direct microfiltration to remove arsenic from groundwater. Journal of the American Water Works Association, 96: 143-152.

Gomes J A, Daida P, Kesmez M, Weir M, Moreno H, Parga J R, Irwin G, McWhinney H, Grady T, Peterson E, Cocke D L, 2007. Arsenic removal by electrocoagulation using combined Al-Fe electrode system and characterization of products. Journal of Hazardous Materials, 139: 220-231.

Gregor J, 2001. Arsenic removal during conventional aluminium-based drinking-water treatment. Water Research, 35: 1659-1664.

Guan X, Dong H, Ma J, Jiang L, 2009a. Removal of arsenic from water: Effects of competing anions on As(III) removal in $KMnO_4$-Fe(II) process. Water Research, 43: 3891-3899.

Guan X, Ma J, Dong H, Jiang L, 2009b. Removal of arsenic from water: Effect of calcium ions on As(III) removal in the $KMnO_4$-Fe(II) process. Water Research, 43: 5119-5128.

Gucuyener C, van den Bergh J, Gascon J, Kapteijn F, 2010. Ethane/ethene separation turned on its head: Selective ethane adsorption on the metal-organic framework ZIF-7 through a gate-opening mechanism. Journal of the American Chemical Society, 132: 17704-17706.

Guo H M, Li X M, Xiu W, Cao Y S, Zhang D, Wang A, 2019. Controls of organic matter bioreactivity on arsenic mobility in shallow aquifers of the Hetao Basin, P.R. China. Journal of Hydrology, 571: 448-459.

Gupta S K, Chen K, 1978. Arsenic removal by adsorption. Journal WPCF, 3: 493-506.

Gupta V K, Ali I, 2002. Adsorbents for water treatment: Low cost alternatives to carbon//Hubbard A T. Encyclopedia of Surface and Colloid Science, 1: 136-166.

Gupta V K, Saini V K, Jain N, 2005. Adsorption of As(III) from aqueous solutions by iron oxide-coated sand. Journal of Colloid and Interface Science, 288: 55-60.

Han R P, Zou W H, Li H K, Li Y H, Shi J, 2006. Copper(II) and lead(II) removal from aqueous solution in fixed-bed columns by manganese oxide coated zeolite. Journal of Hazardous Materials, B137: 934-942.

Hanson A, Bates J, Heil D, 2000. Removal of arsenic from ground water by manganese dioxide-coated sand. Journal of Environmental Engineering, 126: 1160-1161.

Harisha R S, Hosamani K M, Keri R S, Nataraj S K, Aminabhavi T M, 2010. Arsenic removal from drinking water using thin film composite nanofiltration membrane. Desalination, 252: 75-80.

He X, Deng F, Shen T, Yang L, Chen D, Luo J, Luo X, Min X, Wang F, 2019a. Exceptional adsorption of arsenic by zirconium metal-organic frameworks: Engineering exploration and mechanism insight. Journal of Colloid and Interface Science, 539: 223-234.

He Z, Tian S, Ning P, 2012. Adsorption of arsenate and arsenite from aqueous solutions by cerium-loaded cation exchange resin. Journal of Rare Earths, 30: 563-572.

He Z, Zhang Q, Wei Z, Wang S, Pan X, 2019b. Multiple-pathway arsenic oxidation and removal from wastewater by a novel manganese-oxidizing aerobic granular sludge. Water Research, 157: 83-93.

He Z, Zhang Q, Wei Z, Zhu Y, Pan X, 2020a. Simultaneous removal of As(III) and Cu(II) from real bottom ash leachates by manganese-oxidizing aerobic granular sludge: Performance and mechanisms. Science of the Total Environment, 700: 134510.

He Z, Zhu Y, Xu X, Wei Z, Wang Y, Zhang D, Pan X, 2020b. Complex effects of pH and organic shocks on arsenic oxidation and removal by manganese-oxidizing aerobic granular sludge in sequencing batch reactors. Chemosphere, 260: 127621.

Hering J G, Chen P, Wilkie J A, Elimelech M, Liang S, 1996. Arsenic removal by ferric chloride. Journal of the American Water Works Association, 88: 155-167.

Hu S, Lu Y, Peng L, Wang P, Zhu M, Dohnalkova A C, Chen H, Lin Z, Dang Z, Shi Z, 2018. Coupled kinetics of ferrihydrite transformation and As(V) sequestration under the effect of humic acids: A mechanistic and quantitative study. Environmental Science & Technology, 52: 11632-11641.

Huang C, Shi X, Wang C, Guo L, Dong M, Hu G, Lin J, Ding T, Guo Z, 2019. Boosted selectivity and enhanced capacity of As(V) removal from polluted water by triethylenetetramine activated lignin-based adsorbents. International Journal of Biological Macromolecules, 140: 1167-1174.

Hug S J, Leupin O, 2003. Iron-catalyzed oxidation of arsenic(III) by oxygen and by hydrogen peroxide: pH-dependent formation of oxidants in the Fenton reaction. Environmental Science & Technology, 37: 2734-2742.

Huling J R, Huling S G, Ludwig R, 2017. Enhanced adsorption of arsenic through the oxidative treatment of reduced aquifer solids. Water Research, 123: 183-191.

Hussain I, Li M, Zhang Y, Huang S, Hayat W, Li Y, Du X, Liu G, 2017. Efficient oxidation of arsenic in aqueous solution using zero valent iron-activated persulfate process. Journal of Environmental Chemical Engineering, 5: 3983-3990.

Islam A, Teo S H, Ahmed M T, Khandaker S, Ibrahim M L, Vo D N, Abdulkreem-Alsultan G, Khan A S, 2021. Novel micro-structured carbon-based adsorbents for notorious arsenic removal from wastewater. Chemosphere, 272: 129653.

Jain A, Raven K P, Loeppert R H, 1999. Arsenite and arsenate adsorption on ferrihydrite: Surface charge reduction and net OH- release stoichiometry. Environmental Science & Technology, 33: 1179-1184.

Jekel I K A Z M, 2004. Kinetics of bacterial As(III) oxidation and subsequent As(V) removal by sorption onto biogenic manganese oxides during groundwater treatment. Industrial & Engineering Chemistry Research, 43: 486-493.

Jekel M R, 1994. Removal of Arsenic in Drinking Water Treatment//Nriagu J O. Arsenic in the Environment, Part I: Cycling and Characterization. New York: John Wiley & Sons, Inc.

Jiang J Q, 2001. Removing arsenic from groundwater for the developing world: A review. Water Science and Technology, 40: 89-98.

Jiang J, Paul A, Kapplew A, 2009. Arsenic redox changes by microbially and chemically formed semiquinone radicals and hydroquinones in a humic substance model quinone. Environmental Science & Technology, 43: 3639-3645.

Joshi A, Chaudhuri M, 1996. Removal of arsenic from ground water by iron oxide-coated sand. Journal of Environmental Engineering, 122: 769-772.

Kadukova J, Vircikova E, 2005. Comparison of differences between copper bioaccumulation and biosorption.

Environmental International, 31: 227-232.

Kanel S R, Manning B, Charlet L, Choi H, 2005. Treatment of groundwater polluted by arsenic compounds by zero valent iron. Environmental Science & Technology, 39: 1291-1298.

Karschunka K, Jekel M, 2002. Arsenic removal by iron hydroxide, produced by enhanced corrosion of iron. 2nd World Water Congress: Drinking Water Treatment.

Katsoyiannis I A, Zouboulis A I, 2002. Removal of arsenic from contaminated water sources by sorption onto iron-oxide-coated polymeric materials. Water Research, 36: 5141-5155.

Katsoyiannis I A, Zouboulis A I, 2004. Application of biological processes for the removal of arsenic from groundwaters. Water Research, 38: 17-26.

Khan N A, Hasan Z, Jhung S H, 2013. Adsorptive removal of hazardous materials using metal-organic frameworks (MOFs): A review. Journal of Hazardous Materials, 244: 444-456.

Khuntia S, Majumder S K, Ghosh P, 2014. Oxidation of As(III) to As(V) using ozone microbubbles. Chemosphere, 97: 120-124.

Kim M J, Nriagu J, 2000. Oxidation of arsenite in groundwater using ozone and oxygen. Science of the Total Environment, 247: 71-79.

Krishna M V B, Chandrasekaran K, Karunasagar D, Arunachalam J, 2001. A combined treatment approach using Fenton's reagent and zero valent iron for the removal of arsenic from drinking water. Journal of Hazardous Materials, 84: 229-240.

Kundu S, Gupta A K, 2005. Analysis and modeling of fixed bed column operations on As(V) removal by adsorption onto iron oxide-coated cement(IOCC). Journal of Colloid and Interface Science, 290: 52-60.

Kundu S, Gupta A K, 2007. Adsorption characteristics of As(III) from aqueous solution on iron oxide coated cement(IOCC). Journal of Hazardous Materials, 142: 97-104.

Kwon T, Tsigdinos G A, Pinnavaia T J, 1988. Pillaring of layered double hydroxides (LDHs) by polyoxometalate anions. Journal of the American Chemical Society, 110: 36.

Lackovic J A, Nikolaidis N P, Dobbs G, 2000. Inorganic arsenic removal by zero-valent iron. Environmental Engineering Science, 17: 29-39.

Lakshmipathiraj P, Narasimhan B R V, Prabhakar S, Bhaskar R G, 2006. Adsorption studies of arsenic on Mn-substituted iron oxyhydroxide. Journal of Colloid and Interface Science, 304: 317-322.

Laky D, Licsko I, 2011. Arsenic removal by ferric-chloride coagulation: Effect of phosphate, bicarbonate and silicate. Water Science and Technology, 64: 1046-1055.

Lamb D T, Kader M, Wang L, Choppala G, Rahman M M, Megharaj M, Naidu R, 2016. Pore-water carbonate and phosphate As predictors of arsenate toxicity in soil. Environmental Science & Technology, 50: 13062-13069.

Lee Y, Um I H, Yoon J, 2003. Arsenic(III) oxidation by iron(VI) (ferrate) and subsequent removal of arsenic(V) by iron(III) coagulation. Environmental Science & Technology, 37: 5750-5756.

Letterman A, 1999. Water Quality and Treatment: A Handbook of Community Water Supplies, American Water Works Association. New York: McGraw-Hill.

Li N, Fan M, Van Leeuwen J, Saha B, Yang H, Huang C P, 2007. Oxidation of As(III) by potassium permanganate. Journal of Environmental Sciences, 19: 783-786.

Li Z X, Sheyda S, Deng N, Chen J W, Stacey M L, Hu Y D, 2020. Natural organic matter (NOM) imparts molecular-weight dependent steric stabilization or electrostatic destabilization to ferrihydrite nanoparticles. Environmental Science & Technology, 54: 6761-6770.

Sun L H, Liu R P, Xia S J, Yang Y L, Li G B, 2009. Enhanced As(III) removal with permanganate oxidation, ferric chloride precipitation and sand filtration as pretreatment of ultrafiltration. Desalination, 243: 122-131.

Lin T Y, Wei C C, Huang C W, Chang C H, Hsu F L, Liao V H, 2016. Both phosphorus fertilizers and indigenous bacteria enhance arsenic release into groundwater in arsenic-contaminated aquifers. Journal of Agricultural and Food Chemistry, 64: 2214-2222.

Liu G, Fernandez A, Cai Y, 2011. Complexation of arsenite with humic acid in the presence of ferric iron. Environmental Science & Technology, 45: 3210-3216.

Liu L, Qiao Q, Tan W, Sun X, Liu C, Dang Z, Qiu G, 2020. Arsenic detoxification by iron-manganese nodules under electrochemically controlled redox: Mechanism and application. Journal of Hazardous Materials, 123: 9-12.

Liu L, Tan W, Suib S L, Qiu G, Zheng L, Su S, 2019. Enhanced adsorption removal of arsenic from mining wastewater using birnessite under electrochemical redox reactions. Chemical Engineering Journal, 375: 10.1016/j.cej.2019.122051.

Liu R, Qu J, 2021. Review on heterogeneous oxidation and adsorption for arsenic removal from drinking water. Journal of Environmental Science, 110: 178-188.

Liu R P, Tang H X, 2000. Oxidative decolorization of direct light red F3B dye at natural manganese mineral surface. Water Research, 34: 4029-4035.

Lo S H, Chen T Y, 1997. Adsorption of Se(IV) and Se(VI) on an iron-coated sand from water. Chemosphere, 35: 919-930.

Lo S L, Jeng H T, Lai C H, 1997. Characteristics and adsorption properties of iron-coated sand. Water Science and Technology, 35: 63-70.

Lopez P, Lluch X, Vidal M, 1996. Adsorption of phosphorus on sediments of the balearic islands (Spain) related to their composition. Estuarine, Coastal and Shelf Science, 42: 185-196.

Lu H, Zhu Z, Zhang H, Qiu Y, 2016. *In situ* oxidation and efficient simultaneous adsorption of arsenite and arsenate by Mg-Fe-LDH with persulfate intercalation. Water Air and Soil Pollution, 227: 1-12.

Ma H, Zhu Z, Dong L, Qiu Y, Zhao J, 2010. Removal of arsenate from aqueous solution by manganese and iron (hydr) oxides coated resin. Separation Science and Technology, 46: 130-136.

Maeda S, Ohki A, 1992. hydroxide-loaded coral limestone as an adsorbent for arsenic(III) and arsenic(V). Separation Science and Technology, 27: 681-689.

Makris K C, Sarkar D, Datta R, 2006. Evaluating a drinking-water waste byproduct as a novel sorbent for arsenic. Chemosphere, 64: 730-741.

Maliyekkal S M, Sharma A K, Philip L, 2006. Manganese-oxide-coated alumina: A promising sorbent for defluoridation of water. Water Research, 40: 3497-3506.

Manning B A, Fendorf S E, Bostick B, Suarez D L, 2002. Arsenic(III) oxidation and arsenic(V) adsorption reactions on synthetic birnessite. Environmental Science & Technology, 36: 976-981.

Manning B A, Goldberg S, 1996. Modeling arsenate competitive adsorption on kaolinite, montmorillonite and illite. Clays and Clay Minerals, 44: 609-923.

Manning B A, Goldberg S, 1997a. Arsenic(III) and arsenic(V) adsorption on three California soils. Soil Science, 162: 886-895.

Manning B A, Goldberg S, 1997b. Adsorption and stability of arsenic(III) at the clay mineral-water interface. Environmental Science & Technology, 31: 2005-2011.

Masscheleyn P H, Delaune R D, William P J, 1991. Effect of redox potential and pH on arsenic speciation and solubility in a contaminated soil. Environmental Science & Technology, 25: 1414-1419.

Matis K A, Zouboulis A I, Zamboulis D, Valtadorou A V, 1999. Sorption of As(V) by goethite particles and study of their flocculation. Water Air and Soil Pollution, 111: 297-316.

Matisoff G, Khourey C J, Hall J F, 1982. The nature and source of arsenic in Northeastern Ohio groundwater. Ground Water, 20: 446-456.

Matthew J, DeMarco A, Gupta S K, Greenleaf J E, 2003. Arsenic removal using a polymeric/inorganic hybrid sorben. Water Research, 37: 164-176.

McCafferty N D, Callow M E, Hoggett L, 2000. Application of method to quantify carbonate precipitated on granular activated carbon (GAC) used in potable water treatment. Water Research, 34: 2199-2206.

McNeill L S, Edwards M, 1994. Arsenic Removal via Softening. New York: American Society of Civil Engineers.

McNeill L S, Edwards M, 1997. Arsenic removal during precipitative softening. Journal of Environmental Engineering-ASCE, 123: 453-460.

Meng X G, Bang S, Korfiatis G P, 2000. Effects of silicate, sulfate, and carbonate on arsenic removal by ferric chloride. Water Research, 34: 1255-1261.

Meng X G, Korfiatis G P, Christodoulatos C, 2001. Treatment of arsenic in bangladesh well water using a household co-precipitation and filtration system. Water Research, 35: 2805-2810.

Meng X G, Korfiatis G P, Bang S B, Bang K W, 2002. Combined effects of anions on arsenic removal by iron hydroxides. Toxicology Letters, 133: 103-111.

Mohan D, Chander S, 2006a. Single, binary, and multi-component sorption of iron and manganese on lignite. Journal of Colloid and Interface Science, 299: 76-87.

Mohan D, Chander S, 2006b. Removal and recovery of metal ions from acid mine drainage using lignite: A low cost sorbent. Journal of Hazardous Materials, 137: 1545-1553.

Mohan D, Pittman Jr C U, Bricka M, Smith F, Yancey B, Mohammad J, Steele P H, Alexandre-Franco M F, Serrano V G, 2007. Sorption of arsenic, cadmium, and lead by chars produced from fast pyrolysis of wood and bark during bio-oil production. Journal of Colloid and Interface Science, 310: 57-73.

Mólgora C C, Domínguez A M, Avila E M, Drogui P, Buelna G, 2013. Removal of arsenic from drinking water: A comparative study between electrocoagulation-microfiltration and chemical coagulation-microfiltration processes. Separation and Purification Technology, 118: 645-651.

Moon D H, Dermatas D, Menounou N, 2004. Arsenic immobilization by calcium-arsenic precipitates in lime treated soils. Science of the Total Environment, 330: 171-185.

Moore J N, Walker J R, Hayes T H, 1990. Reaction scheme for the oxidation of As(III) to As(V) by birnessite. Clays and Clay Minerals, 38: 549-555.

Moreira V R, Lebron Y A R, Santos L V d S, Amaral M C S, 2020. Dead-end ultrafiltration as a cost-effective strategy for improving arsenic removal from high turbidity waters in conventional drinking water facilities. Chemical Engineering Journal, 10.1016/j.cej.2020.128132.

Muedi K L, Brink H G, Masindi V, Maree J P, 2021. Effective removal of arsenate from wastewater using aluminium enriched ferric oxide-hydroxide recovered from authentic acid mine drainage. Journal of Hazardous Materials, 414: 125491.

Munoz J A, Gonzalo A, Valiente M, 2002. Arsenic adsorption by Fe(III) loaded open-celled cellulose sponge: Thermodynamic and selectivity aspects. Environmental Science & Technology, 36: 3405-3411.

Namasivayam C, Senthilkumar S, 1998. Removal of arsenic(V) from aqueous solution using industrial solid waste: Adsorption rates and equilibrium studies. Industrial & Engineering Chemistry Research, 37: 4816-4822.

Navarrete-Magana M, Estrella-Gonzalez A, May-Ix L, Cipagauta-Diaz S, Gomez R, 2021. Improved photocatalytic oxidation of arsenic(Ⅲ) with WO₃/TiO₂ nanomaterials synthesized by the sol-gel method. Journal of Environmental Management, 282: 111602.

Navratil J D, 1999. Wastewater treatment technology based on iron oxides. Applied Science, 362: 417-424.

Nesbitt H W, Canning G W, Bancroft G M, 1998. XPS study of reductive dissolution of 7Å-birnessite by H_3AsO_3 with constraints on reaction mechanism. Geochimica et Cosmochimica Acta, 62: 2097-2110.

Nguyen T V, Vigneswaran S, Ngo H H, Pokhrel D, Viraraghavan T, 2006. Specific treatment technologies for removing arsenic from water. Enginering Life Science, 6: 86-90.

Nidheesh P, Syam Babu D, Dasgupta B, Behara P, Ramasamy B, Suresh Kumar M, 2020. Treatment of arsenite-contaminated water by electrochemical advanced oxidation processes. ChemElectroChem, 7: 2418-2423.

Nikolaos P N, Gregory M D, Jeffrey A L, 2003. Arsenic removal by zero-valent iron: field, laboratory and modeling studies. Water Research, 37: 1417-1425.

Oh J I, Yamamoto K, Kitawaki H, 2000. Application of low-pressure nanofiltration coupled with a bicycle pump for the treatment of arsenic-contaminated groundwater. Desalination, 132: 307-314.

Ohki A, Nakayachigo K, Naka K, Meeda S, 1996. Adsorption of inorganic and organic arsenic compounds by aluminium-loaded coral limestone. Applied Organometallic Chemistry, 10: 747-752.

Önnby L, Kumar P S, Sigfridsson K G, Wendt O F, Carlson S, Kirsebom H, 2014. Improved arsenic(Ⅲ) adsorption by Al_2O_3 nanoparticles and H_2O_2: Evidence of oxidation to arsenic(Ⅴ) from X-ray absorption spectroscopy. Chemosphere, 113: 151-157.

Ortiz G, Nouali H, Marichal C, Chaplais G, Patarin J, 2014. Versatile energetic behavior of ZIF-8 upon high pressure intrusion–extrusion of aqueous electrolyte solutions. The Journal of Physical Chemistry C, 118: 7321-7328.

Oscarson D W, Huang P M, Defosse C, Herbillon A, 1981. Oxidative power of Mn(Ⅳ) and Fe(Ⅲ) oxides with respect to As(Ⅲ) in terrestrial and aquatic environments. Nature, 44: 751-757.

Oscarson D W, Huang P M, Hammer U T, 1983. Oxidation and sorption of arsenite by manganese dioxide as influenced by surface coatings of iron and aluminum oxides and calcium carbonate. Water, Air, and Soil Pollution, 20: 233-244.

Pal P, Chakrabortty S, Linnanen L, 2014. A nanofiltration-coagulation integrated system for separation and stabilization of arsenic from groundwater. Science of the Total Environment, 476-477: 601-610.

Pan Y P, Chiou C T, Lin T F, 2010. Adsorption of arsenic(Ⅴ) by iron-oxide-coated diatomite(IOCD). Environmental Science and Pollution Research, 17: 1401-1410.

Park K S, Ni Z, Cote A P, Choi J Y, Huang R, Uribe-Romo F J, Chae H K, O'Keeffe M, Yaghi O M, 2006. Exceptional chemical and thermal stability of zeolitic imidazolate frameworks. Proceedings of the National Academy of Sciences, 103: 10186-10191.

Peng X, Xi B D, Zhao Y, Shi Q T, Meng X G, Mao X H, Jiang Y H, Ma Z F, Tan W B, Liu H L, Gong B, 2017. Effect of arsenic on the formation and adsorption property of ferric hydroxide precipitates in ZVI treatment. Environmental Science & Technology, 51: 10100-10108.

Petrusevski B, Sharma S K, Kruis F, Omeruglu P, Schippers J C, 2002. Family filter with iron-coated sand: Solution for arsenic removal in rural areas. Water Science and Technology: Water Supply, 2: 127-133.

Philip B, Gary A, 1998. Alternative methods for membrane filtration of arsenic from drinking water. Desalination, 117: 1-10.

Pintor A M A, Brandao C C, Boaventura R A R, Botelho C M S, 2021. Multicomponent adsorption of pentavalent As, Sb and P onto iron-coated cork granulates. Journal of Hazardous Materials, 406: 124339.

Planer-Friedrich B, Schaller J, Wismeth F, Mehlhorn J, Hug S J, 2018. Monothioarsenate occurrence in bangladesh groundwater and its removal by ferrous and zero-valent iron technologies. Environmental Science & Technology, 52: 5931-5939.

Pokhrel D, Viraraghavan T, 2009. Biological filtration for removal of arsenic from drinking water. Journal of Environmental Management, 90: 1956-1961.

Pontius F M, 2003. Water Quality and Treatment: A Handbook of Community Water Supplies. New York: McGraw-Hill, Inc.

Posselt H S, Anderson F J, Weber W J, 1968. Cation sorption on colloidal hydrous manganese dioxide. Environmental Science & Technology, 2: 1087-1093.

Pirnie M, 2000. Technologies and Costs for Removal of Arsenic from Drinking Water. USEPA Report 815-R-00-028.

Qiao J, Li X, Li F, Liu T, Young L Y, Huang W, Sun K, Tong H, Hu M, 2019. Humic substances facilitate arsenic reduction and release in flooded paddy soil. Environmental Science & Technology, 53: 5034-5042.

Qiao Q, Yang X, Liu L, Luo Y, Tan W, Liu C, Dang Z, Qiu G, 2020. Electrochemical adsorption of cadmium and arsenic by natural Fe-Mn nodules. Journal of Hazardous Materials, 390: 122165.

Rady O, Liu L, Yang X, Tang X, Tan W, Qiu G, 2020. Adsorption and catalytic oxidation of arsenite on Fe-Mn nodules in the presence of oxygen. Chemosphere, 259: 127503.

Ramakrishna D M, Viraraghavan T, Jin Y C, 2006. Coated sand for arsenic removal: Investigation of coating parameters using factorial design approach. Practice Periodical of Hazardous, Toxic, and Radioactive Waste Management Volume 10, Issue 4October 2006Pages191-277.

Ramos M A V, Yan W, Li X Q, Koel B E, Zhang W X, 2009. Simultaneous oxidation and reduction of arsenic by zero-valent iron nanoparticles: Understanding the significance of the core-shell structure. The Journal of Physical Chemistry C, 113: 14591-14594.

Raven K P, Jain A, Loeppert R H, 1998. Arsenite and arsenate adsorption on ferrihydrite: Kinetics, equilibrium, and adsorption envelopes. Enviromental Science & Technology, 32: 344-349.

Roberts L C, Hug S J, Ruettimann T, Billah M M, Khan A W, Rahman M T, 2004. Arsenic removal with iron(II) and iron(III) in waters with high silicate and phosphate concentrations. Environmental Science & Technology, 38: 307-315.

Rubel Jr. F, 2003. Design Manual: Removal of Arsenic from Drinking Water by Adsorption Media. USEPA Reprot 600-2-84-134.

Ryu J, Choi W, 2004. Effects of TiO_2 surface modifications on photocatalytic oxidation of arsenite: the role of superoxides. Environmental Science & Technology, 39: 2928-2933.

Saada A, Breeze D, Crouzet C, 2003. Adsorption of arsenic (V) on kaolinite and on kaolinite-humic acid complexes: Role of humic acid nitrogen groups. Chemosphere, 51: 757-763.

Saleh T A, Agarwal S, Gupta V K, 2011. Synthesis of $MWCNT/MnO_2$ and their application for simultaneous oxidation of arsenite and sorption of arsenate. Applied Catalysis B: Environmental, 106: 46-53.

Sánchez J, Rivas B L, 2010. Arsenic extraction from aqueous solution: Electrochemical oxidation combined with ultrafiltration membranes and water-soluble polymers. Chemical Engineering Journal, 165: 625-632.

Sarkar S, Gupta A, Biswas R K, Deb A K, Greenleaf J E, SenGupta A K, 2005. Well-head arsenic removal units in remote villages of Indian subcontinent: Field results and performance evaluation. Water Research, 39: 2196-2206.

Scheidegger A, Borkovec M, Sticher H, 1993. Coating of silica sand with goethite: Preparation and analytical identification. Geoderma, 58: 43-65.

Schmidt S A, Gukelberger E, Hermann M, Fiedler F, Grossmann B, Hoinkis J, Ghosh A, Chatterjee D, Bundschuh J,

2016. Pilot study on arsenic removal from groundwater using a small-scale reverse osmosis system-towards sustainable drinking water production. Journal of Hazardous Materials, 318: 671-678.

Schwertmann U, Cornell R M, 1991. Iron Oxides in the Laboratory, Preparation and Characterization. New York: VCH Publication.

Scott K N, Green J F, 1995. Arsenic removal by coagulation. Journal of the American Water Works Association, 87: 114-126.

Scott M J, Morgan J J, 1995. Reactions at oxide surfaces. 1. Oxidation of As(III) by synthetic birnessite. Environmental Science & Technology, 29: 1898-1905.

Seidel A, Waypa J J, Elimelech M, 2001. Role of charge (Donnan) exclusion in removal of arsenic from water by a negatively charged porous nanofiltration membrane. Environmental Engineering Science, 18: 105-113.

Sha L, Zou Z, Qu J, Li X, Huang Y, Wu C, Xu Z, 2020. As(III) removal from aqueous solution by katoite ($Ca_3Al_2(OH)_{12}$). Chemosphere, 260: 127555.

Shao W, Li X, Cao Q, Luo F, Li J, Du Y, 2008. Adsorption of arsenate and arsenite anions from aqueous medium by using metal(III)-loaded amberlite resins. Hydrometallurgy, 91: 138-143.

Shen Y S, 1973. Study of arsenic removal from drinking water. Journal of the American Water Works Association, 65: 543.

Sherlala A I A, Raman A A A, Bello M M, Buthiyappan A, 2019. Adsorption of arsenic using chitosan magnetic graphene oxide nanocomposite. Journal of Environmental Management, 246: 547-556.

Simms J, Azizian F, 1997. Pilot plant trials on the removal of arsenic from potable water using activated alumina. Proceedings AWWA Water Quality Technology Confernce.

Singh T S, Pant K K, 2006. Kinetics and mass transfer studies on the adsorption of arsenic onto activated alumina and iron oxide impregnated activated alumina. Water quality research journal of Canada, 41: 147-156.

Smedley P L, Kinniburgh D G, 2002. A Review of the source, behaviour and distribution of arsenic in natural waters. Applied Geochemistry, 17: 517-568.

Sneddon R, Garelick H, Valsami-Jones E, 2005. An investigation into arsenic(V) removal from aqueous solutions by hydroxylapatite and bonechar. Mineralogical Magazine, 69: 769-780.

Song P, Yang Z, Zeng G, Yang X, Xu H, Wang L, Xu R, Xiong W, Ahmad K, 2017. Electrocoagulation treatment of arsenic in wastewaters: A comprehensive review. Chemical Engineering Journal, 317: 707-725.

Sorlini S, Gaildini F, 2010. Conventional oxidation treatments for the removal of arsenic with chlorine dioxide, hypochlorite, potassium permanganate and monochloramine. Water Research, 44: 5653-5659.

Sperlich A, Werner A, Genz A, Amy G, Worch E, Jekel M, 2005. Breakthrough behaviour of granular ferric hydroxide (GFH) fixed-bed adsorption filters: Modeling and experimental approaches. Water Research, 39: 1190-1198.

Su C, Puls R W, 2001. Arsenate and arsenite removal by zerovalent iron: Effects phosphate, silicate, carbonate, borate, sulfate, chromate, molybdate, and nitrate, relative to chloride. Environmental Science & Technology, 35: 4562-4568.

Su C, Puls R W, 2003. *In situ* remediation of arsenic in simulated groundwater using zerovalent iron: Laboratory column tests on combined effects of phosphate and silicate. Environmental Science & Technology, 37: 2582-2587.

Suazo-Hernandez J, Manquian-Cerda K, de la Luz Mora M, Molina-Roco M, Angelica Rubio M, Sarkar B, Bolan N, Arancibia-Miranda N, 2021. Efficient and selective removal of Se(VI) and As(V) mixed contaminants from aqueous media by montmorillonite-nanoscale zero valent iron nanocomposite. Journal of Hazardous Materials, 403: 123639.

Subramanian K S, Viraraghavan T, Phommavong T, Tanjore S, 1997. Manganese greensand for removal of arsenic in drinking water. Water Quality Research Journal of Canada, 32: 551-561.

Sun H W, Wang L, Zhang R H, Sui J C, Xu G N, 2006. Treatment of groundwater polluted by arsenic compounds by zero valent iron. Journal of Hazardous Materials, 129: 297-303.

Sun T, Zhao Z, Liang Z, Liu J, Shi W, Cui F, 2017. Efficient removal of arsenite through photocatalytic oxidation and adsorption by ZrO_2-Fe_3O_4 magnetic nanoparticles. Applied Surface Science, 416: 656-665.

Swedlund P J, Webster J G, 1999. Adsorption and polymerisation of silicic acid on ferrihydrite, and its effect on arsenic adsorption. Water Research, 33: 3413-3422.

Tao W, Li A, Long C, Fan Z, Wang W, 2011. Preparation, characterization and application of a copper (II) -bound polymeric ligand exchanger for selective removal of arsenate from water. Journal of Hazardous Materials, 193: 149-155.

Thirunavukkarasu O S, Viraraghavan T, Subramanian K S, 2003. Arsenic removal from drinking water using iron oxide-coated sand. Water Air and Soil Pollution, 142: 95-111.

Tofan-Lazar J, Al-Abadleh H A, 2012. Kinetic ATR-FTIR studies on phosphate adsorption on iron (oxyhydr) oxides in the absence and presence of surface arsenic: Molecular-level insights into the ligand exchange mechanism. The Journal of Physical Chemistry A, 116: 10143-10149.

Tong M, Yuan S, Wang Z, Luo M, Wang Y, 2016. Electrochemically induced oxidative removal of As(III) from groundwater in a dual-anode sand column. Journal of Hazardous Materials, 305: 41-50.

Tong M, Yuan S, Zhang P, Liao P, Alshawabkeh A N, Xie X, Wang Y, 2014. Electrochemically induced oxidative precipitation of Fe(II) for As(III) oxidation and removal in synthetic groundwater. Environmental Science & Technology, 48: 5145-5153.

Tournassat C, Charlet L, Bosbach D, Manceau A, 2002. Arsenic(III) oxidation by birnessite and precipitation of manganese(II) arsenate. Environmental Science & Technology, 36: 493-500.

Tani Y, Miyata N, Ohashi M, Ohnuki T, Seyama H, Iwahori K, Soma M, 2004. Interaction of inorganic arsenic with biogenic manganese oxide produced by a Mn-oxidizing fungus, strain KR21-2. Environmental Science & Technology, 38: 6618-6624.

USEPA, 1999. Arsenic in Drinking Water-Treatment Technologies. Washington, D C: National Academies Press.

USEPA, 2003. Arsenic Treatment Technology Evaluation Handbook for Small Systems. EPA Report 816-R-03-014.

Vagliasindi F G A, Benjamin M M, 1998. Arsenic removal in fresh and nom-preloaded ion exchange packed bed adsorption reactors. Water Science and Technology, 38: 337-343.

Vaishya R C, Gupta S K, 2003. Coated sand filtration: An emerging technology for water treatment. Journal of Water Supply: Research and Technology, 52 (4): 299-306.

Vaishya R C, Gupta S K, 2004. Modeling arsenic(V) removal from water by sulfate modified iron-oxide coated sand (SMIOCS). Separation Science and Technology, 39: 645-666.

Vasudevan S, Mohan S, Sozhan G, Raghavendran N S, Murugan C V, 2006. Studies on the oxidation of As (III) to As(V) by *in-situ*-generated hypochlorite. Industrial & Engineering Chemistry Research, 45: 7729-7732.

Veglio F, Beolchini F, 1997. Removal of metals by biosorption: A review. Hydrometallurgy, 44: 301-316.

Venna S R, Jasinski J B, Carreon M A, 2010. Structural evolution of zeolitic imidazolate Framework-8. Journal of the American Chemical Society, 132: 18030-18033.

Viraraghavan T, Subramanian K S, Aruldoss J A, 1999. Arsenic in drinking water. Problems and solutions. Water Science and Technology, 40: 69-76.

Voegelin A, Hug S J, 2003. Catalyzed oxidation of arsenic(III) by hydrogen peroxide on the surface of ferrihydrite: An *in situ* ATR-FTIR study. Environmental Science & Technology, 37: 972-978.

Walker M, Seiler R L, Meinert M, 2008. Effectiveness of household reverse-osmosis systems in a Western U.S. region with high arsenic in groundwater. Science of the Total Environment, 389: 245-252.

Wan W, Pepping T J, Banerji T, Chaudhari S, Giammar D E, 2011. Effects of water chemistry on arsenic removal from drinking water by electrocoagulation. Water Research, 45: 384-392.

Wang L, Chen A S C, Sorg T J, Fields K A, 2002. Field evaluation of As removal by IX and AA. American Water Works Association Journal, 94: 161-173.

Wang L, Giammar D E, 2015. Effects of pH, dissolved oxygen, and aqueous ferrous iron on the adsorption of arsenic to lepidocrocite. Journal of Colloid and Interface Science, 448: 331-338.

Wang L L, Condit W E, Chen A S C, 2004. Technology Selection and System Design: U.S. EPA Arsenic Removal Technology Demonstration Program Round 1. Report EPA-600/R-05/001.

Wang L, Li Z, Wang Y, Brookes P C, Wang F, Zhang Q, Xu J, Liu X, 2021a. Performance and mechanisms for remediation of Cd(II) and As(III) co-contamination by magnetic biochar-microbe biochemical composite: Competition and synergy effects. Science of the Total Environment, 750: 141672.

Wang Q, Lin Q, Li Q, Li K, Wu L, Li S, Liu H, 2021b. As(III) removal from wastewater and direct stabilization by *in-situ* formation of Zn-Fe layered double hydroxides. Journal of Hazardous Materials, 403: 123920.

Wang S, Gao B, Li Y, Creamer A E, He F, 2017. Adsorptive removal of arsenate from aqueous solutions by biochar supported zero-valent iron nanocomposite: Batch and continuous flow tests. Journal of Hazardous Materials, 322: 172-181.

Wang S, Zhao X, 2009. On the potential of biological treatment for arsenic contaminated soils and groundwater. Journal of Environmental Management, 90: 2367-2376.

Wang S, Zheng K, Li H, Feng X, Wang L, Liu Q, 2021c. Arsenopyrite weathering in acidic water: Humic acid affection and arsenic transformation. Water Research, 194, 116917.

Wang Y, Duan J, Li W, Beecham S, Mulcahy D, 2016. Aqueous arsenite removal by simultaneous ultraviolet photocatalytic oxidation-coagulation of titanium sulfate. Journal of Hazardous Materials, 303: 162-170.

Waypa J J, Elimelech M, Hering J G, 1997. Arsenic removal by RO and NF membranes. Journal of the American Water Works Association, 89: 102-114.

Wen Z, Xi J, Lu J, Zhang Y, Cheng G, Zhang Y, Chen R, 2021. Porous biochar-supported $MnFe_2O_4$ magnetic nanocomposite as an excellent adsorbent for simultaneous and effective removal of organic/inorganic arsenic from water. Journal of Hazardous Materials, 411: 124909.

Weng L P, Van Riemsdijk W H, Hiemstra T. Effects of fulvic and humic acids on arsenate adsorption to goethite: Experiments andmodeling[J]. Environmental Science&Technology, 2009, 43 (19): 7198-7204.

Wolfgang D, Reiner S, Martin J, 1994. Oxidation of arsenite(III) with manganese oxides in water treatment. Water Research, 29: 297-305.

Wu H, Zhou W, Yildirim T, 2007. Hydrogen storage in a prototypical zeolitic imidazolate framework-8. Journal of the American Chemical Society, 129: 5314.

Wu K, Liu R P, Xue W, Wang X, 2012. Arsenic(III) oxidation/adsorption behaviors on a new bimetal adsorbent of Mn-oxide-doped Al oxide. Chemical Engineering Journal, 192: 343-349.

Wu X C, Brandon B, Doyoon K, Byeongdu L, Jun Y S, 2019. Dissolved organic matter affects arsenic mobility and iron(III) (hydr) oxide formation: Implications for managed aquifer recharge. Environmental Science & Technology, 53: 14357-14367.

Wu X, Burnell S, Neil C W, Kim D, Zhang L, Jung H, Jun Y-S, 2020. Effects of phosphate, silicate, and bicarbonate on arsenopyrite dissolution and secondary mineral Precipitation. ACS Earth and Space Chemistry, 4: 515-525.

Xin S, Nin C, Gong Y, Ma J, Bi X, Jiang B, 2018. A full-wave rectified alternating current wireless electrocoagulation strategy for the oxidative remediation of As(III) in simulated anoxic groundwater. Chemical Engineering Journal, 351: 1047-1055.

Yan W, Vasic R, Frenkel A I, Koel B E, 2012. Intraparticle reduction of arsenite [As(III)] by nanoscale zerovalent iron (nZVI) investigated with *in situ* X-ray absorption spectroscopy. Environmental Science & Technology, 46: 7018-7026.

Yang H, Lin W Y, Rajeshwar K, 1999. Homogeneous and heterogeneous photocatalytic reactions involving As(III) and As(V) species in aqueous media. Journal of Photochemistry and Photobiology A: Chemistry, 123: 137-143.

Yang L, Li X, Chu Z, Ren Y, Zhang J, 2014. Distribution and genetic diversity of the microorganisms in the biofilter for the simultaneous removal of arsenic, iron and manganese from simulated groundwater. Bioresource Technology, 156: 384-388.

Yao J-J, Gao N-Y, Xia S-J, Chen B-B, 2010. Pilot scale study on emergent treatment for As(III) pollution in water source. Huanjing Kexue, 31: 324-330.

Ye J, Rensing C, Rosen B P, Zhu Y-G, 2012. Arsenic biomethylation by photosynthetic organisms. Trends in Plant Science, 17: 155-162.

Ying C, Lanson B, Wang C, Wang X, Yin H, Yan Y, Tan W, Liu F, Feng X, 2020. Highly enhanced oxidation of arsenite at the surface of birnessite in the presence of pyrophosphate and the underlying reaction mechanisms. Water Research, 187: 116420.

Yu K, Duan Y H, Gan Y Q, Zhang Y N, Zhao K, 2020. Anthropogenic influences on dissolved organic matter transport in high arsenic groundwater: Insights from stable carbon isotope analysis and electrospray ionization Fourier transform ion cyclotron resonance mass spectrometry. Science of the Total Environment, 708: 135-162.

Yuan T, Hu J Y, Ong S L, Luo Q F, Ng W J, 2002. Arsenic removal from household drinking water by adsorption. Journal of Environmental Science and Health Part A: Toxic/Hazardous Substances and Environmental Engineering, A37: 1721-1736.

Zachara J M, Glrvin D C, Schmidt R L, 1987. Chromate adsorption on amorphous iron oxyhydroxide in the presence of major groundwater ions. Environmental Science & Technology, 21: 589-594.

Zeng H, Arashiro M, Giammar D E, 2008. Effects of water chemistry and flow rate on arsenate removal by adsorption to an iron oxide-based sorbent. Water Research, 42: 4629-4636.

Zeng H, Zhai L, Zhang J, Li D, 2021. As(V) adsorption by a novel core-shell magnetic nanoparticles prepared with iron-containing water treatment residuals. Science of the Total Environment, 753: 142002.

Zeng L, 2003. A method for preparing silica-containing iron(III) oxide adsorbents for arsenic removal. Water Research, 37: 4351-4358.

Zhai H, Wang L, Hovelmann J, Qin L, Zhang W, Putnis C V, 2019. Humic acids limit the precipitation of cadmium and arsenate at the brushite-fluid interface. Environmental Science & Technology, 53: 194-202.

Zhang F S, Itoh H, 2005. Iron oxide-loaded slag for arsenic removal from aqueous system. Chemosphere, 60: 319-325.

Zhang G, Li X, Wu S, Gu P, 2012. Effect of source water quality on arsenic(V) removal from drinking water by coagulation/microfiltration. Environmental Earth Sciences, 66: 1269-1277.

Zhang H, Selim H M, 2005. Kinetics of arsenate adsorption-desorption in soils. Environmental Science & Technology, 39: 6101-6108.

Zhang J S, Stanforth R S, Pehkonen S O, 2007. Effect of replacing a hydroxyl group with a methyl group on arsenic(V) species adsorption on goethite（α-FeOOH）. Journal of Colloid and Interface Science，306：16-21.

Zhang S，Rensing C，Zhu Y G，2014. Cyanobacteria-mediated arsenic redox dynamics is regulated by phosphate in aquatic environments. Environmental Science & Technology，48：994-1000.

Zhang Y，Yang M，Dou X M，He H，Wang D S，2005. Arsenate adsorption on an Fe-Ce bimetal oxide adsorbent：Role of surface properties. Environmental Science & Technology，39：7246-7253.

Zhao X，Zhang B，Liu H，Qu J，2010. Removal of arsenite by simultaneous electro-oxidation and electro-coagulation process. Journal of Hazardous Materials，184：472-476.

Zhao X，Zhang B，Liu H，Qu J，2011. Simultaneous removal of arsenite and fluoride via an integrated electro-oxidation and electrocoagulation process. Chemosphere，83：726-729.

Zhou L，Zheng W，Ji Y，Zhang J，Zeng C，Zhang Y，Wang Q，Yang X，2013. Ferrous-activated persulfate oxidation of arsenic(III) and diuron in aquatic system. Journal of Hazardous Materials，263：422-430.

陈春宁，石林，熊正为，刘金香，何少华，谢水波，2007. Fe^0 对饮用水中砷的去除效率及影响因素. 安全与环境学报，7：46-49.

范秋燕，杨春燕，许琳，徐炎华，2009. 耐 As(III)及高效氧化 As(III)基因工程菌的构建. 南京工业大学学报，31：61-64.

李晓萌，2019. 高砷地下水中溶解性有机物的特征及其给出电子潜力. 北京：中国地质大学.

全旭芳，2006，饮用水氯化 MOCs 对健康的不良影响. 职业卫生与应急救治，24：24-26.

宋强，2003. 光电协同降解水中微量有机污染物的效能与机制研究. 北京：中国科学院大学.

夏圣骥，高乃云，张巧丽，董秉直，徐斌，2007. 纳滤膜去除水中砷的研究. 中国矿业大学学报，36：725-727.

第4章 复合氧化物除砷——材料与机理

4.1 铁锰复合氧化物——制备与表征

As(V)在氧化性水体中是主要形态,而 As(III)在还原性地下水中是主要存在形态。相对于 As(V),As(III)毒性更强、更容易迁移,去除难度更大。另一方面,传统除砷工艺需投加化学氧化剂将 As(III)氧化为 As(V)再吸附或混凝去除,"两步法"除砷成本高、操作复杂、控制难度较大,不仅难以在农村地区推广应用,在城市大中型水厂应用也非优选工艺。因此,研制同时具备氧化 As(III)和吸附 As(V)能力的吸附材料、实现"一步法"除砷,成为全球含砷饮用水净化技术发展的重大方向。已有研究发现,过渡金属铁以及铈、钇、镧等稀土元素的氧化物具有良好的吸附 As(V)性能,但对 As(III)吸附能力有限。此外,这些氧化物不具备氧化 As(III)的能力,需投加氯气、次氯酸、臭氧、高锰酸盐等氧化剂将 As(III)氧化成 As(V)以提高除砷效果。对比而言,过渡金属元素锰的氧化物可氧化 As(III),但对 As(V)吸附容量较低,难以作为除砷吸附剂。

我们研究发现,在多种氧化物及其复合体系中,四价锰和三价铁的复合氧化物同时具有对 As(III)的快速氧化和对 As(V)的高效吸附能力,锰的二价、三价和四价形态在复合氧化界面循环转化,而由 As(III)原位转化的 As(V)被铁氧化物稳定吸附。基于此,本书作者及其团队在不同条件下针对不同的应用情景,预制、在线和原位制备了铁锰复合氧化物除砷吸附剂,实现了水中不同浓度 As(V)和 As(III)同步去除,突破了"一步法"除砷原理、材料、技术和工程应用难题。由于所用铁锰复合氧化物吸附除砷材料价廉易得,显现出巨大的工程优势和应用前景。

4.1.1 铁锰复合氧化物制备

铁锰复合氧化物采用氧化还原-共沉淀法制备。以 $KMnO_4$ 和 $FeSO_4 \cdot 7H_2O$ 为原料分别配成其备用溶液,两种溶液中锰和铁的摩尔比为 1∶3。在 $KMnO_4$ 溶液中加入适量的 NaOH 溶液,使整个反应过程溶液保持碱性;然后在快速搅拌下将 $FeSO_4$ 溶液加入到 $KMnO_4$ 溶液中;加毕,继续搅拌 30~60 min,之后静置陈化 4 h;倾出上清液,加等量去离子水,在搅拌条件下用 0.2 mol/L HCl 中和至中性;固液分离后,再反复用去离子水洗涤沉淀物直至 SO_4^{2-} 在检出限以下;过滤、室温干燥,研磨至粉状,于 105℃下烘干 4 h;所制得的吸附剂粉末在干燥器中保存备用。按此方法制备的铁锰氧化物共存体系,我们将其定义为复合氧化物。

作为对照,采用同样的方法制备锰和铁的摩尔比从 1:9 到 1:1 的铁锰复合氧化物以及铁氧化物、锰氧化物、铁锰混合氧化物。制备铁氧化物时,以 $FeCl_3 \cdot 6H_2O$ 为原料,用 NaOH 溶液调节 pH 至 7.0 以上生成铁氢氧化物沉淀,洗涤干燥;制备锰氧化物时,以摩尔比为 3:2 的 $KMnO_4$ 和 $MnCl_2 \cdot 4H_2O$ 溶液为原料进行反应,制备步骤同铁锰复合氧化物。制备铁锰混合氧化物时,首先分别制得铁氧化物和锰氧化物悬浮液,静止 1 h 后,将 2 种悬浮液按照锰和铁的摩尔比为 1:3 的比例进行混合,剧烈搅拌 1 h,陈化、中和、洗涤、过滤和干燥。按此方法制备的铁锰氧化物共存体系,我们将其定义为混合氧化物。

4.1.2 铁锰复合氧化物表征

4.1.2.1 XPS 表征

二氧化锰在铁锰复合氧化物中的作用功能主要为氧化 As(III)。采用上述方法制备的铁锰氧化物、锰氧化物是否以二氧化锰形式存在呢?采用 XPS 分析铁锰比为 3:1 的铁锰复合氧化物表面铁、锰价态和比例,XPS 宽扫结果如图 4-1 所示。

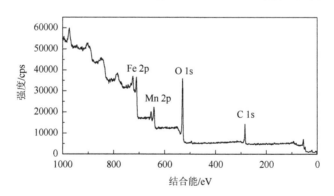

图 4-1 铁锰复合氧化物的 XPS 图

结果显示,铁锰复合氧化物中仅有锰、铁、氧及碳元素,碳元素的存在是因为测试过程中加入碳作为内标物。Fe 2p 与 Mn 2p 的窄扫结果显示(图 4-2),Fe $2p_{1/2}$ 和 $2p_{3/2}$ 的键合能分别为 724.8 eV 和 711.1 eV,此为 Fe(III)的特征键合能(Glisenti,2000);Mn $2p_{1/2}$ 和 Mn $2p_{3/2}$ 的键合能分别为 653.3 eV 与 642.0 eV,对应于 Mn(IV)的特征键合能。材料中铁和锰的价态分别为 +3 和 +4,与预期相符。

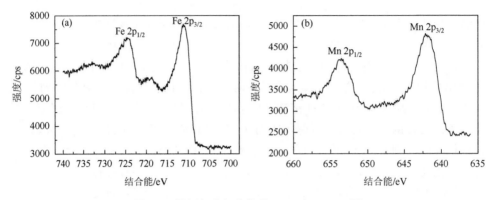

图 4-2 铁锰复合氧化物的 Fe 2p 与 Mn 2p 图

此外，铁锰摩尔比为 3∶1 的铁锰复合氧化物与 As(Ⅲ)反应后的样品中出现 As 3p 和 As 3d 的吸收峰（图 4-3），证实砷在固体表面被吸附；样品 Fe 2p、Mn 2p 和 As 3d 的谱图见图 4-4，反应后 Fe 2p 和 Mn 2p 峰未发生明显变化，As 3d 峰的键合能为 45.3 eV，对应于 As(Ⅴ)，表明 As(Ⅲ)吸附在表面后转化为 +5 价。

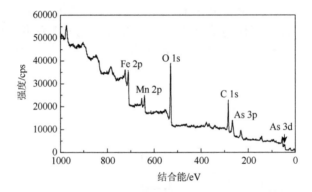

图 4-3 与 As(Ⅲ)反应后铁锰复合氧化物的 XPS 图

铁锰复合氧化物 = 200 mg/L，As(Ⅲ) = 10 mg/L

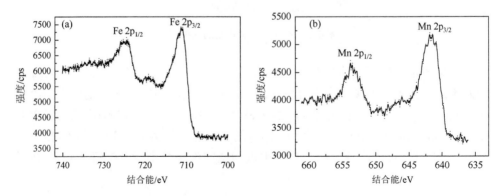

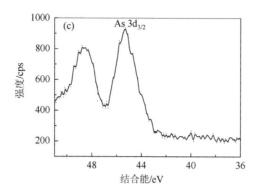

图 4-4 锰铁比 1∶3 复合氧化物与 As(Ⅲ)反应后的 Fe 2p、Mn 2p 及 As 3d 图

4.1.2.2 BET 比表面积（S_{BET}）

比表面积是影响材料吸附性能的重要因素。研究表明（Cornell and Schwertmann，1983；Crosby et al.，1996），人工合成的铁氧化物的 S_{BET} 与制备方法、陈化时间、干燥方式等有关，一般在 6.4～320 m²/g 之间；无定形羟基氧化铁 FeOOH 比表面积较大，针铁矿、赤铁矿等天然铁矿物比表面积较小。制备的几种材料的 S_{BET}、平均孔容、孔径等列于表 4-1。铁锰复合氧化物的 S_{BET} 为 265 m²/g，平均孔容为 0.47 cm³/g，明显高于其他 3 种材料。根据铁锰复合氧化物中铁氧化物和二氧化锰所占比例，理论计算而得的 S_{BET} 为 216 m²/g，与铁锰混合氧化物接近，但明显小于铁锰复合氧化物。铁锰复合氧化物较单一铁氧化物、锰氧化物或二者混合氧化物具有更高的吸附潜势。

表 4-1 铁锰复合氧化物吸附剂的特征参数

材料	S_{BET}/(m²/g)	平均孔径/Å	平均孔容/(cm³/g)
铁氧化物	247	40	0.25
二氧化锰	121	103	0.33
铁锰复合氧化物（$M_{Fe:Mn}$=3∶1）	265	71	0.47
铁锰混合氧化物（$M_{Fe:Mn}$=3∶1）	219	42	0.23

4.1.2.3 XRD

材料晶型是影响吸附性能、氧化还原速率的重要因素。铁锰比为 3∶1 的复合氧化物、二氧化锰、铁氧化物的 XRD 谱图见图 4-5。

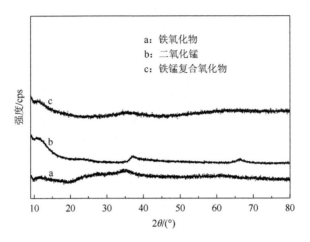

图 4-5 所制备的吸附材料的 XRD 图谱

铁氧化物和铁锰复合氧化物的 XRD 谱图均未发现明显的晶体衍射峰，表明二者主要以非晶的无定形形式存在，这也是其 S_{BET} 较高的原因。二氧化锰的 XRD 谱图在 $2\theta = 37.3°$ 和 $66.7°$ 出现两个对应于 $\delta\text{-}MnO_2$ 的弱衍射峰（Lenoble et al., 2004）。

4.1.2.4　SEM

利用 SEM/EDAX 分析铁氧化物、二氧化锰、铁锰复合氧化物（铁锰比为 3∶1）的形貌（图 4-6）。可以看出，铁氧化物主要为大小不均、无规则的颗粒，二氧化锰颗粒粒径更小且具有层状结构；铁锰复合氧化物主要为纳米级细小颗粒组成，具有发达孔结构，这使其具有较高 S_{BET} 和孔容。

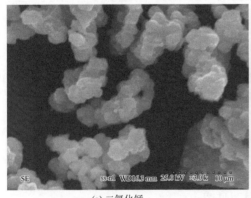
(a) 二氧化锰

(b) 羟基氧化铁

(c) 铁锰复合氧化物

图 4-6　二氧化锰（a）、羟基氧化铁（b）和铁锰复合氧化物（c）的 SEM 谱图

4.1.2.5　FTIR

二氧化锰、铁氧化物和铁锰复合氧化物的 FTIR 谱图见图 4-7。铁氧化物在波数 3300 cm^{-1} 附近出现强度较高的宽吸收带，在 1627 cm^{-1} 处出现一个吸收峰，这分别对应于物理吸附的水分子的伸缩振动和弯曲振动；波数 1124 cm^{-1}、1050 cm^{-1} 和 976 cm^{-1} 处出现的吸收峰归于表面金属羟基 Fe—OH 的摇摆振动。金属氧化物表面羟基的摇摆振动通常出现在 1200 cm^{-1} 以下，在 1600 cm^{-1} 附近没有弯曲振动模式，这是金属氧化物羟基与水羟基的不同之处（Nakamoto，1997）。二氧化锰在波数 3300 cm^{-1} 和 1630 cm^{-1} 附近也出现吸附水的伸缩振动峰和弯曲振动峰，但强度较弱，说明物理吸附的水分较少；波数 1050 cm^{-1} 处出现一个弱吸收峰，这可能对应于锰氧化物表面羟基 Mn—OH 的摇摆振动。铁锰复合氧化物在 3300 cm^{-1} 和 1625 cm^{-1} 附近的吸收峰也证实物理吸附水的存在；此外，在

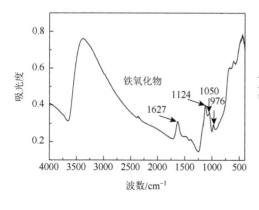
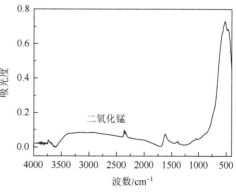

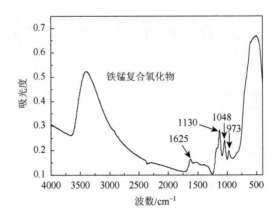

图 4-7　所制备吸附材料的红外谱图

1130 cm^{-1}、1048 cm^{-1} 和 973 cm^{-1} 处也出现明显的吸收峰,这对应于金属氧化物表面羟基的摇摆振动,且推断主要为 Fe—OH。上述结果说明铁锰复合氧化物表面具有丰富的表面羟基。

4.1.2.6　Zeta 电位

Zeta 电位一般指胶体颗粒物运动时与液体剪切面(或者滑动面)处的电势,即电动电位。Zeta 电位可用于解释电动现象,其本质是在固/液界面之间存在双电层。在电场中,固液发生相对移动的滑动面位于扩散层中,因而 Zeta 电位可反映表面的荷电特性。有研究者在计算表面电位时,将表面扩散层电位近似等同于颗粒物的 Zeta 电位(Avena and de Pauli,1998)。当颗粒物表面不带电时,若不考虑电渗作用,颗粒物 Zeta 电位就应为零;反之,也可利用 Zeta 电位零点推测颗粒物表面的等电点(isoelectronic point,IEP)。

采用 Zetasizer 2000 电位分析仪测定不同 pH 值条件下铁锰复合氧化物 Zeta 电位(图 4-8)。可以看出,铁锰复合氧化物的零电位点对应的 pH 值(pH_{IEP})在 5.9 左右。一般情况下,铁氧化物 pH_{IEP} 较高,二氧化锰 pH_{IEP} 较低,文献报道的不同材料 pH_{IEP} 值见表 4-2。

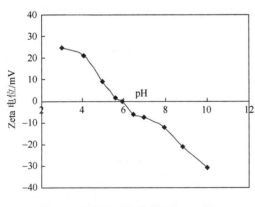

图 4-8　铁锰复合氧化物的 Zeta 电位

表 4-2 不同吸附材料的等电点

吸附材料	pH$_{IEP}$	参考文献
Fe$_3$O$_4$	6.5	（Stumm and Morgan，1981）
α-FeOOH	7.8	（Stumm and Morgan，1981）
γ-Fe$_2$O$_3$	6.7	（Stumm and Morgan，1981）
无定形 Fe(OH)$_3$	8.5	（Stumm and Morgan，1981）
水合铁氧化物（HFO）	8.0（7.9~8.2）	（Dzombak et al.，1990）
针铁矿	7.5±0.15	（Atkinson et al.，1967）
不同 α-Fe$_2$O$_3$	8.6~9.3	（Atkinson et al.，1967）

4.2 铁锰复合氧化物——吸附除砷性能

4.2.1 不同制备条件下铁锰复合氧化物的除砷性能

为实现 As(Ⅲ)和 As(Ⅴ)同时高效去除，锰铁比应在最佳范围。二氧化锰含量过低，材料氧化能力不足，As(Ⅲ)氧化效果欠佳；二氧化锰含量过高，可能导致 As(Ⅴ)吸附效果下降。确定最佳铁锰比后，还需进一步优化陈化时间、干燥温度等以确定最佳制备工艺条件。

4.2.1.1 不同锰铁比

对不同锰铁比的铁锰复合氧化物除砷效果进行评估，结果显示（图 4-9），铁氧化物（锰铁比为 0）对 As(Ⅴ)去除效果优于 As(Ⅲ)，这与文献报道一致。随着锰铁比从 0.1∶1 逐渐提高至 1∶1，材料对 As(Ⅲ)去除效果优于 As(Ⅴ)。提高二氧化锰含量，材料对 As(Ⅴ)吸附能力逐渐下降，对 As(Ⅲ)去除能力则先逐渐增加，在锰铁比为 1∶3 时达到最高，之后逐渐下降，这主要是因为二氧化锰对 As(Ⅴ)的吸附容量远低于铁氧化物所致。

就 As(Ⅲ)而言，随着二氧化锰含量增加，材料氧化能力增强，更多的 As(Ⅲ)被氧化为 As(Ⅴ)，As(Ⅲ)去除效果明显提高。此外，二氧化锰还原溶解可生成新的活性吸附位，这也有助于吸附氧化生成的 As(Ⅴ)。同时，生成的溶解性 Mn(Ⅱ)可部分吸附在材料表面而提高正电性，促进了负电性 As(Ⅴ)吸附。但是，随着二氧化锰含量进一步增加，Mn(Ⅱ)对 As(Ⅲ)去除的促进作用不足以弥补铁氧化物含量减少而导致砷吸附位点减少时，吸附剂对 As(Ⅲ)的去除效果开始下降。

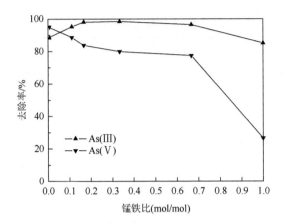

图 4-9　不同锰铁比的吸附材料除砷效果比较

吸附剂含量为 500 mg/L；砷初始浓度为 25 mg/L；溶液 pH 7.0±0.1

上述结果表明，在所研究的水质等条件下，铁锰复合氧化物的最佳锰铁比为 1∶3，在此条件下 As(III)和 As(V)均获得较高的去除效果。因此，后续所述之铁锰复合氧化物的锰铁摩尔比均为 1∶3。

4.2.1.2　不同陈化时间

陈化时间对材料晶型有明显影响，一般陈化时间越长，材料结晶度越高。结晶度增加，材料比表面积将明显降低，致使材料吸附位点和吸附容量下降。为确定合适的陈化时间，考察了不同陈化时间制备获得的吸附剂的除砷性能，结果如图 4-10 所示。可见，陈化时间在 0~144 h 范围内对材料去除 As(III)的性能影响

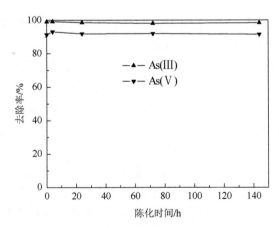

图 4-10　陈化时间对砷去除的影响

吸附剂含量为 500 mg/L；砷初始浓度为 25 mg/L；溶液 pH 7.0±0.1

很小,但对 As(Ⅴ)去除影响较大。当陈化时间为 4 h 时,吸附剂对 As(Ⅴ)的去除率相对较高,之后随着陈化时间增加 As(Ⅴ)的去除效果逐渐下降,这可能是由材料中铁氧化物结晶度增大所致。

4.2.1.3 不同干燥温度

吸附剂干燥温度对材料结晶度和除砷性能及制备成本有明显影响。研究显示,在 25~250℃范围内,As(Ⅲ)去除率随着干燥温度升高而逐渐下降,但总体下降幅度不大;As(Ⅴ)也表现出类似的变化规律,但下降幅度相对较大(图 4-11)。出现这种差异的原因,与吸附剂制备过程的干燥温度有关,干燥温度升高会导致材料中铁氧化物的结晶度增加,比表面积下降,表面金属羟基位点减少,羟基氧化铁在 250℃以上干燥时将转化为 Fe_2O_3。干燥温度过高,材料除砷性能下降,而降低干燥温度有利于提高材料除砷性能,但材料稳定性下降,金属溶出量可能增加。因此,选择适宜的材料制备的干燥温度是保证其除砷效果的关键因素之一。

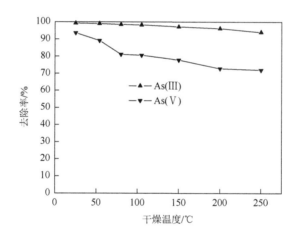

图 4-11 干燥温度对砷去除的影响

吸附剂含量为 500 mg/L;砷初始浓度为 25 mg/L;溶液 pH 7.0±0.1

4.2.1.4 铁锰复合氧化物与铁锰氧化物混合材料的除砷性能比较

通过高锰酸盐溶液与亚硫酸铁溶液在一定条件下反应所制备的铁锰复合氧化物,对 As(Ⅲ)和 As(Ⅴ)均具有优异的氧化-吸附性能,这是由于铁氧化物、锰氧化物二者之间的协同作用还是单一性能的加和呢?为此,分别制备铁氧化物和锰氧化物,按当量比进行物理混合获得铁锰混合氧化物,在此基础上对比铁锰复合氧化物、铁锰氧化物混合物除砷性能(图 4-12),进一步利用 Langmuir 方程拟合计算饱和吸附容量如表 4-3 所示。定量对比显示,铁锰复合氧化物和铁锰氧化物混合物对 As(III)的最大吸附容量分别为 89.5 mg/g 和 53.4 mg/g。

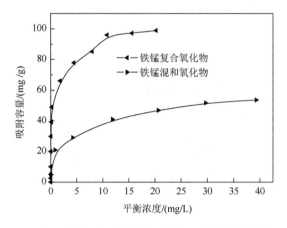

图 4-12 As(III)分别在铁锰复合氧化物和铁锰混合氧化物上的吸附等温线

吸附剂含量为 200 mg/L;溶液 pH 7.0±0.1

表 4-3 As(III)在铁锰复合氧化物及铁锰混合氧化物上的吸附等温线参数

吸附剂	Langmuir 模型		
	q_m/(mg/g)	b/(L/g)	R^2
铁锰复合氧化物	89.5	6.52	0.948
铁锰混合氧化物	53.4	0.42	0.937

铁锰复合氧化物具有较高的吸附容量,推测可能是由于铁锰复合氧化物中铁氧化物、锰氧化物形成类似于固溶体,As(III)吸附时伴随二氧化锰还原溶解,内部铁氧键形成新的表面金属羟基,提供新的活性吸附位,表现出更高除砷性能。铁锰混合氧化物中,铁氧化物与锰氧化物仅为简单混合,彼此之间未形成化学键;As(III)吸附在表面后,二氧化锰可氧化 As(III)并发生还原溶解生成新的锰氧化物活性吸附位,但铁氧化物表面并未发生变化;二氧化锰砷吸附容量较低,对 As(III)吸附的提升能力有限。

4.2.2 铁锰复合氧化物除砷过程的宏观吸附行为

4.2.2.1 吸附等温线

二氧化锰、铁氧化物和铁锰复合氧化物对 As(V)与 As(III)的吸附等温线如

图 4-13 所示。可以看出，铁锰复合氧化物对 As(V) 的吸附容量略高于铁氧化物，二者均远高于二氧化锰对 As(V) 的吸附容量；铁锰复合氧化物对 As(III) 的吸附容量远高于铁氧化物，更高于二氧化锰。铁锰复合氧化物对 As(V) 和 As(III) 均表现出更优的除砷性能。

为便于与其他除砷材料比较，绘得 pH 4.8 条件下 As(V) 与 As(III) 分别在铁锰复合氧化物表面的吸附等温线，如图 4-14 所示，Langmuir 和 Freundlich 吸附等温

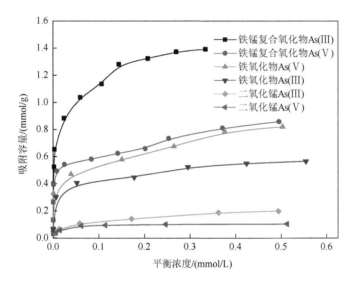

图 4-13 As(V) 与 As(III) 分别在三种吸附材料上的吸附等温线
pH = 6.9

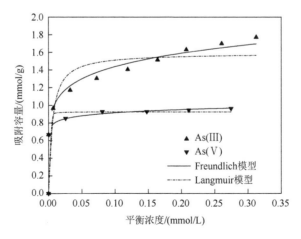

图 4-14 As(V) 与 As(III) 分别在铁锰吸附材料上的吸附等温线
pH = 4.8

线的拟合参数结果见表 4-4。可以看出，较低平衡浓度范围内（<0.05 mmol/L），As(V)吸附容量随平衡浓度升高而快速增大，之后逐渐接近饱和吸附容量。这表明吸附剂对 As(V)有很强亲和力，对低浓度 As(V)也表现出更强的吸附能力，说明在较低投量下即可获得较高去除率，这有利于吸附位点充分利用。铁锰复合氧化物吸附 As(III)的规律与 As(V)相似，但 As(III)饱和吸附容量明显高于 As(V)。

表 4-4 As(V)与 As(III)的吸附等温线参数

As 类型	Langmuir 模型			Freundlich 模型		
	q_m/(mmol/g)	b(L/mmol)	R^2	K_F/(L/mmol)	n	R^2
As(V)	0.93	6777	0.991	1.04	17.92	0.988
As(III)	1.59	187	0.801	2.00	6.87	0.970

Langmuir 方程更适合描述 As(V)在铁锰复合氧化物表面的吸附行为，而 Freundlich 方程更适合描述 As(III)的吸附。Langmuir 模型假定吸附剂为均一表面，吸附平衡后吸附和脱附速率一致，并不包括固体表面的氧化还原过程。As(III)的吸附是包括吸附、氧化还原等反应的综合过程，因此不适合用 Langmuir 模型表达。计算得到的 As(V)最大吸附容量为 0.93 mmol/g，经直接作图获得的 As(III)最大吸附容量为 1.77 mmol/g。与其他除砷材料相比（表 4-5），铁锰复合氧化物砷吸附容量高，且对 As(III)的吸附容量高于 As(V)，表现出与传统材料显著不同的特性。

表 4-5 吸附剂的最大砷吸附容量

吸附剂	As(III)最大吸附容量/(mmol/g)	As(V)最大吸附容量/(mmol/g)	参考文献
铁锰复合氧化物	1.77（pH 5.0）	0.93（pH 5.0）	本章研究
二氧化锰	0.13	0.10	(Lenoble et al., 2004)
针铁矿	—	0.53（pH 3-3.3）	(Matis et al., 1997)
$Al_2O_3/Fe(OH)_3$	0.12（pH 6.6）	0.49（pH 7.2）	(Hlavay and Polyak, 2005)
负载 Fe(III)的海绵	0.24（pH 9.0）	1.83（pH 4.5）	(Munoz et al., 2002)
铁锰矿物	0.16（pH 5.5）	0.09（pH 5.5）	(Deschamps et al., 2005)
二氧化钛	0.43（pH 7.0）	0.55（pH 7.0）	(Bang et al., 2005)

事实上，吸附 As(III)过程中，若铁锰复合氧化物仅仅发挥氧化作用将 As(III)氧化为 As(V)，对 As(V)和 As(III)的最大吸附容量应基本一致。因此，除了氧化作用之外，可能发生其他反应使得材料表面吸附位点增加，推测可能是由于 As(III)氧化过程中，新生成胶体态锰氧化物及固体表面产生新的其他活性吸附位点发挥了辅助砷吸附作用。

4.2.2.2 吸附动力学

铁锰复合氧化物对 As(V)的吸附动力学实验结果如图 4-15 所示,铁锰复合氧化物对 As(V)的吸附速率很高,混合 2 h 后即达最大吸附量的 93%,4 h 后吸附量接近最大值,吸附符合准一级反应(Ho and Mckay,1998)。As(V)的吸附速率常数可通过式(4-1)计算而得(Willard,2004):

$$\log(q_e - q_t) = \log q_e - k_{ad} \cdot t/2.303 \quad (4-1)$$

这里,q_e 和 q_t 分别是 As(V)在平衡时间和时间 t(min)时的吸附量(mg/g),k_{ad} 是吸附速率常数(min^{-1})。从图 4-16 中 $\log(q_e - q_t)$ 对 t 的线形曲线斜率计算 As(V)吸附的 k_{ad} 值为 6.2×10^{-3} min^{-1}。

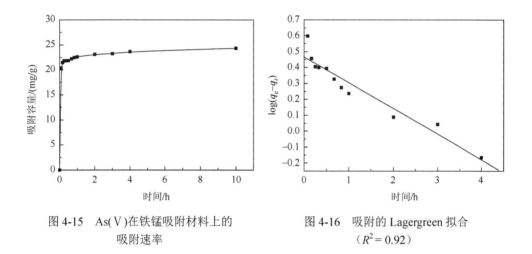

图 4-15　As(V)在铁锰吸附材料上的吸附速率

图 4-16　吸附的 Lagergreen 拟合($R^2 = 0.92$)

As(III)在铁锰复合氧化物表面的吸附动力学结果如图 4-17 所示。可以看出,As(III)去除速度较快,反应 2 h 去除率达最大去除率的 83%,反应 16 h 后 As(III)去除率接近 100%。相对于 As(V),As(III)去除速率较慢,这是因为 As(III)去除过程同时发生非均相吸附和氧化还原反应,后者反应速率一般较前者更慢。反应最初 10 min,溶液中 As(V)浓度从 0 迅速增加至 11.8 μmol/L,之后随着反应进行逐渐下降。这主要是由于溶液中 As(III)首先吸附到铁锰复合氧化物表面,之后被二氧化锰氧化,氧化生成的 As(V)伴随着 Mn^{2+} 释放而从表面脱附,释放后的 As(V)可重新吸附在铁氧化物活性位点表面。反应初期,反应生成的 As(V)未能完全重新吸附在材料表面,从而在溶液中累积;当溶液中 As(III)氧化为 As(V)的速度小于 As(V)吸附速度后,溶液中 As(V)浓度逐渐降低。

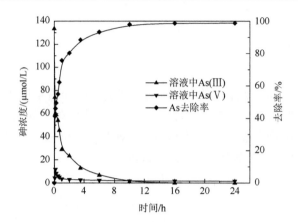

图 4-17 As(III)在铁锰吸附材料上的吸附速率及溶液中 As(V)的浓度随时间的变化

4.2.3 铁锰复合氧化物除砷的影响因素

4.2.3.1 溶液 pH

溶液 pH 是影响砷存在形态进而影响其吸附去除的重要因素,同时对二氧化锰氧化能力、氧化速率也有重要影响。不同平衡 pH 条件(pH 4~10)下,铁锰复合氧化物对 As(III)和 As(V)吸附效果如图 4-18 所示。可以看出,pH 对 As(V)吸附效果有明显影响,酸性条件下 As(V)去除率最高,随着 pH 升高,As(V)去除率逐渐下降。在 pH 4~10 范围内,$H_2AsO_4^-$ 与 $HAsO_4^{2-}$ 是 As(V)的主要存在形式。在较低 pH 条件下,吸附剂表面发生质子化反应,表面正电荷增强,这有利于增加吸附剂与负电性 As(V)之间的静电引力。随着 pH 升高,吸附剂表面带负电荷,As(V)与吸附剂表面存在排斥力,从而抑制 As(V)的吸附。

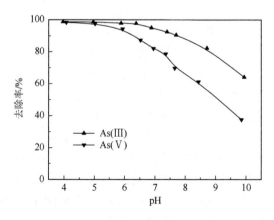

图 4-18 pH 对铁锰复合氧化物去除 As(III)和 As(V)的影响

溶液 pH 值对 As(III)吸附的影响与 As(V)类似,但随 pH 升高去除率下降程度较 As(V)为低,在 pH 小于 7.7 范围内 As(III)去除率未见明显变化。当 pH 低于 9.2 时,H_3AsO_3 是 As(III)的主要存在形式,受 pH 影响不大。上述结果显示,铁锰复合氧化物在天然地下水 pH 范围内(6.5~8.5)对砷具有良好的吸附性能。

4.2.3.2 离子强度

评价离子强度对吸附行为的影响,可作为推测吸附剂表面生成内层或外层络合物的支持数据。研究认为,形成外层络合物在宏观上表现为,吸附量随着溶液离子强度增加而趋于减少;形成内层络合物则表现为,吸附量对离子强度没有依赖性,或随离子强度增加,吸附量增大。这主要是由溶液中可用的、能够补偿因吸附而产生表面电荷的反离子及其较高活度所决定的。

As(III)在铁锰复合氧化物表面可被氧化为 As(V),因此重点考察了离子强度对 As(V)去除的影响,结果如图 4-19 所示。可以看出,随着离子强度从 0.001 mol/L 增至 0.1 mol/L,As(V)去除率未见明显变化,离子强度对 As(V)吸附影响不大。当离子强度改变时,由于电解质离子可通过静电作用形成外层络合物,非特性吸附的离子较特性吸附的离子更易受离子强度的影响。从图 4-19 可推测,As(V)在铁锰复合氧化物固液界面主要形成内层表面络合物。

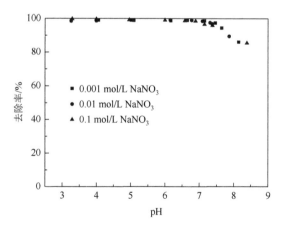

图 4-19 离子强度对铁锰复合氧化物去除 As(V)的影响

4.2.3.3 共存阳离子

实际天然地下水广泛存在 Mg^{2+}、Ca^{2+} 等阳离子以及 Cl^-、F^-、SO_4^{2-}、CO_3^{2-}、

SiO_3^{2-}、PO_4^{3-}等阴离子。研究表明，阳离子能促进砷的吸附，而 PO_4^{3-}、CO_3^{2-}、SiO_3^{2-}等阴离子对砷的吸附有明显抑制作用；共存 NOM 也会影响除砷效果。

Mg^{2+}和 Ca^{2+}对铁锰复合氧化物除砷的影响见表 4-6。可以看出，Mg^{2+}和 Ca^{2+}对 As(V)和 As(III)去除均表现出一定促进作用，且随着阳离子浓度增加促进作用增强。阳离子对 As(V)吸附的促进作用较 As(III)更显著；Ca^{2+}促进作用略大于 Mg^{2+}。这主要归因于共存阳离子可吸附在材料表面增强电正性，进而提高吸附剂表面与负电性 As(V)之间的静电引力，从而促进砷的吸附。

表 4-6　共存阳离子对砷去除的影响

共存阳离子	离子浓度/(mmol/L)	As(V)去除率/%	As(III)去除率/%
Mg^{2+}	0.1	92.3	98.7
	1.0	94.9	98.9
	10	96.1	99.0
Ca^{2+}	0.1	92.8	98.9
	1.0	95.8	99.0
	10	97.3	99.1

4.2.3.4　共存一价阴离子

地下水中可能存在的 Cl^-、F^-等一价阴离子对除砷效果的影响见表 4-7。Cl^-对除砷影响不大，随着 Cl^-浓度从 0.1 mmol/L 增加至 10 mmol/L 时，As(V)和 As(III)去除率降低约 1%，可忽略不计；但 F^-对砷去除的影响较 Cl^-明显，浓度从 0.1 mmol/L 增加至 10 mmol/L 时，砷去除率降低幅度约 5%，这也启示我们可以设计砷氟共存体的吸附材料，以实现两种污染物同时去除。一价阴离子可与砷竞争表面吸附位，但竞争作用不强，影响效果有限。

表 4-7　共存一价阴离子对砷去除的影响

共存一价阴离子	离子浓度/(mmol/L)	As(V)去除率/%	As(III)去除率/%
Cl^-	0.1	90.7	99.0
	1.0	90.2	98.8
	10	90.0	98.2
F^-	0.1	92.1	96.3
	1.0	89.8	95.9
	10	88.1	92.0

4.2.3.5 共存多价阴离子

SO_4^{2-}、CO_3^{2-}、SiO_3^{2-}、PO_4^{3-} 等多价含氧阴离子对 As(V)与 As(III)去除的影响见图 4-20。结果显示，SO_4^{2-} 对 As(V)和 As(III)去除的影响不大，即便在 10 mmol/L 浓度下，砷的去除也仅略被抑制。对比而言，CO_3^{2-}、SiO_3^{2-}、PO_4^{3-} 等明显抑制铁锰复合氧化物砷的吸附，且随着浓度提高其抑制性增强。对比而言，PO_4^{3-} 抑制作用最为显著，随着 PO_4^{3-} 浓度从 0 增加至 10 mmol/L，砷去除率从高于 95%降至 30%左右，这些结果与其他研究报道一致（Oscarson et al.，1981）。磷与砷为同族元素，PO_4^{3-} 和 As(V)具有相近的分子结构，与铁氧化物具有相似的作用机制，可竞争甚至取代五价砷酸根在复合氧化物体系中的吸附，从而成为抑制砷吸附的重要因素。

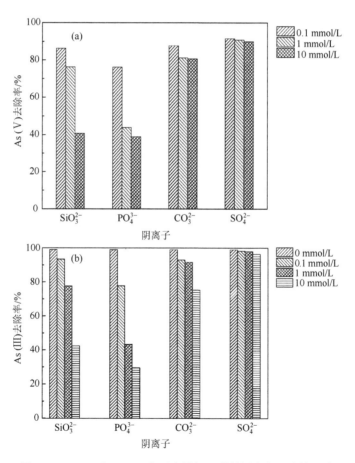

图 4-20　As(V)与 As(III)分别在铁锰吸附材料上的吸附等温线

pH = 4.8

4.2.3.6 共存 NOM

以腐殖酸为代表的 NOM 对铁锰氧化物吸附 As(III)的影响如表 4-8 所示。可以看出，腐殖酸对 As(III)的去除影响不大，即便存在浓度为 6.3 mg TOC/L 的腐殖酸，As(III)去除率下降不到 1%。一般典型天然地下水中，NOM 浓度在 5 mg TOC/L 以下，所以 NOM 对复合氧化物除砷的影响可忽略不计。Redman 等通过研究 NOM 对赤铁矿除砷的影响发现，NOM 显著延迟了到达吸附平衡的时间，明显降低了赤铁矿对砷的吸附容量（Oscarson et al., 1983）。这一方面可能是由于所采用的腐殖酸性质各异，另一方面也可能说明了铁锰复合氧化物对砷具有良好的选择性吸附特性。

表 4-8 腐殖酸存在对 As(III)去除的影响（pH 6.9±0.1）

腐殖酸浓度（mg TOC/L）	0*	0.4	1.2	2.4	4	6.3
As(III)去除率/%	97.1	96.9	96.9	96.5	96.4	96.2

*表示没有加入腐殖酸

4.2.4 铁锰复合氧化物除砷过程中金属离子溶出

《生活饮用水卫生标准》（GB 5749—2022）中，总铁、总锰的最大允许浓度分别为 0.3 mg/L 和 0.1 mg/L，因此应关注铁锰复合氧化物除砷过程中铁、锰离子溶出情况。研究表明，在 pH 4~10 范围内，As(V)去除过程中 Fe^{3+} 和 Mn^{2+} 均未见明显溶出；而 As(III)吸附过程伴随二氧化锰还原溶解，有一定量 Mn^{2+} 溶出释放（图 4-21）。

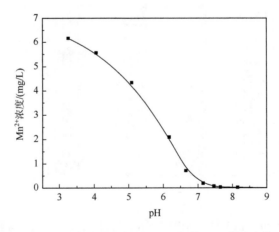

图 4-21 As(III)去除过程中不同 pH 条件下 Mn^{2+} 溶出情况

在酸性条件下，二氧化锰还原溶解导致 Mn^{2+} 有明显释放，平衡 pH 为 3.26 时 Mn^{2+} 浓度高达 6.16 mg/L；随着 pH 升高 Mn^{2+} 释放迅速减少，pH 提高至 7.0 以上时，Mn^{2+} 浓度在 0.1 mg/L 以下。

本研究中 As(III)初始浓度为 10 mg/L，理论上还原溶解产生的 Mn^{2+} 浓度为 7.33 mg/L。pH 为 3.26 时，溶液中 Mn^{2+} 浓度为 6.16 mg/L，这进一步证实 As(III)可基本被完全氧化。随着 pH 升高，锰氧化物氧化能力下降，同时材料表面负电性增强，容易吸附正电性 Mn^{2+}，这些因素将导致溶液中 Mn^{2+} 浓度降低。一般天然地下水 pH 在 7 以上，Mn^{2+} 释放风险基本不存在。以北京顺义区某地下水为例，含砷原水 pH 值为 7.8，总砷浓度为 120 μg/L，As(III)所占比例为 30%~70%，Mn^{2+} 浓度为 0.24 mg/L。对实际地下水处理研究表明，经铁锰复合氧化物吸附后出水 Mn^{2+} 低于 0.01 mg/L，说明此过程锰溶出释放很低，而且还有促进原水中 Mn^{2+} 同步去除之效。

4.3 铁锰复合氧化物——除砷微界面作用机制

铁和锰均为过渡元素，具有多价态变化特征。由两种元素氧化态和还原态含氧酸盐溶液反应所形成的复合氧化物体系中，金属离子与氧、羟基等元素和基团成键，所形成的颗粒态复合氧化物是由纳米、微米尺寸的粒子组成，表现出与两种氧化物混合物态非常不同的物理和化学特性。在与砷发生的氧化还原、表面络合与吸附、界面转移转化等作用过程中，伴随锰氧化物的价态转化、离子溶出、胶体重构等复杂过程。这些特性与过程，对砷的吸附和去除均有重要影响。因而，深入研究铁锰复合氧化物的除砷机制，对于深刻认识砷在自然环境中迁移转化规律、开发新型高性能除砷材料具有重要意义。

可采取多种方法研究砷在吸附剂表面的吸附机制。常用的简单的分析手段包括不同表面负荷量时吸附剂的电泳淌度（electrophoretic mobility，EM）偏移实验、离子强度对不同 pH 值下吸附量的影响实验（即吸附量对离子强度依赖性实验，ion strength dependency，IS）等（Goldberg and Johnston，2001；Lutzenkirchen，1997）。常用的微观表征手段包括红外光谱（IR）、X 射线光电子能谱（XPS）、同步辐射 X 射线吸收谱、压力跃变-弛豫法（pressure jump-relaxation）等。这些研究方法可分为异位（*ex-situ*）和原位（*in-situ*）两类方式，前者包括 XPS、透射傅里叶红外技术（T-FTIR）、漫反射傅里叶红外技术（DR-FTIR）等；后者包括同步辐射光源、衰减全反射傅里叶变换红外技术等。异位研究方法对样品制备、分析状态等有具体要求，如干燥、加压、超真空或样品用盐来分散稀释等，这可能会使原来吸附的络合物结构发生变化，但这些手段的优点是信息丰富、灵敏度高，可提供重要的界面吸附过程信息。原位研究方法的优点是可提供样品原位吸附的信息,有利于揭示吸附后络合物真实的微观形态。采用宏观吸附实验获得的吸附现象一般是基于热动力学的、经验性的,通常忽略了表面络合物形态、分子结构、表面活性位等细节信息;微观表征研究可通过表面敏感的光谱、能谱等技术提供表面络合物结构等表面反应信息,同时结晶学也可提供矿物表面化学组成及矿物结构等信息。吸附过程的定量模拟和描述也从经验模型方法(分配模型、Langmiur 模型、Frendlich 模型等)进一步发展到基于表面结合形态的确认、表面反应构建等定量模拟阶段。例如,采用表面络合模型(surface complexation model,SCM)等描述方法,可将吸附行为的简单描述深化到机制模拟,SCM 也被广泛用于研究和描述砷在矿物水界面的吸附过程(Jing,2005;Pena,2006;Goldberg and Johnston,2001)。

铁锰复合氧化物主要通过吸附作用实现 As(V)的去除,而 As(III)的去除则包括非均相间的电子转移而发生的 As(III)氧化过程。国内外对 As(V)在金属氧化物表面的吸附机理研究已较透彻,而对 As(III)在具有氧化性的金属复合氧化物表面的反应机理研究较少。为此,本节将重点研究铁锰复合氧化物对 As(III)的去除机理。

4.3.1 砷吸附前后吸附剂表面性质变化

4.3.1.1 表面电动特性

水中颗粒物的电动特性反映了其表面荷电状况。由于吸附过程与吸附剂、吸附质的荷电特性相关,因此吸附剂的动电特性常用于研究吸附过程。颗粒物电动特性与颗粒物性质、体系 pH 值、阴阳离子种类和浓度等相关。

如前所述,不同 pH 值条件下 As(V)存在形态不同,可分为不带电荷的中性分子 H_3AsO_4、一价阴离子 $H_2AsO_4^-$、二价阴离子 $HAsO_4^{2-}$、三价阴离子 AsO_4^{3-} 等,H_3AsO_4 解离常数 pK_{a1}、pK_{a2} 和 pK_{a3} 分别为 2.24、6.76 和 11.60。当 pH<2.24 时,不带电的 H_3AsO_4 是主要形式;pH>2.24 时,羟基解离度增大,主要以 As(V)阴离子形式存在。随着 pH 值升高,As(V)电负性增强;与此同时,吸附剂表面所带正电荷也随 pH 值升高而降低,逐渐过渡为荷负电。吸附剂与吸附质之间的静电引力由强到弱,再到相互排斥,因此导致随 pH 值升高吸附量下降。

阴离子特性吸附可导致吸附剂表面负电荷增加,且随着吸附量增大,吸附剂表面净负电荷增加,这导致吸附剂 pH_{PZC} 向低 pH 值方向偏移。等电点可作为表征离子在吸附剂表面吸附类型的重要参数。因此,若 As(V)在铁锰复合氧化物表面为特性吸附,则可观测到等电点降低。事实上,吸附砷前后铁锰复合氧化物的 Zeta

电位随 pH 降低（图 4-22），且吸附砷之后 pH_{PZC} 从 pH 5.9 降至 4.5。这从侧面证实，As(Ⅴ)在铁锰复合氧化物吸附属于特性吸附，而不是简单的静电吸附过程。

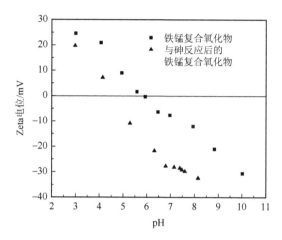

图 4-22　铁锰复合氧化物吸附砷前后的表面 Zeta 电位变化

4.3.1.2　表面元素组成比例

EDAX 技术可提供 As(Ⅴ)与铁锰复合氧化物之间相互作用的信息。铁锰复合氧化物与不同浓度 As(Ⅴ)反应后的 EDAX 谱图见图 4-23，表面成分变化分析结果列于表 4-9。吸附砷之前，尽管溶液中存在 0.01 mol/L $NaNO_3$ 背景电解质，EDAX 谱图中仅能观察到 Fe、Mn、O 峰，未出现 N、Na 峰；吸附 As(Ⅴ)之后，EDAX 谱图出现明显的 As 峰，且随着 As(Ⅴ)浓度增加峰强度增大，但仍未出现 N 和 Na 的峰。这表明 As(Ⅴ)在表面形成是由于特性吸附而生成的内层络合物，而不是静电吸附形成的外层络合物。

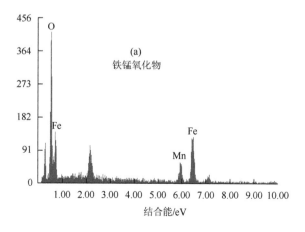

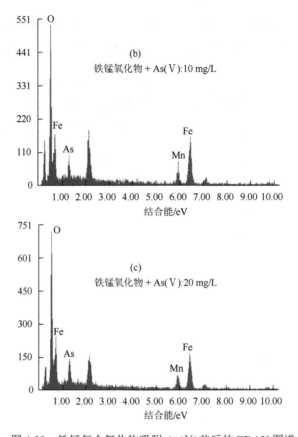

图 4-23　铁锰复合氧化物吸附 As(Ⅴ)前后的 EDAX 图谱

表 4-9　材料与 As(Ⅴ)反应前后表面成分比例 EDAX 分析

元素	铁锰复合氧化物		铁锰复合氧化物 + 10 mg/L As(Ⅴ)		铁锰复合氧化物 + 20 mg/L As(Ⅴ)	
	wt%	at%	wt%	at%	wt%	at%
O	23.88	52.16	25.48	55.19	28.98	59.82
Mn	19.58	12.46	15.63	09.86	14.88	08.95
Fe	56.54	35.38	48.82	30.29	43.10	25.48
As	—	—	10.07	04.66	13.04	05.75

4.3.1.3　表面官能团 FTIR 表征

吸附前后铁锰复合氧化物的 FTIR 谱图如图 4-24 所示。吸附前材料红外谱图[图 4-24(a)]中,波数 1625 cm^{-1} 处的吸收峰对应于水的弯曲振动(Russell, 1979),金属表面羟基的摇摆振动通常出现在 1200 cm^{-1} 以下,在 1600 cm^{-1} 附近没有弯曲振动模式,这是金属羟基与水羟基的不同之处(Nakamoto,1997)。波数 1127 cm^{-1}、1047 cm^{-1} 和 974 cm^{-1} 等 3 个吸收峰可归于表面金属羟基的摇摆振动。吸附砷之后,水的特征吸收峰未见显著变化,但这 3 个吸收峰强度随吸附量增加而逐渐变弱,直至完全消失;与此同时,在 820 cm^{-1} 处出现新的吸收峰,且峰强度随吸附量增加而增强,对应于 As—O 的伸缩振动。

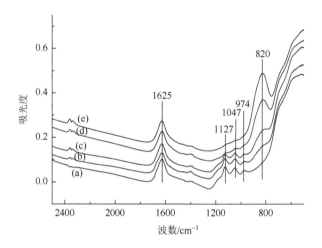

图 4-24 铁锰复合氧化物吸附 As(Ⅴ)前后红外图
(a)反应前;(b)与 5 mg/L As(Ⅴ)反应后;(c)与 10 mg/L As(Ⅴ)反应后;
(d)与 25 mg/L As(Ⅴ)反应后;(e)与 100 mg/L As(Ⅴ)反应后

Goldberg 和 Johnston(2001)研究了无定形铁氧化物吸附 As(Ⅴ)前后 FTIR 谱图变化,发现吸附后在 824 cm^{-1} 和 861 cm^{-1} 处出现 As—O 吸收峰;同样条件下,0.1 mol/L As(Ⅴ)溶液中 As(Ⅴ)主要以 AsO$_2$(OH)$_2^-$ 形态存在,As—O 键振动吸附峰位于 878 cm^{-1} 和 907 cm^{-1}。他们认为这可能是由于 824 cm^{-1} 和 861 cm^{-1} 处的吸收峰分别对应于 AsO$_2$(OH)$_2^-$ 的非对称和对称伸缩振动;也可能是存在 2 种截然不同的 As—O 基团,824 cm^{-1} 归于 Fe—O—As 基团,861 cm^{-1} 则对应于非表面络合的 As—O。本研究仅在 820 cm^{-1} 处出现吸收峰,并未发现峰的分裂现象,这暗示吸附到铁锰复合氧化物表面的 As(Ⅴ)主要以内层络合的形式存在。

4.3.2 铁锰复合氧化物吸附 As(Ⅲ)的微界面过程

4.3.2.1 材料表面反应推测

如前所述,铁锰复合氧化物对 As(Ⅲ)的最大吸附容量显著高于 As(Ⅴ),这说明两种形态砷的去除机制可能不同。可以确认的是,铁锰复合氧化物除了对As(III)氧化外,还同时发生了由As(III)被氧化而引发的界面反应。那么,过程中发生什么反应?反应机制为何?对砷的吸附和去除产生了怎样的影响?这些问题的研究和认知,对除砷技术开发和工艺构建具有重要意义。

他人以及本书作者团队的前期实验表明,铁氧化物很难将As(III)氧化为As(V),铁锰复合氧化物中的锰氧化物在As(III)氧化中发挥主要作用。可以设想,如果用还原剂预先将材料表面的锰氧化物还原,降低材料氧化性之后再用于吸附As(III)或As(V),其可能表现出完全不同的去除As(III)和As(V)的能力,材料表面性能、元素组成和价态也可能存在明显区别。

4.3.2.2 铁锰复合氧化物还原溶解实验

为确定铁锰复合氧化物中二氧化锰与铁氧化物在去除As(III)中的作用,设计了对比实验,如图4-25所示。首先,利用亚硫酸钠(Na$_2$SO$_3$)对铁锰复合氧化物进行预处理,降低材料氧化性和二氧化锰表面官能团含量;之后,将经还原溶解和未经还原溶解的铁锰复合氧化物与砷反应,考察除砷性能的变化;进一步采用FTIR、XPS等方法分析还原溶解及吸附前后材料表面变化。

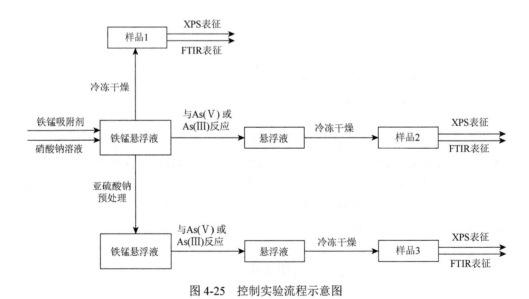

图4-25 控制实验流程示意图

其中,Na$_2$SO$_3$与铁锰复合氧化物中二氧化锰的反应如式(4-2)所示。

$$MnO_2^* + SO_3^{2-} + 2H^+ \Longrightarrow Mn^{2+} + SO_4^{2-} + H_2O \tag{4-2}$$

4.3.2.3 还原预处理前后吸附剂除砷效果

预实验表明，Na_2SO_3 能选择性还原二氧化锰，生成的 SO_4^{2-} 对 As(V) 和 As(III) 吸附影响很小。在一定 pH 下，首先用浓度范围为 0～10 mmol/L 的 Na_2SO_3 与铁锰复合氧化物反应 24 h；之后加入一定量 As(V) 或 As(III)，使溶液中总砷浓度为 0.2 mmol/L，继续反应 24 h，取样过滤测定滤液中剩余砷浓度、溶解态锰浓度。此外，固体样品经真空冷冻干燥后进行 FTIR、XPS 分析表征。

Na_2SO_3 还原预处理对铁锰复合氧化物除砷的影响见图 4-26。可以看出，Na_2SO_3 预处理后，铁锰复合氧化物对 As(V) 的吸附效果提高，As(III) 去除效果则明显下降，且随着还原程度增大降低愈加明显。这说明 As(III) 吸附过程中，二氧化锰的还原溶解导致表面出现新的活性吸附位，这对于吸附容量提升具有重要作用。事实上，还原预处理后吸附剂比表面积增大（表 4-10），这也直接证实表面活性位点增加。

表 4-10 铁锰复合氧化物经 Na_2SO_3 还原前后比表面积、孔容、孔径

铁锰复合氧化物	S_{BET}/(m²/g)	孔容/(cm³/g)	平均孔径/Å
还原前	265	0.47	71
还原后	311	0.36	60

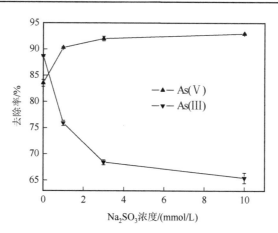

图 4-26 Na_2SO_3 预处理对吸附剂除砷性能的影响

4.3.2.4 还原预处理前后锰释放对比

对于未经还原预处理的铁锰复合氧化物，其与 As(V) 反应后释放到溶液中的 Mn^{2+} 浓度较低，仅为 1 mg/L 左右。反应过程中采用 5 mmol/L 乙酸钠作为缓冲液

调节溶液 pH，此时的 Mn^{2+} 溶出主要是由于乙酸盐与二氧化锰发生配位反应导致少量 Mn^{2+} 进入溶液所致。与 As(III) 反应后，溶液中 Mn^{2+} 浓度高达 7.2 mg/L。若不考虑 Mn^{2+} 再吸附，As(III) 完全氧化为 As(V) 后，释放到溶液中 Mn^{2+} 浓度应为 11 mg/L，这表明 Mn^{2+} 可再吸附至材料表面（图 4-27）。

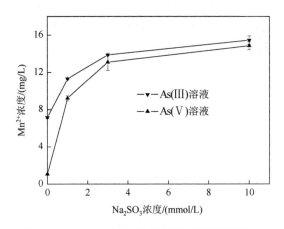

图 4-27　Na_2SO_3 预处理对吸附剂锰释放的影响

经 Na_2SO_3 预处理后，释放到溶液中 Mn^{2+} 显著增加，且随着 Na_2SO_3 浓度升高而提高，这也说明二氧化锰还原溶解释放量也在增大，材料氧化 As(III) 能力下降更多。As(V) 去除效果随溶液 Mn^{2+} 增加而增加，这表明 Mn^{2+} 释放确实可产生新的活性吸附位点。对比而言，Mn^{2+} 浓度增加对应于二氧化锰还原溶解程度提升和材料氧化能力下降，这导致 As(III) 难以被氧化成 As(V)，从而使砷去除效果随之下降。上述结果表明，二氧化锰在 As(III) 氧化中发挥关键作用。

4.3.2.5　还原预处理及吸附砷前后吸附剂的红外谱图变化

未经 Na_2SO_3 还原预处理的铁锰复合氧化物吸附砷前后的 FTIR 谱图见图 4-28 (c)，Na_2SO_3 预处理后材料再吸附砷的红外谱图见图 4-28 (d)。作为对比，铁氧化物和二氧化锰吸附砷前后的 FTIR 谱图分别见图 4-28 (a) 和 (b)。这些谱图在 1625 cm^{-1} 处均出现吸收峰，这对应于吸附的水分子羟基的弯曲振动；在 1384 cm^{-1} 处出现的吸收峰对应于背景电解质 NO_3^- 的振动吸收。

铁氧化物在波数 1125 cm^{-1}、1050 cm^{-1} 和 976 cm^{-1} 处的 3 个吸收峰，归于表面金属羟基 Fe—OH 的弯曲振动。与 As(V) 反应后，1125 cm^{-1} 和 976 cm^{-1} 处的吸收峰完全消失，1050 cm^{-1} 处吸收峰强度大幅降低；同时，在 820 cm^{-1} 左右出现新的吸收峰，对应于 As—O 振动吸收。这表明 As(V) 在铁氧化物表面形成内层络合物，而不是生成 FeAsO$_4$ 沉淀。与 As(III) 反应后，波数 1125 cm^{-1} 和 976 cm^{-1} 处的吸收峰也消失，1050 cm^{-1} 处吸收峰强度略微减弱；同时在 585 cm^{-1} 处而不是在 820 cm^{-1} 左右出现新的吸收峰，这可能对应于 As(III) 中 As—O 振动吸收。

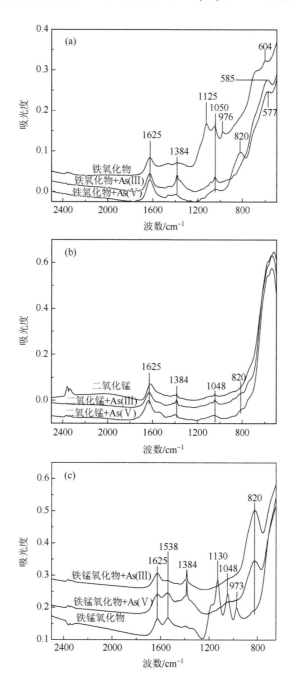

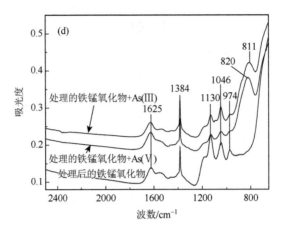

图 4-28 吸附剂吸附砷前后的 FTIR 谱图

锰氧化物在 1048 cm^{-1} 处出现一个弱吸收峰,这可能对应于锰氧化物表面与锰元素键合的羟基吸收。吸附 As(V) 后,该吸附峰变化不大,在 820 cm^{-1} 处新出现一个弱的吸收峰,表明 As(V) 与二氧化锰的亲和力较弱。与 As(III) 反应后的 FTIR 谱图与 As(V) 非常相似,表明吸附在锰氧化物表面的是 As(V),而初始加入的 As(III) 被锰氧化物氧化成 As(V)。

对于未经预处理的铁锰复合氧化物,1130 cm^{-1}、1048 cm^{-1} 和 973 cm^{-1} 处的吸收峰可归于铁和锰氧化物表面羟基的弯曲振动吸收。与 As(V) 反应后,这 3 个峰完全消失,同时在 820 cm^{-1} 左右出现新的吸收峰,如前所述,此归属于 As—O 振动吸收。与 As(III) 反应后的红外谱图与 As(V) 相似,且 820 cm^{-1} 处的吸收峰更强,表明吸附到材料表面的主要为 As(V),且吸附量更大。

经 Na$_2$SO$_3$ 还原预处理后,铁锰复合氧化物的红外谱图未见显著变化,这也从侧面说明材料表面与金属元素键合的羟基主要是 Fe—OH,且生成的 SO$_4^{2-}$ 在固体表面吸附量很低。As(V) 吸附后,820 cm^{-1} 处的 As—O 吸收峰明显增强,而 3 个金属键合羟基的吸收峰仅是大幅减弱,而并未完全消失。这说明 Na$_2$SO$_3$ 还原预处理后,吸附剂表面形成更多的金属键合羟基,产生更多的活性吸附位。与 As(III) 反应后,3 个金属键合羟基峰减弱,但降低程度不如与 As(V) 吸附体系;As—O 吸收峰强度也较未经 Na$_2$SO$_3$ 还原的体系更低。同时,As—O 吸收峰位置也从 820 cm^{-1} 降低至 811 cm^{-1},而 As(III)—O 的振动吸收也出现在波数更低的 794 cm^{-1} 处,表明经 Na$_2$SO$_3$ 还原预处理后的铁锰复合氧化表面同时吸附了 As(V) 和 As(III)。

4.3.2.6 还原预处理及吸附砷前后吸附剂表面分析

上述不同样品的表面 XPS 分析结果见表 4-11。未经 Na$_2$SO$_3$ 预处理的铁锰复合氧化物吸附 As(V)后，锰相对含量未见显著变化；与 As(III)反应后，锰含量明显降低，证实发生了二氧化锰的还原溶解。Na_2SO_3 预处理使得材料表面的锰含量大幅降低，进一步与 As(V)或 As(III)反应，锰含量下降较小。这些结果说明，二氧化锰还原溶解是锰含量下降的主要原因。

表 4-11 反应前后材料表面的组分

样品	Fe(t)/at%	Mn(t)/at%	O(t)/at%	As(t)/at%
铁锰复合氧化物	18.2	6.4	75.4	0.0
与 As(V)反应后	17.2	6.3	74.1	2.4
与 As(III)反应后	17.4	5.4	73.7	3.5
Na_2SO_3 处理后	19.8	3.4	76.8	0.0
Na_2SO_3 处理过再与 As(V)反应后	18.6	3.3	74.6	3.5
Na_2SO_3 处理过再与 As(III)反应后	19.1	3.1	75.8	2.0

进一步讨论上述实验体系下不同样品表面的 Fe 2p、Mn 2p 及 As 3d 变化。未经还原预处理的铁锰复合氧化物吸附砷前后的 Fe 2p XPS 谱图见图 4-29。Fe 2p 结合

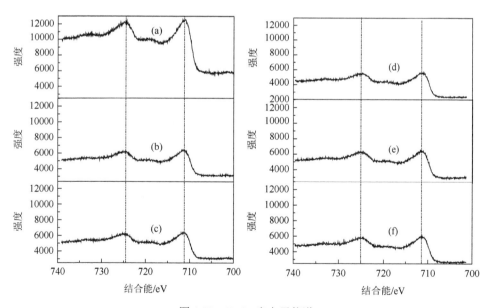

图 4-29 Fe 2p 光电子能谱

(a) 铁锰复合氧化物、(b) 铁锰复合氧化物与 As(V)反应后（C_i = 0.133 mmol/L）；(c) 铁锰复合氧化物与 As(III)反应后（C_i = 0.133 mmol/L）；(d) 铁锰复合氧化物经 Na_2SO_3（C_i = 10 mmol/L）预处理后；(e) 铁锰复合氧化物经 Na_2SO_3（C_i = 10 mmol/L）预处理再与 As(V)反应后（C_i = 0.133 mmol/L）；(f) 铁锰复合氧化物经 Na_2SO_3（C_i = 10 mmol/L）预处理再与 As(III)反应后（C_i = 0.133 mmol/L）

能为 711.0 eV，结合峰形表示铁的价态为 +3。与砷或 Na_2SO_3 反应均未导致铁的价态发生改变，铁的相对含量也变化不大。与 As(V)、As(III) 反应后，Fe 2p 吸收峰强度明显降低，说明在 Fe 与 As(V) 之间存在强烈相互作用。

图 4-30 给出了 Mn 2p 的 XPS 谱图。可以看出，铁锰复合氧化物吸附 As(V) 后，Mn 2p 谱图未见明显变化，反映了 As(V) 与 Mn 之间的作用力较弱。与 As(III) 反应后，Mn 2p 的吸收峰强度降低 18%，且结合能从 642.6 eV 略降低至 642.5 eV，这可能是由于低价态锰在材料表面所占比例增大所致。As(III) 氧化过程中，二氧化锰被还原为低价态锰而释放至溶液中，而低价态锰又可重新吸附到材料表面上，从而导致高价态二氧化锰含量减少，低价态锰含量增加。Nesbitt 等（1998）详细分析了二氧化锰与 As(III) 反应前后的 Mn 2p 谱图，发现 Mn(IV)、Mn(III)、Mn(II) 等结合能接近，且氧化态越低，结合能越低。Na_2SO_3 预处理使铁锰复合氧化物中 Mn 2p 的吸收峰强度降低 55%，结合能则从 642.6 eV 降低至 642.3 eV。这表明 Na_2SO_3 可使大部分二氧化锰还原溶解，表面富集更多低价态锰。经还原预处理后吸附 As(V)，Mn 2p 吸收峰强度和结合能均未见显著变化；与 As(III) 反应后，Mn 2p 结合能则进一步降低至 642.1 eV，说明 As(III) 可进一步发挥还原溶解作用，低价态锰比例升高。上述结果均表明，二氧化锰在 As(III) 氧化中发挥关键作用。

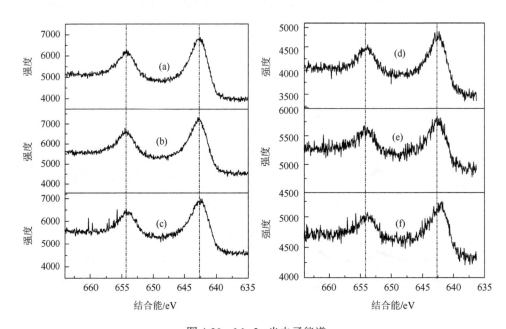

图 4-30　Mn 2p 光电子能谱

（a）铁锰复合氧化物、(b) 铁锰复合氧化物与 As(V) 反应后（C_i = 0.133 mmol/L）；(c) 铁锰复合氧化物与 As(III) 反应后（C_i = 0.133 mmol/L）；(d) 铁锰复合氧化物经 Na_2SO_3（C_i = 10 mmol/L）预处理后；(e) 铁锰复合氧化物经 Na_2SO_3（C_i = 10 mmol/L）预处理再与 As(V) 反应后（C_i = 0.133 mmol/L）；(f) 铁锰复合氧化物经 Na_2SO_3（C_i = 10 mmol/L）预处理再与 As(III) 反应后（C_i = 0.133 mmol/L）

图 4-31 给出了未预处理、还原预处理后的铁锰复合氧化物与砷反应的 As 3d 图，拟合结果见表 4-12。铁锰复合氧化物与 As(Ⅴ)、As(Ⅲ)反应后，As 3d 谱图未见显著区别，拟合结果显示结合能接近，说明材料表面主要为 As(Ⅴ)。还原预处理后的材料吸附 As(Ⅴ)，As 3d 谱图与未处理材料的接近，说明吸附的砷主要为 As(Ⅴ)。材料与 As(Ⅲ)反应后，As 3d 谱图出现明显变化。具体而言，As 3d 在 45.55 eV 和 44.34 eV 处出现两个峰，说明材料表面同时存在 As(Ⅴ)和 As(Ⅲ)；分峰拟合结果显示，As(Ⅲ)为主要成分，约占 78%。一般而言，砷氧化物中 As(Ⅲ) 和 As(Ⅴ)的 As 3d 结合能范围分别是 44.3~44.5 eV 和 45.2~45.6 eV(Nesbitt et al., 1998；Manning et al., 2002；Tournassat et al., 2002)。吸附到铁氧化物表面后，As(Ⅲ)和 As(Ⅴ)的 As 3d 结合能可分别提高至 (44.6±0.13) eV 和 (46.0±0.17) eV (Lenoble et al., 2004)。

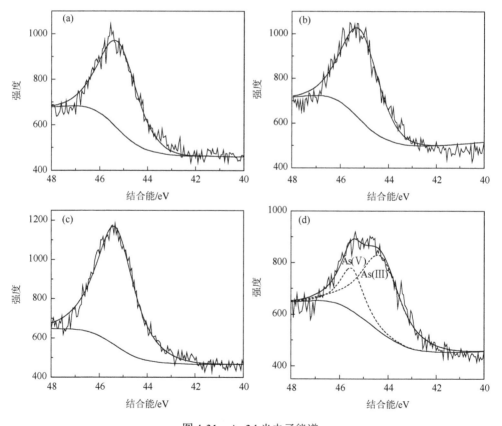

图 4-31 As 3d 光电子能谱

(a) 与 As(Ⅴ)反应后(C_i = 0.133 mmol/L)；(b) 与 As(Ⅲ)反应后(C_i = 0.133 mmol/L)；(c) 经 Na_2SO_3(C_i = 10 mmol/L) 预处理再与 As(Ⅴ)反应后 (C_i = 0.133 mmol/L)；(d) 经 Na_2SO_3 (C_i = 10 mmol/L) 预处理再与 As(Ⅲ)反应后 (C_i = 0.133 mmol/L)

表 4-12　铁锰复合氧化物材料与砷反应前后的 As 3d 拟合结果

样品	结合能位置/eV	半峰高	拟合面积/%
与 As(V)反应后	45.24	1.85	100
与 As(III)反应后	45.19	1.82	100
经预处理再与 As(V)反应后	45.34	1.97	100
经预处理再与 As(III)反应后	45.55	1.27	22
	44.34	2.09	78

4.3.3　铁锰复合氧化物吸附 As(V)的微界面过程

以上系统研究了铁锰复合氧化物去除 As(III)过程中砷形态转化以及材料表面性质的变化，以下重点探讨 As(V)在铁锰复合氧化物表面吸附的过程与机制。

4.3.3.1　材料性能表征

首先制备了铁锰复合氧化物和无定形羟基氧化铁（FeOOH），采用表面积分析仪测定二者比表面积和孔体积结果如表 4-13 所示。无定形 FeOOH 的 S_{BET} 为 247 m²/g，这与其他研究结果一致。Crosby 等（1996）报道，老化时间在 2 h 至 12 d 之间的无定形 FeOOH，S_{BET} 范围为 159～234 m²/g。铁锰复合氧化物的 S_{BET} 为 265 m²/g，孔体积为 0.47 cm³/g。XRD 分析显示，铁锰复合氧化物和无定形 FeOOH 均未检测到明显的结晶衍射峰，表明铁锰复合氧化物中的 Fe 氧化物、Mn 氧化物以及无定形 FeOOH 中的 Fe 氧化物均主要为无定形结构。

表 4-13　无定形 FeOOH 和 Fe-Mn 二元氧化物的 BET 比表面积和孔隙率

吸附剂	S_{BET}/(m²/g)	平均孔径/Å	平均孔体积/(cm³/g)
无定形 FeOOH	247	40	0.25
Fe-Mn 二元氧化物（3:1）	265	71	0.47

4.3.3.2　吸附等温线

研究显示，铁锰复合氧化物对 As(V)的吸附容量也高于无定形 FeOOH。为进一步定量比较，在初始 As(V)浓度为 5～50 mg/L 范围内进行吸附等温线实验，控制体系 pH 和温度分别为 6.9±0.1 和 25℃。结果显示，铁锰复合氧化物对 As(V)的最大吸附容量明显高于无定形 FeOOH[图 4-32（a）]。此外，体系温度升高，最大吸附容量有一定程度增加[图 4-32（b）]。

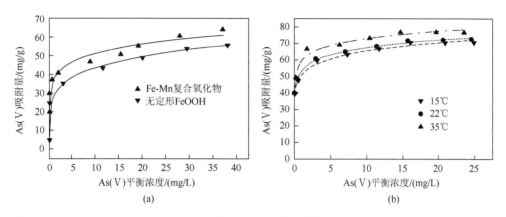

图 4-32 在 pH 6.9±0.1 和（25±1）℃的 200mg/L 悬浮液中，(a) As(Ⅴ)在无定形 FeOOH 和铁锰复合氧化物表面的 Freundlich 吸附等温线和 (b) As(Ⅴ)在铁锰复合氧化物表面的 Freundlich 吸附等温线

锰氧化物对 As(Ⅴ)的吸附容量远低于铁氧化物，因此对于不需要氧化的 As(Ⅴ)去除体系，相同投量下铁锰复合氧化物吸附容量应低于铁氧化物。但事实上，铁锰复合氧化物较无定形 FeOOH 具有更高的吸附容量。As(Ⅴ)吸附过程中并未发生砷价态转化和锰氧化物还原溶解，因此两种材料比表面积、孔体积等差异可能是导致上述结果不同的主要原因。一般而言，比表面积越高越有利于吸附，铁锰复合氧化物 S_{BET} 为 265 m²/g，高于无定形 FeOOH 的 247 m²/g。此外，铁锰复合氧化物的孔体积为 0.47 cm³/g，也明显大于无定形 FeOOH 的孔体积（0.25 cm³/g）。铁锰复合氧化物对 As(Ⅲ)和 As(Ⅴ)均具有很强的吸附能力，在制备工业化除砷吸附剂方面具有实用价值。

采用 Freundlich 和 Langmuir 等温线模型对吸附等温线数据进行拟合，发现二者均可较好地描述 As(Ⅴ)在无定形 FeOOH 表面的吸附行为，其中图 4-32（a）仅显示了 Freundlich 拟合结果。对于铁锰复合氧化物，Freundlich 模型可更好地拟合实验数据，这可能是由于该复合氧化物表面同时存在铁氧化物和二氧化锰，吸附剂表面具有异质性。Freundlich 等温线较适合描述具有异质表面的吸附剂的吸附行为，不同类型吸附位点具有不同的吸附能。吸附能随表面覆盖率而变化，可由式（4-3）中 Freundlich 常数 K_F(L/g)表示：

$$Q_e = K_F C_e^{1/n} \tag{4-3}$$

其中，Q_e 是单位质量吸附剂吸附的吸附质 As(Ⅴ)的数量，C_e 是溶液中吸附质的平衡浓度，K_F 是吸附容量的粗略指标；n 是异质性因子，表面异质性越强 n 值越低。

体系 pH 为 5.5±0.1 条件下，研究 15℃、22℃和 35℃等不同温度下 As(Ⅴ)在铁锰复合氧化物表面的吸附行为，吸附等温线可用 Freundlich 模型拟合[见图 4-32

(b)]，不同温度下的 K_F 和 $1/n$ 值列于表 4-14。可以看出，最大吸附容量随体系温度升高而增加，表明该吸附为吸热过程，温度升高有利于 As(V)去除。

表 4-14　As(V)在铁锰复合氧化物表面吸附过程的 Freundlich 等温线拟合

温度	Fe-Mn 二元氧化物+As(V)		
	R	K_F	$1/n$
15℃	0.9908	51.15	0.106
22℃	0.9942	53.72	0.097
35℃	0.9804	59.53	0.087

4.3.3.3　吸附动力学

As(V)在铁锰复合氧化物表面的吸附动力学结果如图 4-33 所示。吸附过程可分为 2 步，其中第一步吸附速度快，反应 3 h 可达到 80%以上的平衡吸附量；随着反应时间延长，吸附速度变缓，反应 11 h 达到最大吸附量的 90%以上，最终反应 24 h 达到吸附平衡。一般而言，静电吸附速率较快，约在秒的数量级范围内可基本完成（Pierce and Moore，1982）。铁锰复合氧化物吸附 As(V)在数小时仍在进行，表明除静电吸附外仍存在其他反应机制。

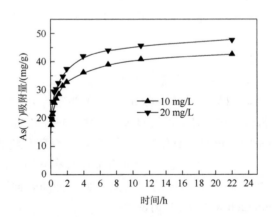

图 4-33　在 pH 6.9±0.1 和两种初始砷浓度（10 mg/L，20 mg/L）下，砷酸盐在 200 mg/L 悬浮液中对铁锰复合氧化物的吸附动力学

4.3.3.4　离子强度对 As(V)吸附的影响

离子强度对铁锰复合氧化物吸附 As(V)的影响如图 4-34 所示。以 $NaNO_3$ 为

背景电解质，发现离子强度从 0.001 mol/L 增加到 0.1 mol/L 导致 pH 向碱性区域移动，且在 pH 7~10 范围内 As(Ⅴ)的吸附容量增大。Bakoyannakis 等（2003）研究了 As(Ⅴ)在赤铁矿表面的吸附行为，也观察到类似现象。研究表明，通过生成外层络合物而吸附的阴离子对离子强度变化非常敏感，NO_3^- 等弱吸附阴离子也可通过静电力生成外层络合物，可能通过竞争效应而抑制这些阴离子的吸附。相反，通过形成内层络合物而吸附的阴离子，可能受离子强度变化的影响不敏感，也可能在更高的离子强度条件下吸附容量增大（McBride，1997）。上述结果暗示，As(Ⅴ)可能在水/铁锰复合氧化物表面形成内层表面络合物。

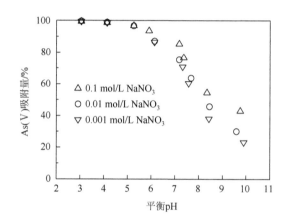

图 4-34　pH 值对不同离子强度下 Fe-Mn 二元氧化物吸附 As(Ⅴ)的影响

初始 As(Ⅴ)浓度 10 mg/L，吸附剂含量 200 mg/L

随着离子强度增加，在碱性 pH 范围内砷酸盐吸附得到促进和加强，其主要原因在于：As(Ⅴ)以内层络合物的方式吸附在铁锰复合氧化物表面，增大表面净负电荷，表面负电荷积累将促进阳离子吸附。增大 $NaNO_3$ 浓度可提供更多 Na^+ 以补偿 As(Ⅴ)特异吸附产生的表面负电荷，这有利于提高负电性 As(Ⅴ)吸附容量。

4.3.3.5　共存离子对 As(Ⅴ)吸附的影响

综上所述，铁锰复合氧化物对 As(Ⅴ)的吸附主要取决于吸附剂表面活性位点的多少和变化。地下水中广泛存在的 Cl^-、SO_4^{2-}、CO_3^{2-}、SiO_3^{2-}、PO_4^{3-}、Mg^{2+} 和 Ca^{2+} 等，可能通过竞争吸附或表面络合等方式影响 As(Ⅴ)的吸附。为评估上述普遍共存离子对 As(Ⅴ)吸附的影响，研究了离子在 0.1 mmol/L、1.0 mmol/L 和 10 mmol/L 等 3 种不同浓度水平下对除砷效果的影响，结果如表 4-15 所示。

表 4-15 共存离子对砷酸盐吸附的影响

浓度	As(V)去除率						
	Cl^-	SO_4^{2-}	CO_3^{2-}	SiO_3^{2-}	PO_4^{3-}	Mg^{2+}	Ca^{2+}
0.1 mmol/L	91.3	91.5	87.7	86.2	76.3	92.5	92.8
1 mmol/L	90.4	90.9	81.2	76.3	55.4	94.9	95.8
10 mmol/L	90.2	90.0	80.6	50.3	43.7	96.1	97.9

可以看出，Cl^-和SO_4^{2-}对 As(V)去除的影响不大，CO_3^{2-} 略微表现出抑制作用；SiO_3^{2-}、PO_4^{3-} 等含氧阴离子则显著抑制 As(V)的吸附。PO_4^{3-} 在不同浓度水平下均表现出最强的抑制 As(V)去除的能力，这主要是由于磷与砷为同族元素，具有相似结构的 PO_4^{3-} 和 As(V)对吸附位点具有强烈竞争作用。对比而言，Ca^{2+}和 Mg^{2+} 对 As(V)吸附表现出促进作用，且随着阳离子浓度增加而增强，这主要是由于二价阳离子吸附在材料表面可有效补偿 As(V)特异性吸附产生的表面负电荷所致。

4.3.3.6 吸附前后材料表面分析

阴离子特异性吸附可使吸附剂表面负电性增强，pH_{PZC} 向 pH 值较低的方向偏移（Stumm，1996；Tsung et al.，1994）。吸附 As(V)前后铁锰复合氧化物的 Zeta 电位变化规律如图 4-35 所示。吸附 As(V)前，铁锰复合氧化物 pH_{PZC} 约为 6.0；吸附 As(V)后，pH_{PZC} 降低至约 4.5。因此，As(V)吸附使得铁锰复合氧化物表面净负电荷增加，可推测 As(V)的吸附不是纯粹的静电作用，还包括特异性吸附。

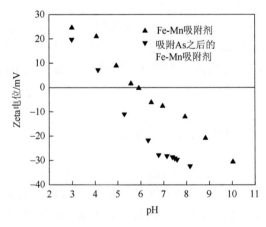

图 4-35 铁锰复合氧化物与 As(V)反应前后的 Zeta 电位

As(V)浓度 10 mg/L，吸附剂含量 200 mg/L

金属氧化物表面一般存在丰富的表面羟基,这是最活跃的吸附位点,可通过 FTIR 光谱检测(Stumm,1992)。FTIR 光谱可提供砷酸盐与金属氧化物表面之间相互作用的信息,据此可了解吸附剂的表面结构、吸附机制等。图 4-36 显示,铁锰复合氧化物样品在 1625 cm^{-1} 处的吸收峰为水分子的变形振动,表明表面存在物理吸附水;波数 1384 cm^{-1} 处的吸收峰归于 NO_3^- 的振动,表明背景电解质 $NaNO_3$ 中的 NO_3^- 可吸附在材料表面;波数为 1127 cm^{-1}、1047 cm^{-1} 和 974 cm^{-1} 处的三个吸收峰主要源于氧化铁羟基(Fe—OH)的弯曲振动(Zhang et al.,2005)。

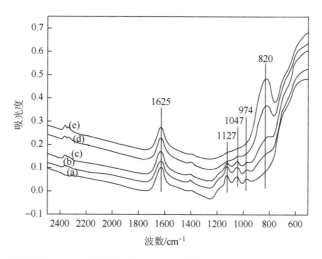

图 4-36　铁锰复合氧化物(a)和在四种不同 As(Ⅴ)浓度[(b)1 mg/L、(c)5 mg/L、(d)20 mg/L 和(e)50 mg/L]的水溶液中处理后的 FTIR 光谱

研究表明,与羟基氧化铁表面 Fe—OH 基团的拉伸或弯曲振动相关的阴离子吸附可导致表面 FTIR 光谱发生敏感的变化。铁锰复合氧化物在 As(Ⅴ)浓度范围为 1~50 mg//L 的溶液中反应 24 h 后的 FTIR 光谱如图 4-36 所示。可以看出,As(Ⅴ)吸附使得羟基氧化铁在 1127 cm^{-1}、1047 cm^{-1} 和 974 cm^{-1} 处的 Fe—OH 吸收峰逐渐减弱;波数 820 cm^{-1} 处出现新的吸收峰,对应于 As—O 的伸缩振动,且峰强度随 As(Ⅴ)浓度增加而增强,表明 As(Ⅴ)在吸附剂表面生成络合物而不是形成固相沉淀;当 As(Ⅴ)浓度达到 50 mg/L 时,Fe—OH 在 1127 cm^{-1}、1047 cm^{-1} 和 974 cm^{-1} 处的吸收峰几乎消失。As(Ⅴ)吸附后,还观察到溶液 pH 值升高。从 FTIR 分析结果推测,As(Ⅴ)在铁锰复合氧化物表面发生特异性吸附,As(Ⅴ)取代表面羟基是主要吸附机制。

4.3.4　铁锰复合氧化物除砷的 X 射线吸收光谱分析

XAS 是一种表征无定形和晶体材料电子结构和配位结构的技术(Moore et al.,

1990),可分为 X 射线吸收近边结构(XANES)和扩展 X 射线吸收精细结构(EXAFS)等两部分。前者通常用于确定被吸附离子的价态,后者则提供配位数、最近与次最近相邻原子及其原子间距(Deschamps et al.,2005;Zhang et al.,2007b),这些信息对于确定被吸附离子的结构非常有用。已有研究显示,砷在铁氧化物、锰氧化物等金属氧化物表面的吸附主要形成双齿双核、双齿单核、单齿单核等 3 种类型配合物(Fullston et al.,1999),但这些研究主要集中于单一铁氧化物或锰氧化物,本节下述内容将介绍砷在铁锰复合氧化物表面吸附的 XAS 分析结果。

这项研究工作依托中国科学院上海光源(Shanghai Synchrotron Radiation Facility,SSRF)BL14W1 光束线站,在室温条件下通过透射模式或者荧光模式测定含 As、Mn、Fe 材料以及参比材料中 As-K、Mn-K、Fe-K 的 XANES 和 EXAFS 谱图。采集时,储存环电子能量为 3.5 GeV,流强为 200 mA;单色器为双晶体硅(111)单色器。用 Athena 和 Artemis 软件拟合分析所收集的数据,用边高归一化 XANES,用 Cook-Sayers 标准样条平滑线提取 EXAFS 振荡 $\chi(k)$,用 Hanning 函数窗把加权 $k^3\chi(k)$ 傅里叶转换为 R 空间,其中 As-K、Mn-K 和 Fe-K 的 k 范围分别为 2.0~12.5 Å^{-1}、2.5~11.0 Å^{-1} 和 2.0~12.0 Å^{-1}。在此条件下获得了不同吸附方式以及吸附前后元素价态变化等重要信息。

4.3.4.1 单一和复合铁锰氧化物吸附除砷性能

制备铁氧化物、锰氧化物以及铁锰复合氧化物,采用吸附等温线实验评估不同材料的除砷吸附容量,结果如图 4-37 所示。铁氧化物对 As(V)和 As(III)的吸附容量远高于锰氧化物,而铁锰复合氧化物的砷吸附容量又远高于铁、锰两种氧化

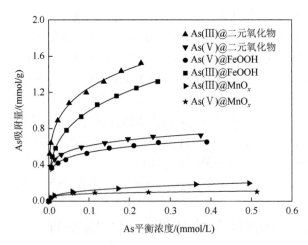

图 4-37　砷在铁氧化物、锰氧化物、铁锰复合氧化物上的吸附等温线
pH 7.0±0.1,Freundlich 模型

物，这与前述结果是一致的。对 As(III)而言，这主要是由铁锰复合氧化物的氧化、吸附机制（Manning and Goldberg, 1997）导致的；对 As(V)而言，则主要是由于不同氧化物之间的协同作用所致。进一步采用 Langmuir 和 Freundlich 模型拟合等温线数据，拟合获得的吸附常数见表 4-16。可以看出，除 As(V)在 MnO_x 上的吸附之外，其他吸附体系更适合用 Freundlich 模型进行描述。

表 4-16 砷在铁氧化物、锰氧化物、铁锰复合氧化物的吸附等温线模型拟合参数

吸附剂	As 形态	Langmuir 模型			Freundlich 模型		
		q_m/(mmol/g)	K_L/(L/mmol)	R^2	K_F/(mmol/g)	$1/n$	R^2
MnO_x	As(V)	0.105	90.8	0.998	0.127	0.179	0.839
MnO_x	As(III)	0.220	12.9	0.938	0.254	0.326	0.988
FeOOH	As(V)	0.619	132.0	0.940	0.774	0.157	0.985
FeOOH	As(III)	1.328	43.12	0.961	1.943	0.290	0.999
二元氧化物	As(V)	0.717	96.9	0.787	0.854	0.144	0.995
二元氧化物	As(III)	1.376	157.5	0.920	2.097	0.225	0.997

4.3.4.2 砷吸附前后元素价态变化

XANES 光谱对吸附原子的价态非常敏感，如果 As(III)在针铁矿或水合氧化铁上发生氧化，砷元素的 K 边 XANES 分析结果可给出清晰的证据。As、Mn 和 Fe 等 3 种元素的 K 边 XANES 光谱可用于对比砷吸附前后吸附剂表面元素的氧化还原价态。如图 4-38（a）所示，吸附了砷的 MnO_x、FeOOH 和 FeOOH-MnO_x 等样品的 As-K 边前峰和边后峰均与 Na_2HAsO_4 的吸收峰类似，表明吸附在表面的砷为 As(V)；对于 As(III)@FeOOH 样品，As-K 边前峰和边后峰均与 $NaAsO_2$ 一致，说明吸附在 FeOOH 表面的砷为 As(III)。对比而言，MnO_x 和 FeOOH-MnO_x 等含锰氧化物的材料与 As(III)反应后，仅观察到 As(V)的 XANES 特征吸收峰，表明 As(III)已被完全氧化为 As(V)。

为进一步确定吸附砷之后样品砷的平均价态，提取 As-K 的一阶导数并与参比材料进行比较，结果如图 4-38（b）所示。可以看出，As(III)@FeOOH 的砷吸附边能为 11869.5 eV，与 $NaAsO_2$ 一致，说明 As(III)在 FeOOH 上吸附并未发生氧化反应。有研究者发现，在空气背景下进行吸附实验，吸附在水合氧化铁上的 As(III)可部分氧化为 As(V)，水合氧化铁可能发挥了催化作用。本研究体系的 FeOOH 并未表现出催化活性，铁锰复合氧化物中 FeOOH 主要作用是吸附，锰氧化物的作用则主要是氧化。

锰元素 K 边 XANES 谱图如图 4-39（a）所示，含锰样品的 K 边 XANES 谱图与 MnO_2 或者 Mn_2O_3 相似，指向样品中的锰元素为 +3 和 +4 混合价态。图 4-39（b）

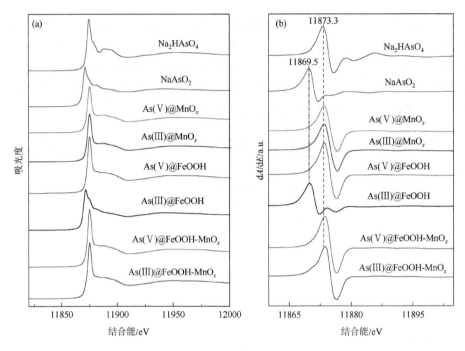

图 4-38 砷吸附样品和参比样品的 As-K 边归一化 XANES（a）和 XANES（b）图谱

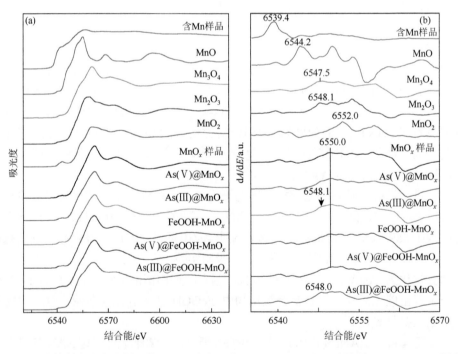

图 4-39 含锰样品和参比样品的 Mn-K 边归一化 XANES（a）和一阶导数 XANES（b）图谱

展示的是锰元素 K 边一阶导数，含锰样品的锰吸收边能为 6550.0 eV，处于 MnO_2 和 Mn_2O_3 的锰吸收边能之间，证实样品中锰元素为混合价态。

基于上述结果，本研究制备的锰氧化物可记为 MnO_x（$1.5<x<2$），铁锰氧化物可记为 $FeOOH-MnO_x$。有趣的是，$As(III)@MnO_x$ 吸附 $As(III)$ 的样品最终砷形态为 $As(V)$，同时在 6548.1 eV 处出现一个明显的肩峰，表明吸附 $As(III)$ 后产生更多 +3 价锰。这一现象在 $As(III)@FeOOH-MnO_x$ 样品中更为明显，表明锰氧化物和 $As(III)$ 之间可能发生如式（4-4）的反应：

$$2MnO_2 + H_3AsO_3 + H_2O \longrightarrow 2MnOOH + H_3AsO_4 \quad (4-4)$$

此外，MnOOH 也能将 $As(III)$ 氧化为 $As(V)$[式（4-5）]，生成的 Mn^{2+} 进入水相，之后部分 Mn^{2+} 可重新被吸附到 $FeOOH-MnO_x$ 表面。由于整个吸附反应暴露于空气中，吸附的 Mn^{2+} 也可能被溶解的氧气氧化为 MnO_x。

$$2MnOOH + H_3AsO_3 + 4H^+ \longrightarrow H_3AsO_4 + 2Mn^{2+} + 3H_2O \quad (4-5)$$

分别用铁箔、FeO、Fe_3O_4 和 Fe_2O_3 为参比样品，测定铁 K 边 XANES 谱图如图 4-40（a）所示。含铁样品的 Fe-K 边前峰和边后峰均与 Fe_2O_3 相似，说明样品中铁的价态为 +3 价。Fe-K 边一阶导数[图 4-40（b）]显示样品中铁的吸收边能为 7127.0 eV，与 Fe_2O_3 几乎完全一样，证实铁主要为 +3 价。含铁样品吸附 $As(III)$ 后，未发现铁吸收边能发生变化，证实铁氧化物主要作用是吸附而非氧化。

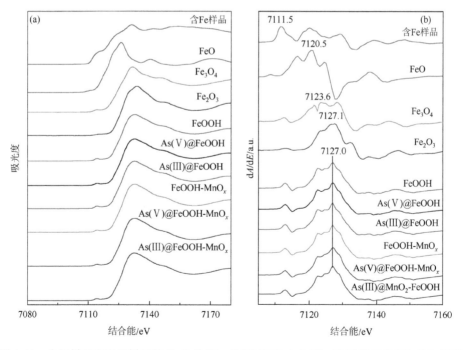

图 4-40　含锰样品和参比样品的 Fe-K 边归一化 XANES（a）和一阶导数 XANES（b）图谱

4.3.4.3 砷吸附前后吸附剂 EXAFS 分析

图 4-41（a）为参比样品、吸附砷之后吸附剂的 As-K 边经傅里叶变化的 R 空间数据，（b）为对应的 K 空间数据（范围为 $2.0 \sim 12.5 \text{ Å}^{-1}$）；实验数据可很好地拟合，拟合结果见表 4-17。在 Na_2HAsO_4 样品中仅观察到 As—O 配位壳层，$NaAsO_2$ 样品则同时观察到 As—O 和 As—As 等 2 个配位壳层。对于吸附砷的样品，第一壳层为 As(V)—O 或 As(III)—O，第二壳层则为 As(V)—M 或 As(III)—M（其中 M = Fe 或 Mn）。As(V)吸附之后或者含锰氧化物的材料吸附 As(III)之后，样品的 As—O 间距为 $1.67 \sim 1.69 \text{ Å}$；吸附 As(III) 的 FeOOH 样品 As—O 间距则增加至 1.75 Å，这再次证实 As(III)在含锰氧化物材料表面的吸附过程发生了氧化还原反应。此外，研究发现，吸附砷的含铁氧化物样品 As—Fe 间距为 3.24 Å，对应于双齿双核共顶连接（^2C）络合物，桥连的砷原子连接到邻近铁八面体的顶。对于吸附 As(V)或 As(III)的含锰氧化物样品，As—Mn 间距为 3.22 Å，此值与吸附 As(V) 或 As(III)的水钠锰矿样品的 As—Mn 间距一致，表明 $H_2AsO_4^-$ 与 MnO_x 之间形成双齿双核共顶配合物。

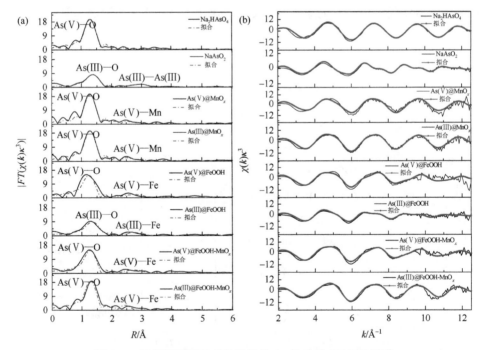

图 4-41 砷吸附样品及参比样品的 As 的 K 边 EXAFS 图谱

(a) 经傅里叶变化的 R 空间数据，红色虚线为拟合结果；(b) K 空间数据（$2.0 \sim 12.5 \text{ Å}^{-1}$），红色原点线为拟合结果。
扫描封底二维码可查阅本书彩图信息，下同

表 4-17 As 的 K 边 EXAFS 数据拟合参数

样品	壳层	CN [a]	R [b]/Å	ΔE/eV	DW [c]/Å	R 因子/%
Na_2HAsO_4	As—O	3.9±0.5	1.69±0.01	2.7±2.0	0.043±0.026	1.8
$NaAsO_2$	As—O	2.9±0.4	1.77±0.01	4.2±1.8	0.082±0.018	2.7
	As—As	1.9±1.6	3.23±0.05	5.1±7.6	0.095±0.057	
As(V)@MnO_x	As—O	3.6±0.5	1.69±0.01	1.8±2.1	0.038±0.028	2.2
	As—Mn	1.1±0.9	3.22±0.05	-1.4±7.5	0.095±0.057	
As(III)@MnO_x	As—O	3.7±0.5	1.69±0.01	1.8±2.2	0.041±0.027	2.5
	As—Mn	1.4±1.0	3.22±0.05	-8.6±6.2	0.095±0.057	
As(V)@FeOOH	As—O	3.9±0.5	1.67±0.01	-1.1±2.4	0.072±0.012	13.7
	As—Fe	2.0±0.9	3.24±0.05	-9.9±4.3	0.095±0.057	
As(III)@FeOOH	As—O	3.9±0.5	1.75±0.01	5.1±1.0	0.098±0.019	6.6
	As—Fe	1.6±0.5	3.24±0.05	-10.7±3.0	0.095±0.057	
As(V)@FeOOH-MnO_x	As—O	3.9±0.5	1.68±0.01	0.7±2.3	0.070±0.011	7.0
	As—Fe	1.9±0.9	3.24±0.05	-13.2±4.4	0.095±0.057	
As(III)@FeOOH-MnO_x	As—O	3.9±0.7	1.69±0.01	0.4±1.3	0.047±0.024	7.5
	As—Fe	2.1±1.0	3.24±0.05	-6.9±4.6	0.095±0.057	

a. CN：配位数；b. R：原子间距（键长）；c. DW：Debye-Waller 因素。

图 4-42（a）为含锰氧化物样品的 Mn-K 边经傅里叶变化的 R 空间数据，（b）为相应的 K 空间数据（范围为 2.5～11.0 Å^{-1}）。样品中 Mn—O 和 Mn—Mn 配位

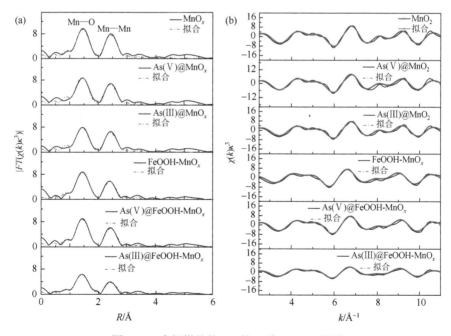

图 4-42 含锰样品的 Mn 的 K 边 EXAFS 图谱

(a) 经傅里叶变化的 R 空间数据，红色虚线为拟合结果；(b) K 空间数据（2.5～11.0 Å^{-1}），红色原点线为拟合结果

层均较大，而 Mn—As 配位层光电子散射效应较小，故未对其进行拟合。图 4-42（b）显示，实验数据可以很好地被拟合，拟合结合如表 4-18 所示。As(Ⅲ)@MnO$_x$ 和 As(Ⅲ)@FeOOH-MnO$_x$ 样品的 Mn—O 配位数明显低于未吸附 As(Ⅲ)或吸附 As(Ⅴ)的样品，吸附 As(Ⅲ)之后锰平均价态降低，说明吸附过程中 MnO$_x$ 被 As(Ⅲ)还原。

表 4-18 Mn 的 K 边 EXAFS 数据拟合参数

样品	壳层	CN[a]	R[b]/Å	ΔE/eV	DW[c]/Å	R 因子/%
MnO$_x$	Mn—O	3.2±0.7	1.89±0.02	−5.2±3.0	0.059±0.035	1.0
	Mn—Mn	3.2±1.1	2.84±0.02	−10.2±3.3	0.087±0.035	
As(Ⅴ)@MnO$_x$	Mn—O	3.2±0.7	1.89±0.02	−6.3±2.8	0.064±0.015	2.0
	Mn—Mn	3.0±1.1	2.84±0.02	−10.6±3.3	0.092±0.035	
As(Ⅲ)@MnO$_x$	Mn—O	2.5±0.5	1.89±0.02	−6.7±3.1	0.057±0.035	1.6
	Mn—Mn	2.7±0.9	2.84±0.02	−10.7±3.3	0.087±0.035	
FeOOH-MnO$_x$	Mn—O	2.7±0.6	1.90±0.02	−10.9±2.9	0.052±0.036	1.0
	Mn—Mn	2.9±1.0	2.86±0.03	−17.3±3.8	0.090±0.041	
As(Ⅴ)@FeOOH-MnO$_x$	Mn—O	2.7±0.5	1.89±0.01	−6.9±2.9	0.051±0.036	0.4
	Mn—Mn	2.8±1.1	2.86±0.03	−10.7±3.7	0.095±0.039	
As(Ⅲ)@FeOOH-MnO$_x$	Mn—O	1.7±0.3	1.88±0.01	−8.9±3.9	0.041±0.043	0.6
	Mn—Mn	2.3±1.0	2.88±0.03	−9.1±4.0	0.108±0.041	

a. CN：配位数；b. R：原子间距（键长）；c. DW：Debye-Waller 因素。

图 4-43（a）为含铁氧化物样品的 Fe-K 边经傅里叶变化的 R 空间数据，（b）为相应的 K 空间数据（范围为 2.0~12.0 Å^{-1}）。同样，样品中 Fe—O 和 Fe—Fe 配位层均较大，Fe—As 配位层光电子散射效应较小，故未对其进行拟合。图 4-43（b）结果表明，实验数据可很好地被拟合，拟合参数结果见表 4-19。相对于未吸附的样品，As(Ⅲ)或 As(Ⅴ)吸附后第一和第二壳层的配位数和原子间距均未发生变化，表明砷吸附并未对 FeOOH 性质产生影响，Fe 元素价态未发生变化。

上述结果显示，铁、锰氧化物在除砷过程中表现出明显的协同效应，铁锰复合氧化物较单独铁氧化物或锰氧化物表现出更优的除砷性能。As(Ⅲ)去除过程中，锰氧化物主要发挥氧化作用，将 As(Ⅲ)氧化为 As(Ⅴ)；铁氧化物主要发挥吸附作用，吸附生成的 As(Ⅴ)。砷在吸附剂表面主要生成双齿双核共顶内层络合物，其 As—M（M = Fe 或 Mn）原子间距为 3.22~3.24 Å。

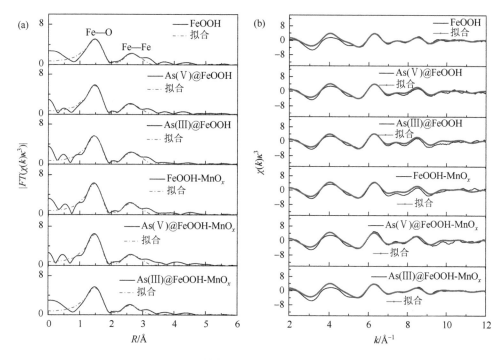

图 4-43 含铁样品的 Fe 的 K 边 EXAFS 图谱

(a) 经傅里叶变化的 R 空间数据,红色虚线为拟合结果;(b) K 空间数据（2.0~12.0 Å^{-1}）,红色原点线为拟合结果

表 4-19 Fe 的 K 边 EXAFS 数据拟合参数

样品	壳层	CN [a]	R [b]/Å	ΔE/eV	DW [c]/Å	R factor/%
FeOOH	Fe—O	4.0±0.6	1.97±0.02	−10.9±2.0	0.114±0.021	2.5
	Fe—Fe	2.3±1.1	3.08±0.03	−3.0±4.1	0.116±0.039	
As(V)@FeOOH	Fe—O	3.8±0.6	1.96±0.01	−11.9±1.9	0.102±0.020	2.4
	Fe—Fe	2.2±1.2	3.07±0.04	−3.7±4.9	0.117±0.047	
As(III)@FeOOH	Fe—O	3.8±0.5	1.96±0.01	−12.0±2.0	0.103±0.020	1.9
	Fe—Fe	2.5±1.2	3.08±0.03	−2.7±4.1	0.116±0.039	
FeOOH-MnO$_x$	Fe—O	4.2±0.6	1.96±0.01	−12.3±1.9	0.104±0.020	2.3
	Fe—Fe	2.3±1.3	3.07±0.04	−3.3±4.9	0.115±0.046	
As(V)@FeOOH-MnO$_x$	Fe—O	4.1±0.6	1.96±0.01	−12.2±1.9	0.100±0.020	2.8
	Fe—Fe	2.2±1.3	3.08±0.04	−2.1±5.0	0.115±0.047	
As(III)@FeOOH-MnO$_x$	Fe—O	4.3±0.6	1.97±0.02	−10.9±2.0	0.111±0.020	2.3
	Fe—Fe	1.9±1.2	3.06±0.04	−4.8±5.4	0.116±0.050	

a. CN：配位数；b. R：原子间距（键长）；c. DW：Debye-Waller 因素。

4.3.5 铁锰复合氧化物除砷机理

结合上述结果，提出了铁锰复合氧化物除砷的主要机理。对 As(III)而言，溶液中 As(III)首先扩散迁移至固液界面，之后通过表面羟基吸附在固体表面并生成表面络合物；到达锰氧化物表面的 As(III)将电子转移至氧化态锰，自身被氧化成 As(V)，而锰氧化物被还原溶出 Mn^{2+}，生成的 As(V)可部分地从固体表面脱附到溶液中。之后，溶液中 As(V)可迁移至固液界面，进一步被吸附而最终形成稳定的内层络合物；部分还原溶解释放的 Mn^{2+} 也可吸附在固体表面。溶液若仍然存在 As(III)，即可被吸附到材料表面并重复进行上述氧化还原过程。这个过程持续进行，直至 As(III)被完全氧化或可利用的锰氧化物完全还原溶解。锰氧化物还原溶解过程中，可在固体表面生成新的活性吸附位，这有利于吸附更多的 As(V)，因此铁锰复合氧化物对 As(III)的吸附容量显著高于 As(V)。上述 As(III)去除过程可用式（4-6）～式（4-8）表示，As(III)去除过程则如图 4-44 所示。

$$As(III)(aq) + (—S_{Fe-Mn}) \longrightarrow As(III)—S_{Fe-Mn} \quad (4\text{-}6)$$

$$As(III)—S_{Fe-Mn} + MnO_2 + 4H^+ \longrightarrow As(V)(aq) + Mn^{2+} + 2H_2O \quad (4\text{-}7)$$

$$As(V)(aq) + As(III)—S_{Fe-Mn} \longrightarrow As(V)—S_{Fe-Mn} + As(III)(aq) \quad (4\text{-}8)$$

其中，$(—S_{Fe-Mn})$ 表示铁锰复合氧化物表面的活性吸附位；As(III)-S_{Fe-Mn} 表示吸附在固体表面的 As(III)；As(V)-S_{Fe-Mn} 表示吸附在固体表面的 As(V)。

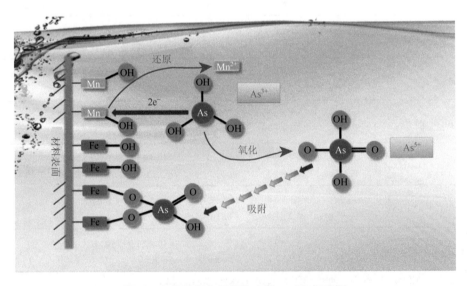

图 4-44 铁锰复合氧化物去除 As(III)机理图

铁锰复合氧化物吸附 As(V)时未发生非均相电子转移，由于二者复合获得了更佳的界面化学性质，如比表面积更大、孔隙率更高等，使得其相对于单独铁氧化物或锰氧化物具有更高的去除 As(V)性能。

4.4 铁锰复合氧化物——去除有机砷

4.4.1 有机砷在铁锰复合氧化物表面的吸附行为

4.4.1.1 典型有机砷的理化性质

对氨基苯砷酸（p-ASA）和洛克沙胂（ROX）等带有芳香官能团的有机砷可促进家禽生长，控制肠内寄生虫，提高饲料效率，广泛用于饲料添加剂。芳香有机砷无法被家禽代谢转化，排泄物中一般未发生化学形态变化。家禽粪便作为肥料施用时，这些化合物被人为地引入环境产生环境风险。进一步地，有机砷进入环境之后，可在物理化学、微生物化学等作用下发生转化，形成毒性更强、迁移性更强的无机砷。因此，在有机砷进入环境和转化为无机砷之前，对其有效去除和形态调控对于控制环境风险具有重要意义。

本节选择 p-ASA 和 ROX 作为典型有机砷代表物，讨论铁锰复合氧化物去除有机砷性能与机制，为有机砷污染控制提供借鉴和依据。p-ASA 和 ROX 的化学结构和主要性质如表 4-20 所示。

表 4-20 p-ASA 和 ROX 的化学结构和主要性质

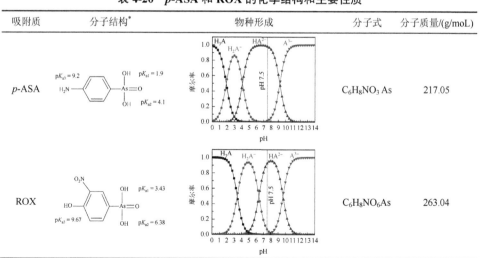

*表示 pK_a 值参考（Chen and Huang，2012）。

4.4.1.2 吸附剂性质表征

采用前述方法制备 FMBO、FeOOH 和 MnO$_2$ 等吸附剂，S_{BET}、孔隙率、孔径、晶型和 pH$_{PZC}$ 等表征结果如表 4-21 所示。XRD 分析显示，FMBO、FeOOH 和 MnO$_2$ 等 3 种材料的 2θ 范围从 10°到 90°不等（图 4-45），三者的尖峰分别位于 36.8°和 66.1°、35.7°和 64.5°、37.0°和 66.0°。这些结果表明，三种吸附剂的晶型主要为无定形，只能检测到少量晶体峰。此外，MnO$_2$ 在 37°和 66°处观察到 2 个主要峰，对应于 δ-MnO$_2$，这与前面的研究结果一致（Lafferty et al.，2010b）。

表 4-21 三种吸附剂的主要结构特征比较

吸附剂	比表面积/(m^2/g)		孔隙率/(cm^3/g)	孔径/nm	晶型	pH$_{PZC}$	
	实测值	参考值				实测值	参考值
FMBO	216.10	231～309（Zhang et al.，2007b；Zhang et al.，2012；Xu et al.，2014）	0.54	10.15	非晶（Zhang et al.，2007b）	5.4	5.9～7.5（Liu et al.，2015c；Zhang et al.，2007b）
FeOOH	46.60	54～261（Dixit and Hering，2003；Zhang et al.，2009b；Chen and Huang，2012）	0.12	10.64	非晶（Xu et al.，2011）	5.6	8.6（Chen and Huang，2012）
MnO$_2$	93.24	32～124（Jefferson et al.，2015；Xu et al.，2008；Wang and Cheng，2015）	0.34	14.58	非晶（Wang and Cheng，2015）	+2	2（Murray，1974）<2（Zhang et al.，2015）

图 4-46 给出了 FMBO、FeOOH 和 MnO$_2$ 的 N$_2$ 吸附-脱附曲线，所获得的 S_{BET} 分别为 216.1 m^2/g、46.6 m^2/g 和 93.2 m^2/g，说明无定形吸附剂具有丰富的表面活性位点（Zhang et al.，2007b）。此外，FMBO 和 MnO$_2$ 的 N$_2$ 吸附和脱吸等温线为 II 型，FeOOH 则为 IV 型。

图 4-47 显示的是不同放大倍数下 FMBO、FeOOH 和 MnO$_2$ 的 SEM 图像，发现三种氧化物均由细小颗粒堆叠聚集而成，具有多孔结构，这与之前所报道的结果相一致（Zhang et al.，2007b）。

Zeta 电位通常用于描述材料的电荷特征和质子亲和力（Kosmulski，2006）。不同 pH 条件下 FMBO、FeOOH 和 MnO$_2$ 的 Zeta 电位如图 4-48 所示。随着 pH 值从 3.0 增加到 8.6 时，FMBO 的 Zeta 电位从+39.4 mV 降低至-31.4 mV，pH$_{iep}$ 约为 5.4，与前期研究结果相近（Zhang et al.，2012）；随着 pH 值从 3.5 增加到 8.2，FeOOH 的 Zeta 电位从+46.2 mV 降低至-41.4 mV，pH$_{iep}$ 约为 5.6；当 pH 值从 2.0 增加到 8.0 时，MnO$_2$ 的 Zeta 电位从-10.8 mV 降至-57.4 mV，pH$_{iep}$ 约为 2.0，与前期报道结果相近（Murray，1974；Wang and Cheng，2015）。

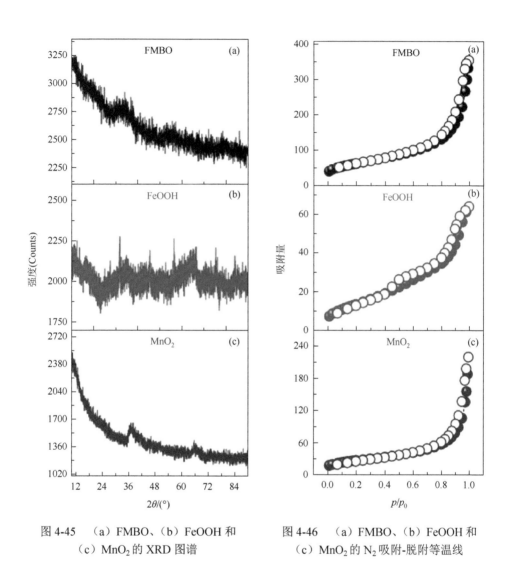

图 4-45 (a) FMBO、(b) FeOOH 和 (c) MnO_2 的 XRD 图谱

图 4-46 (a) FMBO、(b) FeOOH 和 (c) MnO_2 的 N_2 吸附-脱附等温线

图 4-47 (a) FMBO、(b) FeOOH 和 (c) MnO_2 的 SEM 分析图像

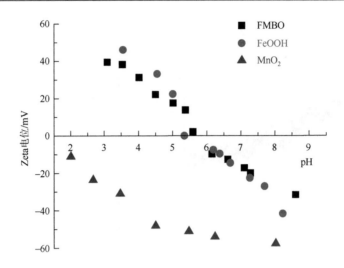

图 4-48　FMBO、FeOOH 和 MnO$_2$ 的 Zeta 电位随 pH 的变化规律

4.4.1.3　p-ASA 和 ROX 在铁锰复合氧化物表面吸附行为

（1）吸附动力学

p-ASA 和 ROX 在 FMBO、FeOOH 和 MnO$_2$ 等表面反应的吸附动力学曲线如图 4-49 所示。其中，p-ASA 和 ROX 的初始浓度为 0.15 mmol/L，吸附剂投量为 0.2 g/L，反应 pH 为 7.5。结果表明，在反应 2 h 内，FMBO、FeOOH 和 MnO$_2$ 吸附 p-ASA 和 ROX 的速率都很快；但随着反应时间延长，吸附速率逐渐减慢。反应 2 h 时，FMBO 对 2 种有机砷的吸附量 $q_{t,\,p\text{-}ASA}$ 和 $q_{t,\,ROX}$ 分别为 0.25 mmol/g 和 0.15 mmol/g，分别对应于反应 79 h 的平衡吸附量（q_{eq}）的 34.3%和 25.0%。FMBO 对 p-ASA 和 ROX 的吸附能力较 FeOOH 和 MnO$_2$ 都更高，对 p-ASA 和 ROX 的平衡吸附量 $q_{eq,\,p\text{-}ASA}$ 和 $q_{eq,\,ROX}$ 分别为 0.35 mmol/g 和 0.20 mmol/g。对比而言，FeOOH 对应的平衡吸附量分别为 0.27 mmol/g 和 0.15 mmol/g，MnO$_2$ 对应的平衡吸附量则分别为 0.13 mmol/g 和 0.04 mmol/g。此外，三种吸附剂对 p-ASA 的吸附量均高于 ROX。

进一步应用准一阶、准二阶、Elovich 和 Power 等动力学模型拟合上述吸附过程，拟合结果如表 4-22 所示。Elovich 模型可较好地描述 p-ASA 和 ROX 在 FMBO 表面的吸附过程，拟合 R^2 值均为 0.98，表明主要发生非均匀层扩散反应（heterosphere diffusion reaction）(Mclintock，1967)。对比而言，Power 模型较适用于描述 p-ASA 和 ROX 在 FeOOH 和 MnO$_2$ 表面的吸附过程，二者在 FeOOH 表面吸附的 R^2 值分别为 0.99 和 0.98，在 MnO$_2$ 表面吸附的 R^2 值分别为 0.99 和 0.71。

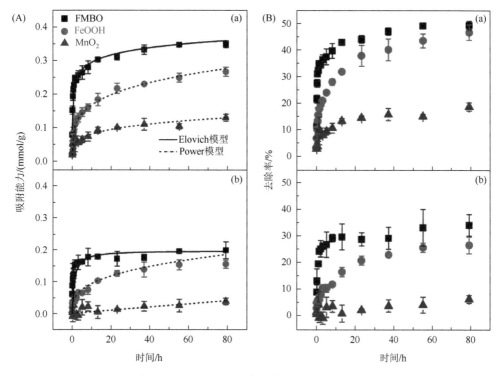

图 4-49 （A）吸附动力学曲线和（B）去除率

（a）p-ASA 和（b）ROX 吸附到 FMBO、FeOOH 和 MnO₂ 表面。通过数据点的曲线表示拟合的动力学模型，实线（-）表示 Elovich 模型，虚线（--）表示 Power 模型。实验条件：$[p\text{-ASA}]_0 = [\text{ROX}]_0 = 0.15$ mmol/L，pH = 7.5±0.1，吸附剂量 = 0.2 g/L，离子强度 = 0.01 mol/L NaClO₄·H₂O，$T = (25\pm1)$℃，$t = 79$ h

表 4-22 p-ASA 和 ROX 吸附到 FMBO、FeOOH 和 MnO₂ 的吸附动力模型

吸附质	吸附剂	准一阶方程			准二阶方程			Elovich 模型		幂函数模型	
		Q_{max}/(mmol/g)	k_1/h^{-1}	R^2	Q_{max}/(mmol/g)	k_2/[mmol·g/h]	R^2	k_3	R^2	k_4	R^2
p-ASA	FMBO	0.29	2.36	0.68	0.30	0.06	0.83	0.03	0.98	0.21	0.92
	FeOOH	0.23	0.30	0.91	0.24	0.52	0.95	0.03	0.97	0.09	0.99
	MnO₂	0.08	—	0.79	0.08	0.005	0.85	0.01	0.96	0.04	0.99
ROX	FMBO	0.19	0.36	0.73	0.19	0.21	0.90	0.01	0.98	0.14	0.97
	FeOOH	0.10	0.35	0.88	0.11	0.22	0.93	0.02	0.95	0.04	0.98
	MnO₂	0.003	0.14	0.71	0.08	0.005	0.85	0.01	0.96	0.0005	0.71

（2）吸附等温线

图 4-50 给出了 p-ASA 和 ROX 在 FMBO、FeOOH 和 MnO₂ 表面的吸附等温线，反应 pH 为 7.5±0.1。FMBO 对 p-ASA 和 ROX 的最大吸附容量（Q_{max}）为

0.52 mmol/g 和 0.25 mmol/g；FeOOH 和 MnO$_2$ 对二者的吸附容量较低，最大吸附容量 $Q_{max, p\text{-ASA}}$ 分别为 0.40 mmol/g 和 0.33 mmol/g，$Q_{max, ROX}$ 分别为 0.08 mmol/g 和 0.07 mmol/g。

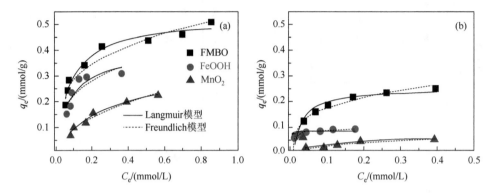

图 4-50 （a）p-ASA 和（b）ROX 吸附到 FMBO、FeOOH 和 MnO$_2$ 表面的吸附等温曲线

实验条件：[p-ASA]$_0$ 浓度范围为 0.02~1.0 mmol/L，[ROX]$_0$ 浓度范围为 0.02~0.5 mmol/L，pH = 7.5±0.1，吸附剂投量为 0.25 g/L，离子强度为 0.01 mol/L NaClO$_4$·H$_2$O，$T = (25±1)$℃，$t = 24$ h

采用 Langmuir 和 Freundlich 吸附等温线模型拟合 p-ASA 和 ROX 在 FMBO、FeOOH 和 MnO$_2$ 表面的吸附过程，结果如表 4-23 所示。可以看出，Langmuir 模型较 Freundlich 模型可更好地描述 p-ASA 在 FMBO、FeOOH 和 MnO$_2$ 的吸附，R^2 值分别为 0.96、0.78 和 0.96。ROX 在 FMBO 和 FeOOH 的表面吸附过程可用 Freundlich 模型描述，R^2 值分别为 0.96 和 0.98，Langmuir 模型则更好地描述 ROX 在 MnO$_2$ 表面的吸附，R^2 值为 0.91。

表 4-23 p-ASA 和 ROX 吸附到 FMBO、FeOOH 和 MnO$_2$ 上的 Langmuir 和 Freundlich 等温吸附常数（pH = 7.5±0.1）

吸附质	吸附剂	Langmuir			Freundlich		
		q_{max}/(mmol/g)	k_L/(L/mmol)	R^2	k_F/(mmol/g)	$1/n$	R^2
p-ASA	FMBO	0.52	12.7	0.96	0.53	0.27	0.91
	FeOOH	0.40	13.3	0.78	0.46	0.31	0.63
	MnO$_2$	0.33	3.7	0.96	0.31	0.51	0.94
ROX	FMBO	0.25	32.7	0.93	0.30	0.25	0.96
	FeOOH	0.08	—	0.70	0.10	0.11	0.98
	MnO$_2$	0.07	4.6	0.91	0.08	0.57	0.88

（3）pH 值影响

pH 值是影响吸附性能的重要因素。图 4-51 显示了 *p*-ASA 和 ROX 在 pH 4.0~9.0 范围内的吸附效果。可以看出，对于上述 3 种吸附剂，*p*-ASA 和 ROX 在 pH 4.0 附近吸附量最大，提高反应 pH 值均明显抑制二者的吸附。pH 4.0 条件下，*p*-ASA 在 FMBO、FeOOH 和 MnO_2 表面的最大吸附容量为 0.79 mmol/g、0.45 mmol/g 和 0.55 mmol/g，ROX 对应的最大吸附容量分别为 0.51 mmol/g、0.32 mmol/g 和 0.27 mmol/g。

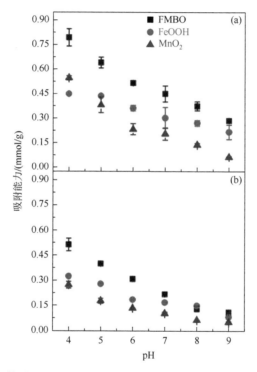

图 4-51　不同 pH 条件下 FMBO、FeOOH 和 MnO_2 对（a）*p*-ASA 和（b）ROX 的吸附量

实验条件：$[p\text{-ASA}]_0 = [\text{ROX}]_0 = 0.3$ mmol/L，吸附剂投量为 0.25 g/L，离子强度为 0.01 mol/L $NaClO_4 \cdot H_2O$，$T = (25\pm1)℃$，$t = 24$ h

p-ASA 和 ROX 具有两性，在 pH=7.5 时主要以单价和二价阴离子存在，提高 pH 有利其向二价阴离子转化，相应地降低二者的吸附量（Chen and Huang，2012）。质子化 *p*-ASA 和 ROX 较去质子化的形态更容易吸附（Zhang and Huang，2003）。此外，吸附剂表面≡S—OH 在较低 pH 值下可发生质子化反应[式（4-9）]，正电性更强，有利于荷负电的 *p*-ASA 和 ROX 的吸附。当体系 pH 值高于 pH_{iep} 时，≡S—OH 发生去质子化，表面荷负电，这不利于电负性污染物的吸附（Liu et al.，2015b）。

$$pH < pH_{iep} \quad \equiv S-OH + H_2O \longrightarrow \equiv S-OH_2^+ + OH^- \text{（质子化）} \quad (4-9)$$

有研究表明，芳香有机化合物的吸附可归因于在≡S—OH表面形成内层络合物（Sverjensky and Fukushi，2006），在较低pH条件下表面羟基≡S—OH的取代可导致OH^-释放（Stumn，1992；Jain et al.，1999）。FMBO、FeOOH和MnO_2的pH_{iep}值分别为5.6、5.4和2.0。当pH值高于pH_{iep}时，吸附剂表面带负电，芳香有机化合物和≡S—OH之间的库仑力在高pH条件下升高。有机砷在金属氧化物表面的吸附表现为多种机制共同作用的结果。

4.4.1.4　p-ASA和ROX在铁锰复合氧化物表面的氧化行为

（1）p-ASA和ROX的吸附和氧化

采用波长范围为190～550 nm的紫外可见（UV-Vis）吸收光谱，研究p-ASA和ROX在FMBO、FeOOH和MnO_2表面的吸附和氧化过程，结果如图4-52所示。可以看出，在pH为7.5时，p-ASA在波长250 nm和206 nm处出现2个吸收峰，ROX则在400 nm、244 nm和206 nm处出现3个吸收峰。250 nm处的吸收峰与p-ASA的芳香环有关，400 nm处的吸收峰则对应于ROX中的4-硝基酚（Zhu et al.，2014）。不同pH值条件下p-ASA和ROX的吸收峰存在一定差异。

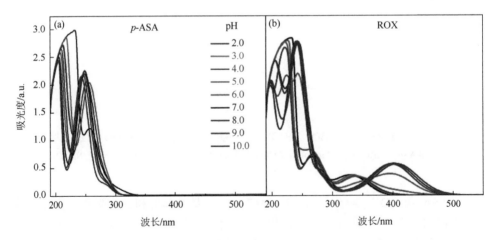

图4-52　紫外可见吸收光谱（a）p-ASA和（b）ROX（不同pH条件下）

实验条件：$[p\text{-}ASA]_0 = [ROX]_0 = 0.15$ mmol/L，pH=2.0～10.0，离子强度为0.01 mol/L $NaClO_4$，$T=(25\pm1)$℃

p-ASA和ROX经不同吸附时间的UV-Vis吸收光谱如图4-53所示。对于FMBO吸附体系，p-ASA在250 nm处的吸光度（A_{250nm}）下降了0.77 a.u.；对应的 FeOOH 和 MnO$_2$ 吸附体系分别下降了 0.64 a.u.和 0.08 a.u.[图 4-53（a）]。随着吸附时间延长，MnO$_2$ 吸附体系中 *p*-ASA 在波长 300~400 nm 范围的宽峰消失，同时在 310 nm 处出现一个新峰[图 4-53（c）]，对应的内嵌图是 *p*-ASA 氧化中间产物耦合形成的偶氮苯基砷酸在 310 nm 处的吸光度（Wang and Cheng, 2015）。*p*-ASA 吸附到 FMBO 表面后，波长 310 nm 处的吸光度（$A_{310\,nm}$）略微升高；对于不具备氧化功能的 FeOOH，即使吸附 24 h 也未见 $A_{310\,nm}$ 升高。MnO$_2$ 和 FMBO 中锰氧化物的氧化作用对 *p*-ASA 的吸附有明显影响。

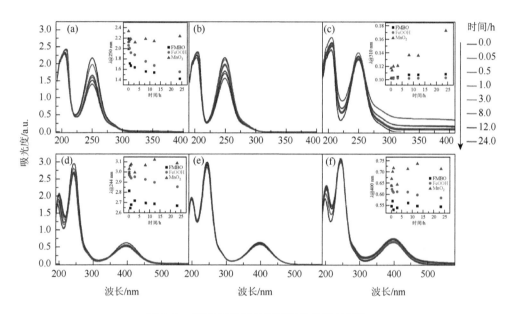

图 4-53 吸附后的紫外可见吸收光谱的变化

在 pH = 7.5 时，（a、b 和 c）*p*-ASA 和（d、e 和 f）ROX 吸附到（a、d）FMBO、（b、e）FeOOH 和（c、f）MnO$_2$ 吸光值@250 nm、310 nm、244 nm 和 400 nm（插图 a、c、d 和 f）

图 4-54 表明，ROX 在 MnO$_2$ 表面吸附 24 h 后，A_{400nm}/A_{244nm} 比值（$R_{A400nm:A244nm}$）从 0.215 增加到 0.244。对于 FMBO 或 FeOOH 吸附体系，ROX 吸附前后 $R_{A400nm:A244nm}$ 值几乎未见变化，表明氧化作用微乎其微。此外，芳香有机砷与锰氧化物的反应与 pH 相关，非均相氧化作用随着 pH 值升高而减弱。

（2）锰氧化物的还原溶解

研究表明，芳香有机砷化合物在锰氧化物表面发生氧化还原反应生成新的中间体，同时 Mn(Ⅳ)发生还原溶解（Wang and Stone, 2006）。MnO$_2$ 对 As(Ⅲ)、苯酚（Lafferty et al., 2010a; Stone, 1987）和苯胺等污染物均具有氧化性（Laha and Luthy, 1990）。pH 越低，FMBO 和 MnO$_2$ 还原溶解更显著，Mn(Ⅱ)释放量越大

（图 4-55）。对比而言，p-ASA 吸附在 MnO_2、FMBO 表面后，Mn 释放量在 pH 4.0 时高达 16.9 mg/L 和 6.0 mg/L，而 pH 9.0 时则降低至 0.43 mg/L 和 0.39 mg/L。

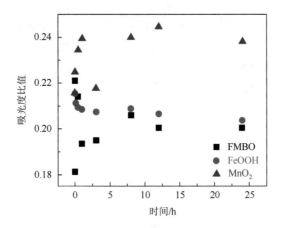

图 4-54 ROX 与 FMBO、FeOOH 和 MnO_2 的反应后紫外线光谱中的 400 nm∶244 nm 的吸光度比值（pH = 7.5±0.1）

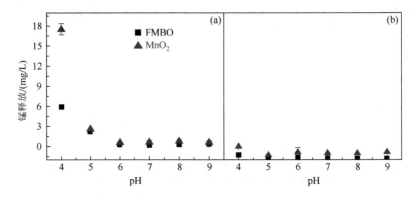

图 4-55 吸附和氧化（a）p-ASA 和（b）ROX 后 FMBO 和 MnO_2 的锰释放

p-ASA 在 MnO_2 表面吸附过程中，非均相氧化对 p-ASA 转化和 Mn(Ⅱ)释放发挥了重要作用（Wang and Cheng, 2015）。p-ASA 与 Mn(Ⅳ)反应时，p-ASA 和≡Mn(Ⅳ) OH 之间发生非均相电子转移，Mn(Ⅳ)转化为 Mn(Ⅲ)，并进一步还原为 Mn(Ⅱ)[式（4-10）]；p-ASA 失去电子生成自由基中间体[式（4-11）]（Wang and Cheng, 2015）。FMBO 表面氧化活性位点较少，对 p-ASA 氧化能力弱，Mn 释放量较低。

$$\frac{1}{2}MnO_2(s) + 2H^+ + e^- \Longrightarrow \frac{1}{2}Mn^{2+}(aq) + H_2O \qquad (4\text{-}10)$$

$$\text{(4-11)}$$

ROX 吸附过程也涉及非均相电子转移,但 Mn(Ⅳ)氧化物还原溶解程度较低。pH 4.0 时 FMBO 和 MnO_2 的 Mn 释放量分别为 0.48 mg/L 和 1.6 mg/L,这主要是由于 ROX 的 $Ar—NO_2$ 官能团还原性低于 p-ASA 的 $Ar—NH_2$ 基团所致。前已述及,FMBO 对 As(Ⅲ)的吸附容量明显高于 As(Ⅴ),As(Ⅲ)向 As(Ⅴ)氧化、Mn(Ⅳ)还原溶解在上述过程中发挥了重要作用(Zhang et al.,2009a;Xu et al.,2011)。

(3)p-ASA 吸附过程中的形态转化

采用 UPLC-ICP-MS 研究 p-ASA 在上述吸附剂表面的形态转化,结果如图 4-56 所示。p-ASA 吸附后信号强度均明显下降,下降程度为 FMBO>FeOOH>MnO_2;p-ASA 在 MnO_2 表面吸附后出现 As(Ⅲ)和 As(Ⅴ)的吸收峰(pH 4.0),而在 FMBO 和 FeOOH 表面即便反应 24 h 也未观测到新的吸收峰,这与此类吸附材料对无机砷的作用结果相似。较低 pH 值有利于 MnO_2 对 p-ASA 的氧化(Wang and Cheng,2015);pH 7.5 时,p-ASA 氧化后检出 As(Ⅲ)的吸收峰,但未发现 As(Ⅴ)的生成,这说明该氧化过程可能只使有机官能团被氧化,而其中的砷并没有参与氧化还原反应。

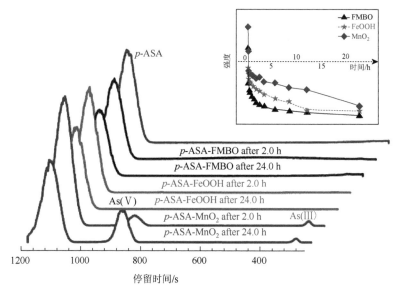

图 4-56 p-ASA 吸附到 FMBO、FeOOH 和 MnO_2 中氧化中间体的形成

插图显示吸附后 p-ASA 强度的降低

(4) 吸附过程的 FTIR 分析

图 4-57 中给出了 3 种吸附剂吸附 p-ASA 和 ROX 前后 FTIR 谱图的变化。波数 1630 cm^{-1} 处的吸收峰对应于吸附剂表面水分子的羟基弯曲振动（Zhang et al., 2009a），510 cm^{-1} 和 525 cm^{-1} 处的吸收峰归于 FMBO 和 MnO$_2$ 中 Mn—O 的弯曲振动（Hu et al., 2015；Ren et al., 2012），470 cm^{-1} 处的吸收峰对应于 FeOOH 的 Fe—O 振动（Baig et al., 2014）。

表面吸附 p-ASA 和 ROX 后，FMBO 在 510 cm^{-1} 处的吸收峰移至 530 cm^{-1}，FeOOH 在 470 cm^{-1} 处的吸收峰移至 450 cm^{-1}，MnO$_2$ 的吸收峰则从 530 cm^{-1} 和 525 cm^{-1} 移动至 553 cm^{-1} 和 450 cm^{-1}。此外，pH 4.0 条件下，p-ASA 吸附到 FMBO、FeOOH 和 MnO$_2$ 后，在 1575 cm^{-1} 和 1494 cm^{-1} 处吸收峰偏移至 1590 cm^{-1} 和 1503 cm^{-1}[图 4-57（b）]，这主要对应于 N═Q═N 和 C═C 在酸性条件下发生质子化的 Ar—NH$_2$ 基团的伸缩振动（Czaplicka et al., 2014；Chen et al., 2011）；而 1090 cm^{-1} 和 1045 cm^{-1} 处的峰主要归于—OH 的伸缩振动（Zhang et al., 2007b；Chen et al., 2011）。此外，pH 4.0 时，在 830 cm^{-1} 和 880 cm^{-1} 处出现的新峰主要归因于 p-ASA 和 ROX 中 As—O 的振动（Maria et al., 2006；Zhang et al., 2007b）。上述结果证实了 p-ASA、ROX 及其中间产物在吸附剂表面的吸附；FMBO 吸附 ROX 后在 880 cm^{-1} 处的吸收峰较弱[图 4-57（c）]，这与 ROX 吸附量较低是一致的。

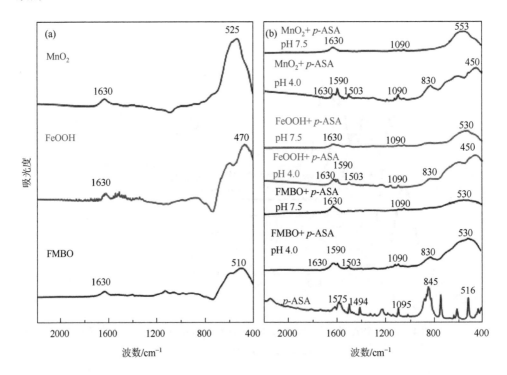

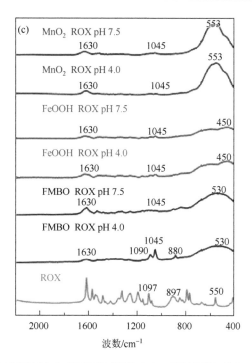

图 4-57 FMBO、FeOOH 和 MnO$_2$ 的 FTIR 谱图（a），以及吸附（b）p-ASA 和（c）ROX 后 FTIR 谱图

实验条件：$[p\text{-ASA}]_0 = [\text{ROX}]_0 = 0.6$ mmol/L，吸附剂量 $= 0.25$ g/L，pH $= 4.0\pm0.1$ 和 7.5 ± 0.1，离子强度 $= 0.01$ mol/L NaClO$_4\cdot$H$_2$O，$T = (25\pm1)$℃，$t = 24$ h

（5）吸附过程的 XPS 分析

采用 XPS 分析方法，获得吸附 p-ASA 和 ROX 后不同吸附剂表面的全扫描 XPS 光谱变化，结果如图 4-58 到图 4-60 所示。

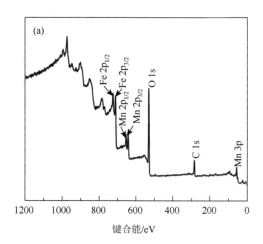

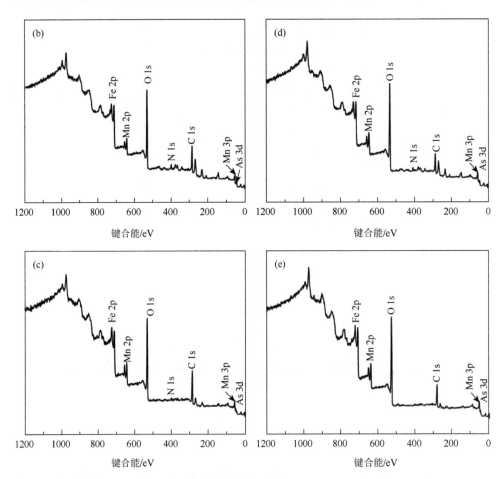

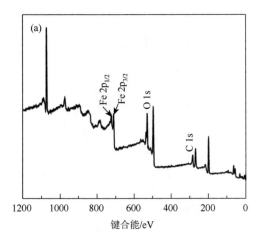

图 4-58　FMBO（a）及其与 p-ASA 吸附前（b）后（c），与 ROX 吸附前（d）后（e）的 XPS 全扫描光谱（pH 4.0±0.1 和 7.5±0.1）

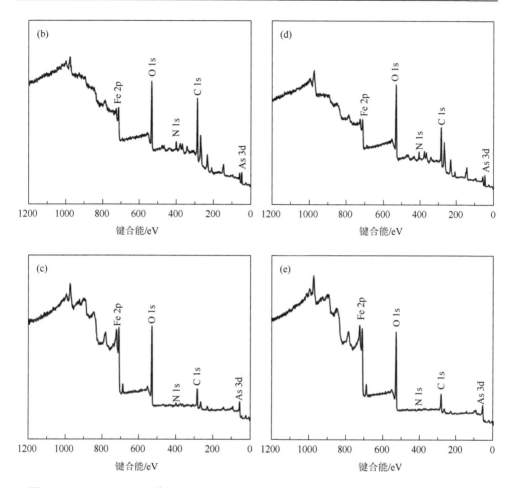

图 4-59 FeOOH（a）及其与吸附 p-ASA 前（b）后（c），与 ROX 吸附前（d）后（e）的 XPS 全扫描光谱（pH 4.0 ± 0.1 和 7.5 ± 0.1）

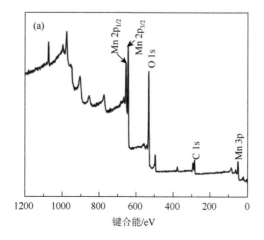

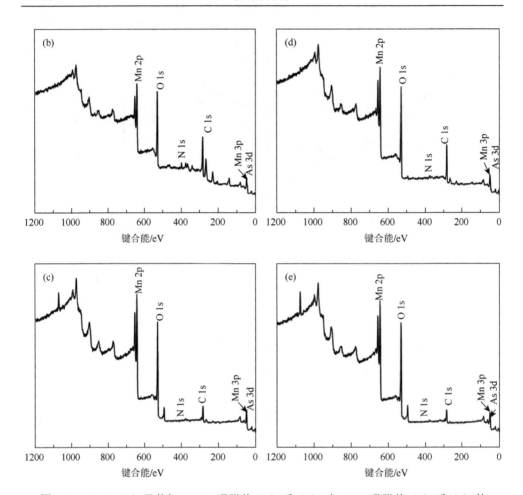

图 4-60　MnO$_2$（a）及其与 p-ASA 吸附前（b）后（c），与 ROX 吸附前（d）后（e）的 XPS 全扫描光谱（pH 4.0±0.1 和 7.5±0.1）

可以看出，吸附 p-ASA 和 ROX 之后在键合能 45.0 eV 和 398.2 eV 处出现 2 个新的吸收峰，分别对应于 As 3d 和 N 1s，证实二者在吸附剂表面发生吸附。此外，p-ASA 和 ROX 吸附在 FMBO 和 MnO$_2$ 表面之后，在 44.9~45.4 eV 和 49.5~50.0 eV 范围内出现新的吸收峰（图 4-61），分别对应于 As 3d 和 Mn 3p（Ouvrard et al., 2005）。

需要指出的是，p-ASA 和 ROX 吸附后的 As 3d 键合能未见变化（图 4-62），说明吸附前后 p-ASA 和 ROX 中砷元素的价态保持不变。

此外，随着 pH 值从 4.0 升高至 7.5，表面 As 3d 峰面积逐渐下降，这与吸附量随 pH 升高而下降是一致的。FMBO 中 Mn 2p 键合能为 642.6 eV 和 654.1 eV，MnO$_2$ 中 Mn 2p 键合能为 642.7 eV 和 654.2 eV，可归因于 Mn 2p$_{3/2}$ 和 Mn 2p$_{1/2}$（图 4-63）。两个峰之间的能级差均为 11.5 eV，这与前期报道结果一致（Han et al., 2014）。

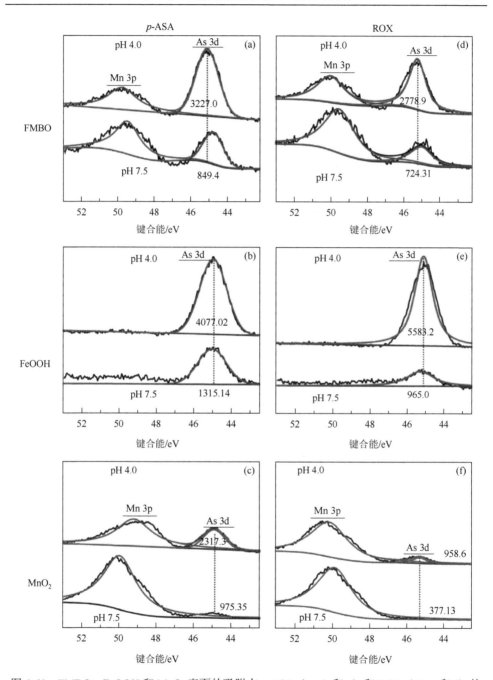

图 4-61　FMBO、FeOOH 和 MnO_2 表面的吸附态 p-ASA（a、b 和 c）和 ROX（d、e 和 f）的 As 3d 的 XPS 光谱

实验条件：$[p\text{-}ASA]_0 = [ROX]_0 = 0.6$ mmol/L，吸附剂量 = 0.25 g/L，pH 4.0±0.1 和 7.5±0.1，离子强度 = 0.01 mol/L $NaClO_4·H_2O$，$T = (25±1)$℃，$t = 24.0$ h

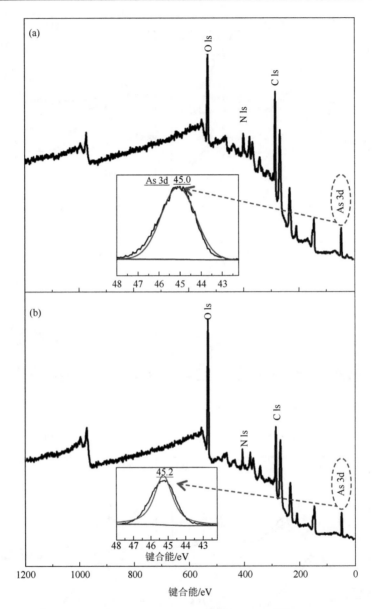

图 4-62 （a）p-ASA 和（b）ROX 的 XPS 全谱

插图为 p-ASA（a）和 ROX（b）的 As 3d 能谱

pH 4.0 时，吸附 p-ASA 和 ROX 之后，FMBO 和 MnO_2 表面 Mn 原子所占的相对百分比降低，这可归因于有机砷覆盖、Mn(Ⅳ)还原溶解等。不同体系下吸附前后 Fe、Mn 和 As 等元素组成和键合能结果如表 4-24 所示。

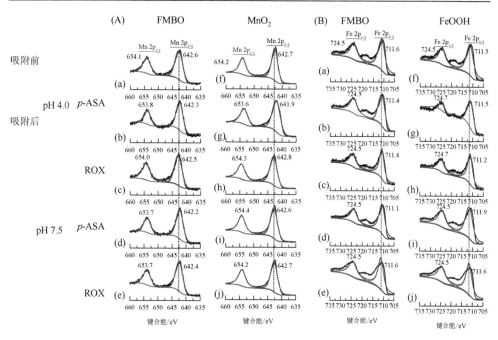

图 4-63 （a~e）FMBO 和（f~j）MnO$_2$ 分别与 p-ASA 和 ROX 吸附前后的 Mn 2p 能谱（A）；（a~e）FMBO 和（f~j）FeOOH 分别与 p-ASA 和 ROX 吸附前后的 Fe 2p 能谱（B）

pH = 4.0±0.1 和 pH = 7.5±0.1

表 4-24 p-ASA 和 ROX 吸附前后 FMBO、FeOOH 和 MnO$_2$ 元素组成和键合能

编号	样本	As/at%	As 3d/B.E	Mn/at%	Mn 2p/B.E	Fe/at%	Fe 2p/B.E
1	p-ASA	9.4	45.0	—	—	—	—
2	ROX	8.2	45.2	—	—	—	—
3	FMBO	—	—	6.1	642.6	16.8	711.6
4	FMBO-p-ASA pH 4.0	3.7	45.1	3.41	642.3	11.4	711.4
5	FMBO-ROX pH 4.0	2.7	45.2	4.61	642.5	12.1	711.4
6	FMBO-p-ASA pH 7.5	1.3	44.8	4.3	642.2	9.7	711.1
7	FMBO-ROX pH 7.5	0.8	44.9	4.8	642.5	14.0	711.6
8	FeOOH	—	—	—	—	33.0	711.5
9	FeOOH-p-ASA pH 4.0	3.5	44.9	—	—	4.4	711.5
10	FeOOH-ROX pH 4.0	3.3	45.0	—	—	5.5	711.2
11	FeOOH-p-ASA pH 7.5	1.9	44.9	—	—	16.5	711.9
12	FeOOH-ROX pH 7.5	0.9	45.1	—	—	17.7	711.6
13	MnO$_2$	—	—	22.3	642.7	—	—
14	MnO$_2$-p-ASA pH 4.0	3.8	44.9	11.1	641.9	—	—

续表

编号	样本	As/at%	As 3d/B.E	Mn/at%	Mn 2p/B.E	Fe/at%	Fe 2p/B.E
15	MnO_2-ROX pH 4.0	1.0	45.4	13.7	642.8	—	—
16	MnO_2-p-ASA pH 7.5	0.8	45.0	22.5	642.6	—	—
17	MnO_2-ROX pH 7.5	0.5	45.1	22.9	642.7	—	—

可以看出，MnO_2 吸附 p-ASA 之后（pH 4.0），Mn $2p_{3/2}$ 键合能明显下降，表明 p-ASA 使得 MnO_2 中的 Mn(Ⅳ)还原[式（4-12）~式（4-16）]（Wang and Cheng，2015）。MnO_2 可首先氧化 p-ASA，自身被还原为 MnOOH[式（4-12）和式（4-13）]；MnOOH 可进一步氧化 p-ASA 及其中间体，同时发生 Mn(Ⅱ)溶出[式（4-14）和式（4-15）]；释放到水中的 Mn(Ⅱ)可进一步吸附到 Mn(Ⅳ)氧化物表面[式（4-16）]（Nesbitt et al.，1998）。除存在铁氧化物吸附位点外，FMBO 表面发生的有机砷氧化、吸附机制与 MnO_2 基本一致。

$$2MnO_2 + HO-As(OH)(=O)-C_6H_4-NH_2 + H_2O \longrightarrow 2MnOOH + H_3AsO_4 + 中间体 \quad (4\text{-}12)$$

$$中间体 + MnO_2 \longrightarrow MnOOH + 进一步氧化产物 \quad (4\text{-}13)$$

$$MnOOH + HO-As(OH)(=O)-C_6H_4-NH_2 + 4H^+ \longrightarrow H_3AsO_4 + 2Mn^{2+} + 3H_2O + 中间体 \quad (4\text{-}14)$$

$$中间体 + MnOOH \longrightarrow Mn^{2+} + 进一步氧化产物 \quad (4\text{-}15)$$

$$2Mn^{2+} + MnO_2 + 2H_2O \longrightarrow 2MnOOH + 2H^+ \quad (4\text{-}16)$$

随着 p-ASA 和 ROX 吸附后，FMBO 和 FeOOH 表面 Fe 原子相对百分比降低，As 原子百分比则升高（表 4-24），说明 Fe 原子被吸附的 p-ASA、ROX 或二者的中间产物所覆盖（Zhang et al.，2005）。这进一步说明，FeOOH 具有吸附能力，MnO_2 具有非均相氧化能力，二者协同使 FMBO 表现出很强去除有机砷的能力。

4.4.1.5 吸附剂重复利用

吸附剂重复利用对于避免二次污染、降低吸附剂成本具有重要意义（Liu et al.，2015a；Meng et al.，2015）。采用 0.5 mol/L NaOH 对吸附 p-ASA 后的 FMBO 进行 3 次再生，评估吸附剂再利用性能，发现 FMBO 可方便地用碱液进行再生，且多次再生利用后仍可保持良好的吸附能力（图 4-64）。

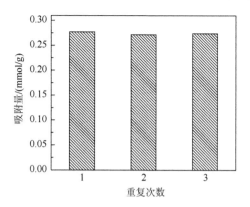

图 4-64 FMBO 吸附 p-ASA 的多次重复利用可行性

实验条件:[p-ASA]$_0$ = 0.075 mmol/L,pH = 4.0±0.1,吸附剂量 = 0.25 g/L,反应时间 = 5.0 h,使用 FMBO 用 0.5 mol/L NaOH 洗涤再生

4.4.1.6 铁锰复合氧化物去除有机砷的主导机制

p-ASA 和 ROX 在 FMBO 表面吸附涉及的主要反应如图 4-65 所示。首先,p-ASA 吸附在吸附剂表面,同时给出一个电子到 Mn(Ⅳ)氧化物,同时通过去质子化反应移除一个质子(H$^+$),形成第一步和第二步所示的内层复合物。这些吸附剂往往通过质子化反应形成≡S—OH 基团,并通过表面基团的还原溶解、水解等反应形成对 pH 值具有很高依赖性的荷电表面。p-ASA 和 ROX 吸附到≡S—OH 表面,涉及氢键结合、疏水作用、偶极作用力、静电作用和电子传递等多个机制(Jun et al.,2015;Chen and Huang,2012;Hu et al.,2012)。FMBO 比表面积 S_{BET}

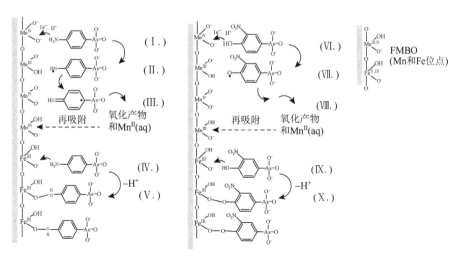

图 4-65 (a)p-ASA 和(b)ROX 吸附在 FMBO 表面的途径示意图

为 216 m²/g，在 3 种吸附剂中最高，表面晶格氧也较其他 2 种吸附剂多，从而表现出更高的吸附性能（Sung Cho et al.，2015）。此外，位于中心的 Mn(Ⅲ)和 Mn(Ⅳ)可接受一个电子，这可促进有机砷氧化和自由基中间体形成，并进一步导致 Mn(Ⅱ)的释放。Mn 2p 的降低说明 Mn(Ⅳ)可被还原为 Mn(Ⅱ)，这与吸附有机砷后 Mn(Ⅱ)浓度升高是一致的。相对于 ROX，p-ASA 具有更高的吸附容量，这主要因其含有强还原性的—NH_2 官能团。

4.4.2　p-ASA 在氧化锰表面氧化吸附过程与机制

4.4.2.1　p-ASA 在锰氧化物表面的宏观吸附行为

（1）吸附动力学

图 4-66 左图给出了不同 pH 值（4.0～9.0）下 MnO_2 吸附 p-ASA、PA 和苯胺的动力学曲线。pH 4.0 条件下，反应 1.0 h 去除率分别为 41.9%、14.7%和 95.0%；

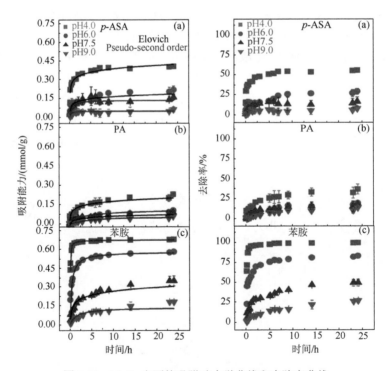

图 4-66　MnO_2 表面的吸附动力学曲线和去除率曲线

通过数据点的线表示动力学模型的拟合，黑线表示 Elovich 模型，蓝线表示准二阶模型。实验条件：$[p\text{-ASA}]_0 = [\text{PA}]_0 = [\text{Aniline}]_0 = 0.15$ mmol/L，pH $= 4.0\sim9.0$，离子强度 $= 0.01$ mol/L $NaClO_4 \cdot H_2O$，吸附剂投量 $= 0.2$ g/L，$T = (25\pm1)$℃，$t = 24.0$ h

之后吸附速率明显降低,继续反应至 24.0 h,三者吸附去除量仅增加 14.2%、22.1% 和 4.1%。此外,p-ASA、PA 和苯胺分别在反应 7.0 h、14.0 h 和 1.0 h 时基本实现吸附平衡,苯胺吸附速率明显高于 p-ASA 和 PA。

对比而言,p-ASA、PA 和苯胺的最大平衡吸附容量分别为 0.40 mmol/g、0.23 mmol/g 和 0.68 mmol/g(图 4-66)。为进一步认识吸附动力学过程,采用多种动力学模型对实验结果进行拟合,结果如表 4-25 所示。

表 4-25 不同 pH 值下 p-ASA、PA 和苯胺在 MnO_2 表面的吸附动力学拟合参数

吸附质	酸碱度	准一阶模型			准第二阶模型			Elovich 模型		
		Q_{max}/(mmol/g)	k_1/h^{-1}	R^2	Q_{max}/(mmol/g)	k_2/(mmol·g/h)	R^2	k_3	R^2	Q_{max}/(mmol/g)
p-ASA	pH 4.0	0.34	8.9	0.61	0.36	29.5	0.83	0.037	0.95	0.40
	pH 6.0	0.14	4.2	0.16	0.16	14.4	0.39	0.02	0.67	0.21
	pH 7.5	0.12	1.7	0.88	0.13	20.7	0.93	0.01	0.91	0.15
	pH 9.0	0.04	3.6	0.71	0.04	97.7	0.75	0.00	0.72	0.05
PA	pH 4.0	0.14	2.4	0.74	0.16	15.8	0.84	0.02	0.94	0.23
	pH 6.0	0.09	0.32	0.95	0.11	2.5	0.97	0.01	0.79	0.10
	pH 7.5	0.05	1.0	0.74	0.06	15.0	0.93	0.01	0.87	0.09
	pH 9.0	0.04	0.19	0.97	0.06	2.3	0.97	0.00	0.79	0.05
苯胺	pH 4.0	0.65	14.0	0.92	0.67	39.4	0.99	0.035	0.76	0.68
	pH 6.0	0.54	0.95	0.90	0.58	4.7	0.98	0.04	0.93	0.58
	pH 7.5	0.22	1.3	0.75	0.26	6.0	0.85	0.04	0.94	0.34
	pH 9.0	0.10	0.67	0.99	0.13	4.8	0.99	0.02	0.95	0.17

(2)pH 值影响

pH 值对 p-ASA、PA 和苯胺在 MnO_2 表面的吸附有重要影响,吸附容量顺序为 pH 4.0>pH 6.0>pH 7.5>pH 9.0(图 4-67)。首先,较低 pH 值条件有利于氧化、吸附过程,pH 值影响 MnO_2 对有机物的氧化能力和动力学(Zhang and Huang,2005,2003;Klausen et al.,1997;Wang and Cheng,2015;Gao et al.,2012)。MnO_2 的 pH_{PZC} 约为 2.0,pH 值升高将增大有机砷与 MnO_2 表面的静电斥力(Jung et al.,2015),去除率下降。前人研究显示,低 pH 值下正电性 MnO_2 表面与质子化化合物的反应程度明显高于负电性 MnO_2 表面(Zhang and Huang,2005)。

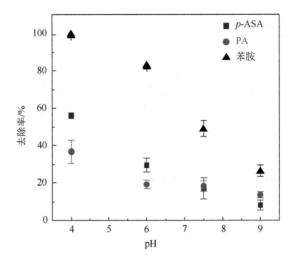

图 4-67　不同 pH 值下 MnO$_2$ 表面对 p-ASA、PA 和苯胺的去除率

（3）锰氧化物还原溶解

MnO$_2$ 吸附 p-ASA、PA 和苯胺后同样可观察到 Mn(Ⅱ)释放（图 4-68）。pH 4.0 时，吸附苯胺、p-ASA 和 PA 后 Mn 释放量分别为 17.5 mg/L、9.8 mg/L 和 1.2 mg/L，且随着 pH 值升高释放量明显降低。MnO$_2$ 氧化 p-ASA 和苯胺后发生还原溶解和释放，且 p-ASA 和苯胺浓度降低与 Mn 浓度升高具有一致性。

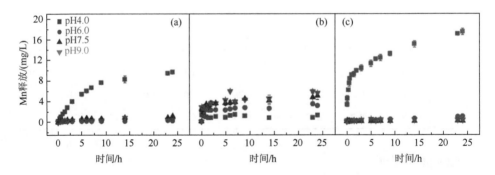

图 4-68　MnO$_2$ 吸附（a）p-ASA、（b）PA 和（c）苯胺后在不同 pH 值下 Mn 的释放

4.4.2.2　锰氧化物氧化 p-ASA 过程与中间产物

图 4-69 给出了 p-ASA、PA 和苯胺吸附在 MnO$_2$ 表面过程中 UV-Vis 光谱变化。与 MnO$_2$ 反应后，p-ASA、PA 和苯胺的 UV-Vis 光谱发生明显变化，且不同 pH 值下差异明显。p-ASA 和苯胺被 MnO$_2$ 氧化后结构发生明显变化，表明生成新的中间产物。p-ASA 中存在芳香环，在 254 nm 处出现明显吸收峰（Zhu et al.，2014）；pH 4.0 时，

p-ASA 与 MnO$_2$ 反应后,254 nm 处的吸收峰下降且转移至 245 nm [图 4-69(a)],推测生成苯甲酮等中间产物(Wang and Cheng,2015;Clarke et al.,2013)。

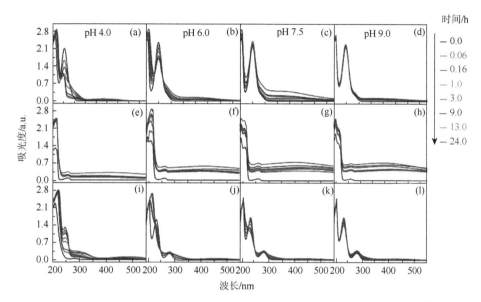

图 4-69　不同 pH 值(4.0、6.0、7.5 和 9.0)条件下 *p*-ASA(a~d)、PA(e~h)和苯胺(i~l)与 MnO$_2$ 反应前后的 UV-Vis 光谱变化

吸附反应 1.0 h 后,在波长 310~450 nm 范围内出现新的吸收峰,且峰强度随反应时间延长而增加。在不同 pH 条件下观察到新生成的偶氮苯砷酸,pH 4.0 时则检测出苯醌生成(图 4-70)。pH 6.0 时,MnO$_2$ 吸附 *p*-ASA 后随着反应时间延长浓度明显下降,但吸收峰位置未见改变;在 pH 为 7.5 和 9.0 时,吸光度与 pH 4.0 和 6.0 时相比略有下降。不同 pH 下 MnO$_2$ 吸附 PA 后在 380 nm 处出现吸收峰,且在 pH 7.5 和 9.0 时吸收峰更强[图 4-69(h)],这可能主要是由于生成胶体态锰氧化物 MnO$_2$ 所致(Butterfield et al.,2013)。PA 的 UV-Vis 光谱在不同 pH 下吸附前后未出现新的吸收峰,苯胺则出现与 *p*-ASA 类似的变化规律[图 4-69(i)~(l)]。具体而言,pH 4.0 时,在 245 nm 处出现苯醌峰(Laha and Luthy,1990;Kumar and Mathur,2006),波长 300~480 nm 之间则出现新的宽峰,说明有偶氮苯生成(Laha and Luthy,1990;Karunakaran et al.,2005;Jiang et al.,2016),也说明苯胺吸附过程中生成了氧化中间体(Ma et al.,2008)。在 pH 6.0、7.5 和 9.0 条件下,波长 230 nm 处吸收峰强度下降,300~480 nm 范围内则出现新的弱吸收峰,且峰强度随 pH 值升高而降低。

不同 pH 条件下,PA 在 MnO$_2$ 表面吸附后在 380 nm 处出现新的吸收峰,且在 pH 7.5 和 9.0 时更明显[图 4-69(h)]。这主要也是由于我们反复强调的胶体态

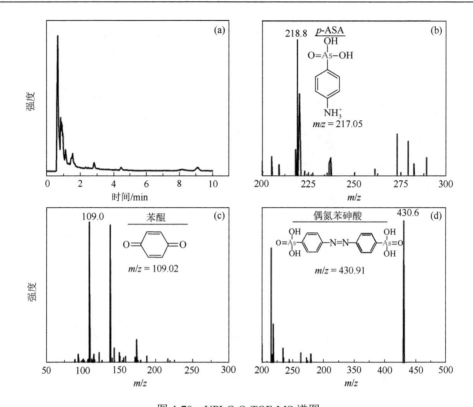

图 4-70　UPLC-Q-TOF-MS 谱图

(a) p-ASA 降解产物；(b) p-ASA；(c) 苯醌；(d) 偶氮苯砷酸

MnO_2 释放 Mn(Ⅱ)，且随 pH 值升高而增加（Perez-Benito，2003；Sun et al.，2015；Jiang et al.，2010）。对比而言，PA 的吸收光谱在不同 pH 值下没有明显差异。

pH 4.0 条件下 p-ASA 在 MnO_2 表面吸附过程中被氧化为 As(Ⅲ)，之后在 3 h 内快速氧化为 As(Ⅴ)［图 4-71（a）］（Liu et al.，2016）。pH 6.0 和 7.5 时也检出 As(Ⅴ) 和 As(Ⅲ) 的生成，但浓度明显降低；pH 9.0 时则基本未检出无机砷［图 4-71 (b)～(d) 和图 4-72］。

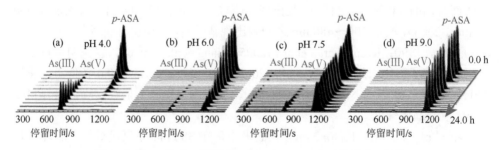

图 4-71　p-ASA 在不同的 pH 值下在 MnO_2 表面的吸附和氧化

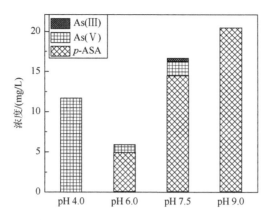

图 4-72　不同 pH 下 As(Ⅲ)、As(Ⅴ)和 p-ASA 浓度形态分布

进一步地，p-ASA 在 pH 4.0 下可被 MnO_2 完全氧化，但在 pH 6.0、7.5 和 9.0 条件下氧化程度较弱（图 4-73）。

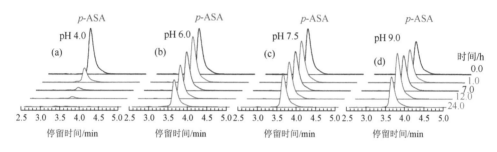

图 4-73　不同 pH 条件下 MnO_2 对 p-ASA 的氧化

MnO_2 吸附苯胺后，在 pH 4.0 时检测到两个新的吸收峰[图 4-74（a）]，进一步结合 UV-Vis 光谱和 HPLC 证实，中间产物主要为偶氮苯和苯醌（Laha and Luthy，1990）。

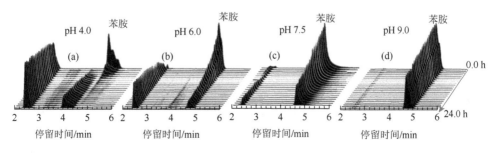

图 4-74　不同 pH 条件下 MnO_2 表面苯胺的吸附和氧化

4.4.2.3 p-ASA 吸附过程中锰氧化物表面变化

在 MnO$_2$ 吸附 p-ASA 的过程与机制的研究中，我们采用 FTIR、XPS 等手段分析了吸附前后 MnO$_2$ 表面变化。FTIR 谱图中，波数 518 cm^{-1} 处吸收峰可归因于 Mn—O 的伸缩振动（Chen et al.，2011），1630 cm^{-1} 处吸收峰则对应于水分子的变形振动，说明表面存在结合水（Zhang et al.，2007a）[图 4-75（a）]；1590 cm^{-1} 和 1510 cm^{-1} 的峰归因于 N=Q=N 的拉伸振动和 C=C 拉伸振动[图 4-75（b）和（e）]（Zujovic et al.，2008；Chen et al.，2011）；1385 cm^{-1} 和 1309 cm^{-1} 处的峰则是由于 N=N 和 C—N 拉伸振动形成的[图 4-75（b）]（Buffeteau et al.，1998；Wang et al.，2008；Kang et al.，1998；Anunziata et al.，2008）；1151 cm^{-1} 和 1159 cm^{-1} 处的吸收峰可归因于苯胺和 p-ASA 氧化中间体的振动[图 4-75（b）和（e）]（Trchová et al.，2005）。

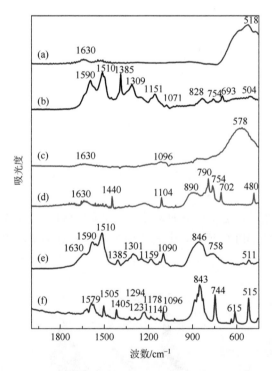

图 4-75 （a）MnO$_2$、（b）苯胺与 MnO$_2$、（c）PA 与 MnO$_2$、（d）PA、（e）p-ASA 与 MnO$_2$、（f）p-ASA 在 pH 4.0 的 FTIR 光谱

此外，p-ASA 中—NH$_2$ 的未配对电子是发生非均相氧化反应的重要位点

(Anunziata et al.,2008)。828 cm^{-1} 处的吸收峰对应着 1,4-二代苯环的平面外振动 [图 4-75（b）]（Wang et al.,2008），而位于 1590 cm^{-1}、1510 cm^{-1}、1385 cm^{-1} 和 1309 cm^{-1} 处的峰则是苯胺和 p-ASA 氧化产物的常见特征吸收峰。由于 PA 吸附量较低，吸附后 MnO$_2$ 表面未观察到显著变化[图 4-75（c）和（d）]。图 4-75（e）和（f）显示，p-ASA 吸附到 MnO$_2$ 后，在 843 cm^{-1} 处的 As—O 伸缩振动峰转移至 846 cm^{-1}（Zhang et al.,2007a），吸附态 p-ASA 对称性降低，说明生成内层络合物（Goldberg and Johnston,2001）。由此可见，p-ASA 中的氨基和苯胺的官能团显著影响了吸附和氧化过程。此外，MnO$_2$ 吸附 p-ASA 和苯胺后，N 1s 的 XPS 吸收谱图可分峰拟合为两个不同部分，如图 4-76（g）和（h）所示。

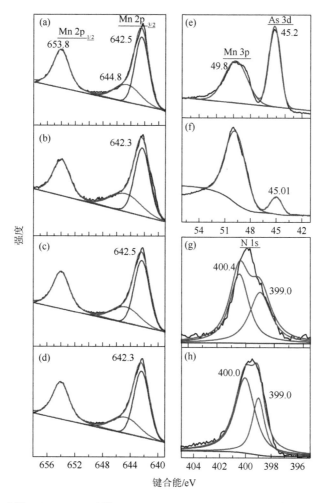

图 4-76 XPS 光谱：（a）MnO$_2$ 吸附（b）p-ASA、（c）PA 和（d）苯胺后 Mn 2p 光谱；吸附（e）p-ASA 和（f）PA 后 As 3d 光谱；吸附（g）p-ASA 和（h）苯胺后 N 1s 光谱

在 MnO_2 表面吸附后，p-ASA 和苯胺分别在键合能 400.4 eV 和 400.0 eV 处的吸收峰可归于类醌结构的胺（NH^+）和氮阳离子基团（N^+）（Han et al.，2014），在 399.0 eV 处的 N 1s 峰则与吸附态 p-ASA 和苯胺的偶氮官能团的氮有关（Elbing et al.，2008）。图 4-76（e）和（f）中 As 3d 谱对应的 45.2 eV 和 45.01 eV 处的两个峰对应于 As(Ⅴ)（Wei et al.，2011；Ouvrard et al.，2005）。p-ASA 和 PA 在 MnO_2 表面吸附后，在键合能为 49.8 eV 处出现新的吸收峰，可归于 Mn 3p（Ouvrard et al.，2005）。吸附 PA 后 Mn 3p 的吸收峰强度较高，吸附 p-ASA 后则明显降低，表明 p-ASA 氧化和吸附显著强于 PA［图 4-76（e）和（f）］。图 4-76（a）中 642.5 eV 和 653.8 eV 的两个峰对应 Mn $2p_{3/2}$ 和 Mn $2p_{1/2}$，二者峰间距为 11.3 eV，说明存在 Mn(Ⅳ)离子（Biesinger et al.，2011；Jiang et al.，2016）。吸附 p-ASA 和苯胺后，MnO_2 键合能降低，吸附 PA 后则未观察到明显变化［图 4-76（b）、（c）和（d）］（Nesbitt et al.，1998）。p-ASA、PA 和苯胺与 MnO_2 发生反应如图 4-77 和表 4-26 所示。p-ASA、苯胺吸附至 MnO_2 表面后，Mn 和 O 元素比例显著降低，吸附 PA 之后则未见显著变化。

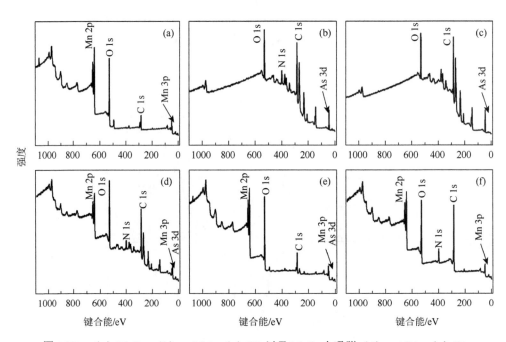

图 4-77　（a）MnO_2、（b）p-ASA、（c）PA 以及 MnO_2 上吸附（d）p-ASA、（e）PA 和（f）苯胺后（pH=4.0）的 XPS 光谱

表 4-26 MnO$_2$、吸附 p-ASA 后 MnO$_2$、吸附 PA 后 MnO$_2$、吸附苯胺后 MnO$_2$ 以及 p-ASA 和 PA 元素组成分析

序号	样品	Mn/%	As/%	N/%	O/%
1	MnO$_2$	21.86	—	1.04	43.43
2	p-ASA 和 MnO$_2$	8.70	4.75	5.52	28.66
3	PA 和 MnO$_2$	21.70	1.06	0.89	41.05
4	苯胺和 MnO$_2$	9.49	—	7.37	23.02
5	p-ASA	—	9.33	10.27	19.51
6	PA	—	11.35	0.41	19.83

4.4.2.4 锰氧化物氧化吸附去除 p-ASA 路径与机制

归纳已有工作和上述研究，推测锰氧化物氧化吸附去除 p-ASA 的路径与机制，如图 4-78（a）所示。在反应初始阶段，p-ASA 主要发生非均相吸附而转移到 MnO$_2$ 表面；随着反应时间延长，吸附在表面上的 p-ASA 将一个电子传递至 Mn(Ⅳ)而被氧化成 p-ASA 中间体，Mn(Ⅳ)则得到电子而转化为 Mn(Ⅲ)（MnOOH）；Mn(Ⅲ)可进一步得电子而被还原为 Mn(Ⅱ)（Zhang and Huang, 2005; Wang and Cheng, 2015）。上述过程中还发生了 Mn(Ⅳ)还原溶解和 Mn(Ⅱ)再吸附等对应过程（Liu et al., 2015c）；p-ASA 氧化中间体可进一步水解生成苯醌。p-ASA 非均相氧化后生成 As(Ⅲ)，之后进一步氧化成 As(Ⅴ)，上述过程伴随着 Mn(Ⅱ)溶出与释放，是典型的异相催化氧化过程。此外，p-ASA 中间体可进一步通过自由基反应转化形成偶氮苯砷酸；MnO$_2$ 发生还原溶解而释放出 Mn(Ⅱ)，驱动双电子转移的反应（Laha and Luthy, 1990; Zhang and Huang, 2005; Gao et al., 2012; Wang and Cheng, 2015）。上述过程中，Mn(Ⅱ)释放速率与表面络合物生成成正比，非均相电子转移可通过表面内层、外层络合物发生（Wang and Cheng, 2015）。此外，pH 4.0 条件下，苯胺在 MnO$_2$ 表面非均相吸附、氧化后可生成苯醌、偶氮苯等中间产物[图 4-78（b）]（Laha and Luthy, 1990; Wang and Cheng, 2015），且中间产物可进一步被氧化；此外，PA 在 MnO$_2$ 表面则主要生成苯酚和 As(Ⅴ)[图 4-78（c）]（Zheng et al., 2010; Lu et al., 2014）。

虽然绝大多数有机砷毒较弱，但当在一定条件下转化为无机砷特别是 As(Ⅲ)后，其毒性大幅增加。因此，根据其自然环境及人为干预下不同种类有机砷的转移转化规律，精准控制其转化方向和产物，具有重要意义。采用铁锰复合氧化物处理，并依据水质条件和有机砷性质，发展针对性吸附去除技术和工艺，也具有实际应用价值。本书所提供的机理、材料、方法及影响因素等研究结果，无疑是除砷研究的新进展，也是解决现实问题的科学技术基础。

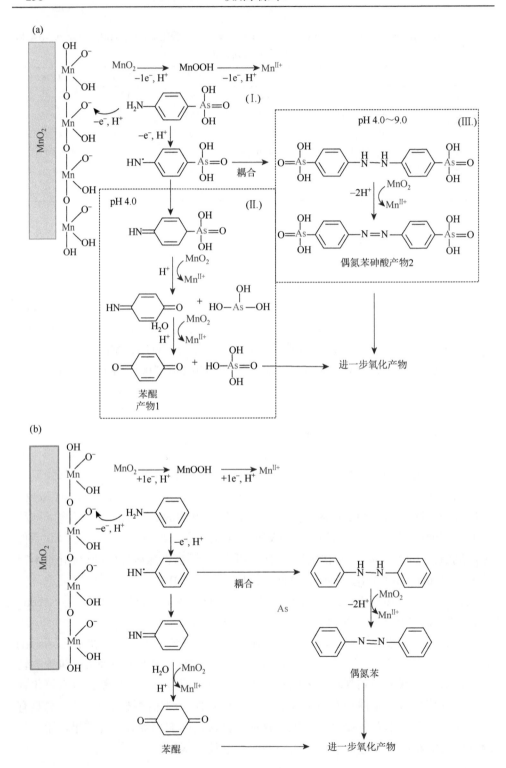

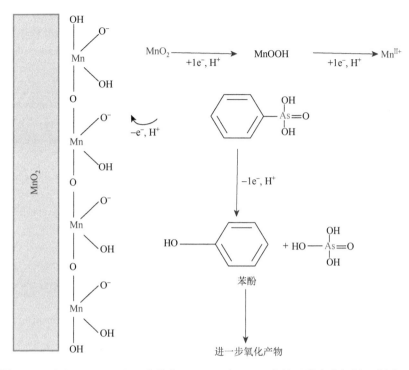

图 4-78 （a）*p*-ASA、（b）苯胺和（c）PA 在 MnO$_2$ 上的吸附去除机制示意图

参 考 文 献

Anunziata O A，Gómez Costa M B，Martínez M L，2008. Interaction of water and aniline adsorbed onto Na-AlMCM-41 and Na-AlSBA-15 catalysts as hosts materials. Catalysis Today，133-135：897-905.

Atkinson R J，Posner A M，Quirk J P，1967. Adsorption of potential-determining ions at the ferric oxide-aqueous electrolyte interface. The Journal of Physical Chemistry，71（3）：550-558.

Avena M J，de Pauli C P，1998. Proton adsorption and electrokinetics of an argentinean montmorillonite. Journal of Colloid and Interface Science，202：195-204.

Bakoyannakis D N，Zouboulis A I，Matis K A，2003. Sorption of As(V) ions by akaganeite-type nanocrystals. Chemosphere，50：155-163.

Baig S A，Sheng T，Sun C，Xue X，Tan L，Xu X，2014. Arsenic removal from aqueous solutions using Fe$_3$O$_4$-HBC composite：Effect of calcination on adsorbents performance. PLOS ONE，9：e100704.

Bang S，Johnson M D，Korfiatis G P，Meng X，2005. Chemical reactions between arsenic and zero-valent iron in water. Water Research，39：763-770.

Biesinger M C，Payne B P，Grosvenor A P，Lau L W M，Gerson A R，Smart R S C，2011. Resolving surface chemical states in XPS analysis of first row transition metals，oxides and hydroxides：Cr，Mn，Fe，Co and Ni. Applied Surface Science，257：2717-2730.

Buffeteau T, Lagugné Labarthet F, Pézolet M, Sourisseau C, 1998. Photoinduced orientation of azobenzene chromophores in amorphous polymers As studied by real-time visible and FTIR spectroscopies. Macromolecules, 31: 7312-7320.

Butterfield C N, Soldatova A V, Lee S W, Spiro T G, Tebo B M, 2013. Mn(II, III) oxidation and MnO_2 mineralization by an expressed bacterial multicopper oxidase. Proceedings of the National Academy of Sciences, 110: 11731-11735.

Chen G, Zhao L, Dong Y H, 2011. Oxidative degradation kinetics and products of chlortetracycline by manganese dioxide. Journal of Hazardous Materials, 193: 128-138.

Chen W R, Huang C H, 2012. Surface adsorption of organoarsenic roxarsone and arsanilic acid on iron and aluminum oxides. Journal of Hazardous Materials, 227-228: 378-385.

Clarke C E, Kielar F, Johnson K L, 2013. The oxidation of acid azo dye AY 36 by a manganese oxide containing mine waste. Journal of Hazardous Materials, 246-247: 310-318.

Cornell R M, Schwertmann U, 1983. The Iron Oxides, Structures, Properties, Reactions, Occurrence and Uses. New York: VCH publications.

Crosby S A, Glasson D R, Cutter A H, Butler I, Turner D R, 1996. Surface areas and porosities of Fe(III)- and Fe(II)-derived oxyhydroxides. Environmental Science & Technology, 17: 709-713.

Czaplicka M, Bratek Ł, Jaworek K, Bonarski J, Pawlak S, 2014. Photo-oxidation of p-arsanilic acid in acidic solutions: Kinetics and the identification of by-products and reaction pathways. Chemical Engineering Journal, 243: 364-371.

Deschamps E, Ciminelli V S T, Holl W H, 2005. Removal of As(III) and As(V) from water using a natural Fe and Mn enriched sample. Water Research, 39: 5212-5220.

Dixit S, Hering J G, 2003. Comparison of arsenic(V) and arsenic(III) sorption onto iron oxide minerals. Environmental Science & Technology, 37 (18): 4182-4189.

Dzombak D A, Morel X, Francois X, 1990. Surface complexation modeling: Hydrous ferric oxide. New York: Wiley.

Elbing M, Błaszczyk A, von Hänisch C, Mayor M, Ferri V, Grave C, Rampi M A, Pace G, Samorì P, Shaporenko A, Zharnikov M, 2008. Single component self-assembled monolayers of aromatic azo-biphenyl: Influence of the packing tightness on the SAM structure and light-induced molecular movements. Advanced Functional Materials, 18: 2972-2983.

Fullston D, Fornasiero D, Ralston J, 1999. Oxidation of synthetic and natural samples of enargite and tennantite. 2. X-ray photoelectron spectroscopic study. Langmuir, 15: 4530-4536.

Gao J, Hedman C, Liu C, Guo T, Pedersen J A, 2012. Transformation of sulfamethazine by manganese oxide in aqueous solution. Environmental Science & Technology, 46: 2642-2651.

Glisenti A, 2000. The reactivity of a Fe—Ti—O mixed oxide under different atmospheres: Study of the interaction with simple alcohol molecules. Journal of Molecular Catalysis A: Chemical, 153: 169-190.

Goldberg S, Johnston C T, 2001. Mechanisms of arsenic adsorption on amorphous oxides evaluated using macroscopic measurements, vibrational spectroscopy, and surface complexation modeling. Journal of Colloid and Interface Science, 234: 204-216.

Han G, Liu Y, Zhang L, Kan E, Zhang S, Tang J, Tang W, 2014. MnO_2 nanorods intercalating graphene oxide/polyaniline ternary composites for robust high-performance supercapacitors. Scientific Report, 4: 1-7.

Hlavay J, Polyak K, 2005. Determination of surface properties of iron hydroxide-coated alumina adsorbent prepared for removal of arsenic from drinking water. Journal of Colloid and Interface Science, 284: 71-77.

Ho K F, Mckay G, 1998. Comparison of chemisorption kinetic models applied to pollutant removal on various sorbents. Transactions of the Institution of Chemical Engineers, 76B: 332-340.

Hu J, Tong Z, Hu Z, Chen G, Chen T, 2012. Adsorption of roxarsone from aqueous solution by multi-walled carbon nanotubes. Journal of Colloid and Interface Science, 377: 355-361.

Hu P, Liu Y, Jiang B, Zheng X, Zheng J, Wu M, 2015. High-efficiency simultaneous oxidation of organoarsenic and immobilization of arsenic in Fenton enhanced plasma system. Industrial & Engineering Chemistry Research, 54: 8277-8286.

Jain A, Raven K P, Loeppert R H, 1999. Arsenite and arsenate adsorption on ferrihydrite: surface charge reduction and net OH^- release stoichiometry. Environmental Science & Technology, 33: 1179-1184.

Jefferson W A, Hu C, Liu H, Qu J, 2015. Reaction of aqueous Cu-citrate with MnO_2 birnessite: Characterization of Mn dissolution, oxidation products and surface interactions. Chemosphere, 119: 1-7.

Jiang J, Pang S Y, Ma J, 2010. Role of ligands in permanganate oxidation of organics. Environmental Science & Technology, 44: 4270-4275.

Jiang L, Liu L, Xiao S, Chen J, 2016. Preparation of a novel manganese oxide-modified diatomite and its aniline removal mechanism from solution. Chemical Engineering Journal, 284: 609-619.

Jing C, 2005. Surface complexation of organic arsenic on nanocrystalline titanium oxide. Journal of Colloid and Interface Science, 290: 14-21.

Jun J W, Tong M, Jung B K, Hasan Z, Zhong C, Jhung S H, 2015. Effect of central metal ions of analogous metal-organic frameworks on adsorption of organoarsenic compounds from water: Plausible mechanism of adsorption and water purification. Chemistry, 21: 347-354.

Jung B K, Jun J W, Hasan Z, Jhung S H, 2015. Adsorptive removal of p-arsanilic acid from water using mesoporous zeolitic imidazolate framework-8. Chemical Engineering Journal, 267: 9-15.

Kang E T, Neoh K G, Tan K L, 1998. Polyaniline: A polymer with many interesting intrinsic redox states. Progress in Polymer Science, 23: 277-324.

Karunakaran C, Senthilvelan S, Karuthapandian S, 2005. TiO_2-photocatalyzed oxidation of aniline. Journal of Photochemistry & Photobiology A Chemistry, 172: 207-213.

Klausen J, And S B H, Schwarzenbach R P, 1997. Oxidation of substituted anilines by aqueous MnO_2: Effect of Co-solutes on initial and quasi-steady-state kinetics. Environmental Science & Technology, 31: 2642-2649.

Kosmulski M, 2006. pH-dependent surface charging and points of zero charge. III. Update. Journal of Colloid and Interface Science, 298: 730-741.

Kumar A, Mathur N, 2006. Photocatalytic degradation of aniline at the interface of TiO_2 suspensions containing carbonate ions. Journal of Colloid and Interface Science, 300: 244-252.

Lafferty B J, Ginder-Vogel M, Sparks D L, 2010a. Arsenite oxidation by a poorly crystalline manganese-oxide 1. Stirred-flow experiments. Environmental Science & Technology, 44: 8460-8466.

Lafferty B J, Ginder-Vogel M, Zhu M, Livi K J, Sparks D L, 2010b. Arsenite oxidation by a poorly crystalline manganese-oxide. 2. Results from X-ray absorption spectroscopy and X-ray diffraction. Environmental Science & Technology, 44: 8467-8472.

Laha S, Luthy R G, 1990. Oxidation of aniline and other primary aromatic-amines by manganese-dioxide. Environmental Science & Technology, 24: 363-373.

Lenoble V, Laclautre C, Serpaud B, Deluchat V, Bollinger J C, 2004. As(V) retention and As(III) simultaneous oxidation and removal on a MnO_2-loaded polystyrene resin. Science of the Total Environment, 326: 197-207.

Liu L, Gao Z Y, Su X P, Chen X, Jiang L, Yao J M, 2015a. Adsorption removal of dyes from single and binary solutions using a cellulose-based bioadsorbent. ACS Sustainable Chemistry & Engineering, 3: 432-442.

Liu R, Liu F, Hu C, He Z, Liu H, Qu J, 2015b. Simultaneous removal of Cd(II) and Sb(V) by Fe-Mn binary oxide:

Positive effects of Cd(II) on Sb(V) adsorption. Journal of Hazardous Materials, 300: 847-854.

Liu R, Xu W, He Z, Lan H, Liu H, Qu J, Prasai T, 2015c. Adsorption of antimony(V) onto Mn(II)-enriched surfaces of manganese-oxide and FeMn binary oxide. Chemosphere, 138: 616-624.

Liu Y, Hu P, Zheng J, Wu M, Jiang B, 2016. Utilization of spent aluminum for p-arsanilic acid degradation and arsenic immobilization mediated by Fe(II) under aerobic condition. Chemical Engineering Journal, 297: 45-54.

Lu D, Ji F, Wang F, Yuan S, Hu Z H, Chen T, 2014. Adsorption and photocatalytic decomposition of roxarsone by TiO_2 and its mechanism. Environmental Science and Pollution Research, 21: 8025-8035.

Lutzenkirchen J, 1997. Strength effects on cation sorption to oxides: Macroscopic observations and their significance in microscopic interpretation. Journal of Colloid and Interface Science, 195: 149-155.

Ma H, Zhu Z, Wang B, 2008. Simple synthesis of N-methyl aniline over modified kaolin for octane number improvement. Energy Fuels, 22: 2157-2159.

Manning B A, Goldberg S, 1997. Adsorption and stability of arsenic(III) at the clay mineral-water interface. Environmental Science & Technology, 31: 2005-2011.

Manning B A, Fendorf S E, Bostick B, Suarez D L, 2002. Arsenic(III) oxidation and arsenic(V) adsorption reactions on synthetic birnessite. Environmental Science & Technology, 36: 976-981.

Maria P, Xiaoguang M, Korfiatis G P, Chuanyong J, 2006. Adsorption mechanism of arsenic on nanocrystalline titanium dioxide. Environmental Science & Technology, 40: 1257-1262.

Matis K A, Zouboulis A I, Malamas F B, Ramos Afonso M D, Hudson M, 1997. Flotation removal of As(V) onto goethite. Environmental Pollution, 97: 239-245.

McBride M B, 1997. A critique of diffuse double layer models applied to colloid and surface chemistry. Clays and Clay Minerals, 45: 598-608.

Mclintock I S, 1967. The elovich equation in chemisorption kinetics. Nature, 216: 1204-1205.

Meng A, Xing J, Li Z, Li Q, 2015. Cr-doped ZnO nanoparticles: Synthesis, characterization, adsorption property, and recyclability. ACS Applied Materials & Interfaces, 7: 27449-27457.

Moore J N, Walker J R, Hayes T H, 1990. Reaction scheme for the oxidation of As(III) to As(V) by birnessite. Clays and Clay Minerals, 38: 549-555.

Munoz J A, Gonzalo A, Valiente M, 2002. Arsenic adsorption by Fe(III) loaded open-celled cellulose sponge: Thermodynamic and selectivity aspects. Environmental Science & Technology, 36: 3405-3411.

Murray J W, 1974. Surface chemistry of hydrous manganese-dioxide. Journal of Colloid and Interface Science, 46: 357-371.

Nakamoto K, 1997. Infrared and Raman Spectra of Inorganic and Coordination Compound. Fifth edition. New York: John Wiley.

Nesbitt H W, Canning G W, Bancroft G M, 1998. XPS study of reductive dissolution of 7Å-birnessite by H_3AsO_3 with constraints on reaction mechanism. Geochimica et Cosmochimica Acta, 62: 2097-2110.

Oscarson D W, Huang P M, Defosse C, Herbillon A, 1981. Oxidative power of Mn(IV) and Fe(III) oxides with respect to As(III) in terrestrial and aquatic environments. Nature, 44: 751-757.

Oscarson D W, Huang P M, Hammer U T, 1983. Oxidation and sorption of arsenite by manganese dioxide as influenced by surface coatings of iron and aluminum oxides and calcium carbonate. Water, Air, and Soil Pollution, 20: 233-244.

Ouvrard S, de Donato P, Simonnot M O, Begin S, Ghanbaja J, Alnot M, Duval Y B, Lhote F, Barres O, Sardin M, 2005. Natural manganese oxide: Combined analytical approach for solid characterization and arsenic retention. Geochimica et Cosmochimica Acta, 69: 2715-2724.

Pena M, 2006. Adsorption mechanism of arsenic on nanocrystalline titanium dioxide. Environmental Science & Technology, 40: 1257-1262.

Perez-Benito J F, 2003. Coagulation of colloidal manganese dioxide by divalent cations. Colloids & Surfaces A Physicochemical & Engineering Aspects, 225: 145-152.

Pierce M L, Moore C B, 1982. Adsorption of arsenite and arsenate on amorphous iron hydroxide. Water Research, 16: 1247-1253.

Ren Y, Yan N, Feng J, Ma J, Wen Q, Li N, Dong Q, 2012. Adsorption mechanism of copper and lead ions onto graphene nanosheet/δ-MnO_2. Materials Chemistry and Physics, 136: 538-544.

Russell J D, 1979. Infrared spectroscopy of ferrihydrite: Evidence for the presence of structural hydroxyl groups. Clays and Clay Minerals, 1: 109-114.

Stone A T, 1987. Reductive dissolution of manganese(III/IV) oxides by substituted phenols. Environmental Science & Technology, 21: 979-988.

Stumm W, 1992. Chemistry of the Solid-Water Interface. New York: John-Wiley and Sons.

Stumm W, Morgan J J, 1981. Aquatic Chemistry. New York: Wiley.

Stumm W, Morgan J J, 1996. Aquatic Chemistry: Chemical Equilibria and Rates in Natural Waters. Third ed. New York: John-Wiley and Sons.

Sun B, Guan X, Fang J, Tratnyek P G, 2015. Activation of manganese oxidants with bisulfite for enhanced oxidation of organic contaminants: The involvement of Mn(III). Environmental Science & Technology, 49: 12414-12421.

Sung Cho H, Deng H, Miyasaka K, Dong Z, Cho M, Neimark A V, Ku Kang J, Yaghi O M, Terasaki O, 2015. Extra adsorption and adsorbate superlattice formation in metal-organic frameworks. Nature, 527: 503-507.

Sverjensky D A, Fukushi K, 2006. A predictive model (ETLM) for As(III) adsorption and surface speciation on oxides consistent with spectroscopic data. Geochimica et Cosmochimica Acta, 70: 3778-3802.

Tsung H, Shang L, Cheng F, Dar Y, 1994. Characterization of arsenate adsorption on hydrous iron oxide using chemical and physical methods. Colloids & Surfaces A: Physicochemical & Engineering Aspects, 85: 1-7.

Tournassat C, Charlet L, Bosbach D, Manceau A, 2002. Arsenic(III) oxidation by birnessite and precipitation of manganese(II) arsenate. Environmental Science & Technology, 36: 493-500.

Trchová M, Šeděnková I, Stejskal J, 2005. *In-situ* polymerized polyaniline films 6. FTIR spectroscopic study of aniline polymerisation. Synthetic Metals, 154: 1-4.

Wang J, Wang J, Yang Z, Wang Z, Zhang F, Wang S, 2008. A novel strategy for the synthesis of polyaniline nanostructures with controlled morphology. Reactive and Functional Polymers, 68: 1435-1440.

Wang L, Cheng H, 2015. Birnessite (delta-MnO_2) mediated degradation of organoarsenic feed additive p-arsanilic acid. Environmental Science & Technology, 49: 3473-3481.

Wang Y, Stone A T, 2006. Reaction of $Mn^{III, IV}$ (hydr) oxides with oxalic acid, glyoxylic acid, phosphonoformic acid, and structurally-related organic compounds. Geochimica et Cosmochimica Acta, 70: 4477-4490.

Wei Y T, Zheng Y M, Chen J P, 2011. Uptake of methylated arsenic by a polymeric adsorbent: Process performance and adsorption chemistry. Water Research, 45: 2290-2296.

Willard R, 2004. Arsenic exposure and health effects. Amsterdam, International Conference on Arsenic Exposure and Health Effects (5th: 2002: San Diego Calif.) and Chappell.

Xu L, Xu C, Zhao M, Qiu Y, Sheng G D, 2008. Oxidative removal of aqueous steroid estrogens by manganese oxides. Water Research, 42: 5038-5044.

Xu W, Lan H, Wang H, Liu H, Qu J, 2014. Comparing the adsorption behaviors of Cd, Cu and Pb from water onto

Fe-Mn binary oxide, MnO$_2$ and FeOOH. Frontiers of Environmental Science & Enginering, 9: 385-393.

Xu W, Wang H, Liu R, Zhao X, Qu J, 2011. The mechanism of antimony(III) removal and its reactions on the surfaces of Fe-Mn binary oxide. Journal of Colloid and Interface Science, 363: 320-326.

Zhang G-S, Qu J-H, Liu H-J, Liu R-P, Li G-T, 2007a. Removal mechanism of As(III) by a novel Fe-Mn binary oxide adsorbent: Oxidation and sorption. Environmental Science & Technology, 41: 4613-4619.

Zhang G, Qu J, Liu H, Liu R, Wu R, 2007b. Preparation and evaluation of a novel Fe-Mn binary oxide adsorbent for effective arsenite removal. Water Research, 41: 1921-1928.

Zhang G, Liu H, Liu R, Qu J, 2009a. Removal of phosphate from water by a Fe-Mn binary oxide adsorbent. Journal of Colloid and Interface Science, 335: 168-174.

Zhang G, Liu H, Liu R, Qu J, 2009b. Adsorption behavior and mechanism of arsenate at Fe-Mn binary oxide/water interface. Journal of Hazardous Materials, 168: 820-825.

Zhang G, Liu H, Qu J, Jefferson W, 2012. Arsenate uptake and arsenite simultaneous sorption and oxidation by Fe-Mn binary oxides: Influence of Mn/Fe ratio, pH, Ca^{2+}, and humic acid. Journal of Colloid and Interface Science, 366: 141-146.

Zhang H, Huang C-H, 2003. Oxidative transformation of triclosan and chlorophene by manganese oxides. Environmental Science & Technology, 37: 2421-2430.

Zhang H, Huang C-H, 2005. Oxidative transformation of fluoroquinolone antibacterial agents and structurally related amines by manganese oxide. Environmental Science & Technology, 39: 4474-4483.

Zhang H, Taujale S, Huang J, Lee G J, 2015. Effects of NOM on oxidative reactivity of manganese dioxide in binary oxide mixtures with goethite or hematite. Langmuir, 31: 2790-2799.

Zhang Y, Yang M, Dou X-M, He H, Wang D-S, 2005. Arsenate adsorption on an Fe-Ce bimetal oxide adsorbent: Role of surface properties. Environmental Science & Technology, 39: 7246-7253.

Zheng S, Cai Y, O'Shea K E, 2010. TiO$_2$ photocatalytic degradation of phenylarsonic acid. Journal of Photochemistry and Photobiology A: Chemistry, 210: 61-68.

Zhu X-D, Wang Y-J, Liu C, Qin W-X, Zhou D-M, 2014. Kinetics, intermediates and acute toxicity of arsanilic acid photolysis. Chemosphere, 107: 274-281.

Zujovic Z D, Zhang L, Bowmaker G A, Kilmartin P A, Travas-Sejdic J, 2008. Self-Assembled, nanostructured aniline oxidation products: A structural investigation. Macromolecules, 41: 3125-3135.

第 5 章 一步法除砷技术与工艺

如前所述，饮用水除砷之难点在于突破先氧化后吸附"两步法"的原理和技术局限，同时完成水中三价和五价两种形态砷的氧化和吸附，实现利用一种材料一步除砷。如前所述，铁锰复合氧化物既有如此功能，且又表现出速度快、容量高、选择性地吸附除砷效果。但是，上述研究采用的铁锰复合氧化物是利用共沉淀法制备的，之后还需经冷冻干燥等复杂制备过程；粉末状吸附剂投加到水中后，还需要通过固液分离等单元分离和回收，这些均不利于水处理工程应用。本章拟在前几章基础上，根据不同应用场景和工程需求，详细介绍吸附剂颗粒化方法、工程化应用方案和除砷工艺系统。

5.1 吸附除砷性能评估

相对于混凝、共沉淀、离子交换、膜分离、生物处理等除砷方法，吸附法具有简便、经济、可再生等优点，在中小规模除砷工程中更有明显优势。科学评估材料除砷性能，获得可有效支撑工程设计的吸附除砷关键工艺参数，是推进新型除砷吸附开发和工程应用的重要前提。

吸附一般可分为化学吸附和物理吸附。前者吸附质与吸附剂表面有电子交换、转移或形成价键，后者则主要通过范德瓦耳斯力、氢键作用力等物理作用。物理吸附一般为可逆过程，化学吸附为不可逆过程。污染物吸附往往是这两种机制共存，且随外部条件变化，其中某个吸附机制可能发挥主导作用。水处理污染物的吸附机制可以从动力学和热力学两方面进行描述，吸附理论模型也包括吸附热力学和吸附动力学模型等，而吸附作用最终能达到什么样的平衡状态取决于吸附质、吸附剂、温度、pH、水质等其他相关条件（Faust and Aly, 1987）。评估吸附剂和吸附工艺的净水效果，通常通过不同条件的批量摇瓶实验和固定吸附床试验进行（赵振国，2005），由此可获得吸附剂吸附某种吸附质的吸附容量、吸附速率、吸附位密度等参数。

5.1.1 静态等温吸附模型

吸附等温线的定量数学描述有线性方程、Langmuir、Freundlich、Dubinin-Radushkevich 等多种数学模型，不同模型有不同适用范围和最佳模拟条件。例如，线性方程适于吸附质在固（吸附剂）-液（水）两相中以分配的方式在吸附剂中富集的情况；Langmuir方程适合于表面均匀、吸附分子之间无相互作用的单分子层吸附；Freundlich方程是一个经验方程式，描述非均质、多层吸附更为准确，后两种属于非线性吸附。

5.1.1.1　Langmuir模型

Langmuir模型假设吸附剂各位点的吸附能相同，吸附剂表面均一；吸附发生在单分子层上，吸附剂表面吸附饱和时，吸附量达到最大；在吸附剂表面上的各个吸附点间没有吸附质转移运动；达到吸附平衡时，吸附和脱附速度相同（McKay et al.，1982）。Langmuir模型公式如式（5-1）所示（McKay et al.，1982）：

$$\frac{C_e}{q_e} = \frac{1}{Q_{max} \times K_L} + \frac{C_e}{Q_{max}} \quad (5-1)$$

式中，C_e为平衡时液相浓度，mg/L；q_e为颗粒表面的吸附容量，mg/g；Q_{max}为最大吸附容量，mg/g；K_L为与结合能有关的常数。

根据Langmuir吸附等温式的常数K_L可以计算出无量纲的分离因子常数R_L，计算公式如式（5-2）所示：

$$R_L = \frac{1}{1 + K_L C_0} \quad (5-2)$$

当$R_L > 1$时，吸附等温线是一条下凹曲线，说明吸附质更易在液相中分配，不易被吸附剂吸附；当$R_L = 1$时，吸附等温线会呈直线型；当$0 < R_L < 1$时，最适宜用Langmuir模型拟合吸附过程；当$R_L < 0$时，吸附等温线是不可逆的。

5.1.1.2　Freundlich模型

对于多分子吸附层，实际的表面都是不均匀的，适合用Freundlich模型来描述，其经验公式可由式（5-3）表示（McKay et al.，1982）：

$$q_e = K_f C_e^{1/n} \quad (5-3)$$

式中，C_e为平衡时液相浓度，mg/L；q_e为颗粒表面的吸附容量，mg/g；K为Freundlich吸附系数；n为与结合能有关的常数，通常大于1。

Freundlich模型和Langmuir模型在一般温度范围内相差不大，但若温度较高或较低时相差很大。对氢氧化铁吸附除砷的研究显示（梁美娜等，2006），线性模型在低砷浓度和高砷浓度范围内都不适合拟合吸附等温线；Freundlich模型能较好模拟低pH值、低砷浓度的吸附行为，高砷浓度范围线性相关系数较差；Langmuir模型能较好拟合高砷浓度条件下的吸附行为。

5.1.1.3 Dubinin-Radushkevich（D-R）模型

D-R 模型的数学表达式如式（5-4）所示（Liu et al.，2011）：

$$\ln Q = \ln Q_m - k\varepsilon^2 \tag{5-4}$$

式中，$\varepsilon = RT\ln[1 + (1/C_e)]$；$Q$ 为颗粒表面的吸附容量，mg/g；k 为与 D-R 模型相关的系数。

D-R 模型能够描述固体表面吸附的某种类型。通过公式可以计算得出吸附的每摩尔污染物的平均活化能 E 的值。不同 E 值范围代表不同类型的吸附过程，即当 $E<8$ kJ/mol 时，表示表面发生的是物理吸附；当 E 值在 8～16 kJ/mol 之间时，表示表面发生离子交换；当 E 值在 20～40 kJ/mol 之间时，表示表面发生化学反应。其中，E 值可由式（5-5）进行计算：

$$E = \frac{1}{\sqrt{2k}} \tag{5-5}$$

5.1.2 吸附动力学模型

吸附动力学模型一般包括准一级动力学模型[式（5-6）]、准二级动力学模型[式（5-7）]、粒内扩散模型[式（5-8）]等。其中，准一级动力学模型是假设吸附过程中吸附速率与吸附位点数目成正比，准二级动力学是假设吸附位点的占有率与剩余的吸附位点数目成正比。

准一级动力学模型（Ho and McKay，1999）：

$$\log(q_e - q_t) = \log q_e - \frac{k_1}{2.303}t \tag{5-6}$$

准二级动力学模型（Ho and McKay，1999）：

$$\frac{t}{q_t} = \frac{1}{k_2 \times q_e^2} + \frac{1}{q_e}t \tag{5-7}$$

粒内扩散模型：

$$q_t = k_{ip}\sqrt{t} + C_i \tag{5-8}$$

式中，q_t 和 q_e 分别为 t 时刻和平衡时的吸附量（mg/g）；k_1、k_2 分别为准一级和准二级动力学常数（min^{-1}）；k_{ip} 为扩散速率常数；C_i 为扩散吸附常数。

5.1.3 固定床动态吸附模型

工程中，吸附法一般是将吸附剂装填至固定床反应器，待处理水流经吸附床过程中完成吸附质从水相向固相的转移得以去除。根据水流方向，可分为下向流或上向流吸附。吸附过程中，吸附质被集中吸附的区域称为吸附带。随着吸附时间的延长，吸附带会逐渐向吸附床下方推移，最终到达吸附床底部，同时吸附床出水吸附质浓度逐渐升高。当出水吸附质浓度达到设计浓度值，此时对应的吸附容量为平衡吸附容量；当吸附质出水浓度与进水浓度相同，此时对应的吸附容量为饱和吸附容量。动态吸附穿透曲线可描述出水砷浓度与过水体积的关系，其中过水体积可用床体积倍数（bed volume, BV）表示。描述固定床条件下的动态吸附模型有均质表面扩散模型（HSDM）、RSSCT 模型、Thomas 模型等。

5.1.3.1 均质表面扩散模型

HSDM 假设吸附剂表面均一，外形为圆球状；吸附质由吸附剂颗粒外表面开始扩散，并沿着孔隙表面到达吸附位点。在传输中忽略了 3 个主要的质量传输阻力，即溶液到吸附剂外膜的传输、通过膜的传输、吸附速率限制（许保玖，2000）。利用菲克（Fick）第一扩散定律求得吸附剂颗粒内部不同位置的表面浓度，并利用数学模式求得系统中液相浓度随时间改变的变化量。在传输过程中，吸附质利用系统中的浓度梯度由吸附剂外部扩散至孔隙内部；在密闭系统中，液相中吸附质减少的量等于吸附剂表面增加的量。HSDM 模型可由式（5-9）表示（Dadwhal et al., 2009）：

$$\frac{\partial q}{\partial t} = \frac{D_i}{r_M^2}\frac{\partial}{\partial r_M}\left(r_M^2\frac{\partial q}{\partial r_M}\right) \tag{5-9}$$

其中，q 为吸附容量（mg/g）；r_M 是从吸附剂中心测定的颗粒半径（cm）；D_i 为表面扩散系数（cm^2/s）。

边界条件及初始条件可由式（5-10）~式（5-12）表示：

$$q = 0, \quad t = 0 \tag{5-10}$$

$$r_M = 0, \quad \frac{\partial q}{\partial r_M} = 0 \tag{5-11}$$

$$q = \frac{Kq_s C_{MS}^n}{1 + KC_{MS}^n}, \quad r_M = R \tag{5-12}$$

式中，K 是 Freundlich 系数。

HSDM 被用于拟合水滑石吸附床吸附除砷过程（Yang et al., 2006），发现当吸附剂粒径增大，拟合得到的扩散系数会随之升高。但是，该模型假设所有颗粒粒径均一，忽略了吸附剂相互之间的聚合作用。因此，有研究者认为该模型拟合实际动态吸附柱实验的结果并不理想。

5.1.3.2 RSSCT（rapid small scale column test）模型

吸附固定床的穿透时间是评价吸附剂性能好坏的重要指标。较大规模吸附床实验可能要几个月甚至更长的时间才会穿透，实验周期长、成本高；采用较小的吸附柱则可能难以获得可支撑工程应用的准确、可靠设计参数。为节约实验成本、缩短实验周期，Crittenden 等（1991）设计了一种基于微型吸附柱的快速测试评估 RSSCT 方法，通过小柱试验结果预测大型吸附柱穿透行为。实验模型假设内部扩散系数均一恒定，且不受吸附剂粒径制约，方程表述如式（5-13）所示。

$$\frac{\text{EBCT}_{\text{SC}}}{\text{EBCT}_{\text{LC}}} = \left(\frac{d_{\text{SC}}}{d_{\text{LC}}}\right)^2 = \frac{t_{\text{SC}}}{t_{\text{LC}}} \quad (5\text{-}13)$$

式中，EBCT_{SC} 是小柱的空床停留时间（empty bed contact time，EBCT）；EBCT_{LC} 是大柱的空床停留时间；d_{SC} 是小柱吸附剂粒径；d_{LC} 是大柱吸附剂粒径；t_{SC} 是小柱运行时间；t_{LC} 是大柱运行时间。

RSSCT 模型在研究颗粒氢氧化铁吸附 As(V)过程中得到成功应用，研究者将小柱实验结果用中试试验结果进行校正，认为按比例扩散的计算方式要比恒定扩散的计算方式更符合实际（Westerhoff et al.，2005）。Sperlich 等（2005）对比了 HSDM 和 RSSCT 模型拟合颗粒氢氧化铁固定床吸附去除 As(V)的结果，根据拟合穿透曲线和实际穿透曲线的对比，认为 RSSCT 模型能较好地预测吸附柱穿透时间，但要获得更精确的参数，仍建议采用中试试验进行模型校正。

5.1.3.3 Thomas 模型

吸附固定床穿透过程主要受两个因素制约：吸附剂对吸附质的吸附容量和吸附速率（Eckenfelder，2000）。基于这一认识，Reynolds 和 Richards（1996）提出用改进的 Thomas 方程[式（5-14）]来表达吸附穿透过程。

$$\frac{C}{C_0} \cong \frac{1}{1+\exp\left(\dfrac{k_1}{Q}(q_0 M - C_0 V)\right)} \quad (5\text{-}14)$$

式中，C 是出水吸附质浓度（mg/L）；C_0 是初始浓度（mg/L）；k_1 是速率常数[L/(mg·h)]；Q 是流速（L/h）；q_0 是最大柱吸附容量（mg/g）；M 吸附剂质量（g）；V 是过水体积（L）。

目前，Thomas 模型在固定床除砷研究中应用较广。有研究者采用 Thomas 模型拟合铁包覆真菌生物质除砷的吸附穿透曲线，发现 Thomas 拟合系数达 0.92，计算值与实验值很好吻合（Pokhrel and Viraraghavan，2008）。有研究者用 Thomas 模型拟合砂石和赤泥混合填充柱吸附 As(V)的过程,获得的最大吸附容量为 6.5 mg/g,与实际柱吸附容量的偏差小于 5%,拟合结果较好(Genc-Fuhrman et al., 2005)。

5.1.3.4　BDST(bed depth service time)模型

Bohart 和 Adams (1920) 认为吸附速率与吸附剂剩余容量、吸附质残留浓度等因素相关,提出层高运行时间模型(BDST 模型)。该模型利用吸附层高度、流速、进水和出水中吸附质浓度等预测吸附穿透时间,模型表达如式(5-15)所示:

$$\ln\left(\frac{C_0}{C_b}-1\right)=\ln(e^{K_a N_0 Z/F}-1)-K_a C_0 t \quad (5\text{-}15)$$

式中,Z 为吸附床层高度(dm);N_0 是柱吸附容量(g/L);F 是过水流速(L/min);K_a 是吸附速率常数[L/(g·min)];C_0 为初始浓度;C_b 为穿透时浓度。Kundu 和 Gupta (2005) 用 BDST 模型预测铁包覆水泥吸附柱在不同进水流速条件下吸附 As(V)的运行时间,模型计算结果与实验结果的差值小于 5%。Ayoob 等 (2007) 将改良矾土填充成吸附柱吸附 As(V),运行穿透曲线利用 BDST 模型拟合。结果发现,进水流速为 12 mL/min 条件下,吸附柱穿透时间的计算值为 11.16 h,实验结果值为 12 h;吸附柱耗竭时间的计算值为 26.49 h,实验结果值为 26 h,拟合结果相当接近。

5.1.3.5　吸附固定床在吸附除砷中的应用

以吸附固定床为基础的模拟实验、模型计算在含砷地下水处理中得到广泛应用。Katsoyiannis 和 Zouboulis (2002) 利用上向流固定床反应器去除水中 As(III),发现滤速增加会导致除砷效果下降。Nikolaidis 等 (2003) 利用零价铁吸附床进行地下水除砷,研究了水力停留时间等主要参数对除砷效果的影响。Chen 等 (2007) 研究了铁氧化物包埋活性炭吸附除砷行为,发现铁的负载方法对穿透周期有重要影响,而吸附剂粒径、吸附柱高径比、材料再生方法等因素会显著影响除砷效果。Medvidovic 等 (2006) 研究了吸附剂粒径、进水初始浓度、滤速、再生后循环运行等对吸附系统穿透曲线的影响。Goyal 等 (2009) 重点研究了吸附区域高度、滤床深度等参数的影响,且使用相关模型计算的理论值与实验值进行详细对比分析。

5.2　吸附剂原位负载型除砷技术与工艺

5.2.1　原位负载型除砷工艺思路

吸附剂是吸附除砷工艺的核心。吸附剂一般具有形貌规则、粒径均匀、机械强度适中等特点，适合作为填料装填于吸附固定床反应器中。铁锰复合氧化物比表面积高、吸附容量大，采用造粒工艺制备颗粒化材料，可满足其在水处理工程中的应用。传统造粒工艺是将吸附剂粉料经干燥、加胶黏剂、焙烧等工序后制成粒径均匀、机械强度适中的颗粒。胶黏剂一般应满足如下要求：①有足够黏性以确保成型和机械强度；②高温焙烧可挥发或无机碳化，残留量少；③成本较低，且对吸附性能无显著负面影响。此外，为降低吸附剂制备成本，提高活性组分利用率，还可将铁锰复合氧化物黏结固化在多孔载体表面，形成负载型除砷吸附材料。上述技术路线的不足在于：干燥、焙烧等导致表面活性位点丧失，吸附容量大幅下降；多次再生之后官能团损伤，吸附周期缩短；采用碱液再生，产生处理难度极大的强碱性再生废液。

针对上述问题与不足，如果能利用原位负载方法将活性组分负载在多孔载体表面实现颗粒化，建立基于原位负载型吸附剂的除砷应用工艺，就有可能大幅降低材料制备成本，提高材料吸附活性和利用率。

5.2.2 原位负载型除砷吸附剂

原位负载型除砷吸附剂设计的基本思路是：将具有氧化能力的锰氧化物与具有吸附能力的铁氧化物进行复合，得到兼具氧化与吸附功能、能同时高效去除As(Ⅲ)和As(Ⅴ)的复合金属氧化物；采用原位负载方法实现活性组分在多孔载体的固定化，不仅有效避免了复杂的材料制备过程以及活性官能团失活问题，而且提高了活性组分利用率，降低了材料成本；吸附除砷过程中，Mn(Ⅳ)催化氧化促进As(Ⅲ)价态转化，Mn(Ⅳ)则还原为Mn(Ⅱ)从固相溶出并增加材料表面羟基活性吸附位，从而大大提高了材料除砷性能；采用原位包覆再生方法，在已经吸附砷的材料表面重新原位包覆活性组分，将砷固化在材料内部，简化再生过程并避免再生废液的产生。

5.2.2.1 铁锰复合氧化物表面的原子力显微镜分析

吸取铁锰复合氧化物悬浊液置于人造云母$[KMg_3(AlSi_3O_{10})F_2]$基底表面，风干后于室温、空气中成像，采用Nanoscope Ⅲ型原子力显微镜（AFM）测试铁锰复合氧化物，结果如图5-1所示。

可以看出，铁锰复合氧化物厚度在平铺状态下薄至90 nm，表面布满纳米级颗粒，这有利于其在多孔载体的大孔（孔径100~1000 nm）、中孔（孔径2~100 nm）内部负载，实现表面包覆负载。

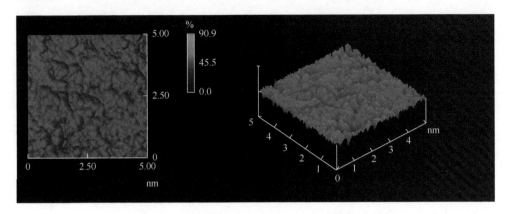

图 5-1　铁锰复合氧化物的 AFM 扫描谱图

5.2.2.2　原位负载型铁锰复合氧化物制备方法

以粒径范围为 0.25～0.35 mm 的硅藻土为载体,在磁力搅拌条件下依次浸泡于一定浓度的 $FeSO_4$ 溶液、$KMnO_4$ 和 NaOH 混合溶液,分离出固体颗粒,清水洗涤多次,室温下烘干备用。制备过程中对负载液中铁和锰浓度与比例、负载时溶液 pH、陈化时间等条件进行优化。

（1）载体优化

以单位质量载体表面的铁锰复合氧化物负载量作为载体优化的依据。其中,载体应安全、价廉易得。一般认为,具有多孔结构的载体比表面积大、孔隙丰富,易于活性组分负载。水处理中常见滤料载体有硅藻土、沸石、磁铁矿、活性氧化铝、石英砂、锰砂、陶粒、无烟煤等。负载前一般需经过淘洗、高温煅烧等操作以去除滤料表面附着的杂质和有机质,同时产生更丰富的孔结构。

以上述滤料为载体,经原位负载后测定铁、锰负载量,结果显示,石英砂、活性氧化铝、磁铁矿、沸石和硅藻土均可负载（图 5-2）,且对应的负载量分别为≤3 mg/g、1～2 mg/g、≤5 mg/g、3～6 mg/g 和 10～12 mg/g。

硅藻土作为多孔性滤料,广泛应用于食品净化、催化载体等（张凤君,2006）。硅藻土是一种生物成因的硅质沉积岩,主要由古代硅藻的遗骸所形成,化学成分以 SiO_2 为主,矿物成分为蛋白石及其变种。硅藻土中的 SiO_2 在结构和成分上与其他矿物和岩石中的 SiO_2 不同,它是有机成因的无定形蛋白石矿物,含有 Fe、Al、Ca、Mg、K、Na 等杂质。基于上述结果,选择硅藻土为载体制备铁锰复合氧化物/硅藻土（FMBO-diatomite）吸附剂（图 5-3）。

（2）铁锰比优化

进一步优化铁锰比以获得具有最佳除砷效果的 FMBO-diatomite。$FeSO_4$ 和

图 5-2 滤料载体优选

图 5-3 铁锰复合氧化物/硅藻土（FMBO-diatomite）

$KMnO_4$ 会快速发生氧化还原反应[式（5-16）]。

$$3Fe^{2+} + MnO_4^- + 5OH^- + 2H_2O \longrightarrow 3Fe(OH)_3 \downarrow + MnO_2 \downarrow \quad (5\text{-}16)$$

当 $FeSO_4$ 过量时，$FeSO_4$ 会被新生成 MnO_2 氧化为 Fe^{3+}[式（5-17）]，并进一步水解生成 $Fe(OH)_3$[式（5-18）]。

$$MnO_2 + 2Fe^{2+} + 4H^+ \longrightarrow Mn^{2+} + 2Fe^{3+} + 2H_2O \quad (5\text{-}17)$$

$$Fe^{3+} + 3OH^- \Longleftrightarrow Fe(OH)_3 \downarrow \quad (5\text{-}18)$$

改变 FeSO₄、KMnO₄ 和 NaOH 的量制备铁锰比为 1∶1、3∶1、5∶1 和 7∶1 的铁锰复合氧化物，对 As(Ⅲ) 和 As(Ⅴ) 吸附性能如图 5-4 和图 5-5 所示。

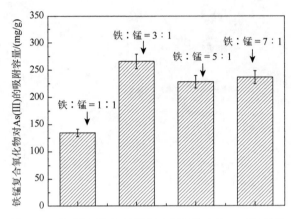

图 5-4　不同铁锰比的铁锰复合氧化物去除 As(Ⅲ) 性能

25℃，pH 5.0，吸附剂浓度 11.2 mg/L，初始 As(Ⅲ) 浓度 2.5 mg/L，平衡时间 6.0 h

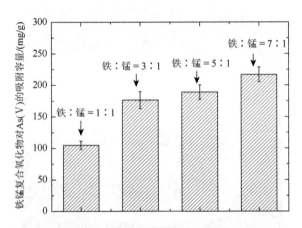

图 5-5　不同铁锰比的铁锰复合氧化物去除 As(Ⅴ) 性能

25℃，pH 5.0，吸附剂浓度 11.2 mg/L，初始 As(Ⅴ) 浓度 2.5 mg/L，平衡时间 6.0 h

铁锰比为 3∶1 的铁锰复合氧化物对 As(Ⅲ) 吸附容量最高，达到 266 mg/g；对 As(Ⅴ) 吸附容量则随着铁锰比升高而增大。为实现 As(Ⅲ) 和 As(Ⅴ) 同步去除，确定最佳铁锰比为 3∶1，即负载液中 FeSO₄ 和 KMnO₄ 摩尔比为 3∶1。

硅藻土对阴离子吸附能力较弱（Jang et al.，2006），负载铁锰复合氧化物后吸附除砷能力显著提升，负载量越大，对砷的吸附效率的提高越明显。对比不同 FeSO₄ 和 KMnO₄ 投加顺序、投加浓度、负载 pH 值等条件下铁锰复合氧化物负载量（图 5-6），最大负载量为 10.58 mg/g，对应的最佳制备方法为：充分搅拌条件

下将硅藻土加入 $FeSO_4$ 溶液,后加入等当量 $KMnO_4$ 和 NaOH 溶液,调节 pH 值为 4.5～5.0;室温搅拌陈化 30 min,沉淀物多次清水洗涤,室温干燥。

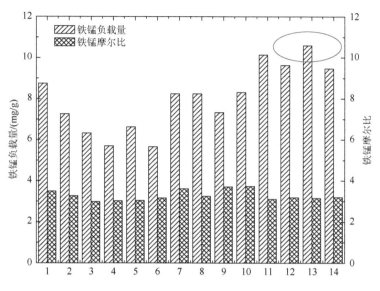

图 5-6　不同制备条件下 FMBO-diatomite 负载量对比

(3) 铁锰复合氧化物与硅藻土键合

采用压片红外方法测定硅藻土负载前后的 FTIR 谱图,对重叠峰进行高斯函数拟合(图 5-7)。可以看出,高斯函数对硅藻土 FTIR 谱图拟合系数为 0.945,波数在 1280 cm^{-1}、1200 cm^{-1}、1090 cm^{-1}、990 cm^{-1}、790 cm^{-1}、615 cm^{-1} 和 475 cm^{-1} 处出现 7 个特征吸收峰。其中,1280 cm^{-1} 和 1200 cm^{-1} 是 Si—O—H 特征峰,1090 cm^{-1} 和 990 cm^{-1} 对应于 Si—O—Si 的伸缩振动,790 cm^{-1} 和 619 cm^{-1} 为 Si—O—H 偏振,475 cm^{-1} 则归因于 Si—O—Si 的偏振(Bahramian et al.,2008)。

FMBO-diatomite 的 FTIR 谱图在波数为 1378 cm^{-1}、711 cm^{-1} 和 535 cm^{-1} 处出现 3 个新的特征峰。其中,535 cm^{-1} 处的吸收峰可能对应于 Fe—O 或 Mn—O 的特征峰(Kahani and Jafari,2009;Yuan et al.,2009),波数 1378 cm^{-1} 处的特征峰归因于 Mn—O—H 的振动(Yuan et al.,2009);波数 711 cm^{-1} 处的特征峰在铁氧化物或锰氧化物中均未出现。有研究发现,在 γ-FeOOH 中引入硅酸盐离子可在 700 cm^{-1} 附近出现新的吸收峰,认为对应于 Fe—O—Si 的特征吸收(Kwon et al.,2007)。出现 Fe—O—Si 特征峰表明,铁、锰在硅藻土表面与 SiO_2 生成稳定的络合物(图 5-8),而不是简单的物理混合。Swedlund 和 Webster(1999)研究了硅酸与氢氧化铁作用过程,发现 FeOOH 可与 $Si(OH)_4$ 单体、多聚体等发生络合反应生成 Fe—O—Si 键,络合后单体还可通过 Fe—O—Si 键形成聚合度更高的聚合体。

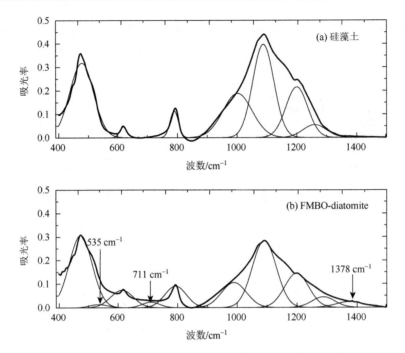

图 5-7 硅藻土负载铁锰复合氧化物前后的 FTIR 谱图和特征峰拟合

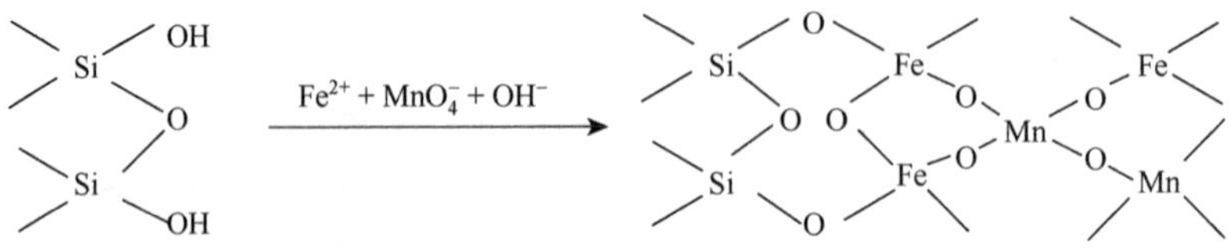

图 5-8 FMBO-diatomite 制备过程中硅羟基与铁、锰键合产物

5.2.3 原位负载型铁锰复合氧化物表征

吸附剂界面性质直接影响吸附性能，表面形貌、比表面积、表面电荷特性等是表征材料性能的重要参数。

5.2.3.1 SEM/EDX 分析

未负载的硅藻土表面有大量孔隙[图 5-9（a）]，主要元素为硅和氧[图 5-9（c）]。负载铁锰复合氧化物，硅藻土表面出现不平整薄层，能谱分析显示表面铁、锰元素比为 3∶1；表面 Si 元素比例仍较高[图 5-9（d）]，说明仍存在大量负载活性位点，可通过多次原位负载包覆实现吸附剂再生。

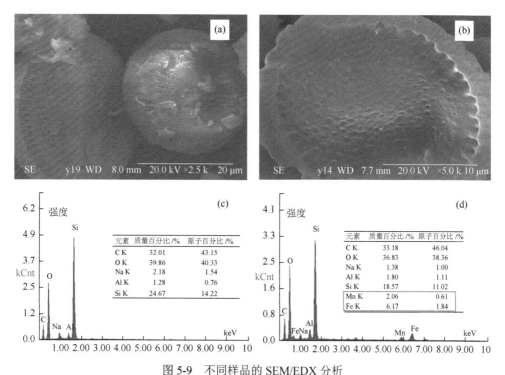

图 5-9 不同样品的 SEM/EDX 分析

(a) 硅藻土形貌（放大倍数 2500×）；(b) FBMO-diatomite 形貌（放大倍数 5000×）；
(c) 硅藻土表面元素组成；(d) FBMO-diatomite 表面元素组成

5.2.3.2 比表面积与铁锰负载量分析

吸附剂比表面积、孔容和孔径对吸附性能有重要影响，高比表面积、大孔径、高孔容等参数说明，吸附剂具有更丰富的表面吸附位（Cornell and Schwertmann，1983）。表 5-1 对比了硅藻土负载前后表面性质变化，发现硅藻土负载铁锰复合氧化物后比表面积增加 35.6%，孔容、孔径增大约 4 倍，铁锰复合氧化物负载量则为 11.87 mg/g。

表 5-1 硅藻土和 FMBO-diatomite 表面特性对比

	比表面积/(m²/g)	孔容/(mL/g)	平均孔径/Å	铁锰负载量/(mg/g)
硅藻土	11.09	0.005	18.13	0.00
FMBO-diatomite	15.04	0.025	67.96	11.87

5.2.3.3 等电点

在不同背景电解质浓度下加入一定量吸附剂进行自动电位滴定实验，连续测定溶液 pH 值变化，吸附剂表面电荷可用式（5-19）计算（Stumm，1992）。

$$\sigma = \frac{(C_A - C_B + [OH^-] - [H^+])}{a} \frac{F}{S} \qquad (5-19)$$

式中，σ 是表面电荷（C/m^2）；C_A 是滴加 $NaNO_3$ 溶液的浓度（mol/L）；C_B 是滴加 NaOH 溶液的浓度（mol/L）；$[OH^-]$是溶液中氢氧根离子浓度（mol/L）；$[H^+]$是溶液中氢离子浓度（mol/L）；a 是固体浓度（g/L）；F 是法拉第常数（96500 C/mol）；S 代表吸附剂比表面积（m^2/g）。

吸附剂等电点为表面电荷为 0 C/m^2 的点对应的 pH 值。在 3 个不同离子强度下测定吸附剂表面电荷分布曲线，交点对应于吸附剂等电点（图 5-10）。随着溶液 pH 升高，电荷分布由强正电荷逐渐减弱至负电荷，FMBO-diatomite 等电点在 pH 8.1 附近。在常见 pH 范围内，吸附剂表面荷正电，可通过静电作用吸附水中电负性阴离子。硅藻土表面主要为硅羟基（Si—OH），在水溶液中表现出强负电性，因而等电点 pH_{PZC} 较低，在 pH 3.0 以下（Manning and Goldberg，1997）。在硅藻土表面负载铁锰复合氧化物，不仅提高了活性组分含量，而且提升了材料表面电荷，这均有利于吸附除砷。

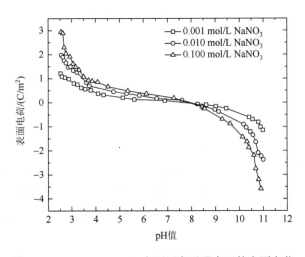

图 5-10　FMBO-diatomite 在不同离子强度下的表面电荷

5.2.3.4　XRD 晶型

材料一般可分为晶体、半晶体、无定形等不同晶型结构，其中具有无定形结构的材料一般比表面积高，表面吸附位点丰富（Dixit and Hering，2003）。铁锰复合氧化物未出现明显的 XRD 特征峰，在 34.7°和 61.6°处出现低强度宽峰（图 5-11）；FMBO-diatomite 则在 21.7°和 35.9°处出现明显特征峰，对应于二氧化硅的特征吸收（图 5-12）。

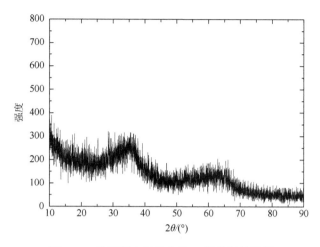

图 5-11　铁锰复合氧化物的 X 射线衍射谱图

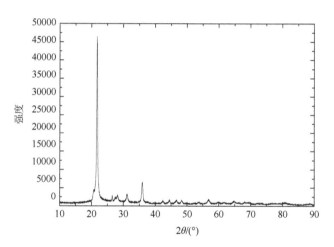

图 5-12　FMBO-diatomite 的 XRD 谱图

5.2.4　原位负载型铁锰复合氧化物静态吸附性能

5.2.4.1　吸附动力学

FMBO-diatomite 对 As(III)和 As(V)的吸附动力学过程见图 5-13。吸附反应前 2 h 内，As(V)在吸附剂表面快速吸附，去除率接近 15%；反应 4 h 后，As(III)在 FMBO-diatomite 表面累积吸附量和吸附速率均超过 As(V)；反应 10 h 后，As(V) 和 As(III)的去除率分别为 19.6%和 23.6%。图 5-13 表明，As(III)在 FMBO-diatomite 表面经历氧化、吸附等反应过程，As(V)则主要通过静电作用吸附。反应初期，

As(Ⅴ)通过扩散、迁移、吸附等作用吸持在吸附剂表面，As(Ⅲ)则还发生非均相电子转移和氧化过程。

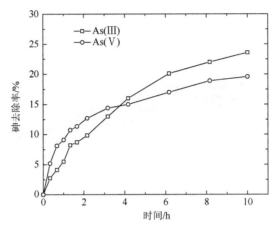

图 5-13　As(Ⅲ)和 As(Ⅴ)在 FMBO-diatomite 表面的吸附过程

25℃，pH 5.0，吸附剂浓度 1.0 g/L，初始砷浓度 2.0 mg/L，平衡时间 24 h

5.2.4.2　吸附等温线

图 5-14 和图 5-15 给出了不同温度下 FMBO-diatomite 对 As(Ⅴ)和 As(Ⅲ)的吸附等温线，并分别用 Langmuir 和 Freundlich 模型进行拟合（表 5-2 和表 5-3）。结果表明，Freundlich 模型更适合描述 FMBO-diatomite 吸附 As(Ⅴ)过程，Langmuir 模型模拟 As(Ⅲ)吸附的拟合结果更好。

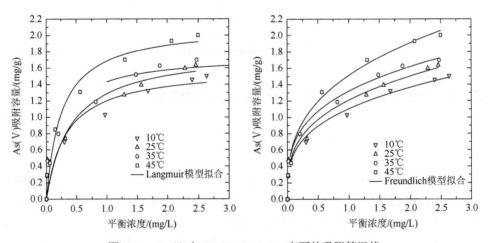

图 5-14　As(Ⅴ)在 FMBO-diatomite 表面的吸附等温线

pH 5.0，吸附剂浓度 1.0 g/L，平衡时间 24 h

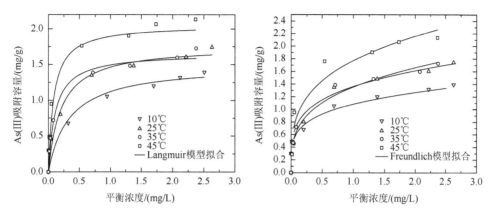

图 5-15 As(Ⅲ)在 FMBO-diatomite 表面的吸附等温线

pH 5.0，吸附剂浓度 1.0 g/L，平衡时间 24 h

表 5-2 FMBO-diatomite 吸附 As(Ⅴ)的等温线拟合参数（pH 5.0）

温度/℃	Langmuir 模型			Freundlich 模型		
	q_{max}/(mg/g)	B	r^2	A	b	r^2
10	1.60	2.99	0.91	1.11	0.31	0.99
25	1.82	2.40	0.91	1.21	0.31	0.98
35	1.78	4.20	0.92	1.32	0.29	0.99
45	2.12	3.89	0.98	1.51	0.34	0.99

表 5-3 FMBO-diatomite 吸附 As(Ⅲ)的等温线拟合参数（pH 5.0）

温度/℃	Langmuir 模型			Freundlich 模型		
	q_{max}/(mg/g)	b	r^2	A	b	r^2
10	1.51	2.91	0.85	1.08	0.23	0.86
25	1.76	4.87	0.92	1.36	0.24	0.88
35	1.66	8.94	0.98	1.35	0.29	0.97
45	2.06	11.67	0.96	1.77	0.29	0.93

上述结果显示，温度升高有利于 FMBO-diatomite 对 As(Ⅴ)和 As(Ⅲ)的吸附。10℃时，FMBO-diatomite 对 As(Ⅴ)的吸附容量为 1.5 mg/g；提高温度至 25℃和 35℃，最大吸附容量分别提高至 1.65 mg/g 和 1.69 mg/g。对于 As(Ⅲ)在 FMBO-diatomite 表面的吸附，随着反应温度由 10℃增加到 45℃，最大吸附容量增加 54%。进一步对比 FMBO-diatomite 和其他吸附剂的吸附除砷性能（表 5-4），菱铁矿对 As(Ⅲ)和 As(Ⅴ)的吸附容量分别为 1.04 mg/g 和 0.516 mg/g，无定形铁锰氧化物吸

附容量则分别为 4.5 mg/g 和 5.5 mg/g。相对于铁包覆石英砂，FMBO-diatomite 对 As(Ⅲ)和 As(Ⅴ)的吸附容量高 2 倍以上。

表 5-4　不同吸附剂对 As(Ⅲ)和 As(Ⅴ)的最大吸附容量对比

吸附剂	As(Ⅲ)最大吸附容量/(mg/g)	As(Ⅴ)最大吸附容量/(mg/g)	pH	T/℃	模型
铁锰复合氧化物/硅藻土	1.76	1.82	5.0	25	Langmuir
高铁锰砂（Chakravarty et al.，2002）	0.007	1.05	6.3	—	Langmuir
无定形铁锰氧化物（Lakshmipathiraj et al.，2006）	4.5	5.5	7.0	—	Langmuir
自然菱铁矿（Guo et al.，2007）	1.04	0.516	~7.0	20	Langmuir
铁包覆石英砂（Kundu and Gupta，2006）	0.998	0.999	~7.0	25	Langmuir

5.2.4.3　吸附除砷影响因素

（1）pH 值

图 5-16 显示了不同 pH 值下 FMBO-diatomite 对 As(Ⅴ)的吸附性能，As(Ⅴ)在 FMBO-diatomite 表面的吸附，剩余 As(Ⅴ)浓度随 pH 值升高而升高，说明 pH 值升高不利于 As(Ⅴ)吸附。水溶液中 As(Ⅴ)主要以 $H_2AsO_4^-$、$HAsO_4^{2-}$、AsO_4^{3-} 等 3 种含氧酸根形式存在。随 pH 升高，FMBO-diatomite 表面逐渐由荷正电转变为电负性，对 As(Ⅴ)阴离子的静电引力下降，吸附能力降低，静电作用是 As(Ⅴ)在 FMBO-diatomite 表面吸附的主导机制。

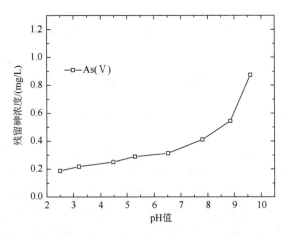

图 5-16　不同 pH 值下 FMBO-diatomite 吸附 As(Ⅴ)后的残留 As(Ⅴ)浓度

25℃，吸附剂浓度 1.0 g/L，初始 As(Ⅴ)浓度 1.0 mg/L，平衡时间 6 h

图 5-17 显示了 As(Ⅲ)在 FMBO-diatomite 表面涉及砷的氧化、吸附等过程。As(Ⅲ)在 pH<9.0 下主要以 H_3AsO_3 中性分子形式存在,As(Ⅴ)则在广谱 pH 范围内均以负电性阴离子形式存在,将 As(Ⅲ)氧化成 As(Ⅴ)可明显促进 As(Ⅲ)的吸附(Smedley and Kinniburgh,2002)。FMBO-diatomite 对 As(Ⅲ)的氧化作用随 pH 值升高而降低,pH 2.0 时 As(Ⅲ)被氧化成 As(Ⅴ)的比例近 100%,pH 11.0 时氧化率则降低至 70%,在 pH 6~9 范围内氧化率则在 80%左右。FMBO-diatomite 对 As(Ⅲ)的去除率在 pH_{PZC} 8.1 处达到最大值,此时剩余砷浓度仅为 0.12 mg/L。

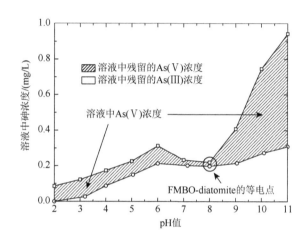

图 5-17　溶液 pH 值对 FMBO-diatomite 吸附 As(Ⅲ)的影响

25℃,吸附剂浓度 1.0 g/L,初始 As(Ⅲ)浓度 1.0 mg/L,平衡时间 6 h

(2) 共存阴离子

图 5-18 表明,碳酸盐、硫酸盐、氟化物、硝酸盐等共存阴离子对 As(Ⅴ)在 FMBO-diatomite 表面的吸附影响不大,甚至表现出略微促进作用。吸附作用主要发生在靠近吸附剂表面的紧密层中(但春和贺承祖,1998),增加离子强度可降低吸附剂表面双电层电势,提高吸附速率(Du et al.,1997)。硅酸盐和磷酸盐对 As(Ⅴ)在 FMBO-diatomite 表面吸附表现出明显抑制作用。例如,pH 3.5 条件下,引入磷酸盐使得 As(Ⅴ)吸附量降低近 70%。这主要是由于硅酸盐和磷酸盐可与 As(Ⅴ)竞争表面活性吸附位所致。

上述共存离子对 As(Ⅲ)在 FMBO-diatomite 表面吸附的影响与 As(Ⅴ)类似(图 5-19)。对比而言,硅酸盐对 As(Ⅲ)吸附的抑制效应弱于 As(Ⅴ),pH 3.5 条件下硅酸盐使得 As(Ⅴ)和 As(Ⅲ)吸附量分别降低 1.8%和 18.3%。此外,磷酸盐对 As(Ⅲ)和 As(Ⅴ)表现出不同的抑制作用。pH 3.5 时磷酸盐使得 FMBO-diatomite 对 As(Ⅲ)的吸附降低 96.2%,As(Ⅲ)去除量更低;pH 提高至 6.0 和 9.0,磷酸盐的抑制作用导致 As(Ⅲ)去除率降低 77.4%和 32.7%。

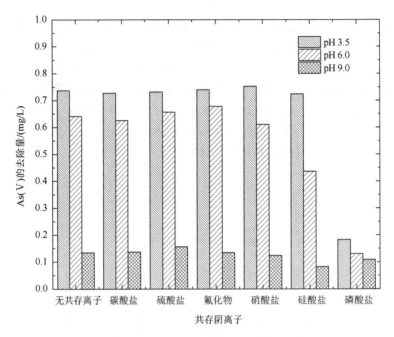

图 5-18 共存阴离子在不同 pH 条件下对 FMBO-diatomite 吸附去除 As(Ⅴ)的影响

25℃，吸附剂浓度 1.0 g/L，初始 As(Ⅴ)浓度 1.0 mg/L，共存阴离子 1.0 mmol/L，平衡时间 6.0 h

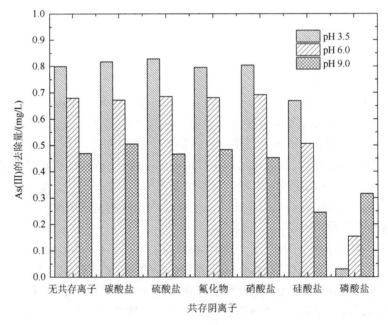

图 5-19 共存阴离子在不同 pH 条件下对 FMBO-diatomite 吸附去除 As(Ⅲ)的影响

25℃，吸附剂浓度 1.0 g/L，初始 As(Ⅲ)浓度 1.0 mg/L，共存阴离子 1.0 mmol/L，平衡时间 6.0 h

5.2.5 原位负载型铁锰复合氧化物动态吸附性能

上述结果表明，FMBO-diatomite 对 As(III)和 As(V)具有较快吸附速率和较高吸附容量。进一步采用连续流柱吸附实验，对 FMBO-diatomite 的动态吸附除砷性能、再生恢复性能以及反应器优化参数等进行评估。

5.2.5.1 原位负载型铁锰复合氧化物制备和再生

模拟吸附柱内径 30 mm，柱高 400 mm（图 5-20）。将粒径 0.25～0.35 mm 硅藻土装填至吸附柱，吸附床高度 240 mm，填料体积约为 170 mL。将 $FeSO_4$ 溶液从底端进入填料床，之后将 $KMnO_4$ 和 NaOH 混合溶液从底部泵入，$KMnO_4$ 和 $FeSO_4$ 在数分钟内完成氧化还原反应；陈化 30 min 后，将去离子水通过上向流清洗吸附柱直至出水电导率在 0.05 S/m 以下。

吸附柱出水砷浓度与进水相同时，吸附床穿透，吸附能力耗竭。此时，采用原位包覆方法对吸附柱进行原位再生，具体步骤如下：用 1～2 倍柱体积的去离子水清洗吸附柱，将 $FeSO_4$ 溶液泵入吸附床层，再将 $KMnO_4$ 和 NaOH 混合溶液反向注入，混合 30 min 后用 5 倍床体积的去离子水冲洗床层，直至出水电导率在 0.05 S/m 以下。

图 5-20 FMBO-diatomite 动态吸附柱

采用前述方法制备 2 个原位负载型吸附剂分别用于吸附 As(III)和 As(V)，对应记为吸附柱 A 和吸附柱 B。含砷水 As(III)或 As(V)浓度均为 0.1 mg/L，pH 为 7.0；下向流进入吸附柱，水流流速为 34 mL/min，EBCT 为 5 min。反应器出水口取样，经 0.45 μm 滤膜后测定水中砷、铁、锰等浓度。

5.2.5.2 动态吸附参数优化

pH 值、初始砷浓度、空床停留时间（EBCT）等会影响吸附剂处理效果，同时也是吸附床设计的重要参数。

（1）pH 值

进水 pH 分别为 4.5、7.0 和 9.0 条件下，As(III)吸附柱达到穿透点的 BV 值分别为 2000、1200 和 500 倍（图 5-21）。酸性条件下，FMBO-diatomite 对 As(III)的吸附容量明显高于中性或碱性条件，这与静态实验结果相一致。

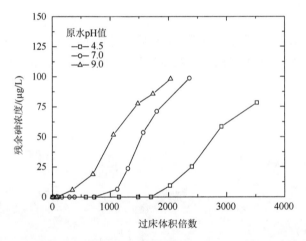

图 5-21 不同进水 pH 值下 FMBO-diatomite 吸附 As(III)的穿透曲线

As(III)浓度 0.1 mg/L，EBCT 5 min

（2）空床停留时间

图 5-22 表明，EBCT 分别为 3 min、5 min 和 10 min 时，吸附柱穿透时的 BV 值分别为 290、1150 和 2500 倍。孔扩散速率通常是制约砷吸附的主要因素，EBCT 越高，砷与吸附剂接触时间越长，吸附效率越提高。

（3）初始砷浓度

图 5-23 表明，初始砷浓度直接影响吸附床运行周期和 BV 值，进水砷浓度为 0.05 mg/L 和 0.5 mg/L 时，BV 值分别为 3000 倍和<5 倍。

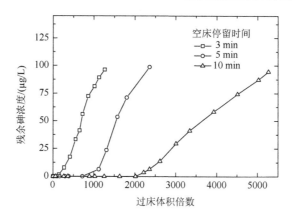

图 5-22　不同 EBCT 下 FMBO-diatomite 吸附 As(III)的穿透曲线

As(III)0.1 mg/L，pH 7.0

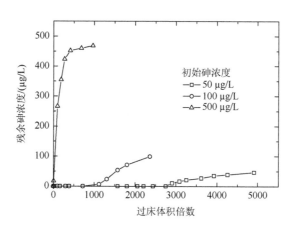

图 5-23　不同初始砷浓度下 FMBO-diatomite 吸附 As(III)的穿透曲线

pH 7.0，EBCT 5 min

上述结果显示，提高 EBCT、降低 pH、选择合适的进水砷浓度条件等均可提高吸附床吸附 As(III)的 BV 值，延长 FMBO-diatomite 的再生周期。以上述结果为基础，动态运行优化参数为：EBCT 5 min、进水砷浓度 0.1 mg/L 和 pH 7.0。

5.2.5.3　多次原位包覆再生的动态吸附效果

耗竭吸附剂一般采用强碱溶液再生，但往往难以完全再生脱附。有研究采用 0.1 mol/L NaOH 溶液对吸附后羟基氧化铁进行再生，吸附容量最高能恢复至最大吸附容量的 95%～97%（Streat et al.，2008）。碱液再生主要利用 OH^- 将吸附在表面的 As(V)脱附置换，再生废液同时含有砷和废碱液，处理处置极为困难。对比而言，采用原位包覆的方法可大幅简化操作、降低成本，同时避免产生强碱性再生废液，具有很好的技术和经济性优势。

吸附柱 A 和吸附柱 B 中的填料进行 4 次吸附、再生和再吸附等循环，分别记为 A-1st、A-2nd、A-3rd、A-4th 和 B-1st、B-2nd、B-3rd、B-4th，结果如图 5-24 和图 5-25 所示。吸附柱 A 和 B 在第一个吸附周期内处理水 BV 值约为 3000 和 2000 倍，FMBO-diatomite 对 As(III)吸附能力明显高于 As(V)，这与静态实验结果一致。在后续三个吸附周期内，吸附柱 A 的 BV 值分别为 3300、3800 和 4500 倍，吸附柱 B 的 BV 值分别为 2300、2500 和 3100 倍。

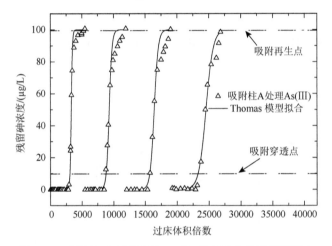

图 5-24 吸附柱 A 吸附去除 As(III)的穿透曲线及模型拟合
初始 As(III)浓度 0.1 mg/L，pH 7.0，EBCT 5 min

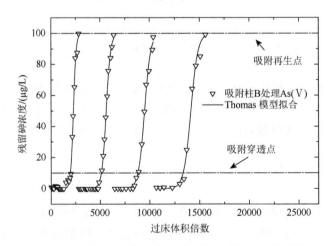

图 5-25 吸附柱 B 吸附去除 As(V)的穿透曲线及模型拟合
初始 As(V)浓度 0.1 mg/L，pH 7.0，EBCT 5 min

吸附剂再生效率是评价吸附工艺的重要指标。例如，铁氧化物颗粒固定床吸附除砷的 BV 值可达 480~1260 倍，但再生效率最高仅为 85%，随着再生次数增加，再生效率降低（Thirunavukkarasu et al., 2003）。采用原位包覆方法对 FMBO-diatomite 进行再生，除砷能力未见下降，反而有 10%~24%的增长，具有很好的效率优势。

进一步采用 Thomas 模型[式（5-20）]对吸附柱 A 和 B 的 4 次吸附穿透曲线进行拟合，结果如表 5-5 所示。

$$\frac{C}{C_0} \cong \frac{1}{1+\exp\left(\frac{k_1}{Q}(q_0 M - C_0 V)\right)} \quad (5-20)$$

式中，C 是出水吸附质浓度（mg/L）；C_0 是进水吸附质浓度（mg/L）；k_1 是速率常数[L/(mg·h)]；Q 是流速（L/h）；q_0 是最大柱吸附容量（mg/g）；M 吸附剂质量（g）；V 是过水体积（L）。

表 5-5　Thomas 模型对吸附柱 A 和吸附柱 B 拟合参数

吸附实验	Q_{exp}/(μg/g)[a]	q_T/(μg/g)	k_1/[L/(μg·h)]	r^2
Column A-1st	970.6	965.5	0.00119	0.9946
Column A-2nd	1117.6	1133.3	0.00052	0.9781
Column A-3rd	1324.9	1323.5	0.00037	0.9747
Column A-4th	1602.1	1629.9	0.00021	0.9866
Column B-1st	676.5	667.4	0.00083	0.9940
Column B-2nd	823.5	819.8	0.00053	0.9983
Column B-3rd	915.2	920.2	0.00039	0.9960
Column B-4th	1124.6	1101.6	0.00033	0.9914

a. Q_{exp} 是根据过水砷总量及吸附剂填充质量计算得到的柱吸附容量（μg/g）。

可以看出，Thomas 模型可以很好地描述 FMBO-diatomite 对 As(Ⅲ)和 As(Ⅴ)的吸附行为，相关系数 r^2 在 0.9747~0.9983 之间；模型计算获得的柱吸附容量与实验结果接近。

5.2.5.4　原位包覆再生动态吸附机理

对每次吸附、再生后的吸附剂进行取样，干燥后测定比表面积、孔容、孔径等，结果如表 5-6 所示。随着再生次数增加，吸附柱 A 内吸附剂比表面积从 8.66 m²/g

增大到 16.23 m²/g，吸附柱 B 内吸附剂则从 8.09 m²/g 增至 17.13 m²/g，这对 FMBO-diatomite 吸附除砷是有利的。孔体积分布结果显示，硅藻土孔径主要分布在 70 nm 附近，属于中孔结构。FMBO-diatomite 主要为 120～130 nm 之间的大孔结构，再生后表面孔体积增加，有助于提高吸附除砷能力。

表 5-6 吸附柱 A 和吸附柱 B 中每次再生后 FMBO-diatomite 比表面积

吸附柱	比表面积/(m²/g)	吸附柱	比表面积/(m²/g)
Column A-1st	8.66	Column B-1st	8.09
Column A-2nd	10.73	Column B-2nd	10.20
Column A-3rd	12.51	Column B-3rd	14.38
Column A-4th	16.23	Column B-4th	17.13

进一步从吸附柱 A、B 的吸附床顶部到底部均匀高度处取样（图 5-26），分别记为 A-a、A-b、A-c、A-d 和 B-a、B-b、B-c、B-d。每个样品常温干燥、消解，之后测定不同样品中砷、铁和锰含量，结果如图 5-27 和图 5-28 所示。

对于单位质量吸附剂的砷吸附量，吸附床上层明显高于下层，吸附柱 A 的上、下层差距高于吸附柱 B。吸附柱 A 不同层的砷吸附量为 5.40 mg/g、5.24 mg/g、4.80 mg/g 和 4.20 mg/g，对应的吸附柱 B 则为 3.6 mg/g、3.46 mg/g、3.21 mg/g 和 3.16 mg/g。

吸附柱 A 和 B 再生 4 次后，不同高度吸附层中铁、锰含量如图 5-28 所示。吸附柱 B 不同吸附层中铁、锰含量相差不大，分别为（35.5±0.2）mg/g 和（5.0±0.1）mg/g，说明原位负载、包覆再生等过程中不同高度吸附层铁锰负载量

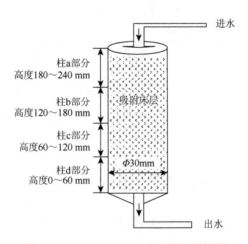

图 5-26 FMBO-diatomite 吸附柱剖析图

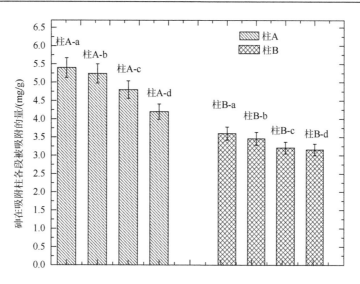

图 5-27　吸附柱 A 和 B 再生 4 次后不同高度吸附层的砷吸附量

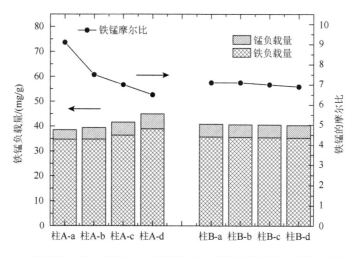

图 5-28　吸附柱 A 和 B 再生 4 次后不同高度吸附层的铁锰含量和铁锰比变化

相差不大。对比而言，吸附柱 A 不同层铁、锰含量有显著区别，从上至下铁含量分别为 34.7 mg/g、34.76 mg/g、36.37 mg/g 和 38.98 mg/g，锰含量则为 3.82 mg/g、4.64 mg/g、5.20 mg/g 和 5.99 mg/g；下层铁锰总量明显高于上层，铁锰摩尔比则从 9.1∶1 降低至 6.5∶1，说明锰元素从上层迁移至下层。

吸附柱 A 中锰元素在不同层的含量变化与 FMBO-diatomite 去除 As(III)过程涉及的锰形态转化有关。FMBO-diatomite 中的锰氧化物可氧化 As(III)，而自身则发生还原溶解和 Mn^{2+} 释放（Oscarson et al.，1983）。二氧化锰氧化 As(III)可用式（5-21）和式（5-22）表示（Driehaus et al., 1995）。

$$H_3AsO_3 + MnO_2 \rightleftharpoons HAsO_4^{2-} + Mn^{2+} + H_2O \quad E^0 = 0.67 \text{ V} \quad (5\text{-}21)$$

$$H_3AsO_3 + 2MnOOH + 2H^+ \rightleftharpoons HAsO_4^{2-} + 2Mn^{2+} + 3H_2O \quad E^0 = 0.95 \text{ V} \quad (5\text{-}22)$$

上层溶出释放的 Mn^{2+} 绝大多数在下层锰氧化物表面生成表面络合物，重新吸附在锰氧化物表面，从而使下层锰含量升高。对比而言，铁氧化物未发生还原溶解反应，从而不同层含量变化不大。

5.2.5.5 动态吸附过程出水铁、锰浓度

FMBO-diatomite 动态除砷过程中应同时保证出水铁、锰浓度在饮用水标准限值范围内。从图 5-29 和图 5-30 可以看出，吸附柱 A 和 B 出水铁浓度接近于 0 mg/L，远低于标准值，这主要是由于 FMBO-diatomite 吸附除砷过程中基本不存在溶解性铁离子溶出。吸附柱 A 出水锰浓度低于 0.1 mg/L，吸附柱 B 则在 0.05 mg/L 左右或以下，均满足饮用水标准要求。

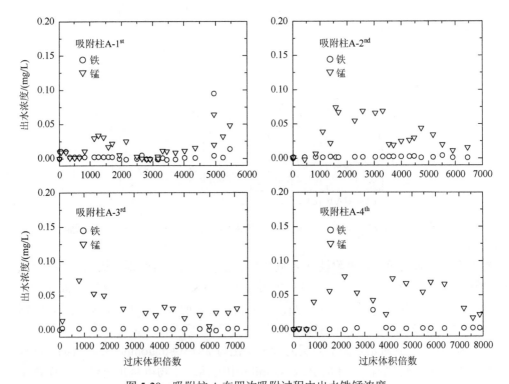

图 5-29　吸附柱 A 在四次吸附过程中出水铁锰浓度

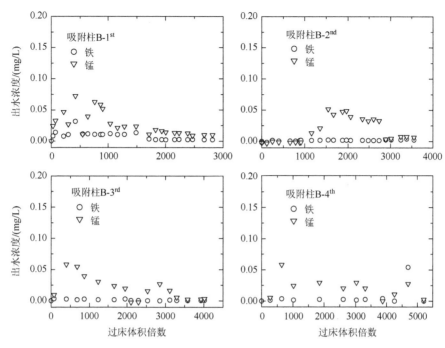

图 5-30 吸附柱 B 在四次吸附过程中出水铁锰浓度

5.2.5.6 耗竭吸附剂安全性评价

吸附活性耗竭后，废弃吸附剂处理处置是需要关注的重要问题。采用毒性特性溶出（TCLP）评价方法对多次使用后的吸附剂的砷溶出情况进行评价，发现吸附柱 A-a 和 B-a 的砷最大溶出量为 0.096 mg/L 和 0.17 mg/L（图 5-31），均低于最大允许溶出浓度（5 mg/L）。

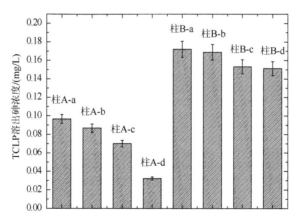

图 5-31 采用 TCLP 方法评价吸附柱 A 和 B 不同层吸附剂的砷溶出浓度

吸附柱 A 的砷吸附量较吸附柱 B 高，溶出量却明显更低。这暗示，与 As(Ⅴ)直接在 FMBO-diatomite 表面相比，As(Ⅲ)经 FMBO-diatomite 氧化、吸附后以更稳定的形式存在。Manning 等（2002）认为 As(Ⅲ)在二氧化锰表面的氧化可改变锰氧化物表面的性质，产生新的活性吸附位点以吸附氧化生成的 As(Ⅴ)。Grossl 等（1997）认为，As(Ⅲ)经非均相氧化后吸附在吸附剂表面，生成的表面络合物更稳定。

5.2.6 实际含砷地下水除砷现场试验

进一步选择北京郊区某村含砷地下水开展连续流试验，评估 FMBO-diatomite 处理实际含砷地下水性能，为建立可工程应用的除砷工艺提供更接近实际的参考数据。

5.2.6.1 实验装置

模拟吸附柱高 40 cm，内径 3 cm，底部铺垫钢丝滤网以避免吸附剂流失；含砷地下水以下向流流经吸附柱（图 5-32 和图 5-33）。

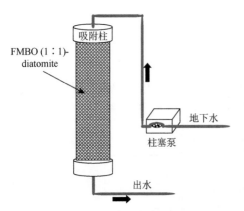
图 5-32 含砷地下水处理模拟吸附柱示意图

图 5-33 连续流现场实验装置

5.2.6.2 材料原位负载和再生

在前期优化基础上，将不同铁锰比的 FMBO-diatomite 装填入吸附柱，吸附床层高 24 cm，床体积为 0.17 L。吸附除砷过程中，过水流速为 17 mL/min[约 1.44 $m^3/(m^2 \cdot h)$]；出水砷浓度达到 0.01 mg/L 时进行再生操作。分别配制一定浓度和铁锰比的 $KMnO_4$、$FeSO_4$、$MnCl_2$ 和 NaOH 再生液，将分批次再生液反向泵入吸附柱,浸泡反应一定时间,之后用 5~10 倍床体积的清水清洗吸附柱。为防止吸附床层滞留气泡导致短路流、边际流等,吸附和再生操作时吸附剂始终浸于水中。

5.2.6.3 实际含砷地下水动态吸附性能

(1) 原水水质特点

选择某村含砷地下水进行实验,其主要水质指标见表 5-7。原水铁、锰浓度略高于我国饮用水卫生标准,推测主要以 Fe^{2+}、Mn^{2+} 等形式存在;总砷浓度为 0.045 mg/L,其中 As(Ⅲ)浓度为 0.037 mg/L,占总砷约 80%。

表 5-7 京郊某处地下水水质特征(2007 年 3 月采集)

井深/m	水温/℃	溶解氧/(mg/L)	EC/(μs/cm)	pH	浊度/NTU	氧化还原电位/mV	碱度/(mg/L)	TOC/(mg/L)
50	14	2.11	530	7.4	0.7	8.8	305	2.84
Mg/(mg/L)	P/(mg/L)	Cl/(mg/L)	K/(mg/L)	Ca/(mg/L)	Mn/(mg/L)	Fe/(mg/L)	As(tot)/(mg/L)	As(Ⅲ)/(mg/L)
16	1.21	9.8	0.57	28	0.151	0.257	0.0447	0.0366

(2) 实际含砷地下水动态吸附性能

设计制备不同铁锰比 FMBO-diatomite,考察连续运行条件下除砷性能(图 5-34)。可以看出,铁锰比 1∶1 的 FMBO-diatomite 具有最佳除砷效果。以出水砷浓度达到 0.01 mg/L 为穿透终点,铁锰比 1∶1 的 FMBO-diatomite 穿透 BV 值为 450 倍,铁锰比为 3∶1 和 15∶1 的 FMBO-diatomite 穿透 BV 值约为 100 倍;铁锰比 1∶1 时也对磷酸盐具有最佳去除效果。前期研究发现最佳铁锰比为 3∶1,现场实验结果的差异可能与实际含砷地下水中 Fe^{2+}、Mn^{2+} 等还原性组分偏高有关。同时,水中 As(Ⅲ)在总砷中的占比较高、需要更多锰氧化剂将其转化为 As(Ⅴ),这也可能

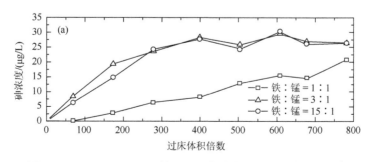

图 5-34 FMBO-diatomite 铁锰比对含砷地下水处理效果的影响

是此铁锰比下取得最佳除砷效果的重要原因。因此，在此类水质条件下，适当增加 FMBO-diatomite 中锰氧化物比例有助于提高除砷效果。

选择铁锰比 1:1 的 FMBO-diatomite，吸附 EBCT 分别设置为 5 min、10 min、20 min 和 30 min 开展连续流动态实验，结果如图 5-35 所示。EBCT 对除砷效果有重要影响，以出水砷浓度低于 0.01 mg/L 为穿透终点，EBCT 为 30 min 时过水 BV 值超过 720 倍，EBCT 为 5 min、10 min 和 20 min 时过水 BV 值则分别为 180、450 和 550 倍。考虑到增加 EBCT 将导致吸附反应器数量过多，工程投资增大，而 EBCT 为 10 min 和 20 min 时效果接近，因此后续长期动态试验中 EBCT 取 10 min。

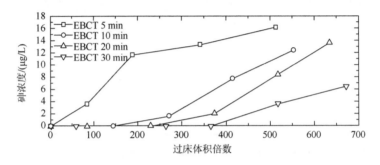

图 5-35　不同 EBCT 条件下含砷地下水处理效果

（3）多次吸附-包覆再生的除砷效果

进一步采用铁锰比 1:1 的 FMBO-diatomite 固定床开展近 4 个月长周期实验，出水超标后即进行原位包覆再生，累计共获得 7000 倍 BV 达标出水。连续流中吸附床运行 6~8 天后出水砷浓度逐渐升高至 0.01 mg/L，出水超标后进行吸附剂再生，4 个月内共计再生 15 次，实验过程中水温、As(Ⅲ)、As(Ⅴ)、BV 值等变化见图 5-36。长周期实验过程水温变化范围为 13~25℃，原水砷浓度在 0.035~0.045 mg/L 之间，As(Ⅲ)/As(tot) 比在 51%~80% 之间。雨季地下水砷浓度升高至 0.045 mg/L，但 As(Ⅲ)/As(tot) 比降低至 51%，这可能是由降雨地表渗入加速地下水交换和携带溶解氧的氧化作用所致。

连续 15 次吸附-再生过程中，FMBO-diatomite 固定床的 BV 值在 600~200 倍之间，运行周期和达标水 BV 值明显低于模拟配水实验，这可能与该含砷地下水中磷酸盐浓度偏高和磷酸盐竞争吸附有关。前 4 次吸附再生周期内，BV 值分别约为 480、500、560 和 600 倍，呈逐渐增长趋势；第 5 次再生之后，BV 值开始下降。初次负载的 FMBO-diatomite 表面具有丰富孔结构，经过 15 个周期连续吸附再生后表面孔隙被覆盖（图 5-37），SEM/EDX 测定显示表面铁氧化物占主要部分，这可能是表面负载和原水 Fe^{2+} 氧化沉积的铁氧化物。连续多次吸附-再生过程中，初期砷吸附容量升高可能是由于原位负载铁锰复合氧化物提供新的活性吸附

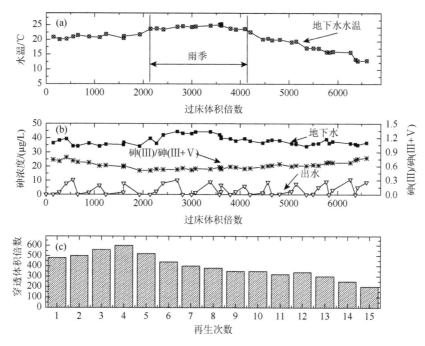

图 5-36 连续 15 次吸附-再生过程中水温、进出水砷浓度、BV 值

图 5-37 初次负载（a）和 15 次吸附-再生后（b）FMBO-diatomite 的 SEM 图像

位；多次再生后吸附容量下降则可能归因于表面孔结构改变。有研究发现，过量氢氧化铁负载可能导致吸附剂吸附容量下降，这主要是由于表面孔隙堵塞，比表面积下降，吸附位点减少（Zhang et al., 2008）。第 8 次吸附再生后 FMBO-diatomite 的砷吸附容量变化不大，说明孔容降低至一定程度后主要通过外层活性位吸附。

（4）连续多次吸附-再生出水水质和吸附剂安全性评估

图 5-38 显示长期运行过程中 FMBO-diatomite 处理前后 pH 值、浊度、铁、锰、

磷等变化。其中，铁平均去除率为 98%，锰去除率接近 100%，磷去除率在 50%～90%之间，浊度去除率为 50%～70%，pH 值无明显变化。磷主要通过 FMBO-diatomite 的吸附作用去除，Fe^{2+} 和 Mn^{2+} 的去除则归因于 FMBO-diatomite 氧化作用和吸附床截留过滤能力。相对于 As(III)，Fe^{2+} 容易被铁锰复合氧化物氧化（Sarkar et al., 2005），氧化沉积在吸附剂表面的铁氧化物可继续发挥除砷作用。采用 TCLP 方法评估 15 次吸附-再生后 FMBO-diatomite 金属溶出情况，结果显示砷溶出浓度在 1.0 mg/L 以下，远低于固体废弃物处置相关标准限值要求（＜5 mg/L）；铁和锰溶出浓度分别为 3.02 mg/L 和 0.96 mg/L，远低于 15 次再生过程负载包覆的铁、锰总量。废弃 FMBO-diatomite 中砷、铁、锰可稳定固化，可能的环境风险较小。

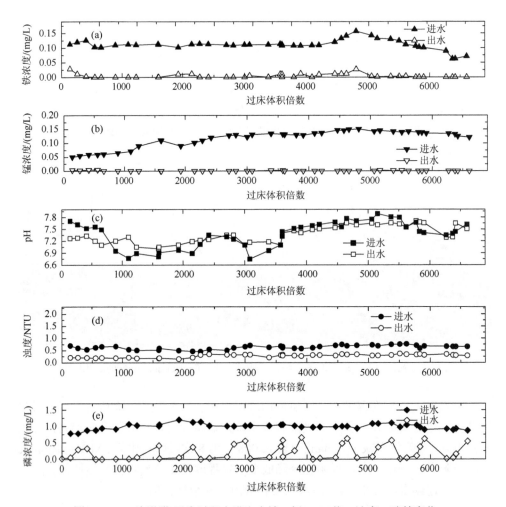

图 5-38 15 次吸附-再生过程中进出水铁、锰、pH 值、浊度、磷等变化

5.2.7 实际含砷地下水吸附除砷中试

针对实际含砷地下水的连续流实验证实,采用原位负载方法可制备颗粒化 FMBO-diatomite 除砷吸附剂,装填至吸附固定床可实现 As(III) 和 As(V) 同步去除,且出水铁、锰均满足饮用水标准限值要求。为进一步推进原位负载型铁锰复合氧化物的工程应用,仍需开展中试实验以提供关键的工程设计参数。

地下水砷主要以 As(III)、As(V) 形态存在,且往往 As(III) 比例较高。As(III) 与铁锰复合氧化物反应将发生形态转化,且在不同深度吸附床中出现砷迁移的过程,然而国内外鲜见砷吸附固定床中迁移、转化和去除过程的研究。此外,还原性含砷地下水一般同时含有 Fe(II)、Mn(II) 等(Smedley and Kinniburgh, 2002),除砷工艺设计应确保砷、铁、锰等同时达标,故选择北京郊区某砷、铁、锰同时超标的实际地下水进行中试试验。

5.2.7.1 中试原水水质和主要试剂、材料

中试原水直接采用北京郊区某村深井泵出水,试验期间原水水质存在一定波动,主要指标范围如表 5-8 所示。硅藻土、石英砂、卵石等购自北京滤料厂,七水合硫酸亚铁($FeSO_4 \cdot 7H_2O$)、$KMnO_4$、$NaOH$ 等均为工业级。

表 5-8 中试原水主要水质指标

As(V)/(μg/L)	As(III)/(μg/L)	Fe/(mg/L)	Mn/(mg/L)	pH	TDS/(mg/L)	浊度/NTU	T/℃
40～60	50～80	0.1～1.0	0.1～0.3	7.7～8.2	60～100	6.5～12.5	16.5～18.5

5.2.7.2 中试装置

吸附固定床反应器为玻璃钢材质,内径 100 cm,柱高 400 cm,压力式下向流运行;反应器上端设置进水口、反冲洗排水口、排气阀,下端设置出水口和反冲洗水进水口。除底部出水口外,柱体上沿垂直方向还设置 6 个取样口,最上端取样口位于填料床顶层往下 5 cm,之后每间隔 30 cm 设置 1 个取样口。吸附柱底部设置再生药剂管道,加药管和反冲洗管连接加药泵和反冲洗泵(图 5-39 与图 5-40)。

将粒径为 0.6～0.8 mm 硅藻土滤料装填至吸附柱,填料高度约为 100 cm,床体积约为 0.8 m^3(1 倍柱体积=1 BV);硅藻土下层依次装填 15 cm 细石英砂(粒径

1~2 mm)、20 cm 粗石英砂（粒径 2~4 mm）、15 cm 细砾石层（粒径 3~6 mm）和粒径 20 cm 粗砾石层。初次负载前，所有滤料用 1%次氯酸钠溶液浸泡 12 h，原水冲洗数次。吸附柱设计流量约为 2.25 m³/h，对应滤速约为 3 m/h。

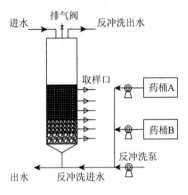

图 5-39　吸附固定床反应器和再生装置示意图

图 5-40　中试设备实物图
(a) 固定床吸附柱；(b) 加药罐

5.2.7.3　硅藻土表面原位负载铁锰复合氧化物

（1）吸附剂原位负载

首先，分别配制 500 L 一定浓度 $FeSO_4$ 溶液、$KMnO_4$ 与 NaOH 混合溶液；将 $FeSO_4$ 溶液以上向流泵入吸附床，浸泡 15 min 以上，放空剩余药液；再泵入 $KMnO_4$ 和 NaOH 的混合溶液，浸泡 15 min 以充分反应[式（5-23）]；放空剩余药液，FMBO-diatomite 静置陈化 12 h。最后，含砷地下水以 1 m³/h 流量上向流冲洗吸附床约 1 h，冲洗初始 5~30 min，浊度由 160.7 NTU 下降至 1.4 NTU，Fe、Mn 浓度分别由 1.26 mg/L 和 0.35 mg/L 降至 0.25 mg/L 和 0.09 mg/L。

$$3Fe^{2+} + MnO_4^- + 4OH^- + 3H_2O \longrightarrow 3Fe(OH)_3 + MnO_2 + H^+ \quad (5-23)$$

（2）吸附剂反冲洗及再生

吸附柱出水总砷[As(tot)]浓度超过 10 μg/L 时即视为吸附柱穿透，该运行周期结束。此时，首先用 5 m³/h 原水地下水反冲洗 15 min，之后用如上所述的方法进行吸附剂再生。

5.2.7.4　FMBO-diatomite 处理含砷地下水效果

图 5-41 显示了系统运行三个周期内，出水浊度和 As、Fe、Mn 等浓度变化情况。与前期动态小试结果一致，吸附-包覆再生可提高 FMBO-diatomite 除砷性能，

第一周期 BV 值约为 550 倍,到第三周期增加至约 765 倍。已有研究(Guo and Chen, 2005)用纤维素珠负载 Fe 氧化物除砷,发现再生后吸附剂除砷能力明显下降。3 个吸附周期内,含砷地下原水总砷约为 240.7 g,出水总砷累积约为 20.5 g,FMBO-diatomite 去除的总砷量约为 220.2 g。结合负载、再生过程采用的 Fe、Mn 药剂总量,计算得每克吸附剂(以 Fe 与 Mn 质量之和计,Fe∶Mn＝3∶1)去除砷量约为 5.27 mg。Sasaki 等(2008)采用零价铁进行动态除砷中试,发现消耗每克 Fe 去除砷的量约为 2.28 mg,说明 FMBO-diatomite 单位质量有效组分的除砷效率高于零价铁。

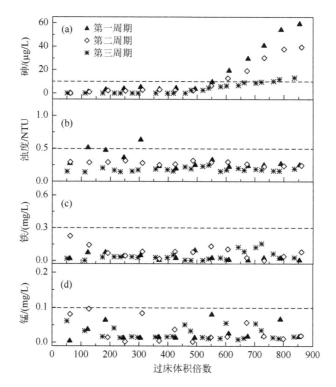

图 5-41　运行三个周期内出水主要水质指标变化规律

(a) 砷浓度;(b) 浊度;(c) 铁浓度;(d) 锰浓度

FMBO-diatomite 吸附床具有良好除砷性能,还可有效降低浊度和 Fe、Mn 浓度。原水流经 FMBO-diatomite 吸附床,出水浊度基本在 1 NTU 以下,Fe、Mn 未见升高,反而有不同程度降低;pH 稳定在 7.5～8.0 之间,较进水略有降低,均满足国家饮用水标准要求。上述结果表明,FMBO-diatomite 用于地下水除砷时可很好地保证水质安全。

5.2.7.5 吸附过程中 Fe、Mn、As 等迁移与形态转化

图 5-42 显示了第三周期运行过程中，FMBO-diatomite 滤层中不同深度的 As(Ⅲ)和 As(Ⅴ)浓度变化规律。原水 As(Ⅲ)在吸附床上部 40 cm 可去除至检出限以下，运行至第 14 天，顶部 10 cm 吸附床可将 56%的 As(Ⅲ)氧化为 As(Ⅴ)。前期研究证实，As(Ⅲ)氧化在铁锰复合氧化物除砷过程中发挥重要作用，中试试验进一步证实了 FMBO-diatomite 对 As(Ⅲ)的良好氧化能力。

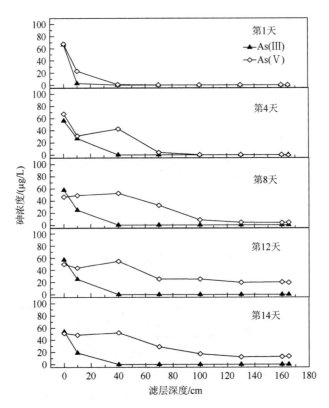

图 5-42　第三周期吸附床不同深度出水 As(Ⅲ)和 As(Ⅴ)浓度变化

As(Ⅴ)在不同深度吸附床的浓度变化规律与 As(Ⅲ)明显不同。运行第 1 天，As(Ⅴ)与 As(Ⅲ)浓度均表现为随深度增加而降低，在上部 40 cm 区域内 As(Ⅴ)即可降至 1 μg/L 以下；之后在第 4、8、12 和 14 天，上部 40 cm 处出水 As(Ⅴ)浓度分别增加至 42.5 μg/L、52.1 μg/L、52.0 μg/L 和 55.4 μg/L；吸附床 100 cm 处 As(Ⅴ)浓度则从第 1 天 0 μg/L 增加至第 14 天的 19.9 μg/L。随着运行时间延长，将 As(Ⅴ)

降低至 10 μg/L 所需的吸附床深度也逐渐增加，表明 As(V)吸附带逐渐从上向下迁移。在第 1 天，顶部 40 cm 吸附床可将 As(V)有效去除；至第 4 天和第 8 天，要将 As(V)降至 10 μg/L 以下，则所需的吸附床深度分别增加至 70 cm 和 100 cm（整个滤层）。上层吸附床的单位质量吸附剂去除砷量明显高于下层，在除砷中发挥更大作用。这主要是由于下向流运行模式下，上部吸附床的进水砷浓度、平衡砷浓度均高于下部，从而具有更高的平衡吸附容量。

从第 4 天开始，10~40 cm 吸附床出水 As(V)浓度明显升高，总砷[As(III)与 As(V)之和]浓度（以[As(tot)]表示）并未增加，说明 As(III)氧化为 As(V)的量高于被吸附的 As(V)的量，进一步证实 As(III)确实被氧化为 As(V)。同时，整个吸附过程中各层并未出现 As(tot) 浓度突然升高的现象，说明基本未发生砷的脱附解吸。此外，石英砂层（100~130 cm）和砾石层（130~165 cm）对 As(III)和 As(V)均无去除效果。

图 5-43 显示了地下水中 Fe、Mn 浓度在不同深处吸附床的变化规律。出水 Fe 浓度在吸附床 70 cm 处即稳定降至 0.02 mg/L 以下。Mn 浓度在顶部 40 cm 内先升高至 0.5 mg/L 左右，之后随着吸附床深度增加 Mn 浓度持续下降，在 40~70 cm 范围内可降低至 0.05 mg/L 以下，在 70~165 cm 处继续降至 0.02 mg/L 以下。FMBO-diatomite 吸附床中 Fe、Mn 形态转化涉及的主要化学反应如式（5-24）~式（5-28）所示（Lee et al.，2009）：

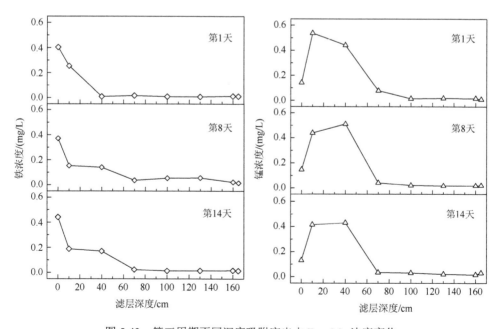

图 5-43 第三周期不同深度吸附床出水 Fe、Mn 浓度变化

$$4Fe^{2+} + O_2 + 4H^+ \longrightarrow 4Fe^{3+} + 2H_2O \qquad (5-24)$$

$$2Fe^{2+} + MnO_2 + 4H^+ \longrightarrow 2Fe^{3+} + Mn^{2+} + 2H_2O \qquad (5-25)$$

$$Fe^{3+} + 3OH^- \longrightarrow Fe(OH)_3 \qquad (5-26)$$

$$HAsO_2 + MnO_2 + H^+ \longrightarrow H_2AsO_4^- + Mn^{2+} \qquad (5-27)$$

$$Mn^{2+} + MnO_2 + H_2O \longrightarrow Mn_2O_3 + 2H^+ \qquad (5-28)$$

FMBO-diatomite 吸附床可同时去除原水中 Fe(Ⅱ)和 Mn(Ⅱ)，出水可满足生活饮用水标准要求。其中，Fe(Ⅱ)首先被氧化为 Fe(Ⅲ)，之后水解生成 Fe(Ⅲ)氢氧化物絮体并截留沉积在填料表面；MnO_2 氧化 Fe(Ⅱ)、As(Ⅲ)后发生还原溶解生成 Mn(Ⅱ)，导致上部吸附床出水 Mn 浓度升高。FMBO 对 Mn(Ⅱ)具有良好吸附能力 (Chang et al.，2010)，上部生成的 Mn(Ⅱ)在 40～100 cm 区域被去除。

5.2.7.6　不同深度吸附床中 As、Fe、Mn 含量与颗粒粒径变化

图 5-44 显示了运行 3 周期后，不同深度吸附床 FMBO-diatomite 的砷吸附量。可以看出，单位质量吸附剂的砷吸附量随深度增加而逐渐降低，深度 10 cm 处 FMBO-diatomite 的 As(tot)吸附量为 0.48 mg/g，100 cm 处 As(tot)吸附量则降低至 0.30 mg/g。10～40 cm 范围吸附床的 As(Ⅲ)平衡吸附量由 0.15 mg/g 降至 0.03 mg/g，吸附床深度进一步增加，吸附剂固相表面未能检测出 As(Ⅲ)，说明顶部 40 cm 区域在整个运行周期内对 As(Ⅲ)具有充分氧化能力。

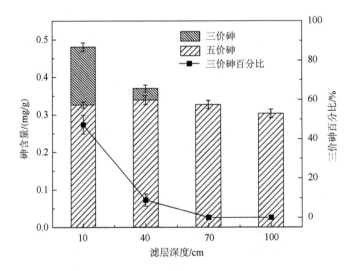

图 5-44　运行 3 个周期后不同深度 FMBO-diatomite 吸附床 As(Ⅲ)和 As(Ⅴ)吸附量

图 5-45 显示运行 3 个周期后不同深度吸附床 FMBO-diatomite 中 Fe、Mn 含量及其摩尔比。初次原位负载后，不同深度吸附床 Fe、Mn 摩尔比接近 3∶1；下部 Fe、Mn 总量较上部高，从上层 10 cm 至下层 100 cm，Fe 含量由 5.45 mg/g 增至 11.56 mg/g，Mn 含量则由 1.70 mg/g 增至 3.67 mg/g。这主要是由原位负载时再生药液从吸附床下端进入所致。

运行 3 个周期后，FMBO-diatomite 吸附床不同深度的 Fe、Mn 含量及其摩尔比如图 5-45（b）所示。可以看出，吸附床 10 cm 和 40 cm 处 Fe/Mn 摩尔比明显高于 70 cm 和 100 cm 处。深度 10 cm 处 Fe/Mn 摩尔比为 18.9∶1，Fe、Mn 含量分别为 22.1 mg/g 和 1.2 mg/g；深度 70 cm 处 Fe/Mn 摩尔比为 3.4∶1，对应 Fe、Mn 含量则分别为 9.5 mg/g 和 2.8 mg/g。滤层上部铁锰比较高，主要是由于 MnO_2 还原溶解导致 Mn(Ⅱ)向下迁移，而原水 Fe(Ⅱ)氧化生成的 Fe(Ⅲ)絮体主要截留于上层。值得注意的是，下层吸附床可吸附上层释放的 Mn(Ⅱ)导致铁锰比下降；但吸附床下层 Mn 含量并未明显增加，这可能是由于反冲洗、原位再生过程中下层吸附床 Mn 的流失。

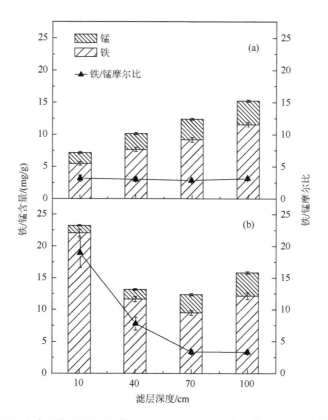

图 5-45　运行 3 个周期后不同深度 FMBO-diatomite 吸附床的 Fe、Mn 含量及摩尔比

原位包覆再生、反冲洗等过程对 FMBO-diatomite 吸附剂粒径分布产生了影响。图 5-46（a）显示了运行 3 个周期后不同深度吸附剂粒径分布，发现上层吸附床中小粒径颗粒占比较下层更高。吸附床 10 cm 处，约 60%颗粒的粒径在 100 μm 以下，约 5%颗粒的粒径在 800 μm 以上；底部 100 cm 处，直径＜100 μm 和＞800 μm 的颗粒所占比分别为 35%和 18%，上述差异主要是由反冲洗水力分级所致。

对比吸附床底部 100 cm 处吸附剂在初次负载、运行 3 个周期后粒径分布可见，经过 3 个周期运行，粒径＜100 μm 颗粒占比由 42%降低至 35%，粒径＞800 μm 颗粒占比则由 8%降至 15%，说明原位包覆再生可在一定程度上增加 FMBO-diatomite 颗粒粒径。

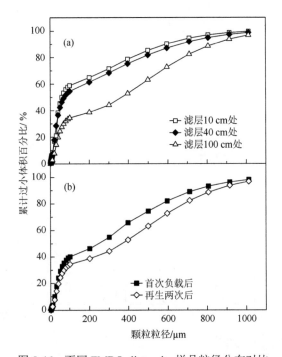

图 5-46　不同 FMBO-diatomite 样品粒径分布对比

（a）运行 3 个周期后不同深度样品；（b）底部 100 cm 处初次负载样品和运行 3 个周期后样品

5.2.7.7　As、Fe、Mn 在 FMBO-diatomite 吸附床中迁移转化

图 5-47 显示了铁、锰、砷在 FMBO-diatomite 吸附床正常运行和原位再生过程中形态转化与吸附去除的主要历程。正常运行时，Fe(Ⅱ)和 As(Ⅲ)被上层 MnO_2 氧化，还原溶解的 Mn(Ⅱ)释放迁移至下层；下层 FMBO-diatomite 可吸附 Mn(Ⅱ)，最终出水 Mn(Ⅱ)浓度很低。原水 Fe(Ⅱ)首先被 MnO_2 氧化为 Fe(Ⅲ)，迅速水解生

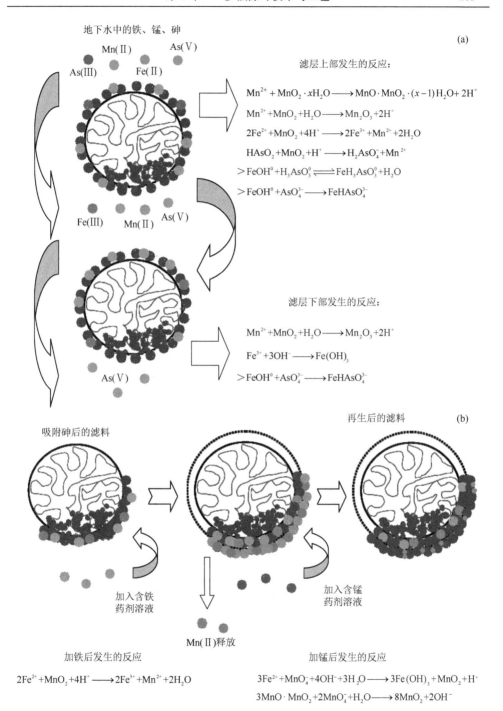

图 5-47 铁、锰、砷在 FMBO-diatomite 吸附床中形态转化、迁移示意图

(a) 正常吸附运行时；(b) 原位包覆再生时

成氢氧化铁絮体截留、沉积在吸附床填料表面，导致上层 Fe 含量随运行时间延长而明显增加。水中 As(III)和 As(Ⅴ)在 FMBO-diatomite 的氧化、吸附等作用下得到去除，As(III)的氧化主要发生在上层 40 cm 区域，As(Ⅴ)则通过整个 FMBO-diatomite 吸附床的吸附作用得以去除，As(Ⅴ)吸附带逐渐向下推移直至出水总砷超标，吸附运行终止。

原位再生过程中，吸附 As、Fe、Mn 等元素的 FMBO-diatomite 表面重新负载一层 FMBO，这一方面增加了 FMBO-diatomite 铁锰含量和颗粒粒径，同时砷被固化在吸附剂内部。再生过程中，$FeSO_4$ 再生液可使吸附剂表面 MnO_2 还原后以 Mn(Ⅱ)形式排出，导致部分 Mn 氧化物流失；泵入 $KMnO_4$ 溶液后滤料表面被 MnO_2 吸附的 Mn(Ⅱ)可被氧化生成新的 MnO_2 [式（5-29）]。

$$3Mn^{2+} + 2MnO_4^- + 2H_2O \longrightarrow 5MnO_2 + 4H^+ \qquad (5\text{-}29)$$

上述原位再生方法不仅可有效恢复吸附剂去除污染物能力，还可将吸附在表面的砷固化在内部，避免解吸、脱附而再污染。

5.3 在线制备铁锰复合氧化物除砷技术与应用工艺

5.3.1 工程需求分析与工艺思路

我国 2006 年颁布实施《生活饮用水卫生标准》（GB 5749）将砷的最大允许浓度由 0.05 mg/L 降低至 0.01 mg/L，2022 年修订的饮用水卫生标准仍将砷浓度限值设为 0.01 mg/L。在此之前，城镇水厂设计时基本以 0.05 mg/L 为标准限值，这导致不少水厂因新标准实施面临水质提标改造的需求。以现行工艺为基础，如何充分利用现有单元，在不进行大规模工程改造的前提下实现水质达标，这是许多水厂面临的实际难题。FMBO-diatomite 吸附床适用于中小规模饮用水厂除砷，若用于大规模市政水厂则存在吸附罐体多、占地面积大、工程改造量大等问题。以铁锰复合氧化物非均相氧化-吸附原理为基础，开发适合于大规模城市水厂的强化除砷改造工艺是饮用水领域的重大课题。

调研显示，我国存在砷超标风险的城市水厂一般采用铁、锰超标的地下水源，处理工艺为曝气-接触过滤除铁锰工艺。有研究者发现，微絮凝-过滤除铁锰工艺具有一定除砷效果，砷去除率与除铁过程有关，可分为三步（Fields et al., 2000）：①水中 Fe(Ⅱ)经曝气后被氧化为 Fe(III)，之后水解生成颗粒态 Fe(III)氢氧化物；②砷被吸附或包裹到 Fe(III)氢氧化物表面或内部，转化为束缚态砷；③束缚态砷流经滤床被截留去除。一般认为，除铁锰工艺除砷效果与原水总铁浓度正相关，即铁浓度越高，除砷效果越好。为进一步提高除砷效率，可考虑引入铁锰复合氧化物以促进 As(III)氧化和 As(Ⅴ)吸附，进而强化砷的去除。但是，直接投加铁锰复合氧化物粉末存在投量大、操作复杂、固液分离困难等问题。若能引入原位生成的铁锰复合氧化物（*in situ* FMBO），一方面可充分保持材料吸附活性，同时也可大幅降低吸附剂投量而避免增设固液分离单元。

基于此，我们提出了基于曝气-接触过滤除铁锰工艺的水厂强化除砷改造工艺。在工程化应用时，需要考虑的问题是：①引入 *in situ* FMBO 是否可以有效强化砷的去除，其最佳组成、配比和投量是什么？②引入 *in situ* FMBO 是否会导致出厂水铁、锰浓度升高？③引入 *in situ* FMBO 增加了颗粒物浓度，是否会导致接触过滤单元水头损失增长加快，反冲洗频率升高？④强化除砷工艺长期运行稳定性如何？围绕上述问题，在河南某市地下水厂开展了长期中试试验。

5.3.2 试验材料与方法

5.3.2.1 原水水质、试剂和材料

实验所使用的含砷地下水取自某地下水厂，其主要水质指标如表 5-9 所示。

表 5-9　中试实验进水的主要水质指标

As(Ⅲ)/(μg/L)	As(Ⅴ)/(μg/L)	Fe(Ⅱ)/(mg/L)	Mn(Ⅱ)/(mg/L)	Ca^{2+}/(mg/L)	TOC/(mg/L)	浊度/NTU	pH
25~45	5~25	1.2~3.0	0.2~0.5	0.5~0.8	0.1~0.2	4.0~27.5	7.7~8.2

石英砂、无烟煤、多孔焦炭、麦饭石等滤料购自福建晋江滤料厂；熟化石英砂取自水厂长期运行的除铁锰滤池。

5.3.2.2 中试试验装置

中试平行设置 8 根接触过滤柱，不同滤柱设计不同滤料组合（表 5-10），滤速、*in situ* FMBO 投加等条件一致；中试运行流程和现场装置如图 5-48 所示。

图 5-48　中试模拟过滤（a）和现场装置图（b）

表 5-10　中试不同模拟滤柱滤料组成和级配

滤柱编号	上层滤料组成	下层滤料组成
1	30 cm 熟砂（1.6~3.2 mm）	90 cm 石英砂（0.6~1.2 mm）
2	55 cm 熟砂（1.6~3.2 mm）	65 cm 石英砂（0.6~1.2 mm）
3	75 cm 熟砂（1.6~3.2 mm）	30 cm 石英砂（0.6~1.2 mm）+ 15 cm 麦饭石（1~2 mm）
4	75 cm 熟砂（1.6~3.2 mm）	45 cm 石英砂（0.6~1.2 mm）
5	30 cm 无烟煤（2~4 mm）	90 cm 石英砂（0.6~1.2 mm）
6	30 cm 多孔焦炭（2~4 mm）	90 cm 石英砂（0.6~1.2 mm）
7	9 cm 石英砂（0.6~1.2 mm）	30 cm 麦饭石（1~2 mm）
8	120 cm 熟化石英砂（1.6~3.2 mm）	

中试过程中，8 根滤柱平行运行，流量均为 2 m³/h，对应滤速为 10 m/h。in situ FMBO 通过在线制备和投加，将药液桶中药液以设计当量比和相同流量泵入在线制备反应器，充分混合反应后连续投加。当出水浊度超过 1 NTU 或滤床水头损失超过 300 cm 时，系统停止运行，进行反冲洗操作。

5.3.2.3　金属形态分级与分析

为区分砷不同存在形态，引入总砷（total As）、颗粒砷（particle As）和可滤态砷（filterable As）等定义。其中，可滤态砷不仅包括溶解态砷（soluble As），还包括可通过 0.45 μm 滤膜的胶体态砷（colloid As）。总砷同时包括可滤态砷和颗粒态砷，颗粒态砷则指吸附在 FMBO 表面的砷。胶体态砷和颗粒态砷可统称为悬浮态砷（suspended As）。

铁、锰、铝等金属元素也可采用上述方法进行形态分析，Fe、Mn 和 Al 浓度采用 Perkin Elmer Elan 5000 型 ICP-OES 测定。

5.3.3　in situ FMBO 强化曝气-接触过滤除砷性能

5.3.3.1　不同 in situ FMBO 组分配比的除砷效果对比

首先考察不同滤料组合、in situ FMBO 组成配比对除砷效果的影响。图 5-49 至图 5-51 给出了 8 种滤料组合条件下引入 FMBO-1、FMBO-2、FMAO-3 和 FMAO-4 [注：上述四个代号对应 $FeSO_4 + KMnO_4$、$FeCl_3 + KMnO_4$、$Al_2(SO_4)_3 + KMnO_4$、$PACl + KMnO_4$]4 种不同组成配比 in situ FMBO 的除砷效果、浊度去除效果和水头损失增长情况。由图 5-49 可以看出，FMBO-1 与 FMBO-2 的除砷效果优于

FMAO-3 和 FMAO-4，而 FMBO-1 和 FMBO-2 之间差别不大；对于相同组成的 in situ FMBO，石英砂滤柱运行效果明显短于其他滤料组合的滤柱。

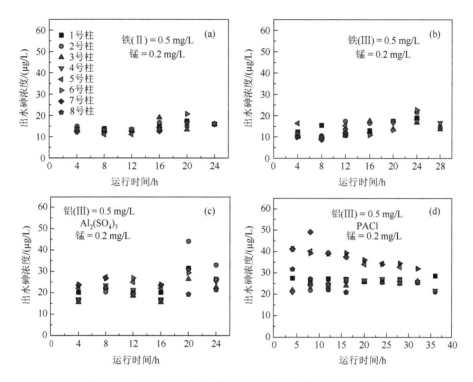

图 5-49　不同滤料组合与不同药剂组合对系统除砷效果的影响

图 5-50 表明，引入 in situ FMBO-1 时过滤前 12 h 具有良好除浊效果，但运行至 16 h 后出水浊度急剧升高，最高值接近 20 NTU。这说明生成的微絮体在滤料表面并未牢固黏附，在水流剪切力作用下往下方迁移并脱离滤床，出水浊度升高。引入 in situ FMAO-1 后，出水浊度低于 in situ FMBO-1，但除浊效果仍不太理想，出水浊度在 1 NTU 以上。对比而言，in situ FMBO-2 除浊效果最佳，整个运行周期内出水浊度稳定在 1 NTU 以下。

图 5-51 显示投加不同组成配比 in situ FMBO 后各滤柱水头损失增长情况。可以看出，滤料组合对水头损失增长的影响高于 in situ FMBO 组成配比。5 号、6 号、7 号滤柱水头损失增长速度明显高于其他填装熟化石英砂的滤柱。熟化石英砂密度小于新石英砂，反冲洗水力分级使得熟砂堆积于新石英砂之上。另一方面，熟砂粒径高于新砂，填装熟砂的双层滤料中，上层滤料粒径大于下层滤料，从而上层滤床具有更高的截污能力。这说明，由熟砂与新砂组合形成的滤床具有更强过滤截污能力，出水浊度更低，水头损失增长更平缓，运行周期更长。

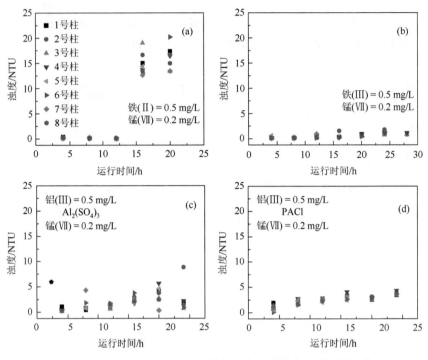

图 5-50　不同滤料组合与不同药剂组合对系统除浊效果的影响

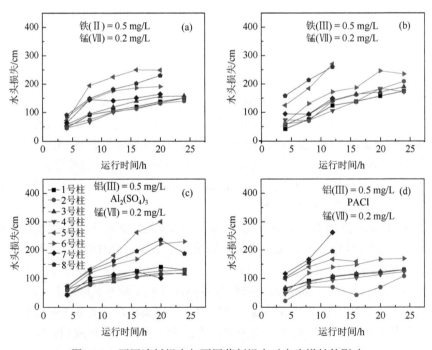

图 5-51　不同滤料组合与不同药剂组合对水头增长的影响

这些结果表明，采用 *in situ* FMBO-2 可获得最佳除砷和除浊效能，且装填熟砂的滤床具有更强截污能力。后续试验重点采用 *in situ* FMBO-2 以优化 *in situ* FMBO 投量等，滤料组合优化主要针对 1 号、2 号、4 号和 8 号等装填不同比例熟砂和新砂的滤柱进行。

5.3.3.2 不同配比 *in situ* FMBO 除砷性能

图 5-52 为固定 Mn 投量、改变不同 Fe 投量的 *in situ* FMBO 强化除砷效果。随着 Fe 投量由 0.3 mg/L 升高至 0.5 mg/L，各滤柱出水砷浓度随之降低；进一步提高 Fe 投量至 0.6 mg/L 时，除砷效果未见显著改善。图 5-53 表明，Fe(III)投量变化对不同滤柱出水浊度影响并不明显。

图 5-54 为引入不同 Fe 投量形成 *in situ* FMBO 时各滤柱水头损失增长情况。随着 Fe 投量由 0.3 mg/L 增至 0.4 mg/L，水头损失增长速度加快；Fe 投量由 0.4 mg/L 增至 0.6 mg/L，增长速度却逐渐减缓。综合上述结果，确定最佳 Fe 投量为 0.5 mg/L。

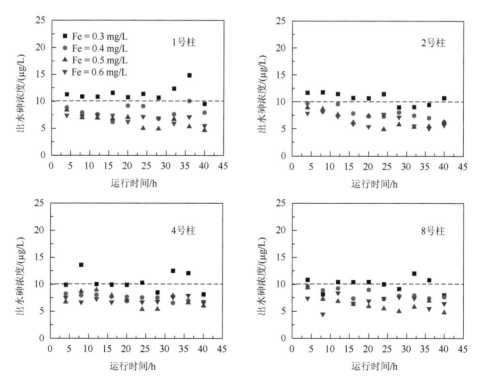

图 5-52 *in situ* FMBO 固定 Mn 投量、改变 Fe 投量条件下除砷效果

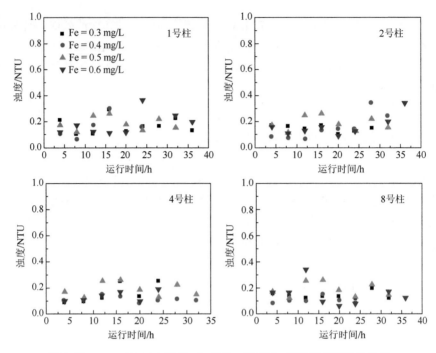

图 5-53 *in situ* FMBO 固定 Mn 投量、改变 Fe 投量条件下除浊效果

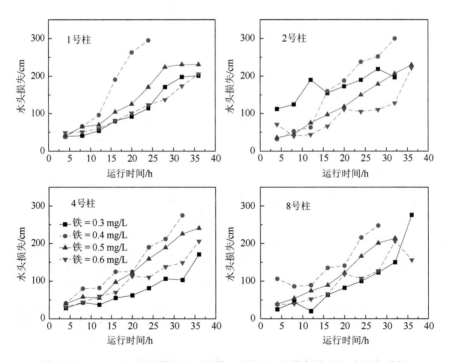

图 5-54 *in situ* FMBO 固定 Mn 投量、改变 Fe 投量条件下水头损失增长

图 5-55 显示固定 Fe 投量、改变 Mn 投量的 in situ FMBO 对不同滤柱除砷的运行效果。随着 Mn 投量由 0 mg/L 增至 0.05 mg/L，滤柱除砷效率逐渐提高；Mn 投量由 0.05 mg/L 增至 0.1 mg/L，除砷效果却有所下降，说明 Mn 投量过高反而可能降低工艺除砷功效。从图 5-56 和图 5-57 还可看出，Mn 投量大于 0.075 mg/L 时出水浊度升高，水头损失增长更快。综合上述结果，确定 Mn 最佳投量为 0.05 mg/L。

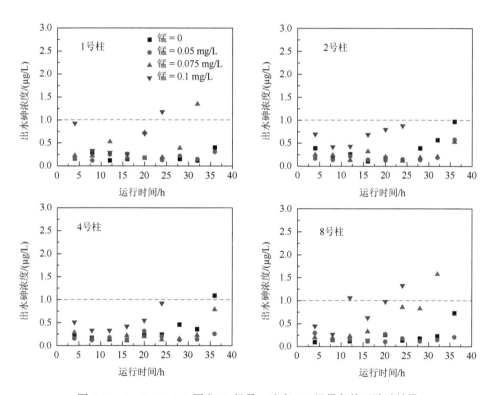

图 5-55 in situ FMBO 固定 Fe 投量、改变 Mn 投量条件下除砷效果

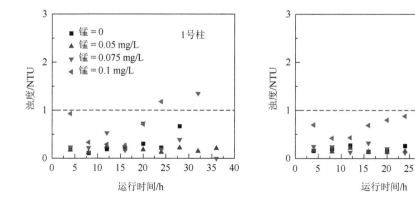

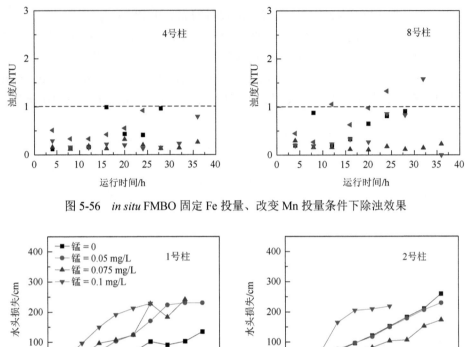

图 5-56 *in situ* FMBO 固定 Fe 投量、改变 Mn 投量条件下除浊效果

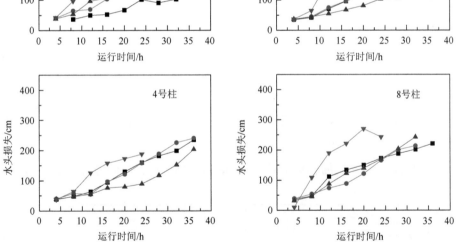

图 5-57 *in situ* FMBO 固定 Fe 投量、改变 Mn 投量条件下水头损失增长

5.3.4 *in situ* FMBO 与天然铁锰氧化物的除砷效果对比

5.3.4.1 投加药剂前后系统最终出水水质对比

以上确定了基于曝气-接触过滤工艺强化除砷的 *in situ* FMBO 最佳投量、铁

锰配比等，下面进一步对比 *in situ* FMBO 与天然形成铁锰氧化物除砷效果，探讨 *in situ* FMBO 强化除砷机制。

图 5-58 对比了投加和未投加 *in situ* FMBO 等两种不同运行模式下，1 号滤柱出水砷、铁、锰等浓度。未投加 *in situ* FMBO 时，出水砷浓度为 12.8~23.2 μg/L，未能达标；投加 *in situ* FMBO 可显著提高除砷效率，出水砷平均浓度降至约 6 μg/L。此外，投加 *in situ* FMBO 非但未增加出水铁、锰浓度，反而明显促进铁、锰去除，出水铁、锰浓度分别由未加药的 0.17 mg/L 和 0.06 mg/L 降低至 0.07 mg/L 和 0.01 mg/L。这主要是由于 *in situ* FMBO 可氧化或催化氧化原水中 Fe(II) 和 Mn(II)，促进其向颗粒态氢氧化铁、锰氧化物等转化。

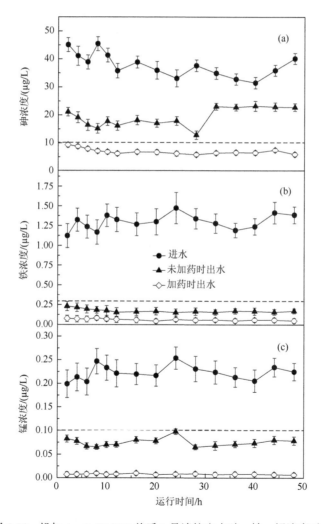

图 5-58 投加 *in situ* FMBO 前后 1 号滤柱出水砷、铁、锰浓度对比

进一步对比引入 in situ FMBO 前后出水浊度、颗粒物浓度变化，发现投加 in situ FMBO 对出水浊度影响不大，但出水颗粒物浓度却显著降低[图 5-59（b）]。投加 in situ FMBO 后，粒径<2 μm 颗粒物浓度由约 1000 unit/L 降低至 200 unit/L 左右，粒径<10 μm 颗粒物浓度则由 178 unit/L 降至 12 unit/L。上述结果表明，投加 in situ FMBO 可显著改善除砷效果，同时也可提高铁、锰、颗粒物等去除率。

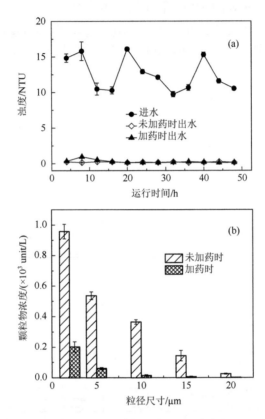

图 5-59　投加 in situ FMBO 前后 1 号滤柱出水（a）浊度和（b）颗粒物去除效果

图 5-60 对比了投加 in situ FMBO 前后不同深度滤床的水头损失增长情况。未投加 in situ FMBO 时，运行 48 h 内滤层总水头损失由 16 cm 增加到 46 cm，其中上层 30 cm 滤层水头损失由 4 cm 增加到 16 cm，约占总水头 34.8%；投加 in situ FMBO 后，运行 48 h 内滤层水头损失快速增长，总水头损失由 40 cm 增长至 245 cm，其中顶部 30 cm 水头损失由 16 cm 增至 205 cm，约占总水头损失的 83.7%。投加 in situ FMBO 使得水中微小絮体量增加，同时滤层截污能力也得到明显提升，这与浊度、颗粒物去除率提高的结果一致。絮体颗粒截留在滤层导致水头损失大幅增加，且上层 30 cm 滤层的水头损失增加最为显著。

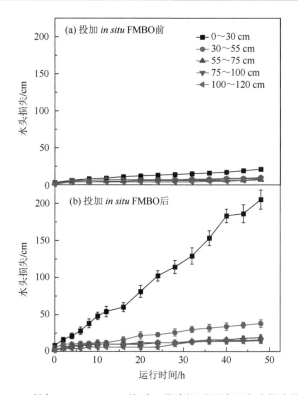

图 5-60　投加 in situ FMBO 前后 1 号滤柱不同滤层水头损失增长

5.3.4.2　投加 in situ FMBO 前后不同滤层出水

为揭示砷、铁、锰去除的过程机制，进一步研究投加 in situ FMBO 前后不同深度滤层的砷、铁、锰浓度变化（图 5-61）。投加 in situ FMBO 并未影响水中 Fe(Ⅱ)等溶解态 Fe 去除，原水溶解态 Fe 在进入滤层时即已降至 0.2 mg/L 左右，且顶部 30 cm 滤层可降低至极低水平，这说明原水中 Fe(Ⅱ)主要通过氧化、水解生成 Fe(Ⅲ)氢氧化物絮体后截留过滤去除。对比而言，颗粒态 Fe 在不同滤层去除表现出明显不同。未投加 in situ FMBO 时，颗粒态 Fe 在 0～30 cm 滤层有一定去除率，经 30～60 cm 滤层后浓度反而升高，之后随滤层深度增加而持续降低；投加 in situ FMBO 后，颗粒态 Fe 随着滤层深度增加始终保持下降趋势。未加 in situ FMBO 时，原水中 Fe(Ⅱ)、Mn(Ⅱ)主要在曝气溶解氧作用下形成铁锰氧化物絮体，细小颗粒在滤料表面附着不稳定，截留絮体在水流剪切作用下脱落、迁移至下层滤料。这导致滤层中部区域可能发生颗粒态 Fe 浓度突然升高，这与前述出水颗粒数浓度较高是一致的。对比而言，投加 in situ FMBO 后，生成的铁锰氧化物絮体可在滤料表面牢固附着，从而显著提升滤层截留过滤能力。

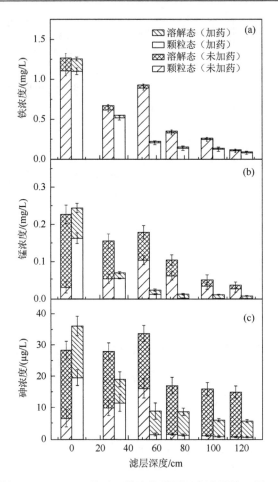

图 5-61　投加 *in situ* FMBO 前后 1 号滤柱不同深度滤层铁、锰、砷浓度变化

从上述中试对比结果可知，锰的去除与铁有一定的相关性。无论投加 *in situ* FMBO 与否，溶解态 Mn 浓度均随着滤层深度增加而持续下降。未投加 *in situ* FMBO 时，颗粒态 Mn 在滤层中呈下降—升高—下降的变化规律，投加 *in situ* FMBO 后则随着过滤深度增加而持续下降。对比而言，Mn 形态转化表现出与 Fe 有所区别。未投加 *in situ* FMBO 时，进入滤层原水中 Mn 主要以其溶解态为主；进入滤层后，总 Mn 和颗粒态 Mn 浓度随着过滤深度增加升高，而溶解态 Mn 持续下降，这说明溶解态 Mn 主要是通过滤料层的吸附作用去除，滤层絮体脱落并未影响溶解态 Mn 吸附。投加 *in situ* FMBO 后，水中超过 50%的溶解态 Mn（主要为 Mn^{2+}）被氧化并形成颗粒态（MnO_2、吸附态 Mn^{2+}），绝大部分溶解态 Mn 在滤层上部 30 cm 即被去除。这说明 *in situ* FMBO 不仅促进溶解态 Mn 向其颗粒态转化，同时促进了剩余溶解态 Mn 在滤层上部的吸附去除。

由图 5-61（c）可知，相比于 Fe，滤层中 As 浓度变化规律与 Mn 更类似。投加 in situ FMBO 使得水中溶解态 As 比例大幅下降，这主要是由于其其有较强的氧化 As(III) 和吸附 As(III)、As(Ⅴ) 的能力，故含砷原水进入滤层前已有相当部分溶解态 As 转化为颗粒态 As。当溶解态 As 初始浓度为 22 μg/L，未投加 in situ FMBO 时，滤床底部浓度仍高达 16 μg/L；投加 in situ FMBO 后，溶解态 As 在滤层 30 cm 处即可降至 6 μg/L。投加 in situ FMBO 显著提升了滤层对溶解态 As 的吸附能力，这可归结于：①滤层上部可持留大量具有很强吸附溶解 As 能力的铁锰复合氧化物颗粒；②in situ FMBO 具有更强的氧化、吸附活性。

图 5-62 对比了投加 in situ FMBO 对不同深度滤层出水浊度、颗粒物浓度的影响。与前述类似，未投加 in situ FMBO 时，浊度在滤层间变化呈现降低—升高—降低的规律，投加 in situ FMBO 后则持续降低，且顶部 30 cm 滤层除浊效率最高；投加 in situ FMBO 前后颗粒物浓度变化规律基本一致，同样说明引入 in situ FMBO 使得颗粒物在滤料表面附着更稳定。值得注意的是，滤层上部 55 cm 对浊度、颗粒数去除的贡献最大，是发挥截留作用的关键区域。

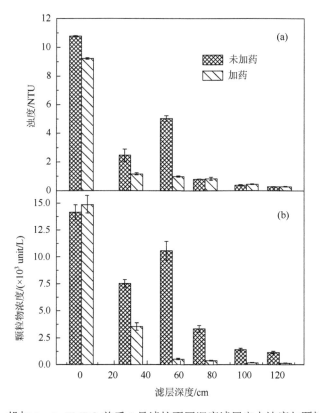

图 5-62 投加 in situ FMBO 前后 1 号滤柱不同深度滤层出水浊度与颗粒物浓度

5.3.5 投加 in situ FMBO 前后滤层截留颗粒物表征

对未投加和投加 in situ FMBO 时滤层截留絮体进行 SEM-EDAX 表征，结果如图 5-63 所示。可以看出，未投加 in situ FMBO 条件下滤层截留絮体松散，多为粉末状，投加后絮体粒径增大。EDAX 分析显示，未投加 in situ FMBO 时絮体中 Fe 元素占比较高，Fe/Mn 摩尔比接近 34∶1，而原水中 Fe/Mn 摩尔比仅为约 6∶1；投加 in situ FMBO 后，絮体 Fe/Mn 摩尔比明显降低，接近于 6∶1。这进一步说明，单独溶解氧氧化难以将溶解态 Mn 转化为颗粒态 Mn，Mn(Ⅱ)难以被 Fe(Ⅲ)絮体包裹吸附。投加 in situ FMBO 后，溶解态 Mn 转化为颗粒态 Mn 比例大幅提高，Mn 氧化物和 Fe 氧化物构成絮体主要成分，最终通过滤层截留去除。

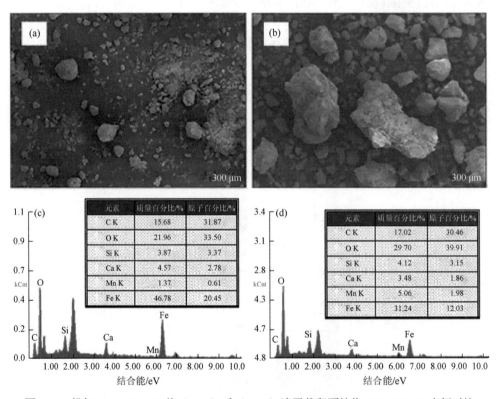

图 5-63　投加 in situ FMBO 前（a、c）后（b、d）滤层截留颗粒物 SEM-EDAX 表征对比

熟化石英砂负载 SEM-EDAX 的表征结果显示（图 5-64），表面包裹一层膜状物质，主要成分为 Fe、Mn、Ca、Si 等混合氧化物；其中，Fe、Mn 氧化物占比最高，Fe/Mn 摩尔比接近 1∶1，该比例甚至低于原水 Fe/Mn 摩尔比（6∶1）。前

已述及，溶解态 Mn(Ⅱ)难以通过曝气转化为颗粒态 Mn 氧化物，Fe(Ⅲ)絮体吸附 Mn(Ⅱ)能力有限，Mn(Ⅱ)主要通过吸附、非均相氧化等作用吸持在滤层滤料表面而去除，这也使得含 Mn 物质逐渐累积在石英砂滤料之上。石英砂经过长期运行而变成熟砂后，Mn 氧化物就成为其表面"泥膜"中的主要成分。

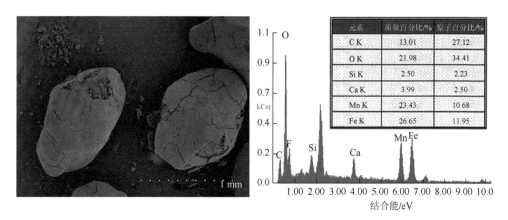

图 5-64　熟化石英砂 SEM-EDAX 表征

进一步对比投加 in situ FMBO 前后两种絮体粒径分布（图 5-65），可以看出，未投加 in situ FMBO 时截留絮体中粒径＜250 μm 部分占总数 90%以上，投加 in situ FMBO 后则大幅降低至约 20%，而粒径＞500 μm 部分则占 60%以上。这进一步说明投加 in situ FMBO 可促进微絮体聚集，进而助于滤层发挥截留作用。

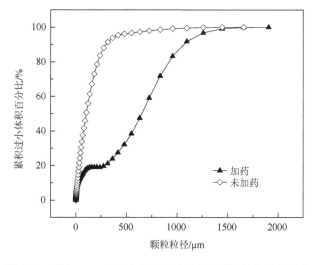

图 5-65　投加 in situ FMBO 前后滤层截留颗粒物的粒径分布

为了进一步了解投加 *in situ* FMBO 时滤层截留絮体对出水水质的影响，跟踪监测单周期不同时间点不同滤层出水、最终出水中颗粒浓度变化（图 5-66）。可以看出，出水颗粒物浓度在运行前 2 h 内相当高，在 2~10 h 运行时段内持续下降，10 h 后保持平稳。这说明运行初期滤层上部截留絮体较少，颗粒物去除能力有限；随着滤层截留颗粒物增加，滤料间隙填充正电性 *in situ* FMBO，从而对负电性 As(V)和颗粒态砷等吸附、截留与过滤能力提升，其他颗粒物也可通过惯性力、静电作用等黏附在滤料表面，出水水质显著改善。长期运行条件下，*in situ* FMBO 可在滤料表面负载形成"泥膜"，构成吸附除砷的物理屏障。单周期内，运行 10 h 后滤层表现出最佳截留过滤作用，一直持续到周期结束。

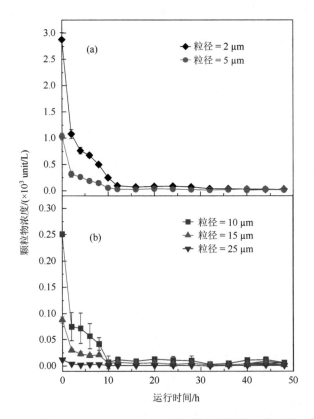

图 5-66 投加 *in situ* FMBO 后出水不同粒径颗粒物浓度变化规律

从表 5-11 和表 5-12 可看出，2~8 h 运行时段内，上部熟砂层对颗粒物去除能力逐渐提高，下部新石英砂层截留功能则相对减弱，浊度变化也表现出类似的变化规律。水中颗粒物主要截留于熟砂层，说明截留颗粒物在滤料表层附着、滤料间聚集是提升滤层过滤性能的主要作用。

表 5-11 不同运行时间滤料各层出水颗粒总数变化

运行时间/h	熟砂层出水		新石英砂层出水	
	残留颗粒物平均浓度/(unit/L)	颗粒物去除率/%	残留颗粒物平均浓度/(unit/L)	颗粒物去除率/%
2	6230	58.3	2057	67.0
4	2254	84.8	476	78.9
8	512	96.6	141	72.5

表 5-12 不同运行时间滤料各层出水浊度变化

运行时间/h	熟砂层出水		新石英砂层出水	
	残留浊度平均值/NTU	浊度去除率/%	残留浊度平均值/NTU	浊度去除率/%
2	1.15	89.4	0.48	58.3
4	0.65	94.1	0.28	57.6
8	0.56	94.8	0.16	70.9

5.3.6 投加 *in situ* FMBO 强化除砷机制

未投加 *in situ* FMBO 时 [图 5-67（a）]，跌水曝气后，原水 Fe(II) 通过氧化、水解等作用形成 Fe(III) 氢氧化物胶体 [式（5-30）和式（5-31）]，同时可吸附部分 As(V) 和 As(III)。需要指出的是，曝气对 As(III) 和 Mn(II) 氧化贡献有限。

$$4Fe^{2+} + O_2 + 4H^+ \longrightarrow 4Fe^{3+} + 2H_2O \tag{5-30}$$

$$Fe^{3+} + 3H_2O \longrightarrow Fe(OH)_3 + 3H^+ \tag{5-31}$$

曝气后原水进入滤层，Mn(II) 可吸附在熟化石英砂滤料表面，之后在非均相催化氧化作用下生成 MnO_2 [式（5-32）]，新生成的 Mn 氧化物可进一步吸附和氧化 Mn(II)，锰氧化物在新石英砂表面负载逐渐转化为熟化石英砂。另外，滤层中生成的 MnO_2 还可发挥氧化 As(III) 的作用 [式（5-33）]。

$$2Mn^{2+} + O_2 + 2H_2O \xrightarrow{MnO_2} 2MnO_2 + 4H^+ \tag{5-32}$$

$$MnO_2 + HAsO_2 + OH^- \longrightarrow AsO_3^- + Mn^{2+} + 2OH^- \tag{5-33}$$

可见，未投加 *in situ* FMBO 时，原水 Mn(II) 主要通过滤层吸附、催化氧化等得以去除；生成絮体中不含 MnO_2，As(III) 难以被溶解氧氧化，除砷效果较差。

投加 *in situ* FMBO 后 [图 5-67（b）]，*in situ* FMBO 可将 Mn(II) 氧化为 MnO_2 [式（5-34）]，同时可吸附溶解态 Mn(II) [式（5-35）]。此外，引入 *in situ* FMBO 可提高絮体吸附和捕获溶解态 As 性能。

$$2MnO_4^- + 3Mn^{2+} + 2H_2O \longrightarrow 5MnO_2 + 4H^+ \tag{5-34}$$

$$MnO_2 + Mn^{2+} + H_2O \longrightarrow Mn_2O_3 + 2H^+ \tag{5-35}$$

in situ FMBO 中氧化组分投量低于原水 Mn(Ⅱ)和 As(Ⅲ)理论当量值。这可能由于生成的 MnO_2 可吸附水中 Mn(Ⅱ)，将溶解态 Mn 转化为颗粒态 Mn；同时滤层中 MnO_2 组分还可发挥氧化作用。可以看出，引入 *in situ* FMBO 可促进溶解态 Mn 和 As 在进入滤层前即转化为颗粒态。运行初期，溶解态 As 吸附包裹在铁锰（氢）氧化物内，主要依靠滤层截留作用去除；滤层截留铁锰氧化物絮体增多后，在滤料表面形成的"泥膜"还可作为吸附水中溶解态 As 的屏障。

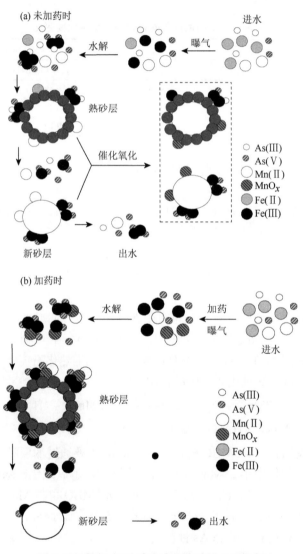

图 5-67 曝气-接触过滤工艺除砷的主导机制
（a）未投加 *in situ* FMBO；（b）投加 *in situ* FMBO

5.3.7 *in situ* FMBO 强化除砷长期性能评价

以上述工作为基础,选取 1 号滤柱在最佳参数条件下进行连续 10 个周期稳定性实验。为排除前期实验对滤料的影响,重新更换 1 号柱滤料,组成仍为上层 30 cm 熟化石英砂,下层 90 cm 新石英砂。稳定性实验过程中进出水砷浓度、水头损失增长、单周期过滤时间等变化如图 5-68 所示。

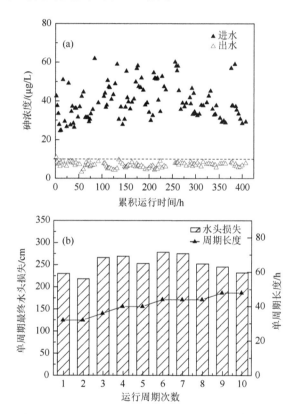

图 5-68 稳定实验过程中进出水砷浓度、水头损失增长和单周期运行时间变化

可以看出,稳定运行 10 个周期内 *in situ* FMBO 可很好地强化曝气-接触过滤工艺除砷效果。当进水最高总砷浓度超过 60 μg/L 时,出水砷浓度仍可降至 10 μg/L 以下。稳定运行时段内,单周期总水头损失约在 225~275 cm 范围内波动,单周期运行时间却可从 32 h 逐渐增加到 48 h。这说明连续稳定运行可进一步提高滤层截污能力,单周期运行时间延长,减小反冲洗频率。

表 5-13 对比了稳定性实验中第 1、5、10 周期不同滤层水头损失增长情况。随着运行周期延长,顶部 30 cm 滤床水头损失在总水头损失的占比不断增加,从

第 1 周期的 51.3%逐渐增加到第 5 周期的 70.5%和第 10 周期的 83.6%。这说明随着运行周期增加，熟料层截留絮体能力也在不断提升。

表 5-13　不同运行周期中不同深度滤床水头损失增长

滤层区域	循环次数								
	1			5			10		
	水头损失高度/cm	水头增长速率/(cm/h)	百分比/%	水头损失高度/cm	水头增长速率/(cm/h)	百分比/%	水头损失高度/cm	水头增长速率/(cm/h)	百分比/%
I	118	3.69	51.3	179	4.48	70.5	194	4.04	83.6
II	46	1.44	20.0	38	0.95	15.0	12	0.25	5.2
III	25	0.78	10.9	18	0.45	7.1	11	0.23	4.7
IV	21	0.66	9.1	14	0.35	5.5	10	0.21	4.3
V	20	0.62	8.7	5	0.12	2.0	5	0.10	2.2

为进一步研究运行周期增加对滤床过滤能力的影响，引入过滤指数描述滤层截污能力的变化，计算公式如式（5-36）所示。

$$\text{FI} = \frac{H \times C}{V \times C_0 \times t} \tag{5-36}$$

式中，H 为水头损失（cm）；C 为出水浊度（NTU）；C_0 为进水浊度（NTU）；V 为滤速（cm/h）；t 为运行时间（h）；FI 为滤层过滤指数，数值越低表明过滤性能越好。

图 5-69 表明，经过连续 10 个周期运行，FI 值由 1.1×10^{-3} 左右逐渐降低至 0.2×10^{-3} 左右，显示运行多个周期后滤层过滤能力明显提高，这可能与滤料表面逐渐负载铁锰复合氧化物有关。

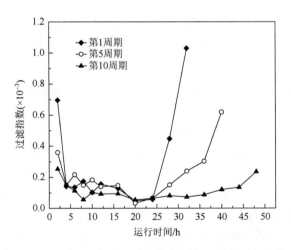

图 5-69　不同运行周期中滤层过滤指数 FI 值随时间变化

5.3.8 *in situ* FMBO 强化除砷生产性试验

稳定性实验证实引入 *in situ* FMBO 可显著提升除砷性能，在此基础上选择某以地下水为水源、出厂水砷超标的水厂开展生产性试验。该水厂采用跌水曝气-接触过滤除铁锰工艺，设计处理规模为 20 万 m^3/d。生产性试验在 1# 号滤池进行，*in situ* FMBO 加药、混合装置设在虹吸管末端（图 5-70）。单池处理水量 10000 m^3/d，滤速 10.7 m/h；*in situ* FMBO 投量为中试试验 60%。

图 5-70 生产性试验 *in situ* FMBO 投加和水力混合装置

从图 5-71 和图 5-72 可以看出，生产性试验滤池除砷、除浊效果优异，出水砷浓度低于 6 μg/L，浊度稳定在 0.2 NTU 以下。

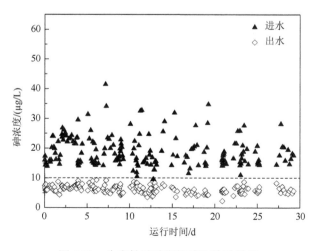

图 5-71 生产性试验期间滤池除砷效果

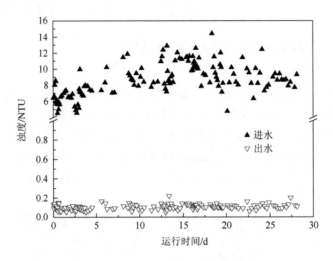

图 5-72 生产性试验期间滤池除浊效果

5.3.9 *in situ* FMBO 强化除砷反冲洗废水处理与回用

沉淀池排泥水、滤池反冲洗水的处理与回用是城镇供水厂建设和改造的重要内容。含砷地下水处理过程可能产生砷浓度较高的生产废水，对此我们需要了解的是：是否可以达标外排、是否可以处理后回用、废水回用是否可能导致出厂水砷超标、应该采取何种回用处理工艺？围绕上述问题，进一步研究了反冲洗废水处理的可行工艺，评估反冲洗水回用可能性。首先，滤池进行反冲洗操作时，每隔一定时间采样测定反冲洗水总砷、溶解态砷等浓度，结果见图 5-73。

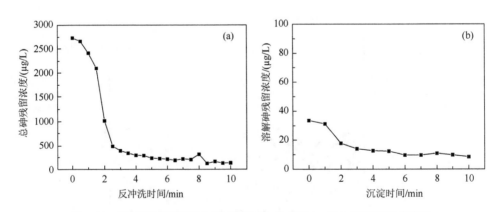

图 5-73 滤池反冲洗过程中反冲洗水（a）总砷与（b）溶解砷浓度变化

可以看出，反冲洗初期出水总砷浓度高达 2750 μg/L，冲洗 2.5 min 后逐渐下降至 500 μg/L 左右，反冲洗 0～2.5 min 出水中砷超出废水排放标准要求（As<500 μg/L）；冲洗 2.5 min 后出水总砷浓度持续下降，最终出水总砷浓度仍高于 200 μg/L；反冲洗废水需处理后才能满足达标排放或回用的要求。另一方面，反冲洗出水溶解态砷的浓度非常低，整个反冲洗过程出水溶解态砷从 35 μg/L 降低至 10 μg/L。因此，反冲洗水中砷主要以吸附或包裹于铁锰复合氧化物的颗粒态砷为主，如果能实现理想固液分离，就可能达到达标排放或安全回用要求。后续分别收集反冲洗前 5 min、整个反冲洗时间段 10 min 的废水开展实验。

选择整个反冲洗时间段 10 min 的废水，研究 pH 从 5～10 范围内自然沉降过程中总砷浓度变化规律，结果如图 5-74 所示。可以看出，pH 越低，颗粒态砷自然沉降速度越快，总砷浓度下降越快。反冲洗废水 pH 约为 8.1，自然沉降可满足直排要求；如需回用，则应调节废水 pH 或延长沉降时间，这将增加操作难度和工程投资。

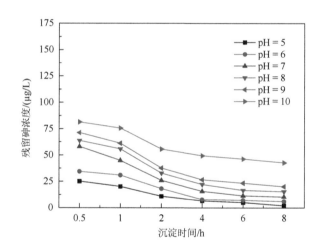

图 5-74　整个反冲洗时间段收集废水在不同 pH 下自然沉降后总砷浓度

考虑采用强化絮凝和沉淀处理反冲洗废水，从而提高固液分离效果。选择聚丙烯酰胺（PAM）、聚合氯化铝（PACl）、$FeCl_3$、$FeSO_4$、$Al_2(SO_4)_3$ 和聚合氯化铁（PAF）等 6 种工业级絮凝剂，投量分别选取 10 mg/L、30 mg/L 和 50 mg/L，反应结束沉淀 30 min 后剩余砷浓度见图 5-75。

可以看出，$FeSO_4$ 和 $Al_2(SO_4)_3$ 处理效果最差，PAC、$FeCl_3$ 和 PAF 处理效果相差不大。综合考虑成本等因素，采用 $FeCl_3$ 进行后续试验，进一步研究不同其投量下除砷效果（图 5-76）。结果显示，$FeCl_3$ 投量达到 20 mg/L 后，继续增大投量难以提升处理效果。工程改造时，絮凝剂投量建议为 20～30 mg/L，沉淀时间 2 h。

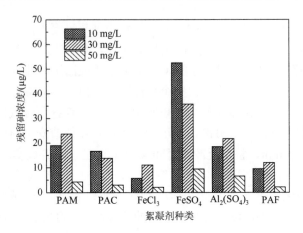

图 5-75　不同絮凝剂强化絮凝-沉淀处理反冲洗 10 min 废水效果

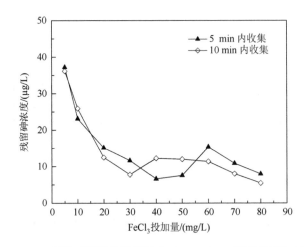

图 5-76　$FeCl_3$ 投量对除砷效果的影响（pH = 8.1，沉淀时间为 30 min）

在此基础上，提出基于曝气-接触过滤工艺的 in situ FMBO 强化除砷和反冲洗水处理回用工艺，如图 5-77 所示。其中，反冲洗水从滤池排出后，先收集到调节池，之后投加适量 $FeCl_3$ 进入沉淀池，沉淀池上清液水质可提升至接触过滤池进水，沉淀污泥经脱水压滤后外运处置。

本章重点介绍了以铁锰复合氧化物为吸附材料的一步法除砷技术和工艺，并对不同形式下的除砷效率、长期运行、影响因素和作用机制等进行了系统讨论。基本结论是，在各种条件下，铁锰复合氧化物均表现出优异的除砷效果，而且操作简单、可同时去除铁锰等共存杂质、出水水质优良。可根据水质条件、水厂工艺、供水规模等，选择吸附剂原位负载处理工艺或吸附剂在线制备处理工艺。同时，工程中吸附剂再生容易：采用原位包覆工艺的吸附剂再生只需原位再包覆即

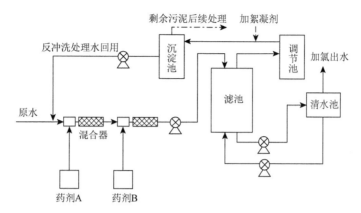

图 5-77 地下水强化除砷及反冲水处理回用一体化工艺示意图

可完成,而采用在线制备工艺却不存在吸附剂的再生问题,解决了目前吸附水处理技术的最大难题。由此可以认为,铁锰复合氧化物一步法除砷工艺,切实具有其作用原理的独特性和实际应用的可行性。

参 考 文 献

Ayoob S, Gupta A K, Bhakat P B, 2007. Analysis of breakthrough developments and modeling of fixed bed adsorption system for As(V) removal from water by modified calcined bauxite (MCB). Separation Science and Technology, 52: 430-438.

Bahramian B, Ardejani F D, Mirkhani V, Badii K, 2008. Diatomite-supported manganese Schiff base: An efficient catalyst for oxidation of hydrocarbons. Applied Catalysis A: General, 345: 97-103.

Bohart G S, Adams E Q, 1920. Some aspects of the behavior of charcoal with respect to chlorine. Journal of the American Chemical Society, 42: 523-544.

Chakravarty S, Dureja V, Bhattacharyya G, Maity S, Bhattacharjee S, 2002. Removal of arsenic from groundwater using low cost ferruginous manganese ore. Water Research, 36: 625-632.

Chang F F, Qu J H, Liu R P, Zhao X, Lei P J, 2010. Practical performance and its efficiency of arsenic removal from groundwater using Fe-Mn binary oxide. Journal of Environmental Science, 22: 1-6.

Chen W, Parette R, Zou J, Cannon F S, Dempsey B A, 2007. Arsenic removal by iron-modified activated carbon. Water Research, 39: 1190-1198.

Cornell R M, Schwertmann U, 1983. The Iron Oxides, Structures, Properties, Reactions, Occurrence and Uses. New York: VCH Publications.

Crittenden J C, Reddy R S, Arora H, Trynoski J, Hand D W, Perram D L, Summers R S, 1991. Predicting GAC performance with rapid small-scale column tests. Journal of the American Water Works Association, 83: 77-87.

Dadwhal M, Ostwal M M, Liu O T K, Sahimi M, Tsotsis T T, 2009. Adsorption of arsenic on conditioned layered double hydroxides: Column experiments and modeling. Industrial & Engineering Chemistry Research, 48: 2076-2084.

Dixit S, Hering J G, 2003. Comparison of arsenic(V) and arsenic(III) sorption onto iron oxide minerals: Implications for arsenic mobility. Environmental Science & Technology, 37: 4182-4189.

Driehaus W, Seith R, Jekel M, 1995. Oxidation of arsenate(III) with manganese oxides in water treatment. Water Research, 29: 297-305.

Du Q, Sun Z, Forsling W, Tang H, 1997. Adsorption of copper at aqueous illite surfaces. Journal of Colloid and Interface Science, 187: 232-242.

Eckenfelder W W, 2000. Industrial Water Pollution Control. New York: McGraw-Hill.

Faust S D, Aly O M, 1987. Adsorption Processes for Water Treatment. Boston: Butterworth-Heinemann.

Fields K, Chen A, Wang L, 2000. Arsenic Removal from Drinking Water by Iron Removal Plants.Washington DC: National Risk Management Research Loboratory, Office of Research and Development, US Environmental Protection Agency.

Genc-Fuhrman H, Bregnhoj H, McConchie D, 2005. Arsenate removal from water using sand-red mud columns. Water Research, 39: 2944-2954.

Goyal M, Bhagat M, Dhawan R, 2009. Removal of mercury from water by fixed bed activated carbon columns. Journal of Hazardous Materials, 171: 1009-1015.

Grossl P R, Eick M J, Sparks D L, Goldberg S, Ainsworth C C, 1997. Arsenate and chromate retention mechanisms on goethite. 2. Kinetic evaluation using a pressure-jump relaxation technique. Environmental Science & Technology, 31: 321-326.

Guo H M, Stuben D, Berner Z, 2007. Adsorption of arsenic(III) and arsenic(V) from groundwater using natural siderite as the adsorbent. Journal of Colloid and Interface Science, 315: 47-53.

Guo X, Chen F, 2005. Removal of arsenic by bead cellulose loaded with iron oxyhydroxide from groundwater. Environmental Science & Technology, 39: 6808-6818.

Ho Y S, McKay G, 1999. Pseudo-second order model for sorption processes. Process Biochemistry, 34: 451-465.

Jang M, Min S H, Kim K H, Park J K, 2006. Removal of arsenite and arsenate using hydrous ferric oxide incorporated into naturally occurring porous diatomite. Environmental Science & Technology, 40: 1636-1643.

Kahani S A, Jafari M, 2009. A new method for preparation of magnetite from iron oxyhydroxide or iron oxide and ferrous salt in aqueous solution. Journal of Magnetism and Magnetic Materials, 321: 1951-1954.

Katsoyiannis I A, Zouboulis A I, 2002. Removal of arsenic from contaminated water sources by sorption onto iron-oxide-coated polymeric materials. Water Research, 36: 5141-5155.

Kundu S, Gupta A K, 2005. Analysis and modeling of fixed bed column operations on As(V) removal by adsorption onto iron oxide-coated cement (IOCC). Journal of Colloid and Interface Science, 290: 52-60.

Kundu S, Gupta A K, 2006. Arsenic adsorption onto iron oxide-coated cement (IOCC): Regression analysis of equilibrium data with several isotherm models and their optimization. Chemical Engineering Journal, 122: 93-106.

Kwon S K, Shinoda K, Suzuki S, Waseda Y, 2007. Influence of silicon on local structure and morphology of γ-FeOOH and α-FeOOH particles. Corrosion Science, 49: 1513-1526.

Lakshmipathiraj P, Narasimhan B R V, Prabhakar S, Bhaskar R G, 2006. Adsorption studies of arsenic on Mn-substituted iron oxyhydroxide. Journal of Colloid and Interface Science, 304: 317-322.

Lee S M, Tiwari D, Choi K M, Yang J K, Chang Y Y, Lee H D, 2009. Removal of Mn(II) from aqueous solutions using manganese-coated sand samples. Journal of Chemical & Engineering Data, 54: 1823-1828.

Liu H, Cai X, Wang Y, Chen J, 2011. Adsorption mechanism-based screening of cyclodextrin polymers for adsorption and separation of pesticides from wate. Water Research, 45: 451-465.

Manning B A, Fendorf S E, Bostick B, Suarez D L, 2002. Arsenic(III) oxidation and arsenic(V) adsorption reactions on synthetic birnessite. Environmental Science & Technology, 36: 976-981.

Manning B A, Goldberg S, 1997. Adsorption and stability of arsenic(III) at the clay mineral-water interface. Environmental Science & Technology, 31: 2005-2011.

McKay G, Blair H, Gardner J, 1982. Gardner, adsorption of dyes on chitin. I. Equilibrium studies. Journal of Applied Polymer Science, 27: 3043-3057.

Medvidovic N V, Peric J, Trgo M, 2006. Column performance in lead removal from aqueous solutions by fixed bed of natural zeolite-clinoptilolite. Separation Science and Technology, 49: 237-244.

Nikolaidis P N, Gregory M D, Jeffrey A L, 2003. Arsenic removal by zero-valent iron: Field, laboratory and modeling studies. Water Research, 37: 1417-1425.

Oscarson D W, Huang P M, Hammer U T, 1983. Oxidation and sorption of arsenite by manganese dioxide as influenced by surface coatings of iron and aluminum oxides and calcium carbonate. Water, Air, and Soil Pollution, 20: 233-244.

Pokhrel D, Viraraghavan T, 2008. Arsenic removal in an iron oxide-coated fungal biomass column: Analysis of breakthrough curves. Bioresource Technology, 99: 2067-2071.

Reynolds T D, Richards P A, 1996. Unit Operations and Processes in Environmental Engineering. Boston: PWS Publishing Company.

Sarkar S, Gupta A, Biswas R K, Deb A K, Greenleaf J E, SenGupta A K, 2005. Well-head arsenic removal units in remote villages of Indian subcontinent: Field results and performance evaluation. Water Research, 39: 2196-2206.

Sasaki K, Nakano H, Wilopo W, Miura Y, Hirajima T, 2008. Sorption and speciation of arsenic by zero-valent iron. Colloids & Surfaces A: Physicochemical & Engineering Aspects, 347: 8-17.

Smedley P L, Kinniburgh D G, 2002. A Review of the source, behaviour and distribution of arsenic in natural waters. Applied Geochemistry, 17: 517-568.

Sperlich A, Werner A, Genz A, Amy G, Worch E, Jekel M, 2005. Breakthrough behaviour of granular ferric hydroxide (GFH) fixed-bed adsorption filters: Modeling and experimental approaches. Water Research, 39: 1190-1198.

Streat M, Hellgardt K, Newton N L R, 2008. Hydrous ferric oxide as an adsorbent in water treatment. Part 2. Adsorption studies. Process Safety and Environment Protection, 86: 11-20.

Stumm W, 1992. Chemistry of the Solid-Water Interface. New York: John Wiley & Sons.

Swedlund P J, Webster J G, 1999. Adsorption and polymerization of silicic acid on ferrihydrite, and its effect on arsenic adsorption. Water Research, 33: 3413-3422.

Thirunavukkarasu O S, Viraraghavan T, Subramanian K S, 2003. Arsenic removal from drinking water using iron oxide-coated sand. Water Air and Soil Pollution, 142: 95-111.

Westerhoff P, Highfield D, Badruzzaman M, Yoon Y, 2005. Rapid small-scale column tests for arsenate removal in iron oxide packed bed columns. Journal of Environmental Engineering, 131: 262-271.

Yang L, Dadwhal M, Shahrivari Z, Ostwal M, Liu P K T, Sahimi M, Tsotsis T T, 2006. Adsorption of arsenic on layered double hydroxides: Effect of the particle size. Industrial & Engineering Chemistry Research, 45: 4742-4751.

Yuan A, Wang X L, Wang Y Q, Hu J, 2009. Textural and capacitive characteristics of MnO_2 nanocrystals derived from a novel solid-reaction route. Electrochimica Acta, 54: 1021-1026.

Zhang Q J, Pan B C, Zhang W M, Pan B J, Zhang Q X, Ren H Q, 2008. Arsenate removal from aqueous media by nanosized hydrated ferric oxide(HFO)-loaded polymeric sorbents: Effect of HFO loadings. Industrial & Engineering Chemistry Research, 47: 3957-3962.

但春, 贺承祖, 1998. 关于扩散双电层中影响电位分布因素的讨论. 化学研究与应用, 10: 323-326.

梁美娜, 朱义年, 刘海玲, 刘辉利, 2006. 氢氧化铁对砷的吸附研究. 水处理技术, 32: 32-35.

许保玖, 2000. 给水处理理论. 北京: 中国建筑工业出版社.

张凤君, 2006. 硅藻土加工与应用. 北京: 化学工业出版社.

赵振国, 2005. 吸附作用应用原理. 北京: 化学工业出版社.

第6章　一步法除砷应用工艺与典型工程案例

第 5 章围绕村镇中小型水厂、城镇大规模水厂除砷需求，结合新建水厂或现有水厂改扩建的工程场景，提出基于铁锰复合氧化物的一步法除砷应用工艺；进一步通过连续流小试、中试等评估工艺可行性，优化确定关键工艺参数，为将该一步法除砷技术应用于实际工程提供重要工艺基础。本章将在上述研究基础上，结合不同工程需求和应用场景，介绍一步法除砷工艺应用方案和典型工程案例。

6.1　铁锰复合氧化物除砷工艺设计

国家《生活饮用水卫生标准》（GB 5749—2022）将供水系统分为集中式供水、小型集中式供水和分散式供水等不同类型。其中，集中式供水指的是自水源集中取水，通过输配水管网送到用户或者公共取水点的供水方式；小型集中式供水指的是，设计日供水量在 1000 m³ 以下或供水人口在 1 万人以下的集中式供水；分散式供水指的是用户直接从水源取水，未经任何处理或仅有简易设施处理的供水方式。对于"千吨万人"规模以下的小型分散供水工程，水质标准可适当放宽要求，供水总砷浓度应在 0.05 mg/L 以下；对于"千吨万人"规模以上的供水工程，则要求总砷控制在 0.01 mg/L 以下。

前述研究表明，原位负载型铁锰复合氧化物除砷工艺适用于新建中小规模的单村、联村或乡镇水厂，基于曝气-接触过滤除铁锰工艺的原位（*in situ*）FMBO 强化除砷工艺则适合于城市大规模水厂的新建或改扩建工程。

6.1.1　原位负载型铁锰复合氧化物除砷工艺设计

6.1.1.1　工艺设计参数确定

（1）设计水量
假定设计处理规模为 Q_d(m³/d) 或 Q_h(m³/h)。考虑采用 2 个或 2 个以上的除砷单元并联，且在设计规模基础上增设 1 个单元以确保再生操作时系统稳定运行。
（2）FMBO 吸附容量
采用 FMBO 吸附容量进行设计，利用 FMBO 氧化能力进行校核。

FMBO 吸附交换容量表示 FMBO 对水中砷吸附交换的能力。一般以每克吸附剂吸附交换水中的砷毫克数，或以每立方米吸附交换水中的砷克数表示。吸附交换容量与原水砷浓度、pH 值和过滤接触时间（或滤速）、FMBO 载体粒径、负载量、再生周期等有关。

前期现场中试表明，原水砷浓度为 100 μg/L 时，平衡吸附容量约为 100 mg/g。设计中可采用 FMBO 的质量吸附容量 E_w 为 50~100 mg/g（以质量计）；考虑 FMBO 负载在多孔载体表面，则负载型 FMBO 的质量吸附容量 E_w 可取 20~40 mg/g（以质量计）。假设载体密度 ρ 为 0.80 g/mL，则体积吸附容量 E_v 为 16~32 kg/m³。

（3）FMBO 氧化能力

FMBO 除砷同时包括非均相氧化和吸附过程，Mn(Ⅳ)氧化物氧化 As(Ⅲ)后发生还原溶解，出水 Mn^{2+} 浓度可能升高。因此，吸附剂再生周期应综合考虑出水砷浓度、Mn^{2+} 浓度进行确定。

理论计算与试验结果均显示，在天然地下水常见的砷浓度范围内，若原水不存在 Fe^{2+}、S^{2-}、Mn^{2+} 等还原性组分时，一般不会出现 Mn^{2+} 超标。原水存在上述还原性离子时，应跟踪监测出水总锰浓度，适当调整再生周期。

（4）FMBO 滤料粒径与滤层设计

前期对比了石英砂、锰砂、硅藻土、磁铁矿、活性氧化铝、无烟煤等不同载体负载量和除砷效果，结果显示硅藻土负载量最大，除砷效果最好。市售硅藻土粒径一般在 0.2 mm 左右。硅藻土在负载、运行、反冲洗与再生过程中容易破碎，可能导致出水浊度升高。为避免硅藻土破碎和流失对出水水质造成影响，在吸附床后增设接触过滤器。

（5）空床停留时间（EBCT）

EBCT 是影响除砷效果的重要因素。中试结果显示，EBCT 以 10~20 min 为宜，对应滤速为 0.7~1.43 m/h。延长 EBCT 值能提高处理效果、材料利用效率以及运行周期，但同时会增加吸附罐体数量和工程投资。

（6）除砷系统工作周期

除砷系统工作周期 T，包括除砷反应器的吸附交换时间 T_1 和再生时间 T_2，如式（6-1）所示。

$$T = T_1 + T_2 \tag{6-1}$$

式中，T 为除砷装置的工作周期，h（以小时计）；T_1 为除砷装置的吸附交换时间，h；T_2 为滤料再生时间，包括再生、冲洗及阀门操作等，h（以小时计）。

（7）吸附剂再生后运行周期与处理效果

实际高砷地下水现场试验显示，连续 15 次吸附-原位包覆再生循环运行并不会降低材料除砷效果；相反，再生后材料除砷能力可进一步改善，在一定程度上延长再生周期。中试结果显示,原位负载型FMBO可持续进行包覆再生以恢复除砷活性,无明显再生次数限制。

6.1.1.2　FMBO吸附固定床除砷工艺

设计采用固定床下向流吸附再生除砷装置,这种装置便于操作管理,吸附除砷和再生效果好,建设费用低。固定床除砷装置的基本计算公式,可采用吸附交换物料平衡关系式计算[式(6-2)]：

$$nAHE_v = W_h T_1 \Delta a_{As} \tag{6-2}$$

式中,n 为并联的吸附器个数,A 为除砷器总断面积,m²;H 为FMBO滤料层厚度,m;E_v 为 FMBO 滤料体积吸附容量,g/m³;W_h 为除砷器产水量,m³/h;T_1 为除砷器吸附交换时间,h(以小时计);Δa_{As} 为被吸附交换去除的砷浓度,mg/m³,本例中将原水 100 μg/L 降低到 10 μg/L,则 Δa_{As} = 90 mg/m³。

(1)除砷反应器直径 D

除砷反应器截面积：
$$nA = Q_h/v \tag{6-3}$$

这里,v 为滤速,并取 v = 1.5 m/h。

除砷反应器直径：
$$D = \sqrt{\frac{4A}{\pi}} \tag{6-4}$$

(2)滤料装填量

除砷反应器滤料装填量：
$$V_L = nAH \tag{6-5}$$

(3)除砷反应器的吸附交换工作时间

确定除砷反应器几何尺寸和滤料装填量,则可计算反应器的吸附交换工作时间 T_1：

$$T_1 = nAHE_v / W_h \Delta a_{As} \tag{6-6}$$

(4)设计示例

假设设计处理能力为 500 m³/d = 20.8 m³/h;砷初始浓度以 100 μg/L 计,设计出水砷浓度为 10 μg/L。

1)假设采用 3 个罐体运行、1 个罐体再生的方案

总设计流量为 20.8 m³/h,则单个罐体设计处理能力为 20.8/3 = 6.93 m³/h。系统自用水量按 5%计,则单个罐体设计处理水量为 6.93 m³/h×1.05 = 7.28 m³/h。

故单个罐体设计流量为 7.28 m³/h,滤速取 1.50 m/h,则过滤面积为 4.85 m²;从而罐体有效直径为 3.05 m。

2)若采用 5 个罐体并联、1 个罐体再生的方案

每个罐体设计处理能力为 20.8/5 m³/h = 4.16 m³/h。系统自用水量按 5%计,则单个罐体设计处理水量为 4.16 m³/h×1.05 = 4.37 m³/h。

故单罐体设计流量为 4.37 m³/h，滤速取 1.50 m/h，则过滤面积为 2.91 m²；从而罐体直径为 1.93 m，取值为 2.0 m。

填料高度取 1 m，则罐体高度 $H = 0.1 + 0.3 + 1.0 + 0.2 + 0.3 \times 2 = 2.2 \text{(m)}$。

单个罐体填料体积为 $2 \times 0.25 \times 3.14 \times 2^2 \times 1 = 6.28 \text{(m}^3\text{)}$；

填料质量为 $6.28 \text{ m}^3 \times 1000 \times 0.5 \text{ kg/m}^3 = 3140 \text{ kg}$；

6 个吸附罐体填料质量为 $3140 \times 6 = 18840 \text{(kg)}$；

负载量以 2.5%计（质量比），则活性组分负载量为 471 kg。

设计参数：6 个吸附罐体并联，单个罐体直径 D 为 2 m；滤层有效高度 $H = 1.0$ m，反应器高度 2.2 m；滤速 $v = 1.50$ m/h。

6.1.1.3 FMBO 固定床再生系统

采用逆流原位再生方法进行吸附固定床再生。再生前，用含砷原水进行滤床反冲洗，使滤料层松动，清除滤层截留杂质；分别配制铁、锰再生液，再生液体积以填料（包括承托层）所占空床体积的 50%计。之后，将锰再生液泵入反应器直至填料层浸没，停留 5~10 min 后打开放空管，药液回流至锰再生药液桶；再将铁再生液泵入反应器至填料层浸没，停留 5~10 min 后放空回流至铁再生药液槽；如此循环 3~5 次完成吸附床原位负载或再生。

反应器正常运行时，将含砷原水以下向流形式流经吸附床，撇去过滤初期 15~30 min 初滤水。

6.1.1.4 系统运行维护

FMBO 固定床除砷技术具有效果优良、成本低、反应器简单、运行维护容易、无复杂再生过程等优点；此外，将砷吸附、包覆固化在材料表面，无后续二次污染以及强碱性再生废液处置问题；易于实现操作过程自动化运行与控制，大幅降低运行管理难度，更适合在村镇地区使用。

为保证系统运行安全与持续供水，考虑采用多个 FMBO 吸附单元并联运行的方案进行设计。此外，吸附剂再生系统中的药剂配制单元和药剂再生动力单元（泵）以一个吸附单元的要求进行设计。

6.1.2 原位生成铁锰复合氧化物的除砷工艺设计

对于规模较大的城市水厂，若采用原位负载型 FMBO 吸附固定床除砷工艺，存在罐体过多、成本增加、运行管理复杂等问题。此外，不少城市水厂已有按原标准要求的除砷处理工艺，且在旧的饮用水卫生标准下出水砷浓度是达标的，但新标准实施对工艺提出了强化除砷的新需求。在这种场景下，解决的关键问题是如何在现有工艺基础上利用 *in situ* FMBO 强化除砷。严格意义上来说，引入 *in situ* FMBO 仅能将溶解态砷转化为固相颗粒态砷，并不能实现水中砷的去除，必须与后续沉淀、过滤等固液分离单元结合。第 5 章中试研究证实，*in situ* FMBO 可有效强化砷、铁、锰、浊度等去除，且在最佳滤料组合条件下滤池水头损失增长未见明显提高。对于规模在 1 万吨/天以上的城镇水厂，建议除砷工艺如下：

$$原水 \rightarrow in\ situ\ FMBO\ 氧化吸附 \rightarrow （沉淀）\rightarrow 过滤 \rightarrow 消毒 \quad (6-7)$$

以此为基础，可根据原水水质、处理规模等特点衍生出不同除砷工艺形式。

6.1.2.1 集中式供水厂除砷工艺

以 *in situ* FMBO 氧化-吸附除砷为基础，结合固液分离单元，可形成不同的集中式水厂除砷工艺。

（1）非均相氧化-吸附-接触过滤工艺

一般天然地下水浊度较低，可考虑略去沉淀单元：

$$原水 \rightarrow in\ situ\ FMBO\ 非均相氧化-吸附 \rightarrow 接触过滤 \rightarrow 消毒 \rightarrow 出水 \quad (6-8)$$

该工艺中，*in situ* FMBO 在非均相氧化-吸附单元中完成 As(Ⅲ)氧化、As(Ⅴ)吸附、*in situ* FMBO 聚集等过程；接触过滤单元截留去除吸附了砷的 *in situ* FMBO，同时可进一步促进溶解态砷与颗粒态 *in situ* FMBO 的接触与吸附。

（2）非均相氧化-吸附-沉淀-过滤工艺

地表水厂一般采用混凝-沉淀-过滤工艺进行处理，当水源水存在常年、季节性或突发性砷污染时，可考虑以混凝-沉淀-过滤工艺为基础引入 *in situ* FMBO，实现水中砷强化去除。

（3）非均相氧化-吸附-澄清-过滤工艺

当存在以下情况之一时，可考虑设置澄清单元：①原水浊度较高；②原水砷浓度较高，*in situ* FMBO 设计投量较高；③竞争性阴离子浓度较高，且表现出显著抑制效应。具体工艺如式（6-9）所示：

$$原水 \rightarrow 非均相氧化-吸附 \rightarrow 澄清 \rightarrow 过滤 \rightarrow 消毒 \rightarrow 出水 \quad (6-9)$$

该工艺中 *in situ* FMBO 与砷接触时间延长，澄清池絮体循环回流可增加砷吸附位点，有效保证除砷效果；缺点是反应器较复杂，施工难度大，运行管理要求较高。

6.1.2.2 除砷过程中其他污染物去除

设计地下水源的城镇集中式除砷水厂时，应考虑共存的 Fe(Ⅱ)、Mn(Ⅱ)、氟、硬度等污染物去除。不同污染物去除原理、过程和工艺方法存在区别，基本思路是将溶解态离子转化为颗粒态，进而通过固液分离单元去除。为最大程度缩短工艺流程，固液分离单元一般可共用，溶解态向颗粒态转化也尽可能同步完成。

(1) 含砷水中铁、锰去除

如前所述，为确保除铁除锰效果，*in situ* FMBO 投量应考虑还原性 As(III)、Fe(II)、Mn(II)等氧化；采用曝气-接触过滤除铁锰工艺时，可适当降低 *in situ* FMBO 投量。当原水 Fe(II)、Mn(II)浓度较高时，也可考虑投加高锰酸钾、氯等氧化剂将 Fe(II)、Mn(II)氧化为 Fe(III)与 Mn(IV)得以去除，生成的固相 Fe(OH)$_3$ 与 MnO$_2$ 也具备一定除砷性能。应通过烧杯实验确定 *in situ* FMBO 设计投量，同时结合生产运行逐渐优化最佳投量。

当原水 Mn(II)浓度过高时，仅通过曝气、过滤难以获得良好除锰效果，可提高 pH 值以加速 Mn(II)氧化，但这对除砷而言是不利的。此时，可考虑投加化学氧化剂、提高 *in situ* FMBO 投量等以确保除砷、除锰效果。

(2) 含砷水中氟的去除

某些地下水源水砷、氟共存，可考虑分级分步去除或同步去除，但应优先考虑同步去除。根据原水水质特点，可考虑引入铝基复合氧化物、优化吸附单元设计等，结合烧杯实验或小试确定最佳的砷、氟同步去除的药剂投量等工艺参数。

(3) 含砷水中硬度的去除

不少含砷地下水存在硬度超标问题。药剂软化除硬度工艺可同步去除砷，但去除率较低，原水砷浓度较高时应考虑其他除砷工艺。此外，软化工艺往往需大幅提高 pH 值、投加碳酸盐等，这对除砷是不利的，因此宜采取先除砷、再除硬度的工艺。如果砷超标倍数远高于硬度，可考虑先进行除砷，部分出水经纳滤或反渗透脱盐，最终混合勾兑后出厂。

6.1.2.3 除砷工艺主要单元设计

(1) 氧化单元设计

in situ FMBO 的主要功能是通过非均相氧化、吸附等作用将溶解态砷转化为颗粒态砷，影响砷形态转化的主要因素有 *in situ* FMBO 组成配比、*in situ* FMBO 投量、反应时间等。含砷地下水处理中，氧化剂理论投量应为水中还原性物质[As(III)、Fe(II)、Mn(II)、还原性有机物(NOM)等]的当量之和；地下水源中有机物含量低时，一般可忽略不计。因此，*in situ* FMBO 能获得电子的氧化性当量应为 As(III)、Fe(II)和 Mn(II)能给出电子的当量之和：

$$\textit{in situ}\ \text{FMBO 投量当量} = M_{\text{As(III)}} + M_{\text{Fe(II)}} + M_{\text{Mn(II)}} + M_{\text{NOM}} \quad (6\text{-}10)$$

一般而言，*in situ* FMBO 中铁锰比为 3∶1，实际工程中应根据原水砷浓度、

As(III)在总砷中所占比例、共存还原性组分（如 Fe^{2+}、Mn^{2+} 等）、种类与浓度、竞争性阴离子（如硅酸盐、磷酸盐等）浓度、浊度等指标，在烧杯实验基础上确定 in situ FMBO 最佳组成、配比与投量。

此外，几乎所有水厂都设有消毒设施，对于集中式城镇水厂，一般采用二氧化氯、液氯或次氯酸钠溶液进行消毒。水厂强化除砷改造或扩建时，可考虑同时利用或扩建已有消毒设施进行预氧化。二氧化氯在我国村镇供水中得到广泛应用，但从强化除砷角度而言，二氧化氯氧化 As(III) 能力有限，并非理想选择；臭氧强化除砷效果较好，但运行成本高、运行管理复杂，中小规模水厂不建议采用。

氯的优点是使用方便，经济，衰减速率慢。适宜氯投量能控制滤池微生物生长，避免滤料板结，且能保证出厂水和末端余氯，这对于有机物浓度很低的含砷地下水源处理是可行的。但是，高压液氯容易发生泄漏或爆炸，运输和使用存在安全风险，条件适宜地区可采用工业次氯酸钠溶液或电解食盐水制备的次氯酸钠溶液。采用氯氧化时，氯投量应为理论氯投量与后续消毒所需氯投量之和。

一般天然地下水源中有机物浓度很低，需氯量可以忽略不计。氯（有效氯）在地下水除砷、铁、锰中的投量可根据式（6-11）计算：

$$\text{Dosage}(Cl_2, \text{mg/L}) = k \times [0.95 \times C_{As(III)} + 0.63 \times C_{Fe(II)} + 1.29 \times C_{Mn(II)}]/1000 \tag{6-11}$$

式中，$C_{As(III)}$、$C_{Fe(II)}$、$C_{Mn(II)}$ 分别为原水中 As(III)、Fe(II)、Mn(II) 的浓度，以 μg/L 计；k 为安全系数，通常可取 1.10～1.20。

（2）竞争性阴离子抑制效应

天然地下水源一般浊度较低，但往往存在较高浓度硅酸盐、硫酸盐、碳酸盐等阴离子，不利于 in situ FMBO 吸附除砷。除砷供水厂设计时，应考虑共存阴、阳离子对除砷效果的影响。一般而言，钙、镁等阳离子有一定的促进作用，氯化物、硫酸盐、碳酸盐影响不大，硅酸盐、磷酸盐等高价阴离子表现出明显的竞争性抑制作用。天然地下水中磷酸盐浓度一般很低，可忽略不计；硅酸盐浓度往往在数十 mg/L，且在高碱度 pH 条件下，硅酸盐负电性更强，应重点考虑。

在除砷水厂设计时，一般应进行烧杯实验以评估竞争性离子的影响，同时确定最佳 in situ FMBO 配比和投量。此外，对于硅酸盐浓度较高的含砷水源水，可考虑将沉淀池排泥水或反冲洗水中 in situ FMBO 回流，从而提高除砷效果。

（3）反应时间

提供充分的反应时间可促进 As(III)氧化、As(V)吸附、in situ FMBO 聚集。一般而言，含砷地下水反应 2 min 即可达到较好除砷效果；反应 5 min 后，进一步延长反应时间对除砷影响不大。

对于乡镇中小规模除砷水厂，用户用水的变化系数较大。当实际处理水量明显低于设计规模时，混合、反应的水力条件不充分，可能难以达到理想流态。因此，规模较小的水厂可适当延长设计反应时间至 10 min 以上；当采用微絮凝-直接过滤工艺时，可适当缩短设计反应时间。

6.1.2.4 除砷过程产生的含砷废水和污泥处理

（1）含砷废水处理

对于集中除砷供水厂，在沉淀、过滤单元会产生排泥水、反冲洗水等含砷废水，若未经妥善处置可能会对环境产生污染。根据相关标准规范要求，含砷废水应达到《污水综合排放标准》（DB 31/199—2018）后方可排放。具体而言，一般情况下车间（或车间处理设施）排口和总排口砷应满足总砷浓度在 0.5 mg/L 以下；当排入特殊保护水域、《地表水环境质量标准》（GB 3838—2002）Ⅲ类环境功能水域和Ⅱ类环境功能海域时，总砷浓度应在 0.05 mg/L 以下。含砷废水处理系统设计时，应依据城镇水厂排泥水、反冲洗水处理与回用等标准规范要求，确定安全、科学、可行的含砷废水处理方案。

含砷废水的特点是砷浓度较高、颗粒物含水率及沉降性能较高，且砷主要以颗粒态砷的形式存在。除砷系统设计时，应通过质量衡算等方法估算含砷废水中砷的浓度。前期研究显示，采用混凝、沉淀工艺可使处理出水砷浓度达到排放标准要求；对于水资源短缺地区，可考虑将处理后的水回用至水厂进口。

（2）含砷污泥处理与安全性评估

排泥水、反冲洗水等处理后产生含砷悬浊液，进一步经浓缩、脱水后将产生含砷污泥。*in situ* FMBO 具有很强的除砷性能，在投量很低的条件下即可达到良好除砷效果，且地下水源中悬浮颗粒物浓度较低。因此，含砷污泥中砷含量一般较高。

除砷水厂产生的含砷污泥未列入《国家危险废物名录》，但其砷含量较高，应采用《危险废物鉴别标准　浸出毒性鉴别》（GB 5085.3—2007）进行浸出毒性鉴别。采用《固体废物　浸出毒性浸出方法　硫酸硝酸法》（HJ/T 299—2007）进行浸出实验，当浸出液砷浓度超过 5 mg/L 时，可判定含砷污泥是具有浸出毒性特征的危险废物。由于 *in situ* FMBO 具有很强的吸附除砷能力，砷在铁锰复合氧化物富集砷量较大，含砷污泥浸出浓度一般在 5 mg/L 以下。

工程中应根据含砷污泥分析结果，结合国家相关固体废物管理、管控标准规范，确定安全、科学、可行的含砷污泥处置方案。

6.1.2.5 集中式除砷水厂附属设施设计

附属设施是集中式除砷水厂重要组成部分，主要包括药剂溶解、配制与投加系统，水厂自动化系统，实验室建设等。

（1）药剂溶解、配制与投加系统

一般情况下，药剂溶解池、溶液池宜分设；对于规模较小水厂，二者可考虑合并设计。应采用具有强抗腐蚀性的药剂池、管路阀门、投加设备等；药剂车间应具有良好通风和防护条件。

综合考虑运行管理水平，中小规模水厂以4～8天配制一次为宜；大规模城市水厂，可考虑每1～2天配制一次。

（2）水厂自动化系统

应提高水厂监控、自动化水平以确保系统稳定运行。例如，溶液池液位、清水池液位等可考虑液位计与相应报警系统，可设置在线余氯分析仪、在线浊度仪等在线监测仪器，滤池反冲洗可考虑自动控制。砷在线监测仪器昂贵，且运行维护复杂，不建议采用。

（3）水厂检测与运行管理

水厂科学运行管理是保障供水安全、提高供水水质的重要组成部分。应根据国家相关标准、规范要求建设水厂分析化验室，开展水厂日常检测和分析化验。此外，应建立水厂运行操作规程，规范水厂运行管理，加强水厂巡检与监控，确保安全供水。

6.2 复合氧化物除砷典型工程案例

6.2.1 单村除砷水站

华北地区某村地下水井深度为200 m左右，水源水砷浓度超出《生活饮用水卫生标准》（GB 5749—2022）2倍左右。该村采用24小时连续供水模式，统计每月用水量显示，冬季用水量约为3500 m^3/月，夏季用水量约10000 m^3/月。

根据该村水质状况以及水站运行管理特点，提出了铁锰复合氧化物吸附-接触过滤净化工艺（图6-1），可在来水变化系数很大、长期无人值守的情况下实现系统正常稳定运行。长期监测运行显示，该系统除砷滤料再生周期为10个月（图6-2）。

6.2.2 城镇中型除砷水厂

该工程为我国建设的第一座规模化除砷水厂。该水厂位于北方某核心城市某区某乡，设计供水规模为一期5000 t/d，二期2万t/d，水源为地下水。一期工程已于2005年建成，包括4眼300 m深的水源井、4000 t的清水池一座，以及消毒间和加压供水泵房等。受水文地质条件的影响，2007年12月通过水质监测发现，

第 6 章 一步法除砷应用工艺与典型工程案例

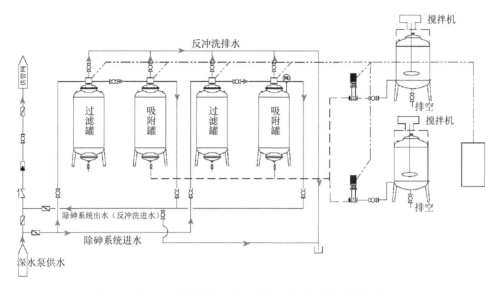

图 6-1 华北地区某村铁锰复合氧化物吸附-接触过滤除砷工艺

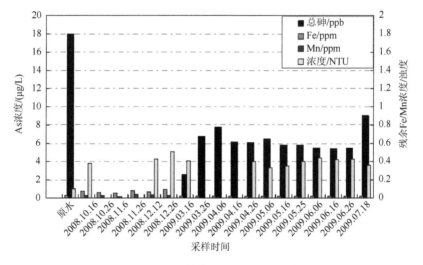

图 6-2 北京某村除砷工程长期监测数据

水源井的砷含量超标。政府相关部门对此高度重视，为保障群众身体健康，决定在水厂实施除砷处理工程，以确保供水水质达标。该工程利用地下水作为水源进行处理，使之达到《生活饮用水卫生标准》（GB 5749—2022）要求。

经国内知名专家评审最终确定采用非均相氧化-吸附-接触过滤除砷工艺方案（图 6-3）。在该方案中，源水由潜水泵抽入一级除砷系统后，采用原位负载铁锰复合氧化物除砷进行吸附，接触反应时间为 20 min，然后出水进入二级净化系统，利用多介质滤料进行过滤,最后到清水池供用户。一级除砷系统中的吸附滤料设计再生周期为6个月。

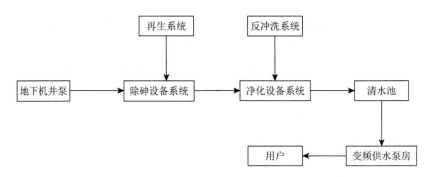

图6-3 北方某水厂吸附-接触过滤除砷工艺流程图

本工程设计针对农村供水运行管理水平、运营现实情况及水厂规模需求,采用以铁锰复合氧化物吸附材料为核心的除砷工艺系统设备,集非均相氧化-吸附、接触过滤为一体的除砷工艺系统,出水水质达标,运行稳定可靠。复合吸附材料不需更换,采用原位包覆再生且再生周期长达半年以上,大大降低运行维护成本,简化运行操作管理,无再生废液产生。工程平面布置图和净化单元如图6-4所示。

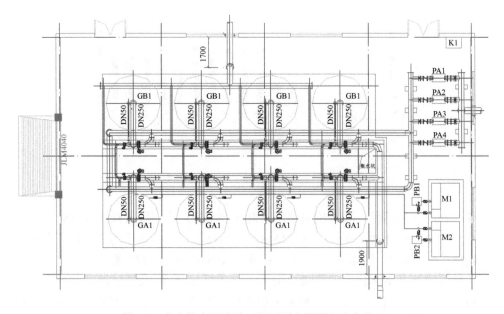

图6-4 北方某水厂除砷工程平面布置图和净化单元

6.2.3 大中型除砷水厂

某市某水厂设计供水规模为 20 万 t/d,以黄河地下侧渗水为水源。经检测发现原水中存在铁、锰、砷、氨氮、天然有机物等污染物,表现为典型的复合污染特征。其中,原水地下井群超过 2/3 以上的井存在砷超标问题,超标倍数在 1～6 倍之间。根据提供的水源井出水的含砷量资料,砷含量较高的水源井大部分为井深在 80～100 m 的浅层井群。在市自来水公司水源井水质普查的专项工作中,发现水厂 21 眼井砷含量较高,其中 D 区水源井原水砷含量高于 C 区水源井,水源井群砷含量分布详见图 6-5。

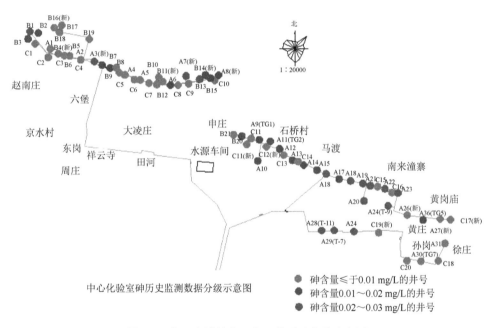

图 6-5 黄河流域某水厂水源井群砷含量分布图

水厂在水量未达到设计规模时存在出厂水含砷量超标风险,鉴于水质含砷量是饮用水达标的重要指标,同时具有安全供水敏感性较高的特点,在确保水厂出厂水全面达标的前提下,应进一步强化对出厂水砷含量的去除,保证含砷量小于 0.01 mg/L 的基本要求。由此,依据原水特点和出厂水标准,须对水厂的净水工艺进行优化改造。围绕上述技术需求提出了基于铁锰复合金属氧化物氧化吸附协同除砷的工艺技术方案,最终完成 20 万 t/d 的水厂强化除砷改造工程。

该工程已经于 2012 年 5 月完成工程建设,2012 年 7 月正式投产运行。

（1）砷去除效果分析

该水厂强化除砷示范工程运行期间，D 区 $1^\#\sim8^\#$ 滤池进、出水砷含量变化如图 6-6 所示。

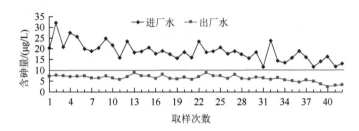

图 6-6　示范工程 D 区滤池加药运行砷去除效果

从图 6-6 可以看出，该水厂 D 区原水进水砷含量较高，砷含量变化幅度较大，投加铁锰复合药剂后，出厂水砷含量受进厂水影响波动较小。连续投加铁锰复合氧化物后，复合氧化物逐渐负载在表层石英砂，使 D 区 $1^\#\sim8^\#$ 滤池表现出较强抗冲击负荷能力，在不同进水砷含量情况下，出水砷稳定在 7 μg/L 左右。

从图 6-7 中可以看出，该水厂原有滤池砷去除能力差，砷去除率在 20%～40%。投加铁锰复合药剂后，砷去除率明显提高至 50%～70%，较原滤池除砷能力提高 30% 左右。

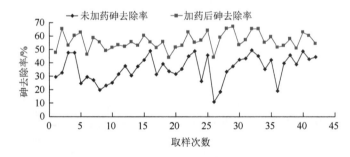

图 6-7　示范工程东、C 区砷去除率比较

（2）浊度去除效果

降低浊度不仅可以满足感官性状要求，而且可降低水中的细菌、病毒和其他有害物质的含量。该水厂强化除砷示范工程运行期间，$D1^\#\sim8^\#$ 滤池进、出水浊度变化和去除率如图 6-8 和图 6-9 所示。

对比该水厂 D、C 区滤池浊度的去除效果，示范工程运行期间，虽然进厂水浊度较高，但两区滤池的出水浊度去除效果明显，且投加了铁锰复合药剂的 D 区滤池浊度去除效果优于未投加药剂的 D 区滤池，相比之下提高了 0.5%～5.0%。

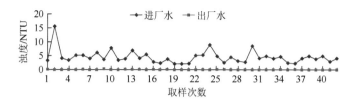

图 6-8　示范工程东区滤池加药运行浊度去除效果

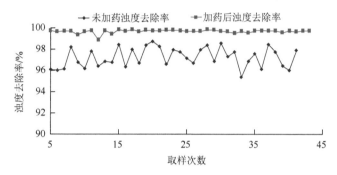

图 6-9　示范工程 D、C 区浊度去除率比较

(3) 铁锰去除效果

该水厂强化除砷示范工程运行期间，D 区 $1^{\#} \sim 8^{\#}$ 滤池进、出厂水铁锰变化分别如图 6-10 所示。

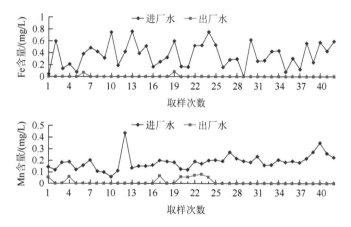

图 6-10　示范工程 D 区滤池加药运行铁和锰去除效果

图 6-10 表明，原水铁、锰含量较高，且波动范围较大。示范工程运行期间，通过连续投加铁锰复合氧化物，增强滤池抗冲击负荷能力，同时在滤池内形成微絮凝作用，强化滤池除铁、锰效果，出水铁、锰含量均满足国标要求。

6.3 高浓度砷污染河流应急治理

如第 1 章所述，我国先后发生多起由于高浓度含砷工业废水排放导致的水体砷污染事件，严重危及当地或下游饮用水源、农业灌溉水源的水质安全。河流、湖泊等大规模水体砷污染治理是世界性难题，国内外迄今为止鲜有成功治理的报道，构建水体砷污染治理的关键技术与系统方案具有重要意义。

6.3.1 某水系砷污染背景

某省某硫精制酸企业硫酸生产能力 4 万吨/年。2008 年 7 月以来，购买高砷硫铁矿为原料，其中砷含量高达 4260 mg/kg，生产废水直接外排入河，导致贯穿河南、安徽两省约 100 km 的河流出现严重砷污染。根据省环境监测站检测结果，厂内废水浓度为 68.0~262 mg/L，排放口下游 100 km 左右处省控断面浓度为 1.413~1.619 mg/L，省控断面下游 5 km 处监测断面浓度为 0.346 mg/L，省控断面下游 25 km 处监测断面浓度为 0.148 mg/L；河流沿线砷浓度均超过《地表水环境质量标准》(GB 3838—2002) Ⅲ类限值，最高超过标准 100 倍以上。受污染水系并非当地农村或城镇居民饮用水源，但是周边农田灌溉的主要水源。此外，受污染河流最终进入淮河，若未快速有效解决砷污染问题，将对淮河沿线城市饮用水源安全构成重大安全隐患。

6.3.2 砷污染治理总体思路

水体砷污染治理中，充分利用河流水环境与地形地貌特点，在砷污染河流的可控小范围水体中，原位生成和投加具有很高除砷活性、对水生动植物无影响的铁锰复合氧化物 FMBO，将水中砷通过非均相氧化、吸附作用转化为颗粒态砷，再进一步定向沉降至设计的特定区域，实现水中砷高效去除与水生生态安全保障的统一。其中，溶解态砷吸附、颗粒态砷沉降以及二者之间协同是需要解决的核心问题。研究显示，可利用表面电位调控砷在铁锰复合氧化物表面的吸附、颗粒粒径增大过程，进而控制颗粒态砷沉降速率和除砷治理效果，在此基础上构建了大沙河砷污染治理的应用工艺与工程方法。

对于沉降区内的含砷污泥，当上游高砷水均经过沉降区除砷并下泄至下游后，采用底泥疏浚方法将河道含砷底泥清出，从根本上削减清除河流中的砷。疏浚含砷底泥将通过浓缩、稳定化、风干、固定化等操作实现含砷污泥减量化，最终结合国家相关环境管理要求实现含砷污泥安全处置。

6.3.3 水体砷污染治理工程方案

(1) 治理总体思路

水体砷污染治理时,首先在省控断面上游 1.5 km 范围的,通过喷洒铁锰复合氧化物除砷沉降剂将水中溶解态 As(Ⅲ)氧化成 As(Ⅴ)、吸附 As(Ⅴ),颗粒态砷沉降至河底。该区域所有含砷水沉降之后,上层达标水经浮船泵提升下泄,省控断面上游 1.5 km 处往上的上游受污染水在重力作用下进入沉降区。沉降区入口处设置加药坝,含砷水流经加药坝时,铁锰复合氧化物除砷沉降剂与含砷水反应将砷转化为颗粒态砷,最终沉淀在设定的沉降区底部,达标水经下游各级闸、坝控制逐级达标下泄。

上游含砷水处理完毕后,省控断面闸门以上 1.5 km 主沉降区底部的含砷底泥清淤疏浚上岸,进行后续减量化和安全处置。

本方案充分利用河道水力学条件,无需新建反应器和构筑物,操作简单易行,除砷效果好,保障率高,可实现砷污染河流的快速、高效、安全和稳定除砷,实现砷污染水体治理与修复。

(2) 治理工艺设计

砷污染治理工程中,将省控断面以上 1.5 km 范围的河道区域作为砷主沉降区,断面以上所有砷污染水均通过非均相氧化、吸附和沉淀作用定向沉降于该区。

对于省控断面上游 1.5 km 内区域,静态喷洒铁锰复合氧化物除砷沉降剂,水中溶解态砷转化为颗粒态砷,最终沉降于喇叭口状沉降区。

对于省控断面上游 1.5 km 处以上区域的含砷水,依次流经 2 道布设有穿孔管加药幕墙的加药坝,与铁锰复合氧化物除砷沉降剂完成氧化、吸附、沉降等反应后,最终沉降于河底;处理达标水(<0.05 mg/L)由浮船泵排放至下游,与此同时上游含砷水继续进入砷沉降区实现连续进行。

上述除砷反应、沉降系统的设计处理能力为 40 万 m^3/d,对于 2000 万 m^3 含砷河水,可在 50 天左右完成上游主体河道砷污染河水的治理与水体修复。

(3) 治理主要步骤

本技术方案实施主要包括以下步骤:

1) 主沉降区沉降:静态喷洒铁锰复合氧化物除砷沉降剂,砷吸附在固相表面后在重力作用下沉降至河底,上层水达到Ⅲ类水质标准要求。

2) 主沉降区河水达标下泄。开启浮船泵,上层达标水下泄,其中设计下泄流量为 20 万 m^3/d。

3) 上游含砷水流经加药坝。上游含砷水顺次流经两道加药坝,铁锰复合氧化物除砷沉降剂连续投加至加药坝；含砷水与除砷沉降剂充分接触反应，完成砷价态和形态的转化，形成颗粒态的含砷絮体。

4）含砷絮体定向沉淀于主沉降区。含砷絮体在从加药坝流至浮船下泄闸过程中，在重力作用下沉淀去除，达标水流至浮船下泄闸前。

5）达标水连续下泄。开启浮船泵，主沉降区达标水连续下泄至下游。

步骤2）～步骤4）形成连续动态运行过程，经50天左右连续处理，含砷水均达标下泄，砷沉降至主沉降区河底，完成水体砷污染治理。

6.3.4 水体砷污染治理效果

（1）主沉降区处理效果

主沉降区1.5 km河段内砷浓度为1.03～1.47 mg/L，水深2.4～3.8 m；铁锰复合氧化物除砷沉降剂设计投量为60～100 mg/L，聚合氯化铝为100 mg/L。投药顺序为先喷洒除砷沉降剂，之后喷洒聚合氯化铝。

图6-11是省控断面闸上200 m处砷浓度变化图。投加除砷沉降剂后12小时，砷浓度从1.032 mg/L降低至0.352 mg/L，样品经0.45 μm滤膜过滤后残留砷浓度为0.094 mg/L；经过72小时，总砷浓度为0.224 mg/L，表明仅靠自然沉降难以实现吸附砷的FMBO沉降。为加速颗粒物沉降，投加除砷沉降剂94小时后进一步投加聚合氯化铝，5小时后总砷浓度降低至0.117 mg/L；继续沉降50小时，总砷浓度降至0.060 mg/L。二次投加聚合氯化铝，沉降14小时后，总砷浓度降至0.05 mg/L以下，24小时后总砷浓度降至0.036 mg/L，达到达标下泄要求。

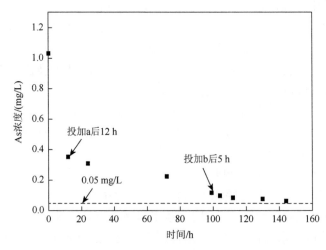

图6-11　处理后省控断面闸上200 m处河水砷浓度随时间变化图

a. 除砷沉降剂，b. 聚合氯化铝

（2）河水动态连续处理效果

在省控断面上游 1.5 km 和 1.8 km 处修筑两道加药坝，采用多根加药穿孔管形成断面的加药幕帘，同时设置曝气装置确保药液和含砷水充分混合反应。省控断面至上游 1.5 km 范围内为主沉降区，完成颗粒态砷沉淀去除；省控断面下游 3 km 处设置溢流坝以增加一道安全屏障，下泄河水经此溢流排放至下游。

主沉降区达标连续下泄后，上游含砷水连续流经加药坝，与铁锰复合氧化物除砷沉降剂充分接触和反应后进入主沉降区沉淀，进入动态连续处理阶段。动态运行过程中，上游来水砷浓度在 0.2~4.0 mg/L 之间（图 6-12），根据提前检测的浓度调整铁锰复合氧化物除砷沉降剂投量与配比，实现砷高效转化和去除。治理过程中提前对沉降区不同位置水样进行采样检测，以确保省控断面达标下泄。结果显示，在省控断面 600 m 处的砷浓度在 0.01~0.09 mg/L 之间，完全满足《地表水环境质量标准》（GB 3838—2002）III类水质要求（图 6-13）。

同步检测溢流坝断面河水砷浓度变化，如图 6-14 所示。可以看出，随着动态处理开始运行，断面砷浓度持续下降，到处理第 7 天时降低至 0.01 mg/L 以下；之后连续监测数据显示，下泄河水砷浓度均低于 0.01 mg/L，完全满足III类水标准要求。

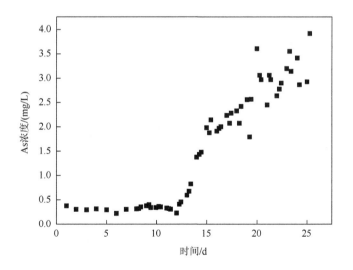

图 6-12　第一道加药坝前 500 m 处河水砷浓度变化（动态处理第 1~25 天）

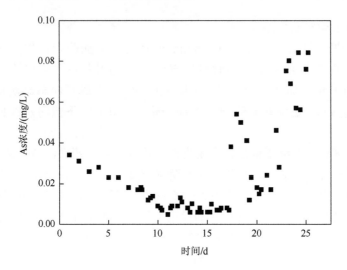

图 6-13 省控断面上游 600 m 处砷浓度变化（动态处理第 1～25 天）

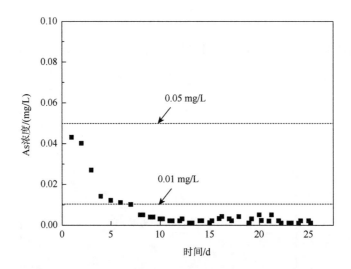

图 6-14 溢流坝断面砷浓度变化（动态处理第 1～25 天）

水系砷污染治理工程共处理超标河水近 2000 万 m³，河水最高砷浓度为 5.8 mg/L，溢流坝下泄水砷浓度低于 0.01 mg/L，满足Ⅲ类水要求，实现河流砷污染成功治理。